菊芋品种选育与开发利用研究

熊本海 刘君 晏国生 陶春来 主编

U0271859

中国农业科学技术出版社

图书在版编目（CIP）数据

菊芋品种选育与开发利用研究／熊本海等主编. --北京：
中国农业科学技术出版社，2023.11
ISBN 978-7-5116-6541-6

Ⅰ.①菊…　Ⅱ.①熊…　Ⅲ.①菊芋-研究　Ⅳ.①S632.9

中国国家版本馆 CIP 数据核字（2023）第 217214 号

责任编辑	朱　绯
责任校对	马广洋
责任印制	姜义伟　王思文

出 版 者	中国农业科学技术出版社
	北京市中关村南大街 12 号　　邮编：100081
电　　话	（010）82109707（编辑室）　　（010）82106624（发行部）
	（010）82109709（读者服务部）
网　　址	https://castp.caas.cn
经 销 者	各地新华书店
印 刷 者	北京建宏印刷有限公司
开　　本	185 mm×260 mm　1/16
印　　张	19　插页 24 面
字　　数	430 千字
版　　次	2023 年 11 月第 1 版　2023 年 11 月第 1 次印刷
定　　价	80.00 元

《菊芋品种选育与开发利用研究》
编委会

序

菊芋作为一种生态经济型作物，用途广泛。以菊芋为原料加工的菊粉等功能食品开发利用市场前景广阔。菊芋相关开发产业正在我国悄然兴起。随着大健康产业发展及人们对高品质生活水平的追求，对健康食品需求迫切，菊芋越来越受到人们的广泛关注。

认识菊芋，应该源于晏国生研究员带领的廊坊菊芋育种团队。他们十年前研究菊芋时邀请我去实地考察，后来我一直关注菊芋育种及产业的发展。一个民营企业在没有经费支持的前提下，面向市场需求，利用各种机会宣传和推介菊芋，争取多方合作，谋求发展，才使其研发不断前行，一直坚持至今。值得欣慰的是，菊芋在新型糖料、生物能源、功能食品、功能饲料及生态治理等方面的综合价值被发现及认可。特别是在专用品种的选育上，取得了显著成果，为改善盐碱化土壤的开发利用提供了新作物品种。菊芋的加工利用为延伸产业链促进乡村振兴和农牧民致富提供了新途径。通过开发提高菊芋秸秆的营养价值及生物量，促使其成为优质牧草的替代品，为缓解我国优质牧草长期短缺的行业困境寻找新的解决方案，对保障国家饲料粮安全意义重大。

习近平总书记强调"做好盐碱地特色农业大文章"，菊芋产业应以改良盐碱地利用为目标，以菊芋规模种植为核心，以菊芋秸秆作为粗饲料发展养殖业为主体，以畜粪作为有机肥料还田，构建"菊芋—加工—养殖"的种养加循环生态产业链，建立基于菊芋饲料部分替代优质苜蓿的牛羊饲养主导产业，利用主导产业的强大辐射力带动相关产业的发展，不断延伸产业链条和补短板，形成一个以菊芋抗盐碱种植、菊粉加工、新型饲料开发、畜禽养殖的生态循环经济的产业新业态，具有广阔的市场前景。

以廊坊菊芋研发团队为核心的产业技术创新战略联盟密切合作，确立了以"菊芋产业化关键技术研究应用"为目标，持续开展菊芋新品种选育、储藏、加工、农机农艺配套技术研究，探索实现菊芋产业化发展的新途径，研发了廊芋系列新品种选育、农机农艺配套关键技术、菊芋秸秆饲料、功能健康食品等新技术新产品。重要的是，原创性选育出5大类型"廊芋"系列新品种11个，获得新品系48个，菊芋资源306个；菊芋健康食品5个；取得省部级鉴定成果7项；获得专利13项，其中发明专利5项；获得软件著作权8项；制定地方标准10项；获省市科技进步奖4项；取得了骄人的成绩。

本书涉及菊芋全产业的关键技术流程，具有非常重要的理论价值及实际应用意义，必将有助于促进我国菊芋产业相关技术的研究及菊芋产业的发展。

中国工程院院士　国际欧亚科学院院士
中国农业大学信息与电气工程学院教授
中国农业工程学会荣誉理事长
中国农业机械学会名誉理事长

汪懋华

2023 年 6 月 12 日

前　　言

　　菊芋（*Helianthus tuberosus* L.）是菊科向日葵属多年生草本植物，适宜种植区域广阔，分布于欧洲、亚洲、美洲、大洋洲等世界多地的寒、温带地区。我国南至海南，北至黑龙江，西起新疆，东至沿海地区都有菊芋的种植生长。菊芋具有耐寒、耐旱、耐盐碱、抗风沙能力强等特性，适宜在沙荒地、盐碱地、山坡地、沿海滩涂等推广种植，有利于改良土壤，改善生态环境。著者从菊芋种质资源创制和专用品种选育出发，形成了一整套农机农艺配套栽培技术及应用开发的技术体系。

　　廊坊菊芋科研团队经过十多年的科研与开发试验，示范应用推广，从市场需求入手，选育出了适于盐碱地、非耕地、沿海滩涂及干旱半干旱区域种植的不同类型菊芋系列品种。

　　本书以菊芋技术创新团队十余年来对菊芋开展的相关研究为基础，结合国内外菊芋有关研究与应用文献，总结出了良种良法配套、农机农艺配套、饲料营养评价、产品开发等一系列菊芋生产技术研究成果。本书共分为8章：第1章绪论，第2章菊芋的特征特性、生长规律及生长环境，第3章菊芋研究方法，第4章菊芋品种选育，第5章菊芋配套栽培技术研究，第6章菊芋的营养成分、影响因素与价值分析，第7章菊芋主要产品研究与应用，第8章菊芋产业发展前景展望。

　　本书得到了中国工程院院士、国际欧亚科学院院士汪懋华及菊芋产业技术创新战略联盟专家咨询委员张象枢、梅方权、孟宪学、刘世洪、胡木强、袁学志、薛伯昌等专家学者，对菊芋产业链研究与实践给予的大力支持。感谢俄罗斯自然科学院外籍院士、中国科学院过程工程研究所杜昱光研究员给予本团队的科研支持。同时还感谢菊芋技术创新团队成员对编写本书的大力支持与协作。

　　本书对广大菊芋产业爱好者具有抛砖引玉的作用，对我国菊芋产业发展有所裨益。可为从事菊芋产业研究、开发、推广人员提供一定的参考。本书设计内容丰富、知识面广，在产业开发方面具有前瞻性，但不足与疏漏之处在所难免，诚望各位同人和广大读者批评指正，也敬请各位专家学者不吝赐教。

著　　者

2023 年 5 月

目　　录

第1章　绪　论 ……………………………………………………… 1

1.1　菊芋的概述 ……………………………………………………… 1

1.2　国内外菊芋产业发展概况 ……………………………………… 2

1.3　菊芋产业关键技术研究与成果转化 ……………………………… 6

第2章　菊芋的特征特性、生长规律及生长环境 …………………… 13

2.1　菊芋的特征特性 ………………………………………………… 13

2.2　菊芋的生长规律 ………………………………………………… 19

2.3　菊芋的生长环境 ………………………………………………… 22

2.4　菊芋的一生 ……………………………………………………… 27

第3章　菊芋研究方法 ………………………………………………… 30

3.1　传统育种方法 …………………………………………………… 30

3.2　定量化育种研究方法 …………………………………………… 39

3.3　智慧育种方法 …………………………………………………… 55

3.4　农艺农机结合研究方法 ………………………………………… 59

3.5　二次回归正交组合设计方法 …………………………………… 70

3.6　二次回归旋转设计 ……………………………………………… 85

第4章　菊芋品种选育 ……………………………………………… 120

4.1　我国菊芋选育研究进展 ………………………………………… 120

4.2　菊芋育种方法 …………………………………………………… 120

4.3　菊芋分类品种选育 ……………………………………………… 123

4.4　菊芋系列品种鉴定 ……………………………………………… 151

第5章　菊芋配套栽培技术研究 …………………………………… 160

5.1　良种良法配套栽培技术研究 …………………………………… 160

5.2 农机配套技术研究与应用 ··· 189

第6章 菊芋的营养成分、影响因素与价值分析 ························· 209

6.1 菊芋茎叶的营养成分及价值分析 ································· 209

6.2 菊芋块茎的营养成分及价值分析 ································· 224

6.3 菊芋花的营养价值分析 ··· 235

第7章 菊芋主要产品研究与应用 ····································· 241

7.1 菊芋食品类产品加工 ··· 241

7.2 菊芋饲料产品加工工艺研究 ······································· 262

第8章 菊芋产业发展前景展望 ··· 276

8.1 菊芋产业链循环系统与亟待解决的问题 ····················· 276

8.2 菊芋产业发展前景 ··· 279

参考文献 ··· 284

附　录 ·· 292

第1章 绪 论

1.1 菊芋的概述

1.1.1 菊芋的起源

菊芋（*Helianthus tuberosus* L.）又名洋姜、鬼子姜，俗称"姜不辣"，是菊科（Compositae）向日葵属（*Helianthus* L.）多年生草本植物。菊芋最早发现于美国俄亥俄州的峡谷地区和密西西比河下游流域，而后逐步在加拿大、巴西等地繁衍。17世纪传入欧洲，18世纪初经欧洲传遍世界各地，18世纪末传入我国，目前在我国已有300余年的种植历史。

1.1.2 菊芋的分布区域与应用价值

菊芋适宜种植的区域十分广阔，遍布世界各地。我国菊芋分布也极为广泛，南起海南、北至黑龙江、西起新疆、东至沿海地区都有菊芋的生长。

菊芋适应性非常广泛，具有良好的水土保持、防风固沙和改良土壤的作用。菊芋是一种富含膳食纤维作物，其中块茎提取的菊粉是人类改善肠道健康食物的辅配原料，已被国内外行业专家认可，成为国际公认的食品配料，广泛应用于功能性食品、肉制品及医药保健品中。菊芋整株器官均可利用，茎叶营养价值丰富，是理想的新型饲料资源。菊芋秋季开花，花为黄色，可做茶饮料。因此，菊芋被联合国粮农组织官员定为"21世纪人畜共用作物"。

目前，随着人们生活水平的提高，以及对健康的迫切需求，菊芋受到越来越广泛的关注。我国菊芋种植规模和生产水平不断提升，育种与加工技术不断创新，一个以菊芋为产业链条的特色农业产业正在悄然兴起。菊芋产业发展取得了可喜的社会、经济、生态效益。随着现代农业产业发展，菊粉已成为营养微生态健康产业辅料，菊芋已成为集新型能源、糖料和新型饲草功能于一身的"生态作物"。

1.1.3 菊芋产业链

菊芋产业链遵循"生态、安全、高效、可持续"的原则，以菊芋专用品种为核心，以市场需求为导向，以生产—加工—经营为主线，以菊芋整株器官开发利用为技术路径，一二三产融合发展，以促进乡村振兴为目标，构建了如下产业发展系统功能框架。

发展畜禽养殖业，秸秆作为新型饲料资源，以畜禽粪作为有机肥料还田，构建可持续发展菊芋种植—畜禽养殖的循环生态产业链，以生态产业链为主线，建立菊芋加工主导产业，利用主导产业的强大辐射力带动产业链条、补充链条节点，形成一个以菊芋种植、加工、畜禽养殖为主的生态循环复合系统。该系统由种植、加工、养殖 3 个系统组成，通过与自然和社会环境有机融合，与系统的外部环境进行信息流（市场、技术、政策等）、物流（水、肥、机械等）、能源流（太阳能、电力等）的三流输入与输出，建立完整的经济循环系统（图 1-1）。

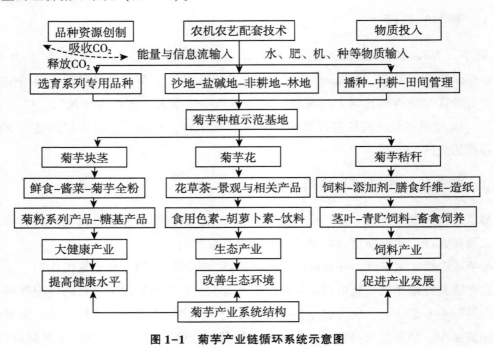

图 1-1　菊芋产业链循环系统示意图

1.2　国内外菊芋产业发展概况

1.2.1　国外菊芋产业发展概况

在种质资源研究方面，美国、欧盟及俄罗斯均建立了相当规模的资源库，为菊芋品种选育提供了丰富的种质资源。品种选育方面，美国、德国、俄罗斯、荷兰、塞尔维亚、伊朗、埃及、丹麦、挪威、匈牙利、瑞典、泰国等国选育出数十个品种。据报道，采用向日葵×菊芋杂交技术选育品种仅有瑞典选育"Sunchoke"和俄罗斯选育"Vostorg"。其他绝大部分国家均采用系统选育的方法。法国选育"Violt de Rennes"，俄罗斯选育"Nahodka"，匈牙利选育"BT4"，加拿大选育"Columbia"等高产品种，块茎平均产量为 $45\sim80t/hm^2$。美国选育极抗寒早熟品种"Stampede"，北美洲选育食用观

赏品种 "Dwarf Sunray"，德国选育 "Waldspindel" 和法国选育 "Fuseau" 多样性的品种群等均获得一定区域的示范推广。但对菊芋专用品种相关指标确定及系统分类的研究尚未见相关报道。

菊芋块茎中的菊粉（Inulin）又称菊糖，具有调节肠胃、提高免疫力及促进矿物质吸收等多种功能，可加工成菊糖、食品添加剂、酒精、保健品、高纯度低聚果糖等，已被世界 40 多个国家批准为食品和营养增补剂，如乳制品、乳酸菌饮料、固体饮料、糖果、饼干、果冻和冷饮等多种食品，特别是保健食品和老年食品中，约有 200 多个产品，已成为海外市场风靡的保健产品。

在菊粉生产方面，国外主要有比利时的 ORAFTI 和 WARCOING 公司及荷兰 SENSUS 集团公司的 COSUN 子公司，主要用菊苣生产菊粉，产量占世界总产量的 98% 以上，每年市场消费量超过 10 万 t。

菊芋作为饲料资源，美国、英国、德国、法国、瑞典、巴西、波兰、俄罗斯、荷兰、塞尔维亚、伊朗、埃及、丹麦、挪威、匈牙利、瑞典等国在菊芋生物学特性、化学营养成分分析、改善畜禽肠道微生物群、降低血清中的甘油三酯、磷脂和胆固醇以及极低密度脂蛋白、青贮饲料发酵和营养特性评估及对泌乳奶牛饲料摄入量和产奶量、蛋白降解性和发酵酸对代谢蛋白浓度的影响、畜禽饲喂等方面进行研究，并广泛用于饲喂畜禽，饲喂时搭配玉米面、饼粕、麸皮、鱼粉、骨粉和石粉等饲料原料，以保证营养均衡。冬季初霜前，将茎叶全部收获，鲜嫩茎叶可喂禽，青贮或干草均可饲喂畜禽。新鲜的块茎中，含有较多的无氮浸出物和蛋白质，尤其是菊糖含量高，其营养价值较马铃薯高，块茎脆嫩适口性好，无论新鲜的或贮藏过的，畜禽均喜食，尤以用来喂猪最佳。但在菊芋全株的营养成分系统评价、饲喂菊芋全粉预防奶牛乳腺炎等方面的研究未见相关的报道。

1.2.2　我国菊芋产业发展概况

我国传统种植的菊芋均为野生品种，主要在房前屋后、山坡或田间地头等边角废地上零星生长，其用途为腌制咸菜。21 世纪初，我国有关省区开展了对菊芋品种资源收集、引进试验筛选和品种选育等研究，经过 20 多年的努力，菊芋产业已经取得了明显进展，成为新兴的朝阳产业。

在菊芋产业技术研究与开发利用方面，与国际同领域相比发展迅速。据中国科学院文献情报中心提供资料显示，自 2005 年 5 月 1 日以来，我国专利数量开始增长，截至 2021 年 5 月，中国专利共有 2 265 件，已超过其他各国专利数量之和。Web of Science 上中国学者研究菊芋的 SCI 论文共 359 篇，位居全球第一位。论文涉及菊芋种质资源创制、农机农艺配套技术、荒漠化生态治理、新型战备粮储备、新型优良饲草及大健康功能原料供应的新业态产业链等方面，为菊芋产业发展奠定可靠的技术支撑。

1.2.2.1 品种选育

2007 年，南京农业大学、青海大学等单位建立并完善了菊芋种植制度，成功培育了"南芋 1 号""青芋 2 号"等高产优质品种，为菊芋原料生产与供应奠定了坚实的基础，示范推广面积在 50 万亩左右。随后内蒙古自治区农牧业科学院选育出"蒙芋 1 号""蒙芋 2 号""蒙芋 3 号""蒙芋 4 号"等品种。吉林省农业科学院目前培育并审定菊芋新品种 5 个，即"吉菊芋 1 号""吉菊芋 2 号""吉菊芋 3 号""吉菊芋 4 号"和"吉菊芋 9 号"，收集国内外菊芋优良品系几十个，并在吉林乃至东北地区推广应用。河北省廊坊市菊芋育种团队，经过 16 年的刻苦攻关，选育出加工型、牧草型、景观型、鲜食型、耐盐碱型五大系列菊芋品种，其中加工型品种"廊芋 2 号"廊芋 3 号""廊芋 5 号"，牧草型"廊芋 21 号""廊芋 22 号""廊芋 25 号""廊芋 26 号""廊芋 27 号"，景观型"廊芋 31 号"、鲜食型"廊芋 1 号"、耐盐碱型"廊芋 6 号""廊芋 8 号"。

1.2.2.2 栽培种植

据统计，目前我国通过农业部门评审认定的菊芋新品种共有 20 多个，为菊芋产业开发提供专用品种支撑。南京农业大学、青海大学、内蒙古自治区农牧业科学院、吉林省农业科学院、甘肃省定西市旱作农业科研推广中心等单位成功培育的高产优质品种，主要栽培品种种植面积达 100 万亩以上。南京农业大学选育的"南芋 1 号""南芋 2 号""南芋 9 号"在沿海滩涂大面积推广，集成了盐土菊芋规模化栽培技术体系，创建了筛选耐盐高效植物新品种的方法。青海大学选育的"青芋 2 号""青芋 3 号""青芋 5 号"在青海、甘肃等地示范推广已达 10 万亩以上，获得了令人惊喜的经济效益。内蒙古自治区农牧业科学院选育的"科尔沁 1 号""蒙芋 2 号"，在内蒙古等地已规模生产。吉林省农业科学院选育的"吉芋 1 号""吉芋 2 号"等品种，在东北部分区域示范推广，取得良好的经济效益。甘肃省定西市旱作农业科研推广中心选育的"定芋 1 号"，为甘肃省菊粉生产提供了优良品种。

廊坊菊芋育种团队采用"灰色理论"和"同异论"系统优化方法，从种质资源筛选入手，探索了专用品种选育的方法创新；面向市场需求选育出不同类型的 11 个菊芋新品种，获得河北省种子部门认定证书。构建了我国第一个菊芋特性优异分类指标体系，研发适用于不同栽培模式的菊芋收获机、播种机、中耕除草机、秸秆收割机，形成农机农艺综合配套技术体系，为菊芋种植生产提供科学依据，促进菊芋规模化生产。在河北省以及京津、山东、河南、山西、陕北、湖南、宁夏、甘肃、青海、新疆等地进行了推广种植，种植面积累计达 47.74 万亩，在海南、南沙以及南太平洋的瓦努阿图均已试种成功。

1.2.2.3 菊粉加工

中国科学院大连化学物理研究所杜昱光研究团队于 2004 年在国内外率先开展"菊芋生物基产品开发及综合利用"的研究，建立内、外切菊粉酶克鲁维酵母 Y179U/

pUKDS-INU 工程菌高分泌表达的优化工艺及高果糖、菊粉和过寡糖等菊芋生物炼制产品的生产工艺中试及工业化生产的工艺设计。菊粉乙醇及生物柴油研发，菊粉糖利用率95%以上，转化得率85%以上，乙醇浓度11%。菊芋粉高效油脂发酵技术研究，筛选得到了能直接利用菊芋汁、菊芋水解液和菊芋浆发酵产油的菌株，在优化条件下菌体油脂含量可达60%以上。菊粉生物基化学品研发，菊芋发酵法制备甘露醇、2,5-呋喃二甲醛、丙酮丁醇等产品。杜昱光研究员的研究成果为菊芋产业链开发提供了基础理论与技术支撑。菊粉在我国也正在被大众所认知，菊粉生产及其相关行业迅速增长。目前，菊粉成为继淀粉、小麦精粉之后的又一重要食品及食品配料。

1.2.2.4 纤维素利用

菊芋秸秆纤维素利用研究，经测定菊芋秆木质部含量占整株93.1%，髓含量为6.9%。菊芋秆的纤维平均长度为0.72mm，纤维最大值为2.21mm，最小值为0.22mm，其中0.20~0.82mm长度范围的纤维分布频率为70.94%，纤维质量属阔叶木范畴，优于人工构树的杆芯木质部的纤维质量。

1.2.2.5 饲料应用

1959年，我国著名动物营养学家张子仪院士组织国内动物饲料营养领域专家撰写《国产饲料营养成分含量表》一书，收集了甘肃、浙江、新疆等地6个菊芋秸秆粉样品（甘肃样品菊芋秸秆粉含水量7.1%，粗蛋白12.5%、粗脂肪1.5%、粗纤维25.7%、无氮浸出物40.1%）。2019年牧草型廊芋系列品种被收录在《中国饲料数据库》中，2020年，中国农业科学院北京畜牧兽医研究所研究员熊本海与廊坊菊芋研究团队的研究人员共同编写了《中国饲料数据库典型样品常规成分及主要矿物质元素含量》《菊芋营养价值评价及菊粉抗炎机理研究进展》。对菊芋全粉作为蛋鸡、肉鸡、猪、小尾寒羊、细毛羔羊、奶牛、育肥犊牛辅配饲料应用及其作用机理进行了论述，菊芋茎叶作为饲草的试验研究结果表明菊芋可替代部分饲料。

菊芋中的营养成分以及某些代谢产物在生长发育过程中通过多种分子信号传导途径发生变化，在生物合成和生物降解中具有潜在的重要作用。作为功能性寡糖，菊芋块茎中的菊糖不经过单胃动物的消化酶降解而直接传递到大肠，在胃肠道中主要充当益生元，改善肠道内环境，同时对血糖、脂质代谢和蛋白质代谢均有调控作用；菊芋茎、叶、花中的含有黄酮类、酚酸类、萜类以及少量的甾醇类、氨基酸和多糖等生物活性物质，经大量动物临床试验表明，这些生物活性物质具有抗氧化、抗炎杀菌以及对多种肿瘤细胞具有一定的毒性作用，医疗价值较高。

1.2.2.6 生态价值

菊芋适应性强，具有耐寒、耐旱、耐盐碱、抗风沙能力强等特性的不同类型的品种，适合在荒漠、滩涂、盐碱草地等边缘性土地上推广耕种，不与粮争地，生态价值巨大。

1.2.2.7　大健康产品开发

随着育种与加工技术不断创新，菊芋在我国青海、甘肃、宁夏、内蒙古、河南、山东、湖南等省（区），以及京津冀地区种植规模不断扩大，先后建成一定规模的生产线，在重庆、河北、甘肃、宁夏、黑龙江、内蒙古、陕西、湖南等地的菊粉生产企业，年生产能力可达 3 万 t 左右，每年实现产值 10 亿元以上。

菊芋作为生物炼制系列产品原材料已被广泛应用于食品（膳食纤维粉、菊粉饼干、菊粉挂面、菊粉面包、菊芋饮料、方便食品等）、医药（果寡糖）、轻化（丁醇、HMF、琥珀酸）、保健等领域，具有广阔前景和潜在开发价值。

1.3　菊芋产业关键技术研究与成果转化

1.3.1　总体思路与研究路径

1.3.1.1　总体思路

菊芋产业关键技术研究的总体思路是解决缺乏专用品种选育及配套的种植技术与方法、缺乏菊粉精深加工及节能环保新工艺、缺乏全株器官的综合开发技术的问题，以菊芋全株加工利用和产业化为目标，集作物育种、农机农艺、产品加工、营养评价及数据共享技术的协同研究，形成菊芋产业关键技术成果。详见图 1-2。

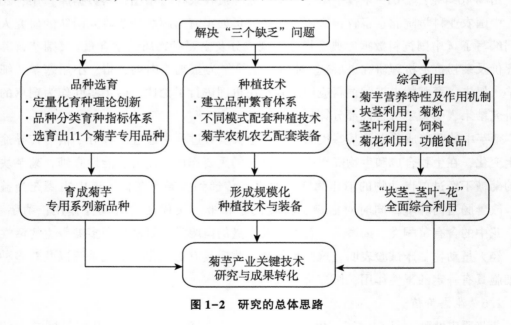

图 1-2　研究的总体思路

1.3.1.2　研究路径

菊芋产业关键技术研究路径包括菊芋专用品种选育及配套技术研究，菊芋饲料营养价值与机理研究，菊芋产业链研究和菊芋产业发展前景四部分，其研究详细路径详见图1-3。

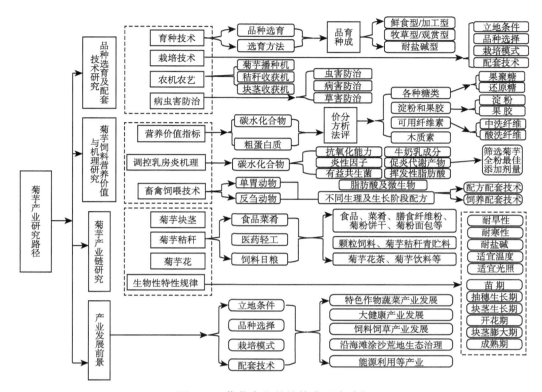

图1-3 菊芋产业关键技术研究路径

1.3.2 生物学特性及生长规律

1.3.2.1 生物学特性

菊芋耐寒、耐旱、耐盐碱，块茎在6~7℃时萌动发芽，8~10℃出苗，幼苗能耐1~2℃低温，气温18~22℃和12h日照均有利于块茎形成，可在含盐量低于8‰的盐碱地正常生长。菊芋因其生物学特性所能适应的环境范围十分广泛，适宜多种地区种植。

1.3.2.2 菊芋生长规律

菊芋品种分为早熟、中熟、晚熟三类。在京津冀地区生长周期一般为156~230d，其中，早熟品种170d以下，中熟品种171~190d，晚熟品种200d以上。以"廊芋5号"为例，按照生长周期为32周划分，可分为苗期、植株茎叶生长初期、植株生长茂盛期、块茎形成期、开花期、块茎膨大期及成熟期7个时期。

1.3.3　廊芋系列品种选育

1.3.3.1　定量化菊芋品种选育方法

廊坊菊芋育种团队针对菊芋这一作物育种过程中存在的同异现象，结合信息技术，首次将同异育种理论与方法应用到菊芋育种上，以定量研究为主，采用"灰色理论""同异论"等方法进行决策评估、系统优化，以解决菊芋传统育种中以定性经验为主的问题，在定量与定性分析相结合的基础上，通过系统分析与优化决策，形成了一套智能化菊芋品种选育方法，在分析过程中能同时考虑多个因素，不仅使分析结果更加全面、客观、准确、可靠，而且加快了新品种选育进程。

1.3.3.2　菊芋新品种选育实施过程

菊芋新品种选育通过"引、选、筛、试、比、定"七个步骤选育出加工型、饲草型、观赏型、鲜食型、耐盐碱型"廊芋"系列新品种。

①选育出块茎产量高、总糖含量高、还原糖含量低的加工型菊芋新品种。块茎亩产达到 3 451~3 895kg，比传统品种增产 27.86%~32.67%；总糖含量 19.36%~23.52%，比传统品种高 4.8 个百分点以上；还原糖含量 1.78%，比传统品种低 10% 以上，解决了高产、高糖、还原糖低"两高一低"集一身的育种难题；各项加工指标明显优于国内外同类品种，为菊芋产品加工节本降耗提质增效提供了科技支撑。

②选育出高蛋白含量的牧草型菊芋新品种。秸秆亩均产量 5 548kg，菊芋叶、茎、全株粗蛋白含量分别为 19.31%、7.07%、10.15%，分别比传统品种高 8.12 个、3.23 个、4.17 个百分点；亩产粗蛋白比玉米秸秆和苜蓿分别高 167% 和 38%。菊芋饲用品种，首次进入国家饲料数据库，进一步拓展了我国优质粗饲料资源。

③选育出观赏型菊芋新品种。具有分枝多，开花早，花期长等特点，花朵数可达 80 个以上，单株花产量达 258g，经测试发现含低聚果糖 0.89%，蛋白质 17.3%，适宜开发健康茶饮料。为改善生态环境，打造景观产业及菊芋花的开发产业链提供专用品种，经专家现场鉴定，该成果达到国际领先水平。

1.3.4　农机农艺配套栽培技术

1.3.4.1　农艺栽培技术

探索了密度组合优化同异布局方法。结合土壤特性及基质 pH 值，筛选出最佳的种植密度、有机质及速效肥配方、菊芋间作套种技术及贮藏保鲜配套技术等，形成了良种良法配套模式化种植技术体系，在保证生物产量的前提下，不打药，少施肥，保增效，是一种双碳经济作物。

1.3.4.2　农机农艺配套技术

采用优化同异布局方法，根据立地条件，研制出适于不同栽培模式的菊芋单双行收获机，优化了菊芋块茎采收的深度、振幅、链条孔距及长度参数，创制出菊芋系列专用农机装置。探索了整地、施肥播种、中耕除草、病虫防治、秸秆收割、块茎收获等农机作业规范化技术，总结出不同模式的菊芋配套种植技术，形成农机农艺综合配套技术体系，实现了菊芋农机农艺配套的规模化种植。

1.3.5 系列产品加工工艺

以"块茎–茎叶–花"为重点，创制了菊芋系列健康食品并拓展了产业链。

1.3.5.1 低温萃取菊粉新工艺

发明了低温萃取菊粉新工艺，突破了传统热溶解方式出粉率低、纯度不够的技术瓶颈，通过综合筛选菊粉的粉碎粒径、离子水的温度、离子水与菊粉重量比例、混合溶液的 pH 值、陶瓷膜的孔径及用于不同剔除目的离子交换树脂的型号等参数，使菊糖总得率高达 98%~99%、纯度达 94%~97%，分别比同行高 14 个和 8.5 个百分点；创制的磨浆法前处理新工艺，清洁原料时间由传统的 3~5h 降到 5~10 min，效率提高 18~60 倍；用陶瓷膜法替代碳酸法饱充除杂工艺，用水量显著减低，废水排量降至传统工艺的 1/3，有效地解决了菊粉加工存在的用水量大、耗能高、得率低及成本高等问题。

1.3.5.2 菊芋全粉制备工艺

创新了菊芋全粉的制备方法，科学控制菊芋全粉烘干过程中的温度、时间和相对湿度等参数，烘干共五个阶段，各阶段参数相辅相成，互相配合，不仅烘干时间短，且可较大程度地保留菊芋自身的营养，可兼顾时间成本与菊芋全粉的目标质量，实现参数相辅相成，互相配合，兼顾时间成本与菊芋全粉质量与节本增效的目标。

1.3.5.3 菊芋中医药、食品、有机肥制备技术

筛选出含菊粉中药组方，发明了生产治疗糖尿病的中药胶囊或片剂的制备工艺流程，产品服用疗效稳定；开发了菊芋压片糖果、菊芋苦瓜片、膳食纤维粉、菊芋花茶、菊粉固体饮料、菊粉饼干、菊芋全粉面包和菊芋花茶等系列健康食品。尤其研制了含低聚果糖 0.89%，蛋白质高达 17.3%的菊芋花茶，取得国家级绿色食品证书；首次采用菊芋加工后的菊渣，开发了高端生物有机肥制备技术，使得有机质达到 65%，比国家标准提高 20 个百分点，较好延长菊芋精深加工产业链，实现菊芋全株各器官资源的综合利用。突破了菊芋全粉加工、饲料化利用、功能食品开发等关键核心技术，实现了菊芋产业链的综合利用。

1.3.6 饲料营养价值评价

1.3.6.1 测定菊芋秸秆碳氮养分含量峰值

首次发现了牧草型品种菊芋秸秆碳氮养分含量峰值在出苗后 9~12 周和 17~19 周，双峰特征颠覆了传统认知，为确定菊芋作青贮饲料秸秆收获最佳期并获得最大生物量提

供了科学依据。

1.3.6.2 测定菊芋茎、叶及花中的主要生物活性物质

为系统地摸清菊芋的饲用价值,廊坊菊芋创新团队与中国饲料数据库情报网中心合作,连续收集"廊芋"系列11个新品种样品种数百次,采用菊芋秸秆营养价值精准评价方法,全面检测了不同品种、不同年份、不同茬次及不同生产期的菊芋饲料的秸秆的碳水化合物、总糖、氨基酸及矿物元素含量等。

定性定量测定了菊芋茎、叶及花中的主要生物活性物质。在国际上首次定性定量揭示了菊芋茎、叶及花中的主要生物活性物质,主要包括黄酮类、酚酸类、倍半萜类、倍半萜内酯类、氨基酸、多糖及甾醇类等共46类生物活性物质,全面评价了菊芋全株各器官的饲用价值,入选《中国饲料数据库》。

1.3.7 畜禽饲喂与配方

针对蛋鸡不同产蛋率的营养需要量与营养调控要求,将含不同比例菊芋全粉作为饲料原料的含不同比例的菊芋全粉的蛋鸡饲料配方,为蛋品质及蛋鸡的健康养殖贡献技术方案。

针对奶牛运用 UMI 16S rDNA 扩增子测序技术与非靶向质谱技术方法,研究奶牛饲喂菊芋促进乳房健康的调控机理,详见图1-4。

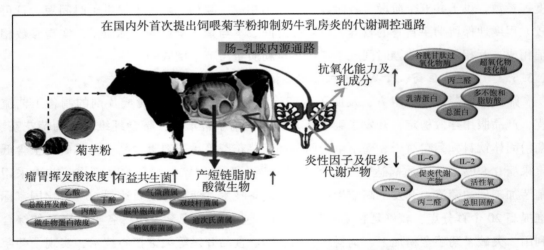

图1-4 奶牛饲喂菊芋促进乳房健康的调控机理

通过代谢组学研究,发现添加0.8%菊芋粉可促进奶牛瘤胃有益微生物优势菌属的丰度,阐明了促进奶牛乳房健康、抑制奶牛乳房炎发生的分子机理。通过畜禽饲养试验,测试系统分析了菊芋秸秆饲养动物营养指标,精准地评价了菊芋的饲用营养价值,为新型菊芋饲料的开发利用,提供技术支撑。

1.3.8 菊芋成果转化应用

1.3.8.1 经济效益

廊芋系列新品种在全国推广面积累计达 47.74 万亩，占菊芋种植品种的 28.1%，占河北省种植量的 85.3%；与当地适宜种植作物相比，累计节约人工费 6 780 万元，节水 5 428.8 万 m^3。菊粉产品销量达 1.65 万 t，菊芋饲料 9.13 万 t，菊渣生物肥料 1.2 万 t。每亩种植效益综合提高 15.26%，减少养殖成本 8.31%，畜禽死淘率降低 10.7%。近 3 年累计新增收入达 23.21 亿元，新增利税 4.29 亿元。与当地适宜种植作物玉米相比，累计节约人工费 1.43 亿元，节水 11 452.54 万 m^3。

1.3.8.2 社会效益

（1）推动行业科技进步

以廊坊为核心的菊芋创新联盟团队取得国家发明专利 10 项，实用新型专利 2 项，软件著作权 7 项；制定地方标准 9 项，获得农作物品种认定证书 11 个，取得绿色食品认证 2 项，省部级鉴定成果 6 项，其中 1 项达到国际领先水平；出版专著 3 部，发表论文 25 篇，其中 SCI 13 篇。主要完成人中有 1 人晋升二级研究员，3 人获批享受国务院政府特贴，培养博士 4 人、硕士 5 人，培育 1 家国家技术创新企业、2 家高新技术企业、1 个国家企业技术中心，并建立了 2 个院士工作站，菊芋产业技术创新战略联盟培养企业技术骨干 24 名。

（2）提升社会效益

通过在京津冀、山东、河南、新疆等 13 个省份推广菊芋种植，改善种植地区的大环境及土壤质量，成为生态环境相对恶劣地区如河北省张家口、承德，青海、甘肃、内蒙古及新疆等西部地区农牧民产业致富途径之一。利用菊粉加工后的副产品——菊芋渣生产生物肥料，实现资源综合利用，延长菊芋精深加工产业链，实现菊芋加工全程零排放，在同行业中具有明显竞争优势，符合绿色、循环经济发展理念。

（3）丰富居民健康食品

菊粉具有增强双歧杆菌增殖、双向调节血糖、降血脂、恢复胃肠、增强钙吸收等功能。目前，以菊芋为原料研制生产的高纯度菊粉、甘露寡糖、水苏糖等低聚寡糖，菊芋压片糖果、菊芋苦瓜片、菊芋花茶等系列产品，被称为 21 世纪人类健康最具有代表性的健康产品。

（4）新型饲料资源

菊芋作为新型饲料，能量和各种营养成分均衡全面，尤其是在最佳收获期采收的菊芋茎秆，因蛋白质含量较高，可替代部分苜蓿，能够完全满足畜禽生长需要，且可消化养分指标突出，不仅可作为优质粗饲料使用，也是益生菌饲料补充剂，具有抗生素功能。菊芋茎秆饲料开发应用，将缓解我国畜禽养殖业尤其反刍动物粗饲料的需求压力，降低饲料成本，且茎秆中含有特殊营养活性物质，促进畜禽健康并为无抗时代提供解决方案。因此，牧草型菊芋饲料应用前景也是巨大的。

1.3.8.3　生态效益

在保护自然资源或生态环境上，通过在京津冀地区、甘肃、青海、山东、内蒙古、新疆等省市推广菊芋种植，合理地利用光、热、水资源，改善了种植地区的环境及土壤质量。

菊芋适合在盐碱地、非耕地、沙荒地、沿海滩涂等地种植，对改良土壤、增强有机质含量、改善沙地结构有重要作用，进而为退沙还田创造有利条件。

菊芋是光合效率高的植物，以水浇地种植，每亩种植密度按 3 000 株，叶面积为241 782m^2，计算光合效率，每亩菊芋每年 CO_2 的吸收量为 658.81kg，每年释放氧气477.4kg。每万亩菊芋年吸收 CO_2 4 172.5t，释放 O_2 3 023.6t，有效改善了生态环境。根据双碳效益相关规定，如果通过碳汇交易，可以获得一定的资金支持。

菊芋的水分利用率随施肥量的增加而上升。不同的处理分别比不施肥的水分的利用率要高 1.04%~5.14%。因此，在农田节水管理中，合理增施肥料是提高水分利用效率的有效途径。

1.3.9　菊芋产业前景展望

菊芋特色产业从块根块茎到地上全株部分，都是优质加工原料，应用前景巨大，与大健康与畜牧产业密切融合，协同企业合作设立科技支撑项目，开展菊芋新品种选育、系列产品开发、基地建设、示范推广，通过"政府+企业+合作社+农民"的运行机制，实现菊芋一、二、三产业协同发展，促进乡村振兴。可预见在推广条件成熟后可做成千亿规模的大产业，正所谓"小菊芋""大产业"！

综上所述，从菊芋系列专用品种选育，到菊芋系列产品精深加工、菊芋的饲用价值发现，既促进科技进步，又服务民生，具有巨大的发展前景。

第2章 菊芋的特征特性、生长规律及生长环境

2.1 菊芋的特征特性

2.1.1 菊芋的植物学特性

菊芋按植物学特性划分为地上生长的茎秆和地下生长块茎，是多年生草本植物，地上茎秆高1.5~3.5m，地下有块茎及纤维状根。茎直立，有分枝，被白色短糙毛或刚毛。叶通常对生，有叶柄。头状花序较大，单生于枝端，有1~2个线状披针形的苞叶，直立，径2~5cm，总苞片多层，披针形，长14~17mm、宽2~3mm，顶端长渐尖，背面被短伏毛，边缘被开展的缘毛；托片长圆形，长8mm，背面有肋、上端不等三浅裂。舌状花通常10~15个，舌片黄色，开展，长椭圆形，一般花序的径为6~8cm，花盘直径为1.5cm左右；长1.7~3cm。种子瘦果小，楔形，上端有2~4个有毛的锥状扁芒。花期7—9月。块茎表皮颜色大致分为紫色、红色、白色三种。块茎的形状可分为纺锤形、瘤形、棒形、球形四大类，其中纺锤形、瘤形约占80%以上。

2.1.1.1 菊芋块茎

块茎是由匍匐茎顶芽与倒数第二个伸长的节间膨大发育而成的变态茎。匍匐茎顶端开始膨大，标志着块茎开始形成。块茎一般以放射线状排列，主要以分散、较集中、集中方式分布于土壤犁底层以上，如果土壤土层深厚，块茎也可延伸到土壤40cm处左右。

菊芋以块茎繁殖为主。块茎在距地面0~20cm平均地温达8~10℃时生根发芽。菊芋匍匐茎是由地下茎节上的腋芽水平生长而成的侧枝，一般为白色。匍匐茎在地下茎节1~6节上匍匐又生2~3次分枝，使得块茎的数量大大多于匍匐茎，黏重土壤不利于匍匐茎的萌发，影响地下块茎的形成。菊芋的不同品种及环境等因素对匍匐茎形成数量均有一定的影响。匍匐茎的生长发育次序是匍匐茎顶芽生长，形成顶端的膨大块茎，膨大块茎顶芽生长出新的匍匐茎，顶端膨大形成块茎。匍匐茎生长阶段和块茎的形状如图2-1、图2-2、图2-3所示。

在气温18~22℃，日照12h的条件下，进入菊芋块茎成熟期，一般北方为10月上中旬、南方为10月下旬至11月初。不同品种块茎成熟照片，详见图2-4、图2-5、图2-6。

图2-1　匍匐茎顶芽生长　　　图2-2　顶端膨大块茎　　　图2-3　膨大形成块茎

（见彩图，到图2-63）

图2-4　景观型"廊芋3号"　　图2-5　加工型"廊芋5号"　　图2-6　牧草型"廊芋22号"

2.1.1.2　菊芋茎叶

（1）菊芋地上茎

菊芋在气温14～15℃时出苗。出苗时有一对椭圆形小叶先出土，第2对叶及第3对叶随地上茎向上伸延，后生的叶为卵圆形。菊芋茎上遍布茸毛，一般叶腋内都出生分枝，茎基部出生的分枝为对生，一般4～6对，生长粗壮。茎基部对生的叶一般有8～9对。9～10对叶以后成为互生。菊芋的叶只有叶柄和叶片，为不完全叶。网状叶脉，主脉明显。整株叶片数量多达100片左右，高产地块叶面积系数可达4以上。菊芋地上茎的颜色一般为绿色和紫色，茎直立，菊芋茎高度一般2m左右，土壤肥沃的地块高度可达3.5m以上。茎主干圆形，直径一般为1～3cm。幼苗的茎中间为髓质，向外是维管束；主茎2～3个，茎中下部有分枝12～14个。分枝开始是对生的，逐渐互生。茎上有节，节间长一般为20～50cm。每个节可生出1～3个芽，一个芽又可以发育成一个分枝或叶。茎的表面粗糙，茎上遍布茸毛，并有不明显的棱状突起，在特殊环境下茎秆上会着生浅绿色或浅紫色球状瘤，但不影响茎秆生长。详见图2-7、图2-8、图2-9。

（2）叶

叶片由茎生，一般一个茎节长1个叶，最多能长出3个叶，叶片先对生，逐渐变成互生，其以绿色为主，特殊气候条件会使叶色在秋季呈现红色。植株开花前，新叶片的数量不断增加，开花后新叶片逐步减少，整个生长期植株都有新叶长出。叶形可分为近圆形、卵圆形、长卵圆形三种，且左右完全对称。叶尖和边缘均有锯齿。叶表面粗糙有刺毛，叶基部圆形然后变成宽阔的楔形并逐渐变尖。叶脉为网状，并有三条明显的主叶脉从叶基部发生。一般叶长为 10~20cm，叶宽为 5~10cm，叶柄长 2~6cm。同一植株叶的大小随其位置不同而存在差异，植株基部的叶较小，中部的最大，越往顶部叶片越小，分枝叶较主茎叶略小，分枝叶明显小于主茎叶和分枝叶。详见图 2-10、图 2-11。

图 2-7　苗期茎叶

图 2-8　紫色茎叶

图 2-9　绿色茎叶

图 2-10　不同生长时期叶片正面

图 2-11　不同生长时期叶片背面

2.1.1.3　花

菊芋的花为黄色、头状花序，品种大多在 8 月中旬花芽开始分化，9 月中下旬进入开花盛期。菊芋花头状花序较大，单独或者成群地着生于茎或分枝的顶端，有 1~2 个线状披针形的苞叶，直立，径 2~5cm。总苞片多层，披针形，长 14~17mm、宽 2~3mm，顶端长渐尖，背面有短伏毛，边缘有展开的缘毛；托片长圆形，长 8mm，背面有肋、上端不等三浅裂。每个花序的中心着生许多黄色管状花，周围有 10~20 个黄色舌状花，花瓣呈放射状排列。一般花序的径为 6~8cm，花盘直径为 1.5cm 左右。舌状花根据其疏密程度可分为分散和较集中两种，花的子房受孕以后，花冠变干。

国内外菊芋品种普遍存在花盘小、花朵数量少、花期短等问题，廊坊菊芋育种团队选育的景观型品种"廊芋 31 号"，花期 90d 左右，单株花量 60~80 朵，花盘直径为 1.5~2cm，花序直径 9.5~9.8cm，花瓣单层 9~13 片，单株花量达到 80~100 朵。详见图 2-12、图 2-13、图 2-14。

图2-12 盛花期　　　　　图2-13 菊芋单朵花　　　　图2-14 不同开花阶段对比

2.1.1.4 种子

菊芋种子多为瘦果楔形，包括种皮、果肉、子叶和胚，长约5mm，宽约2mm。表面颜色为杂色、褐色或棕色，有的带有黑色斑点。种子千粒重一般为0.8~1.8g。由于菊芋花期雌雄蕊花期不遇的特点，一般不能正常成熟，没有发芽能力，即使个别种子成熟，数量也极少。但在积温较高、花期长的生长区域可以结实，一个花序可形成2~4粒瘦果，千粒重7~99g，利用种子进行有性繁殖，可以产生变异或退化，可以在培育时作为选育新品种的一条途径。详见图2-15、图2-16。

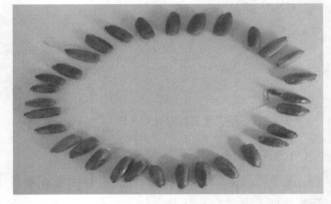

图2-15 成熟种盘　　　　　　　　　　图2-16 菊芋种子

2.1.1.5 根

菊芋根是纤细的不定根，为须根系。一般多分布在土壤浅层接近种芋的地下茎基部。须根从出苗开始至块茎形成期生长迅速，每条根有1~3个支分枝根，但较短。入土较深，但因须根纤细，所以影响其抗倒能力，因品种而异，并受条件影响。详见图2-17、图2-18、图2-19和图2-20。

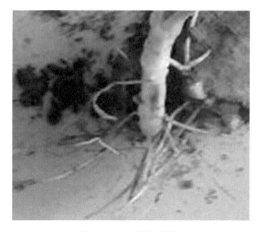

图 2-17 苗期根系

图 2-18 生长期根系

图 2-19 生长后期根系

图 2-20 生长后期根系

2.1.2 菊芋的生态学特性

2.1.2.1 耐寒、耐旱、耐盐碱能力强

我国沙地和低洼盐碱地面积较大,其中适宜菊芋种植的盐碱地、沙荒地、撂荒地、山坡地等非耕地1.5亿亩左右。由于盐碱地土壤盐分过高,农作物难以生存,部分土壤只能撂荒闲置,年复一年,更加剧了土壤盐渍化和土地荒漠化。菊芋适应性广,抗逆性强,作为优良耐盐植物,不仅能改造盐碱地,也是利用非耕地资源的首选作物,避免菊芋与农作物争地的矛盾。

2.1.2.2 菊芋的耐寒性

我国荒漠地区大都处于高寒地带,气候寒冷,冰冻期长,气候干燥,多风沙。由于菊芋有着极强的耐寒能力,块茎在6~7℃时萌动发芽,8~10℃出苗,幼苗能耐1~2℃

低温，块茎可在-30～-25℃的冻土层内能安全越冬。据有关文献报道，菊芋在黑龙江省可耐-47℃低温（2000 年），第二年仍能正常生长发育。在无霜期少于 90d 的高海拔区域，如河北省张北坝上地区，内蒙古、西藏、新疆等区域在春季冷热频繁交替的年份，有可能导致地下块茎霉烂，应在秋季及时收获。

2.1.2.3 菊芋的耐旱性

现代农业发展面临生态环境和水资源两个"紧箍咒"。我国水资源短缺，大气污染、水污染严重，资源环境与发展矛盾尖锐，近年的干旱化趋势愈加明显，水资源日益紧张，降水量在时空上分布严重不均，存在着明显的地域差异。这些问题是当前及未来面临的最大挑战。菊芋具有惊人的耐干旱能力，早春块茎开始正常萌发，利用自身的养分和水分供萌芽生长，同时生出大量根系，伸向地下各处寻找养分和水分，供幼苗生长，同时块茎中的养分、水分还可继续储备，尤其是在雨季，块茎、根系会贮存大量水分，以备干旱时逐步供给叶茎生长。菊芋的地上茎和叶片上长有类似茸毛的组织，可大大减少水分蒸发。当干旱严重到一定程度时，地下茎会拿出尽可能多的养分、水分供给地上部分茎叶生长，待块茎营养消耗殆尽时，地上茎死亡，然地下茎翌年仍可生长出新苗。

2.1.2.4 菊芋的耐盐碱性

菊芋具有良好的耐盐碱性。在盐的胁迫下，其幼苗根部可维持较高的 K 含量，可在土壤 pH 值 9.5 的条件下正常生长，适宜在我国沿海滩涂地区大面积种植。菊芋作为耐盐先锋植物能在短时间内快速降低土壤中的盐度。据天津、河北、江苏、山东等地区在沿海滩涂和重度盐渍化土壤的种植试验表明，菊芋茎秆可吸收、储存、收获转移带走土壤中的盐分，降低土壤盐分含量，为盐碱地区土壤改良提供了有效途径。

近年来，菊芋的海水灌溉试验得到了国内外众多研究者的关注 2000—2002 年，南京农业大学教授刘兆普团队对菊芋进行了海水灌溉试验，结果表明，菊芋的耐盐临界值为 24.65ds/m，相当于 45% 海水浓度，1∶1 海水灌溉对菊芋生长无明显的影响。因此这种灌溉模式能够在半干旱地区推广。

2.1.2.5 抗风沙性

菊芋对恶劣的自然环境的适应性和抗病能力都很强，耐贫瘠，也可以抵抗风沙，适合在沙漠等废弃土地上及丘陵地带种植。只要覆盖的沙土厚度不超过 50cm，菊芋皆可正常萌发。为了避开春季覆沙，春播可稍晚些进行。秋季菊芋即将成熟或已成熟时，凭借它们密麻的地上茎形成一片低矮的防护带，加之其发达根系网的牢固抓沙能力，以及随着地下块茎增多，重量加大，对沙土产生的一定压力，从而减少沙漠流动，共同起到固沙作用。

菊芋的茎叶茂密，能防止雨水对地表的直接冲刷，可保持水土，改善生态环境。近年，有关科研单位在科尔沁沙地的流动沙丘上种植了 400 余亩菊芋用作治沙试验，尽管试验期间该地区特别干旱，降水量极少，加之高温，其他农作物都深受其害，唯有菊芋长势良好；扒开沙面，菊芋的根系密布沙下，挖至 1m 深时尚能用肉眼看见菊芋的根系，并已开始结实。这种利用菊芋治理沙漠的方法，被治沙权威称为目前治沙成本低、见效快的最佳方法。菊芋茎叶枯落后经分解成为肥料，对改良土壤、增强有机质含量、改善沙地结构有重要作用，进而为退沙还田、还林创造有利条件。

2.1.2.6　繁殖力强

一次播种后，荒漠上的菊芋将永久生存，并以每年 20 倍以上的增长速度扩张，因此，荒漠上的菊芋面积会逐年增加，同时又可从中采收部分块茎，作为种子使用，进一步扩大种植面积。在生长期较长的地区还可收获部分菊芋籽，其发芽率可达 100%。即使不收获菊芋籽，它也会随风飘荡到荒漠可安家落户的适宜角落。

2.1.2.7　生态功能

菊芋是一次播种多年生长的草本绿化植物。一般情况下，3 月中上旬菊芋块茎开始萌发，至 10 月底结束。冬季块茎在地下进入休眠期，对土壤具有显著的覆盖效应，减少秋、冬、春三季农田的裸露，增加了绿色植被面积。菊芋植株高 2~3m，多分枝且茎叶繁茂，每株菊芋开黄色花朵，30 朵左右，花期 1~2 个月，在公路两侧或大面积规模种植，秋季可形成黄色和绿色相间的花海，成为一道亮丽的生态景观。

综上所述，由于菊芋根系发达，繁殖能力强，具有抗旱、耐寒、耐盐碱，抗病性强，适应广泛等特点，非常适宜在沿海滩涂以及其他盐碱地区与荒地推广种植，是保持水土、防风固沙和改良土壤的优良作物。既能作为景观植物和能源植物，又能改善沿海滩涂生态环境，促进了盐渍化土地的开发和利用，对保护生态环境和农业可持续发展起到了积极的推动作用。

菊芋耐寒、耐旱、耐盐碱，块茎在 6~7℃时萌动发芽，8~10℃出苗，幼苗能耐 1~2℃低温，18~22℃和 12 h 日照有利于块茎形成，可在含盐量低于 8‰的盐碱地正常生长。菊芋因其生物学特性所能适应的环境范围十分广泛，适宜多种地区种植。

2.2　菊芋的生长规律

据研究结果，菊芋在京津冀地区生长周期一般为 156~230d，其中早熟品种 170d 以下，中熟品种 171~190d，晚熟品种 200d 以上。将菊芋整个生长周期划分为苗期、植株茎叶生长初期、植株生长茂盛期、块茎形成期、开花期、块茎膨大期及成熟期 7 个时期。各生育阶段长势如下。

2.2.1　苗期

块茎播种后 25d 左右出苗率达 91%，进入苗期，此时根、茎、叶等营养器官开始生长，形成茎 3 个，每个茎生长叶片 3~4 片，侧根 2~6 条，第 2 周，主茎形成 6~8 片叶，菊芋的地下部主侧根系较快，而地上部生长相对缓慢。详见图 2-21、图 2-22 和图 2-23。

图 2-21 苗期生长初期   图 2-22 苗期生长中期   图 2-23 苗期生长后期

2.2.2 植株茎叶生长初期

菊芋地下部主次根系完成生长，地上茎、叶快速生长，株高快速增加，主茎干也不断增粗，最大叶面积也不断加大，地下部匍匐茎也开始生长，详见图 2-24、图 2-25 和图 2-26。

图 2-24 生长初期根茎叶 1   图 2-25 生长初期根茎叶 2   图 2-26 生长初期根茎叶 3

2.2.3 植株茎叶生长茂盛期

近段时间菊芋茎叶开始加速生长，地下部根系已经十分发达，地下块茎初步形成，增长缓慢，而地下部匍匐快速生长并由其顶芽至倒数第二茎节部开始出现膨大，进入块茎生长，单株匍匐茎 15 个左右，块茎平均 6 个左右，单个块茎日平均增重 0.2g。详见图 2-27、图 2-28 和图 2-29。

图 2-27　生长茂盛期根茎叶　　图 2-28　生长茂盛期根茎　　图 2-29　生长茂盛期根系

2.2.4　现蕾期

一般在 9 月上中旬，从主茎顶端开始现蕾，从现蕾到开花约需 20d。

2.2.5　开花期

从 9 月中旬开始，地下匍匐茎继续快速生长，同时植株进入开花期。9 月上旬花蕾不断增多，并逐渐开放进入盛花期至 9 月中旬达到峰值，以后可一直维持到枯霜降临，前后 40~50 d。此时菊芋块茎重量急剧增长，干物质含量迅速增加，是菊芋经济产量形成的最佳时期。详见图 2-30、图 2-31 和图 2-32。

图 2-30　现蕾期　　　　　　图 2-31　开花期　　　　　　图 2-32　盛花期

2.2.6　块茎膨大期

从 9 月中旬，花器官开始衰老并不断凋落，地下部分块茎开始迅速膨大，至 10 月上旬，茎叶生长达到峰值，块茎膨大较为明显，详见图 2-33、图 2-34 和图 2-35。

图 2-33　块茎膨大期初期

图 2-34　块茎膨大期中期

图 2-35　块茎膨大期后期

2.2.7　成熟期

到 10 月中旬块茎基本成型，地上茎叶开始干枯，10 月下旬后地上茎叶几乎全部干枯，块茎成熟，详见图 2-36、图 2-37 和图 2-38。

图 2-36　地上茎叶干枯

图 2-37　块茎分布形状

图 2-38　收获单株块茎

2.3　菊芋的生长环境

菊芋生长过程中，从大气中吸收 CO_2，从土壤中摄取水分和养料，经过光合作用把太阳能转化为化学能，变无机物为有机物。从系统论的观点看，菊芋栽培管理是由天、地、苗、人、机交织构成的复杂系统。人们要获得菊芋优质高产，就要在充分认识客观环境和菊芋内在生长发育规律的基础上，深入详细地了解菊芋的自然与生产条件。

2.3.1　气候环境条件

气候环境条件包括日照、积温、降水、无霜期及灾害性天气等，是菊芋生长的客观环境条件之一。我国地域辽阔，东西南北各区域气候环境条件差异大。具体每一个地区则不尽相同（表2-1）。

表2-1　各地气象条件比较

地区	平均历年积温/℃		全年光照时数/h	无霜期/（d/年）	降水量/mm
	≥0	≥10			
北京	3 200~4 500	3 813.4	2 000~2 800	180~200	480~630
天津	4 719~4 500	4 094	2 500~2 900	196~246	360~970
河北	2 700~5 016	2 185~4 526	2 303.1	110~220	400~800
廊坊	4 535~4 803.1	4 149.1~4 402.9	2 660	183	550
张家口	2 700~3 706	2 290~32 56	2 800~3 100	80~239	400~600
山东	4 200~5 200	3 600~4 700	2 290~2 890	180~220	550~950
河南	4 300~4 500	3 700~4 300	1 286~2 293	201~285	408~1 296
山西	4 000~5 100	2 650~2 850	2 200~3 000	85~220	3 507~00
内蒙古	1 800~4 000	1 400~3 400	2 700~3 400	4~0163	50~450
黑龙江	2 300~3 200	1 800~2 800	2 400~2 800	100~150	400~650
吉林	2 450~3 600	2 100~3 100	2 400~2 600	120~140	700
辽宁	2 550~3 800	3 263	2 300~3 000	100~145	500~1 050
湖南	5 600~6 800	5 000~5 840	1 200~1 650	253~311	1 200~1 700
宁夏	3 700~3 850	3 200~3 300	3 000	150~195	150~600
湖北	5 100~5 600	4 500~5 400	1 100~2 150	230~300	800~1 600
甘肃	2 650~4 700	2 400~4 500	1 700~3 300	50~250	42~760
青海	900~3 000	1 500~3 400	3 000 以上	100~200	250~550
新疆	3 800~5 400	3 500~4 000	2 660	183	550
新疆南疆	4 500	>4 000	3 000~3 549	200~220	50~100
新疆北疆	4 000	<3 500	2 500~3 000	140~185	150~200

注：各地气象资料的相关信息，时间为10年以上不等，仅供参考。

2.3.1.1　温度

菊芋喜欢温暖的气候条件，其块茎在6~7℃即可发芽，8~12℃是发芽最适温度。春季幼苗可耐受0℃冻害，冬季菊芋在-35~-25℃也不会被冻坏。高温对菊芋生长不利，菊芋块茎形成的最适温度是18~22℃。昼夜温差大有利于菊芋干物质的积累。

2.3.1.2　光照

菊芋属短日照作物，光照过强会抑制菊芋细胞分裂和伸长，造成叶片小，植株生长缓慢；光照不足也会造成菊芋生长受到抑制。菊芋块茎一定要在土壤中完全避免黑暗的条件下才能正常生长膨大。

2.3.1.3　水分

土壤水分是土壤肥力的四大因素之一，是作物生长发育的基本环境条件和吸收养分的重要媒介。菊芋的根和地下茎土壤中吸收水分来维持生命，土壤微生物活动，土壤物质的转位分的溶解与吸收都离不开水分。并且土壤水分的多少还直接影气和温度的变化。土壤水分来自然降水、灌溉和水蒸气冷凝，但大部分水渗入流失，只有其中的有效水可被菊芋吸收利用。

土壤不同墒情的含水率不同，饱墒：含水率18.5%~20%，为适耕上限，土壤有效含水量最大。适墒：含水率15.5%~18.5%，是播种耕作适宜的墒情，有效含水量较高。黄墒：含水量12%~15%，适宜耕作，有效含水量较少，播种出苗不齐，需要灌溉。干土：含水量在8%以下，无作物可吸收的水分，不适宜耕作和播种。不同土壤质地的土壤有效水含量和渗漏系数不同（表2-2）。

表2-2 不同土壤质地的土壤有效水含量和渗漏系数

土壤类型	田间持水量/%	有效含水量/%	渗水系数/（mm/h）
黏土	23~30	11~13	0.5
重壤土	22~28	11~13	1.5
中壤土	20~28	12~15	2.5
沙壤土	12~22	5~7	3.2
砂土	8~16	2.8~5.7	5.0

注：田间持水量指土壤上层中的毛细管充满水分的含量。

菊芋耐旱能力较强，因为它的根系庞大，可以利用深层土壤水分；粗壮茎秆有贮备水分的能力，当天气干旱时，植株可以利用这一部分水维持生命；其叶片表面密布茸毛，有调节本身蒸腾和预防炎热与干热风的作用。但同时，水分对菊芋生长发育和优质高产又有着十分密切的关系，因为菊芋植株的细胞只有在含水量充足的情况下，才能进行正常生理活动。

2.3.2 土壤

菊芋对土地要求不严格，但要获得较高产量，一般要求选择透水透气、有一定的保水保肥能力、有机质含量高、耕作方便的砂壤土地块。菊芋各生长发育阶段与土壤环境条件密切相关，详见表2-3。

表2-3 菊芋生长发育的气候土壤环境条件

生育时期	有利条件	不利条件
苗期 （1~6周）	1. 由于菊芋幼苗能耐1~2℃低温；因此，菊芋在我国大部分区域，可在秋季入冬前播种。 2. 由于各地气候差异，春季一般3月下旬至4月下旬播种土壤适宜的含水率为15.5%~18.5%，播后25d左右，即土壤温度稳定在6~7℃时块茎萌动发芽，8~10℃出苗。	1. 土壤有效含水量12%~15%，有效含水量较少，播种出苗不齐，需要适时灌溉。含水量在8%以下或20%以上一般不适宜耕作和播种。 2. 在河北省张北坝上地区，内蒙古、西藏等区域在春季冷热频繁交替的年份，有可能导致地下块茎霉烂的问题，严重影响块茎正常的发芽出苗。

（续表）

生育时期	有利条件	不利条件
植株生长期 （7~9 周）	1. 土壤适宜的含水率为 15.5%~18.5%。 2. 菊芋生长的适宜温度为 30℃，比其他农作物高 3~5℃。	1. 土壤适宜的含水率≥60%，长时间会造成菊芋死亡。 2. 温度低于 30℃ 或高于 30℃，抑制菊芋生长。
块茎形成期 （10~12 周）	1. 土壤适宜的含水率为 15.5%~18.5%。 2.18~22℃ 和 12h 日照有利于块茎形成。	土壤适宜的含水率≥60%，长时间会造成菊芋死亡。
开花期 （13~16 周）	花期 30d 左右。	降水量过大，影响菊芋花期正常生长。
块茎膨大期 （17~22 周）	20℃ 左右是块茎形成的最佳温度菊芋作为饲料，从产量来讲，霜降前两周左右，也就是菊芋块茎收获前两周，产量最大，是作饲料用途的适时收获期。	降水量过大，影响菊芋块茎膨大期的生长，造成菊芋倒伏减产。
成熟期 （23 周）	块茎可在 -30~-25℃ 的冻土层内能安全越冬。	在河北省张北坝上地区，内蒙古、西藏等区域在春季冷热频繁交替的年份，有可能导致地下块茎霉烂的问题。

　　廊坊菊芋育种团队与天津农业技术推广站合作，进行不同土壤类型对菊芋的影响研究，分别在天津市武清区石各庄镇、天津市玉米良种场、天津市实验林场砂壤土、盐碱地黏土和廊坊文安盐碱地进行试验，试验品种为耐盐碱型品种为"廊芋 6 号""廊芋 8 号"。亩施底肥尿素 9kg、二铵 5 kg、硫酸钾 10kg。株行距为 40cm×80cm，11 月中旬收获，详见表 2-4。

表 2-4　不同试验地点土壤基础地力

地点	土壤质地	有机质/ （g/kg）	速效氮/ （mg/kg）	速效磷/ （mg/kg）	速效钾/ （mg/kg）	含盐量/ %	pH 值
天津石各庄	砂土	1.457	96.29	6.68	144.0	0.093	8.53
天津玉米良种场	黏土（盐碱）	1.074	60.27	7.31	238.0	0.176	8.55
天津实验林场	黏土（盐碱）	1.696	88.20	5.59	242.0	0.120	8.73
廊坊文安	壤土（盐碱）	1.436	79.48	6.98	254.2	1.184	8.64

　　试验结果显示，不同土壤类型显著影响菊芋出苗，天津石各庄砂土条件下菊芋出苗率最高，比黏重土壤高 11.8%，廊坊文安壤土条件次之，天津玉米良种场与实验林场土壤均比较黏重，2 个地点出苗率无明显差异。砂土条件下出苗率变异系数明显低于黏重土壤。表明，砂土和壤土条件利于菊芋出苗，显著提高菊芋出苗率，黏重土壤不利于菊芋出苗（图 2-39）。

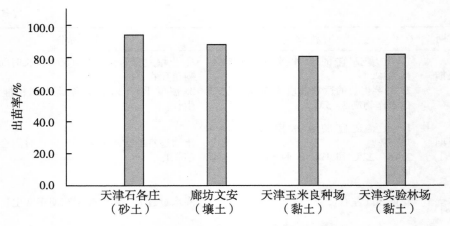

图2-39　不同土壤类型对菊芋株出苗率的影响

试验结果表明，2个耐盐性廊芋系列品种在相同土壤类型条件下株高无明显差异。菊芋株高在砂土条件下明显高于黏重土壤，平均增加14.6%。秸秆鲜重和块茎鲜重在2个品种间无明显差异，秸秆鲜重和块茎鲜重在黏重土壤条件下显著高于砂土。砂土条件下有利于增加植株高度，壤土和黏重土壤条件下，利于菊芋秸秆产量和块茎产量的增加。不同土壤类型对菊芋株高及产量的影响，详见表2-5（1亩≈667m²）。

表2-5　不同土壤类型对菊芋株高及产量的影响

品种	地点	株高/cm	秸秆鲜重/（kg/亩）	块茎鲜重/（kg/亩）
廊芋6号	天津实验林场	301.00	3 576.57	3 437.67
	天津玉米良种场	319.00	5 889.18	2 395.95
	天津石各庄	354.67	3 048.96	2 291.78
	廊坊文安	308.43	4 105.67	3 162.48
	平均	320.71	4 155.10	2 822.06
廊芋8号	天津实验林场	298.67	3 958.53	3 090.43
	天津玉米良种场	300.80	4 396.05	2 430.68
	天津石各庄	344.33	3 053.29	2 125.26
	廊坊文安	301.54	4 251.12	2 983.28
	平均	311.33	3 914.74	2 657.41

2.3.3　海拔梯度

纬度与海拔高度是影响光热条件的两个主要因素，所以，不同维度、海拔对菊芋的植株生长、产量及品质的影响较大，通常纬度、海拔高度愈低，无霜期愈长。在同一纬度上，由于气温随海拔升高而降低，因此无霜期也相应较短。

京津冀平原的海拔高度为5～60m，拉萨的海拔为3 656m，青海西宁为2 250m。各地试验结果表明，随着海拔高度的增加，无霜期也相应较短，菊芋植物和块茎的产量呈下降趋势。

随着海拔高度的增加，菊芋叶、茎、块茎中果聚糖总含量均呈下降趋势，可溶性总糖总体降低，蔗糖含量在叶中呈上升趋势，茎中先降后升，块茎中总体呈现下降趋势，还原糖含量在叶中随海拔的升高呈现下降趋势，在海拔 2 600m 以下，茎中还原糖随海拔的增加而逐渐降低，块茎还原糖含量保持稳定，在 2 900m 的高海拔地区，菊芋块茎还原糖含量迅速增加。

随着海拔高度的增加，菊芋各器官果聚糖总含量减少，地上部植株果聚糖聚合度（DP）降低、块茎内果聚糖积累总量和自地上部植株向地下部块茎转移分配率减少。海拔在 2 600m 及以下，随海拔的升高菊芋块茎果聚糖聚合度降低，地上部植株果聚糖积累量降低；海拔在 2 900m 以上，菊芋块茎果聚糖聚合度高、地上部植株果聚糖积累量高。

2.4　菊芋的一生

廊坊菊芋育种研究团队，对菊芋苗期、苗龄、周生长量、株高、叶片数、叶长、叶宽、主根长、侧根数、分枝数、明显侧根、茎秆鲜重、茎秆干重、分化期、始花期、末花期进行系统测定，选择具有代表性的品系，每周取样分析拍照，详细展示从种植到收获的菊芋一生表型图片，详见图 2-40 至图 2-63。

图 2-40　（4 月 22 日）

图 2-41　（5 月 7 日）

图 2-42　（5 月 15 日）

图 2-43　（5 月 22 日）

图 2-44　（5 月 29 日）

图 2-45　（6 月 3 日）

图 2-46　（6 月 12 日）　　　图 2-47　（6 月 19 日）　　　图 2-48　（6 月 26 日）

图 2-49　（7 月 3 日）　　　图 2-50　（7 月 13 日）　　　图 2-51　（7 月 23 日）

图 2-52　（7 月 31 日）　　　图 2-53　（8 月 8 日）　　　图 2-54　（8 月 14 日）

图 2-55　（8 月 21 日）　　　图 2-56　（8 月 27 日）　　　图 2-57　（9 月 12 日）

图 2-58　（9 月 19 日）

图 2-59　植株（9 月 26 日）

图 2-60　块茎（9 月 26 日）

图 2-61　（10 月 12 日）

图 2-62　植株（10 月 27 日）

图 2-63　块茎（10 月 27 日）

第3章 菊芋研究方法

研究方法的选择和运用对于菊芋品种资源创制、新品种选育、农机农艺配套技术的研究具有重要意义。我国对菊芋的系统研究始于20世纪末，与国际上的研究基本同步。虽然研究时间不长，但取得的成果却十分丰硕。方法的选择和应用在菊芋研究过程中发挥了重要作用。

3.1 传统育种方法

3.1.1 系统育种

3.1.1.1 系统育种的概念

系统育种指的是直接从自然变异中进行选择并通过品种（系）比较试验、区域试验和生产试验选育菊芋新品种的方法。系统育种又称选择育种，其特点是根据既定的育种目标，利用现有菊芋品种群体中出现的自然变异，从中选择优良单株，通过优中选优和连续选优获得理想个体。这种方法的优点是选育简便快捷，缺点是只能从品种群体中分离出好的基因型，从而改良现有群体，而不能进行有目的的创新，产生新的基因型。迄今为止，生产上大面积推广种植的菊芋品种如青芋1号、青芋2号、青芋3号、青芋4号、南菊芋1号、南菊芋9号是采用系统育种方法选育出来的。

3.1.1.2 系统育种的基本原理

系统育种的基本原理是自然异交引起的基因重组、自然变异引发的突变和新育成品种群体中未重合性状造成的分离。

（1）自然异交引起的基因重组

菊芋是异花授粉作物，在种植过程中会发生不同程度的异交。这样，不同基因型品种间的互交之后，必然会产生基因重组，从而出现可以遗传的变异。

（2）自然变异引发的突变

菊芋中自然变异引发的突变包括环境条件改变引起的突变、植株和种子内部生理生化的变化引起的自发突变和块茎与块根发生的芽变等。虽然这种由自然变异引发的突变其频率很小且大多是不利突变，但由于规模种植的菊芋品种群体大，所以有利突变材料仍有可能在大田中发现。

（3）新育成品种群体中产生的变异

在育成的菊芋品种中，个别品种的某些性状并未真正达到纯合。这样，在田间种植时就会出现性状的分离现象。在分离的单株中如果发现有价值的变异，就应及时加以选择和利用。

3.1.1.3　系统育种的方法与步骤

系统育种的技术关键是育种目标要明确、选用的原始材料要适当，对材料各种性状的表现要了然于胸。主要方法是优中选优。

系统育种的基本步骤有以下几点。按照育种目标，从原始材料圃中选择优良单株；在选种圃中进行株形比较试验，从中选择优良株形；主要育种目标性状稳定的株行在鉴定圃进行品系鉴定试验；品系鉴定试验中表现优良的品系参加品种（系）比较试验；品种（系）比较试验表现优良的品种参加生产试验；通过生产试验的品种在种子田进行繁育，为大面积推广提供种子。

3.1.2　杂交育种

菊芋为异花授粉作物，存在自交不亲和现象。通过人工授粉可以获得少量种子，因此可通过杂交育种的方法来选育新品种。

3.1.2.1　杂交育种的概念

通过不同品种间杂交获得杂种，继而在杂种后代选择符合育种目标要求或生产要求的新品种，称为杂交育种。这种方法的优点是可以集多个优良性状于一体，缺点是耗时长、无法产生新的基因。

3.1.2.2　杂交育种的基本原理

杂交育种大体可分为组合育种和超亲育种。

组合育种是将分属于不同品种的、具有符合育种目标要求的优良性状（基因）随机结合后形成不同的基因组合，然后按照育种目标要求，通过定向选择育成集双亲优点于一体的新品种，其基本原理是基因重组和互作。例如，将一个抗病但丰产性一般的菊芋品种与一个丰产性好但不抗病的菊芋品种相杂交，从其杂交分离世代进行选择，从而选育出既抗病又丰产性好的菊芋新品种。这种方法处理的性状其遗传方式大多比较简单，容易鉴别。

超亲育种则是将双亲中具有控制同一性状的不同微效基因积累于同一个体中，形成在该性状上超过亲本的类型，其基本原理主要在于基因的累加和互作。这种方法涉及的性状多为数量性状，与之关联的基因数目较多，但每个基因的效应较小，其遗传方式大多比较复杂，不易进行分析和鉴别。

3.1.2.3　杂交育种的方法与步骤

杂交育种的方法和步骤从菊芋的杂交技术、杂交亲本选配及杂交方式和杂交后代处理三个方面来叙述。

（1）菊芋的杂交技术

①人工去雄杂交法：人工去雄杂交法是十分重要的菊芋杂交技术之一。当杂交母本的舌状花开始伸展变黄时，选择生长健壮、具有育种目标要求性状的典型植株套袋。当套袋的母本花序外围第一圈管状花上升，花药露出管外，花粉还没有成熟时，应及时去雄。当管状花开放后，花药管已伸出管状花外，而雌蕊柱头还没伸出花药管外，这时去雄效果最好。去雄时，用镊子将其花药逐个摘掉，不要损伤柱头，这样可以连续去雄2~3次后再开始授粉。第一次授粉后，在父母本植株上挂标签，写明组合编号和父母本名称。根据母本受精程度，如能够获得足够的种子，就不用再授粉了。但要将花序中间未开的小花切掉，以防止自交，保证杂交率。这种杂交方法可靠性强，但杂交效率低，在杂交工作量不大的情况下可采用。

②化学去雄杂交法：当花盘直径 1cm 左右时，在上午 10—11 时用浓度为 0.59% 的赤霉素溶液处理生长点和花盘，处理后能获得百分之百的去雄率。然后再进行授粉，方法同上。

③不去雄杂交法：由于雌蕊柱头对异株花粉具有选择性，当自身花粉和不同品种异株花粉同时存在时，柱头易接受异柱花粉。针对这种特点，开花期间在不去雄情况下进行人工授粉。这种方法可提高杂交效应，但在后代选择时，要认真鉴别真伪杂种。

（2）杂交亲本选配及杂交方式

与其他作物一样，菊芋在亲本选配上同样强调四个基本原则，即：双亲均具有较多的优点，没有突出的缺点，在主要性状上优缺点尽可能互补；亲本之一最好选用综合性状较好、适应当地生产条件种植的大面积推广品种；选用遗传差异较大、亲缘关系较远、生态类型差异较明显的亲本互交；亲本的配合力较好。

杂交方式是影响杂交育种成效的重要因素之一，指的是一个杂交组合涉及的亲本数目，以及各亲本间组配的方式与顺序。通常，菊芋杂交方式有如下几种。

①单交或成对交：两个亲本进行杂交称为单交或成对交。一般用符号 A×B 或 A/B 表示。单交是最简单的杂交方式，两亲本的遗传组成各占一半。优点是简单易行，育种时间短，杂种后代群体的规模也相对较小。当两个亲本的大多性状基本符合育种目标要求，仅有一个性状或少数性状可以互补时，通常采用这种杂交方式。

②复交：3 个或 3 个以上的亲本进行杂交称为复交。通常要进行 2 次或 2 次以上的杂交。与单交相比，复交产生的杂种变异类型更多，尤其能出现较多的超亲类型，但性状稳定较慢，育种年限较长，杂交工作量成倍增加。复交 F_1 群体就有分离，因此进行选择需要有更大的群体。一般在下述两种情况下采用复交：一是当单交杂种后代不能完全符合育种目标，而现有亲本又不具有能够弥补缺点的性状（基因）时；二是当某亲本有非常突出的优点，但缺点也很明显，一次杂交难以完全克服其缺点时。

育种实践表明，在复交过程中，亲本组合方式的安排和亲本在各次杂交中的先后次序十分重要。一般应遵循的原则是：综合性状较好，适应性较强并有一定丰产性或品质性状优良的亲本应安排在最后一次杂交，这样，其遗传组成占有较大的比重，自身带有的优良性状更有可能得到保持，从而提高选择效果。

因亲本数目及杂交方式不同，复交又可分为三交、双交、聚合交等不同类型。

三交。3 个品种间进行杂交称为三交。即用单交的 F_1 杂种与另一个亲本杂交。一般可用符号 A/B//C 来表示。其遗传组成 A 和 B 各占 25%，C 占 50%。这就意味着第三个亲本十分重要，一般应是综合性状优良或具有重要育种目标性状的亲本。

双交。两个单交的 F_1 再杂交称为双交。双交可以是三个亲本也可以是四个亲本。三个亲本的双交可用符号 C/A//C/B 表示，其遗传组成 A、B 各占 25%，C 占 50%。说明 C 是一个综合性状优良或具有重要育种目标性状的亲本。四个亲本的双交可用符号（A/B）//（C/D）来表示。其遗传组成四个亲本各占 25%。

回交。A 亲本与 B 亲本杂交，然后 A 亲本与其 F_1 及以后各世代反复进行多轮杂交和选择。这种杂交方式就称为回交。一般可用符号［（A×B）×A］×A…或 A^3×B 表示。其中，A 亲本具有许多优良性状，但个别性状有缺点，而 B 亲本恰好能够弥补这一缺点，通过用 A 进行多次回交和选择，准备改良的性状借助选择得到保持，A 原有的优良性状通过回交得到恢复。因此，这种方法速度快，尤其对改良大面积推广品种个别缺点时有独特的功效。用于多次回交的亲本 A 称为轮回亲本，因其也是目标性状（欲改良的性状）的接受者，故又称受体亲本。B 只在第一次杂交时应用，故称非轮回亲本，因其是目标性状的提供者，所以又称为供体亲本。

聚合杂交。多个基因型不同的亲本通过多次、多向杂交，将所需亲本的基因集中到一个或多个杂种群体中，这种杂交方式称为聚合杂交。通常，当育种目标所需性状很多，采用上述杂交方式很难培育出超过现有品种水平的新品种时，多采用这种杂交方式。依据重组方式的不同，聚合杂交大体可分为最大重组聚合杂交和超亲重组聚合杂交两种形式，分别介绍如图 3-1 和图 3-2 所示：

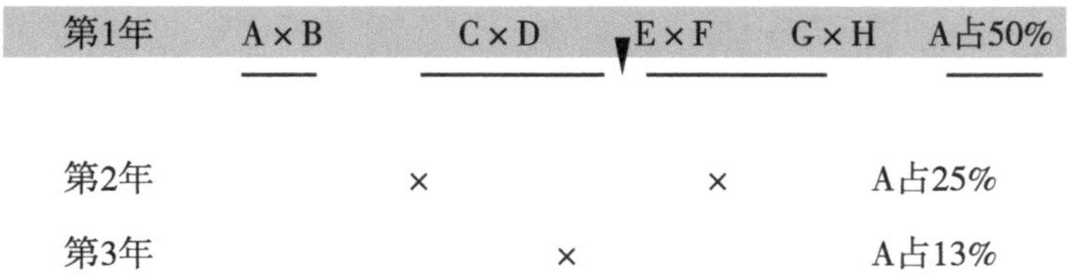

第1年	A×B	C×D	▼E×F	G×H	A占50%
第2年		×		×	A占25%
第3年			×		A占13%

图 3-1　最大重组聚合杂交图示

（3）菊芋杂交后代处理

杂交组合配制只是杂交育种的第一步，杂交后代处理得正确或好坏与否决定着育种工作的成败。菊芋杂交后代的处理方法主要有系谱法和混合法两种。

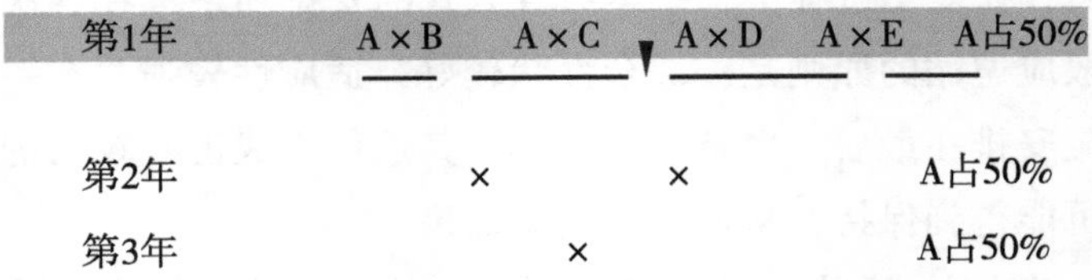

| 第1年 | | A×B | A×C | A×D | A×E | A占50% |

第2年　　　　　　　　×　　　　×　　　　A占50%

第3年　　　　　　　　　　　×　　　　A占50%

图3-2　超亲重组聚合杂交图示

①系谱法：系谱法适合于对育种目标为质量性状或遗传率较高的数量性状的选择。从杂种群体分离世代，按照育种目标要求选择优良单株，进行套袋并做人工自交。第二年种植衍生株系，然后逐代在优系进一步选择优良单株，套袋人工自交并进行衍生株系试验，直至优良株系相对稳定不再有明显分离时，在优良小区内进行混合授粉，收获种子。室内考种鉴定后，再将性状一致的优良种子混合在一起，供下年产量比较鉴定试验之用。随后参加品种比较试验和生产试验。注意在整个选择过程中，应详细记录材料来源，明确材料亲缘关系，记载与育种目标有关的性状表现。

②混合法：混合法适合于育种目标为遗传率较低的数量性状的选择。在杂种分离世代，按组合混合收获。每年混合种植，不进行单株选择，只淘汰伪劣单株，直至达到预期的纯合程度后再从群体中选择单株，继而参加品系鉴定试验、品种比较试验和生产试验。

3.1.3　诱变育种

3.1.3.1　诱变育种的概念

利用物理、化学因素诱发变异，再通过选择而培育新品种的育种方法称为诱变育种。诱变育种可以产生新的基因，突变率显著高出自然突变100~1000倍，而且变异范围也比自然突变明显扩大。由于诱发的变异大多是主基因的改变，所以性状稳定快，育种年限短，一般3~4年即可。这种方法对于改良单一性状比较有效，同时改良多个性状比较困难，而且诱发突变的方向和性质尚难掌握，很难预见变异的类型和频率，因此，具有一定的局限性。

（1）物理诱变

利用辐射等物理诱变剂处理，诱发植物发生遗传变异，从而选育新品种称为物理诱变育种。很多物理因素可以诱发菊芋植株发生变异，这些因素统称为诱变剂。典型的物理诱变剂是不同种类的射线，包括紫外线、X射线、粒子辐射、电子束、激光、离子注入等，所以物理诱变也称辐射育种。随着航天科学和事业的发展，太空育种已提到议事日程，所以太空环境也已纳入物理诱变的因素范围。

①紫外线：紫外线是波长为200~390nm，能量较低的低能电磁辐射，不能使物质发生电离，故属非电离辐射。紫外线对组织穿透力弱，只适用于照射菊芋花粉、孢子

等。紫外线的照射源是低压水银灯。菊芋的花粉或孢子在灯管下接受照射，其诱变作用与发射的光子波长有关，250~290nm 区段相当于核酸的吸收光谱区，诱变效果最好。

②X 射线：X 射线是由于原子中的电子在能量相差悬殊的两个能级之间的跃迁而产生的粒子流，是波长介于紫外线和 γ 射线之间的核外电磁辐射。其波长很短约介于0.01~100Å。由德国物理学家 W. K. 伦琴于 1895 年发现，故又称伦琴射线。X 射线的产生装置为 X 射线机。X 射线机的工作电压和靶材料决定着 X 射线对菊芋组织的穿透力和电离能力。当 X 射线机工作电压较高，靶材料为钨靶时，产生硬 X 射线，其波长较短（0.05~0.01nm），能量较大，穿透力较强（可达数厘米），在被照射菊芋材料中引起的电离密度较小。反之，当 X 射线机工作电压低，靶材料为钼靶时，产生软 X 射线，其波长较长（0.1~1nm），能量较小，穿透力较弱（有时几毫米），引起的电离密度较大。一般菊芋育种中宜采用 X 硬射线。

③γ 射线：γ 射线，又称 γ 粒子流，是核内电磁辐射，是原子核能级跃迁蜕变时释放出的射线，波长短于 0.01Å，能量可达数百万电子福特。γ 射线首先由法国科学家P. V. 维拉德发现，是继 α、β 射线后发现的第 3 种原子核射线。γ 射线有很强的穿透力，可穿入组织数厘米，防护要求用铅或水泥墙。因为 γ 射线比 X 射线波长更短、能量更高、穿透力更强，所以在菊芋育种中逐渐代替 X 射线。

④粒子辐射：粒子辐射不同于发射光子的电磁辐射，是由具有静止质量的粒子组成。粒子辐射分不带电粒子如中子等和带电粒子如 α 射线、β 射线等两种。

中子：中子是组成原子核的核子之一，是构成化学元素不可缺少的成分（注意：氢元素 H 不含中子），虽然原子的化学性质是由核内的质子数目确定的，但如果没有中子，带正电荷质子间的排斥力（质子带正电，中子不带电），也就不可能构成除氢之外的其他元素。中子是中性粒子，与带电粒子如 α 粒子、β 粒子不同，中子不易和原子中的电子发生作用，加之中子质量大，与电子碰撞时也不能将能量转移给电子，所以中子经过物质时能量损失较少，使中子有强的穿透能力，危险性很大。中子可以自由通过重金属元素，能穿过几十厘米厚的铅板，所以与 γ 射线不同，中子不能用金属铅防护。中子防护层多采用石蜡一类含氢原子多的物质。因为中子与氢元素的氢核——质子碰撞时（两者质量几乎相等），使中子失去最大能量，而与重核碰撞时失去一部分能量，因此中子很易被许多氢元素物质如水和石蜡所吸收。按其能量中子可分为热中子、慢中子、中能中子、快中子和超快中子。常用的中子源有反应堆中子源、加速器中子源和同位素中子源。我国辐射育种中所采用的大多为加速器中子源。这是因为加速器产生的中子源具有强度高、单能谱、剂量准确、不运行时没有放射性等优点，不足之处是造价较高，照射费用昂贵。

带电粒子：包括 α 射线和 β 射线。α 射线也称"甲种射线"。由天然或人工放射性同位素衰变产生。α 粒子的动能可达几兆电子伏特。从 α 粒子在电场和磁场中偏转的方向，可知它们带有正电荷。从α粒子的质量和电荷的测定，它由两个质子和两个中子组成，所以确定α粒子就是氦的原子核。由于α粒子的质量比电子大得多，通过物质时极易使其中的原子电离而损失能量，所以它能穿透物质的本领比β射线弱得多，容易被薄层物质所阻挡，但是它有很强的电离作用。如引入生物体内，作为内照射源时，可使有机体内产生严重的损失，从而诱发染色体断裂。β射线是一种带电荷的、高速运行、从核素放射性衰变中释放出的粒子。β粒子比α粒子穿透力强，但电离密度小。在菊芋育种中往往用能产生β射线的放射性同位素溶液来浸泡处理材料，即内照射。^{32}P、^{35}S、^{14}C和^{131}I是最常用的内照射处理同位素，它们能产生和X射线、γ射线相仿的生物学效应。

⑤电子束：电子束是在电子直线加速器中产生的。在加速器中，电子在强电场力的作用下，经过真空管道加速到一定能量后，对生物体进行辐照。这种辐照具有 M_1 生物轻微损伤，M_2 诱变效率高的特点。目前用于辐射育种的电子加速器束流能量一般在5～20MeV的范围内。

⑥激光：某些物质原子中的粒子受光或电的激发，由低能级的原子跃迁为高能级原子，当高能级原子的数目大于低能级原子的数目，并由高能级跃迁回低能级时，就放射出相位、频率、方向等完全相同的光，这种光叫作激光。它具有亮度高、单色性、方向性和相干性好的特点。激光也是一种低能的电磁辐射。生物辐射诱变中主要利用波长为200～1 000nm的激光。因为这段波长的激光较易被照射的生物所吸收而产生激发作用。目前常用的激光器有二氧化碳激光器、氮分子激光器、红宝石激光器和氦-氖激光器等。激光辐照的辐照量通常用激光器的平均功率、辐照的脉冲次数或辐照时间等来表示。激光引起突变的机理还不十分清楚，是激光的光效应、热效应、压力效应、电磁效应，还是四种共同作用引发的突变尚无证据，因此，激光育种尚未得到国外同行的认可。

⑦离子注入：离子注入技术是近30年来在国际上蓬勃发展和广泛应用的一种材料表面改性技术。其基本原理是：用能量为100keV量级的离子束入射到材料中去，离子束与材料中的原子或分子将发生一系列物理的和化学的相互作用，入射离子逐渐损失能量，最后停留在材料中，并引起材料表面成分、结构和性能发生变化，从而优化材料表面性能，或获得某些新的优异性能。此项技术由于其独特而突出的优点，已经在半导体材料掺杂，金属、陶瓷、高分子聚合物等的表面改性上获得了极为广泛的应用，取得了巨大的经济效益和社会效益，在作物诱变育种中的应用是20世纪80年代中期中国科学院等离子体物理研究所的研究人员最先开始的。多年的研究表明，离子注入作物诱变的优点是对植物损伤轻、突变率高、突变谱广，而且由于离子注入的高激发性、剂量集中和可控性，因此有一定的诱变育种应用潜力。目前在水稻、番茄、小麦、棉花、玉米、大豆、甘薯、烟草、果树、家蚕和微生物等方面都有一定应用。

⑧太空诱变育种：也称空间诱变育种，是将农作物种子或试管种苗搭载在返回式卫星上，利用太空特殊的、地面无法模拟的环境所提供的微重力、高能粒子、高真空、缺

氧和交变磁场等物理诱变因子，使育种材料产生变异，再返回地面选育新种子、新材料，培育新品种的作物育种新技术。太空育种具有诱变作用强、变异幅度大、有益变异多等特点。其变异率较普通诱变育种高 3~4 倍，育种周期较杂交育种缩短约 1 倍，由 8 年左右缩短至 4 年左右。世界上只有美国、俄罗斯、中国成功地进行了卫星搭载太空育种。我国是 1987 年开始将蔬菜等种子搭载上天。太空育种可使作物本身的染色体产生缺失、重复、易位、倒置等基因突变。这种变异和自然界植物的自然变异一样，只是时间和频率有所改变。太空育种本质上只是加速了生物界需要几百年甚至上千年才能产生的自然变异。太空中宇宙射线的辐射较强，这是植物发生基因变异的重要条件。

（2）化学诱变

指用化学诱变剂处理植物材料，以诱发遗传物质的突变，从而引起形态特征的变异，然后根据育种目标，对这些变异进行鉴定、培育和选择，最终育成新品种。

化学诱变剂可分为以下四种类型。

①烷化剂：烷化剂是植物诱发突变的最重要的一类诱变剂。药剂带有一个或多个活泼的烷基如 CH_3 和 C_2H_5。该烷基转移到一个电子密度较高的分子上，可置换碱基中的氢原子，即烷化作用。故这类物质称烷化剂。烷化剂分为以下几类，一是烷基磺酸盐和烷基硫酸盐。代表性药剂如甲基磺酸乙酯（EMS）、硫酸二乙酯（DES）等；二是亚硝基烷基化合物。代表性药剂如亚硝基乙基脲（NEH）、N-亚硝基-N-乙基脲烷（NEU）等；三是次乙胺和环氧乙烷类。代表性药剂如乙烯亚胺（EI）等；四是芥子气类，如氮芥类、硫芥类等。

烷化剂的作用机制是烷化作用。其作用重点是核酸，导致 DNA 断裂、缺失或修补。

②叠氮化钠（NaN_3）：叠氮化钠是一种呼吸抑制剂，可使复制中的 DNA 碱基发生替换。无残毒，是目前诱变率高且安全的诱变剂。研究表明，叠氮化钠可以诱导大麦基因突变而极少出现染色体断裂。叠氮化钠对大麦、豆类和二倍体小麦也有一定的诱变效果，但对多倍体小麦或燕麦则无效。对菊芋是否有诱变效果尚待进一步研究和探索。

③碱基类似物：这类化合物具有与 DNA 碱基类似的结构。它们作用机制是：能与 DNA 结合，又不妨碍 DNA 复制。但与正常的碱基是不同的，当与 DNA 结合时或结合后，DNA 再进行复制时，它们的分子结构便有了改变，而导致配对错误，碱基置换，产生突变。最常用的碱基类似物有胸腺嘧啶（T）的类似物如 5-溴尿嘧啶（BU）、5-溴脱氧尿核苷（BudR）等、腺嘌呤（A）的类似物如 2-氨基嘌呤（AP）等、尿嘧啶（U）的异构体如马来酰肼（MH）等。

④其他诱变剂：其他一些化学诱变剂如亚硝酸、抗生素、羟胺、吖啶类物质等也能改变核酸结构和性质，造成 DNA 复制紊乱。但这些诱变剂在诱变育种中应用得较少。

3.1.3.2　诱变育种的基本原理

诱变育种的基本原理是基因突变，即基因组 DNA 分子发生的突然的、可遗传的变异现象。

从分子水平上看，基因突变是指基因在结构上发生碱基对组成或排列顺序的改变。基因虽然十分稳定，能在细胞分裂时精确地复制自己，但这种稳定性是相对的。在一定的条件下基因也可以从原来的存在形式突然改变成另一种新的存在形式，就是在一个位点上，突然出现了一个新基因代替了原有基因，这个基因叫作突变基因。

基因突变可以发生在菊芋发育的任何时期，通常发生在DNA复制时期，即细胞分裂间期，包括有丝分裂间期和减数分裂间期；同时基因突变和脱氧核糖核酸的复制、DNA损伤修复、癌变和衰老都有关系，基因突变也是生物进化的重要因素之一，所以研究基因突变除了本身的理论意义还有广泛的生物学意义。基因突变为遗传学研究提供突变型，为育种工作提供素材，对科学研究和生产有实际意义。

3.1.4 诱变育种的方法与步骤

3.1.4.1 物理诱变的处理方法与步骤

（1）诱变材料的选择

选择综合性状好，缺点少的菊芋品种进行诱变，有目的地改变一个或少数几个不良性状，创造出新品种。

（2）确定诱变源和诱变剂量

物理诱变可分外照射和内照射两种。外照射多采用X射线、γ射线、中子、紫外线等照射菊芋植株、种子、花粉、块茎等。诱变剂量因不同照射源和不同照射部位而异。如用钴-60 γ射线照射菊芋块茎，可用20Gy（半致死剂量）进行辐照。内照射多利用半衰期较短的放射性同位素（如^{32}P、^{35}S等）溶液浸种、浸块茎或注射植株。一般^{32}P剂量为$7.4\times10^5 \sim 9.25\times10^5$Bq，$^{35}S$剂量为$3.7\times10^6 \sim 4.44\times10^6$Bq较好。

（3）诱变后代的选择

基本上与上述常规育种方法相同，但要注意在低世代时，既要选择综合性状好的小变异也要保留某些性状不理想的大变异。同时，在第一代，往往看到生长受抑制、植株矮缩、不结实或结实粒低等诱变造成的生理损伤现象。因产生的突变，通常是隐性突变，第一代一般不选择，全部单株保留，在以后世代再进行选择。

3.1.4.2 化学诱变的处理方法与步骤

（1）诱变材料的选择

与物理诱变材料的选择一样，不予赘述。

（2）确定诱变源和诱变剂量

化学诱变的诱变源多选用烷化剂或叠氮化钠或碱基类似物。处理方法有以下几种。

①浸泡法：把菊芋种子、芽、块茎浸泡在适当的诱变剂溶液中。

②滴液法：在菊芋植株茎上作一浅的切口，然后将浸透诱变剂溶液的棉球置于切

口，诱变剂经切口浸入。

③注射涂抹法：用诱变剂进行注射、浸泡或涂抹。

④施入或共培养法：在培养基中用较低浓度的诱变剂浸根或花药培养。

⑤熏蒸法：在密封而潮湿的小箱中用化学诱变剂蒸气熏蒸铺成单层的花粉粒。

用化学诱变剂处理时必须有足够的溶液进入细胞，处理种子必须使种子完全被溶液浸泡。处理湿种子或萌动种子可以比处理干种子缩短时间。

化学诱变剂的合适剂量取决于诱变剂和生物体本身。剂量大小取决于处理浓度、处理时间以及处理时的温度。菊芋各器官化学诱变的适宜剂量目前尚无详细研究，尚待进一步探索。

（3）诱变后代的选择

与上述物理诱变后代选择方法相同，不予赘述。

3.2　定量化育种研究方法

3.2.1　定量化育种

定量化育种的研究始于 20 世纪 80 年代中期。最早可追溯到农业模糊理论研究的兴起，继之以灰色育种理论和同异理论的研究。这些研究虽然都属于定量化育种范围，但其概念一开始并未明确定义，直至 2004 年其具体内涵才得到进一步阐释。就作物育种学科的发展过程来看，定量化育种目前仍然属于一个新的研究领域。

3.2.1.1　定量化育种的概念

定量化育种是一个系统的理论体系，包括农业模糊理论、灰色育种理论和同异理论，是针对作物育种过程中普遍存在着的模糊现象、灰色现象和同异现象，将作物育种理论与模糊数学、灰色数学和联系数学原理相结合的产物。它用模糊隶属度，灰色关联度或同一度等数学参数来衡量育种对象与育种目标之间的吻合度，系统地回答并解决了如何科学地制定育种目标、遴选亲本、配制组合、选择单株、荐拔品种、优化布局、合理利用和病虫害预测等重大关键技术问题，可以有效地指导育种实践，帮助育种工作者作出科学决策，从而更加有利于培育符合人类需求的作物新品种，是迄今国内外先进的育种决策平台之一。

定量化育种理论是对传统作物育种理论的完善和补充，旨在克服传统经验育种的局限性，提升育种决策水平，提高选育效率，实现作物育种的定量化、信息化和科学化，从而使作物育种由定性描述性学科发展成为一门定量化或定性与定量相融合的学科。

定量化育种对于育种工作者认识和掌握作物育种规律，控制品种选育进程，提高品种选育效率具有重要意义。与传统经验育种相比，它具有如下四个明显的特点：一是能够阐明作物育种过程中的各种现象，不但给出质的定性解释，同时也给出量的确切描述，使之更加理论化、系统化、规范化和程序化，从而使作物育种学发展成为一门精密的学科。二是能够综合考虑多种因素，描述作物育种过程中极为复杂的因果关系。对于影响某一育种目标性状的众多因素，哪些是主要的，哪些是次要的，可以给出一目了然的清晰回答。三是能够充分利用育种信息对育种现象进行解释，能为品种选育过程各关键阶段或环节做出最优决策，它所给出的结果，用来指导作物新品种选育，可以明显地提高选择效率和选择效果。四是能够与计算机原理和技术相融合，编制成程序，操作规范、方便。由此可见，作物定量化育种不失为育种工作者手中的一个实用性很强的工具和手段，较之传统的经验育种是一种理论和技术上的飞跃和突破。

3.2.1.2　定量化育种的学科体系

众所周知，作物育种是一个复杂的过程系统，在这个过程系统中，存在着诸多扑朔迷离的不确定现象，诸如随机不确定现象、模糊不确定现象、灰色不确定现象和同异不确定现象等，分别对应于数量遗传学、农业模糊学、灰色育种学和同异理论。要认识和了解作物育种，就必须对上述这些不确定现象进行深入细致的研究。作物定量化育种理所当然地担当起了这个重任。有鉴于此，作物定量化育种的学科体系可大致包括如下内容：作物育种学、数量遗传学、农业模糊学、灰色育种学、同异理论、生物信息学、计算机原理与技术（图3-3）。涉及概率论、数理统计、模糊数学、灰色数学、联系数学等数学知识。

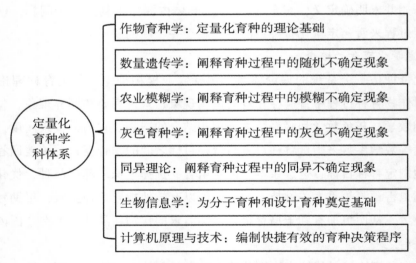

图3-3　作物定量化育种的学科体系图示

作物育种学。作物育种学是作物定量化育种的理论基础。所谓定量化主要是指作物育种过程各关键阶段和环节的定量化，因此，作物定量化育种与作物育种学理论密不可分。

数量遗传学。作物育种过程中存在着许多随机不确定现象，描述和解释这些随机不确定现象就需要有数量遗传学的理论作支撑。但由于数量遗传许多理论假定在作物育种过程中很难得到满足，所以其应用受到一定限制。因此，如何将其与作物育种紧密结合起来尚待进一步研究和探索。

农业模糊学。农业模糊学是农业科学与模糊数学相结合而产生的一门新兴边缘学科。旨在描述和解释农业科学中存在的大量悬而未决的模糊性现象。由于这些模糊性现象在作物育种过程中也大量存在，所以亦可用于指导作物育种和新品种选育。主要内容包括农业模糊识别、农业模糊聚类、农业模糊综合评判、农业模糊相似性选择、农业模糊决策和农业模糊预测等。

灰色育种学。灰色育种学是灰色系统理论与作物育种理论相结合而产生的一门新兴边缘学科，旨在研究解决作物育种过程中存在着的灰色现象即信息不完全的现象。是应用灰色系统思想解决作物育种过程中所提出的理论和实践问题的育种学学科，也是从定性与定量相结合的角度研究作物育种过程中亲本分类、组合配制、单株选择、品系鉴定、品种比较乃至品种合理利用（包括品种灰色布局、品种灰色相似性栽培、作物病虫害灰色预测等）的科学。

同异理论。这是 20 世纪初针对作物育种过程中存在着的同异现象，将作物育种理论与联系数学原理相结合而提出来的一种新的育种理论，用于指导育种工作者在育种各关键阶段和环节进行科学决策。主要内容包括育种目标同异关系分析、亲本同异分类、杂交组合同异评估、单株同异选择、品种同异比较、品种同异布局、品种同异栽培等。

研究表明，作物育种过程实质上是衡量育种对象与育种目标之间的同与异，并从中筛选较优者的决策过程。因为这个过程贯穿于作物育种过程的始终，因此，将其称为"同异现象"。这一现象可以用数学式子 $\mu（W）= a+bi$ 来刻画。其中，μ（W）代表育种目标与育种对象的同异联系度；a 代表育种对象与育种目标之间的同一度；b 代表差异度，并遵循 $a+b=1$ 的约束条件。因为 a 是确定的（可通过一定的数学公式计算得到），因而 b 也是确定的（由 $a+b=1$ 而定），但两者之间的关系即联系度则依 i 而变，呈现出一定程度的不确定性，即中介不确定性。育种工作者的任务就是调动各种方法和手段，促进差异度 b 向同一度 a 的转化，从而培育出符合人类需要的作物新品种。

生物信息学。生物信息学是一门收集、分析遗传数据以及分发给研究机构的新学科。旨在应用计算机技术和信息论方法，将作物基因组 DNA 序列信息分析作为源头，找到基因组序列中代表蛋白质和 RNA 基因的编码区；同时，阐明基因组中大量存在的非编码区的信息实质，破译隐藏在 DNA 序列中的遗传语言规律；在此基础上，归纳、整理与基因组遗传信息释放及其调控相关的转录谱和蛋白质谱的数据，认识与作物育种有关的性状的代谢、发育、分化、进化的规律，从而指导作物分子育种的开展。

计算机原理与技术。作物定量化育种涉及多种与育种决策有关的数学模型，运用计算机原理与技术，将其编制成便于育种工作者应用的快捷有效的决策程序，提高育种效率。

上述理论既相互独立，又相互依存，甚至相互融合、渗透，共同构成作物定量化育种的学科体系。

3.2.1.3 定量化育种理论的应用与前景

作物定量化育种理论一经提出，便在学术界产生了立竿见影的应用效果，尤其是作物灰色育种电脑决策系统和作物同异育种智能决策系统的研制与应用，受到众多育种工作者的青睐，目前已在小麦、水稻、玉米、棉花、大豆、花生、甘蔗、葡萄、谷子、绿豆、芸豆、高粱、苦荞、马铃薯、向日葵、烟草、菊芋、大葱、豇豆、辣椒、李树、山楂等诸多粮食、经济作物和水果、蔬菜中得到应用。如大面积推广种植的鲜食型菊芋新品种"廊芋1号"、加工型菊芋新品种"廊芋3号"与"廊芋5号"，耐盐碱型菊芋新品种"廊芋6号"与"廊芋8号"，牧草型菊芋新品种"廊芋21号"与"廊芋22号"、"廊芋25号"、"廊芋26号"、"廊芋27号"，景观型菊芋新品种"廊芋31号"均采用系统育种与定量方法，在灰色育种和同异育种理论指导下选育出的新品种，产生了巨大的经济和社会效益，因此具有广阔的应用前景。

3.2.2 灰色育种

3.2.2.1 灰色育种的概念

灰色育种是运用作物灰色育种学原理与方法，从定性与定量的角度，指导和帮助育种工作者在育种各关键阶段和环节进行科学决策，选育作物新品种的一种育种方法。主要内容包括育种目标灰关系分析、亲本灰色分类、杂交组合灰色评判、单株灰色选择、品种灰色综合评价、品种灰色布局、品种灰色相似性栽培、病虫害灰色预测等。

3.2.2.2 灰色育种的基本原理

灰色育种建立在作物育种理论与灰朦胧集和信息覆盖的基础上，推导出除遗传、变异、重组、选择原理之外的其他九个基本原理，即育种默承认原理、育种默否认原理、育种差异信息原理、育种信息认知原理、育种白化原理、育种解的非唯一性原理、育种新息优先原理、育种最少信息原理和育种灰性不灭原理（图3-4）。

（1）育种默承认原理

育种默承认原理（Acquiescing Rationale）亦称A原理、默认原理。即在育种过程中，若没有理由认为φ不成立，则默认φ成立。如没有理由认为"A单株是优良单株"不成立，则默认"A单株是优良单株"。默认原理具有如下性质。

①暂时性：在默承认原理下，对φ的默承认是暂时的，当肯定理由出现时，默承认

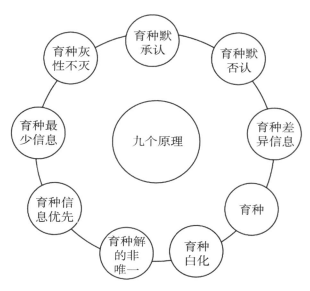

图 3-4　灰色育种的九个原理

转化为承认；当否定理由出现时，默承认转化为否认，只有当默认转化为确认，暂时性才消失。

②少信息性：默承认是缺乏足够认定信息下的承认。

③不确定性：默承认为不确定的承认，在同一 φ 下，默承认的内容越多，默认知的确定性越大。因为默承认内容多，意味着 φ 不成立的理由（至少是暂时的）越少。

（2）育种默否认原理

育种默否认原理（Denying Rationale）亦称 D 原理、否认原理。即在育种过程中，若没有理由认为 φ 成立，则默认 φ 不成立。如没有理由认为"A 单株是优良单株"成立，则默认"A 单株是优良单株"不成立。默否认原理具有如下性质：

①暂时性：当 φ 的肯定理由出现时，默否认转化为承认；当 φ 的否定理由出现时，默否认转化为正式否认。

②少信息性：默否认是缺乏足够否定信息下的暂时否认。

③对偶性：默否认是默承认的对偶。

④论域根据性：论域 D 成立的根据是默否认原理。

⑤确定性：默否认内容越多，则默承认确定性越大。

（3）育种差异信息原理

育种信息原理与差异原理的综合称为育种差异信息原理。凡育种信息必有差异，差异即信息。如通过观察和测定，我们了解到 A 组合比 B 组合抗病性强，C 品系比 D 品系蛋白质含量高。这就是 A 与 B，C 与 D 的差异。这些差异就是 A 与 B 组合，C 与 D 品系提供给育种工作者的信息。育种工作者培育新品种，就是根据这些信息并按照信息差异的原理对单株、对组合、对品系或品种择优汰劣，决定取舍的。

①育种信息原理具有如下性质：

新鲜性：对信息受体（育种工作者）而言，信息的首次出现为新鲜性。新鲜信息只允许出现一次。

命题性：育种信息是以命题为内涵的。如小麦育种信息是以"小麦育种"命题为内涵的。

不确定性：育种信息具有默承认性。

发现性：育种信息受体（育种工作者）是信息的发现者。

传递性：显传递性、潜传递性、默认传递性、内涵传递性均为育种信息传递的性质。

②育种差异原理具有如下性质：

可公认性，即相对公认性；对比差异性；发现性；可量化性；可比性，可比性在育种差异原理中具有重要意义，即育种差异原理以可比性为前提；差异是比较的结果，等价性即差异为零；数学中的等价集以等价性为根据；等价性的弱化是类似性（相似性）；具有类似特征的元素、现象、机理，是作物灰色育种理论中平射的信息元、亲和元；可比性是判断的根据；可比性是序化理论的"灵魂"；可比性孕育着量化性、数性。

（4）育种信息认知原理

育种认知以信息为依据，凡育种认知必有根据。如育种工作者确认某单株或某品种为优良单株或优良品种，是以该单株或品种产量、品质、抗病性、抗逆性等诸多性状信息为依据而得出结论的。这些性状信息就是该结论的主要依据。

作物灰色育种学的哲学基础是认识论的反映论，是认识的信息性。信息是认识的根据。没有信息作根据，不可能获得认知。不同根据有不同认知。认知非唯一源于根据非唯一。作物育种过程实质上是育种工作者对掌握的育种材料不断获得认知的过程。认知越深刻，越准确，培育作物新品种的成功率越高。

育种信息认知原理具有如下性质：

①根据性：育种认知必须也只能以信息为根据；

②信息性：育种认知的根据为信息。

（5）育种白化原理

令 Li 为 i 准则（如育种目标），E 为育种认知对象（如亲本、杂交组合、单株、品系、品种等），IFMapp 为表现认知映射，IFMken 为确认（认知）程度映射，有认知模式为

IFMapp：$E \rightarrow \lambda i$

IFMken：$\lambda i \rightarrow \Theta i$

则有

称 λ 为表现元，称（λ｜L）为信息表现元。

当 Θi ＝ 1 时，称 λi 为真元，记为 λ＊。

当 0＜Θi ＜1 时，称 λi 为白化准则 Li 下对于真元 λ＊的白化元。

记白化元 λi 与真元 λ＊的关系为 λiAprλ＊（Apr 读作"接近"）。

对于 λiAprλ＊，有 λi 不包含 λ＊信息时，Li 为伪白化准则。λi 部分包含 λ＊信息时，Li 为不完整白化准则。λi＝λ＊时，Li 为确认根据。

称 λi 的全体为 λ＊的白化空间 Aλ，当且仅当

IFMapp：E→λi，i∈I，

IFMken：λi→Θi，i∈I，（0＜Θi ＜1）

上式中，Li 为第 i 种认知根据。

当真元 λ＊出现时，则白化元消失，记为 λ＊Occur⇒λiVani（或）λ＊Appea⇒λiVani；

称 Λ 为表现的白化集，当且仅当

Λ＝｛λi｜λiAprλ＊For Li，λ＊Occur⇒λiVani，i∈I｝；

对于信息表现元（λ｜L），有白化信息表现元（λAprλ＊｜L）；真信息表现元（λ＊｜L）

育种白化原理为在育种过程中，若没有理由否认 λ 为真元，则在准则 L 下，默认 λ 为真元的代表。

育种白化原理具有如下性质：

①替代性：真元 λ＊未出现前，默认元 λ 替代 λ＊，替代即为白化，如选育新品种过程中，选择的某个单株或品系是对理想品种的白化与替代；

②接近性：λAprλ＊For L 表示默认元 λ 接近 λ＊是在准则（如育种目标）L 下，如选育新品种过程中，选择的某个单株或品系是在"育种目标"的要求下，对理想品种的接近；

③可归纳性：不同准则 Li 下的默认元 λi 可归纳为白化集 Λ

Λ＝｛λi｜λiAprλ＊For Li，i∈I｝；

④暂时性：λ＊Occur⇒λiVani；

⑤不完整性：λi 中"部分"包含 λ＊中信息，"部分"可以缩小为零，如选育新品种过程中，选择的某单株或品系一般总有部分信息接近理想品种（不过也可能没有）。

（6）育种解的非唯一性原理

在育种过程中，若没有理由否认 y 为解，则默认 y 为解。育种求解途径不同，则默认育种解非唯一。

一般而言，信息不完全、不确定的解是非唯一的。这是因为有唯一解的对象（问

题），其信息是完全确定的，是白的，亦即对象非灰。"非唯一性"原理在决策上的体现是决策多目标，方法多途径，处理态度灵活机动。其解决问题的过程，是定性与定量相结合的分析过程。面对许多可能的解，需要通过信息补充，定性分析和定量描述，来确定一个或几个满意解；"非唯一性"原理在制定育种目标上的体现是育种目标具有可调性，效果具有可塑性。比如，"培育公顷产量 9 000kg 的新品种"，既可通过培育产量三因素构成为 "600×30×50" 的模式，又可通过培育产量三因素构成为 "525×40×43" 的模式，还可通过培育产量三因素构成为 "750×30×40" 等多种多样的构成方式来达到目的。在育种方法和手段上，既可采用常规育种，又可采用诱变育种、远缘杂交，还可采用基因工程、分子标记辅助选择等多种方法。就是说，作物育种目标可以通过多种途径，而不是唯一的途径来实现。再比如，育种各世代的单株选择，由于育种目标各性状在各世代的遗传力不同，有些性状遗传力高，在早代就应当侧重考虑；有些性状遗传力却很低，在早代可以忽略，不予重视。而且，多年研究结果表明，各性状遗传力有随世代增加而提高的趋势，这样，各目标性状的权重问题也不能忽视。在决定某世代单株选择应当考虑哪些性状，这些性状各自的评价权重究竟多大为宜时，就需要育种工作者根据性状遗传力的研究结果，首先进行定性分析，确定单株选择的评价性状，然后再采用单株灰色选择分析方法进行定量分析。定性与定量分析相结合，就使得分析结果更加准确可靠，从而有效地提高选择效率和选择效果。

（7）育种新息优先原理

作物灰色育种理论认为，新信息优于（强于）老信息。育种过程中获得的信息（数据）不在多而在新。准确可靠的育种决策，只能依靠"最新鲜"的"最有代表性"的信息（资讯）作出。如品种区域试验中对照品种的确定，应该依据最近一、两年试验中品种多性状综合表现的信息，而不能依据前几年品种多性状综合表现的信息来进行。再如，病虫害灰色预测，利用近几年来某病虫害发生状况所提供的数据（新息）来建模，所得到的模型精度远高于利用若干年前的数据（老息）建模所得到的模型精度。

（8）育种最少信息原理

育种最少信息原理即在没有其他更多信息可利用的情况下，则尽量充分利用现有信息。

作物灰色育种理论以最少信息为准则。处理问题立足于"少数据不确定"。少数据不可能构成某种分布，所以作物灰色育种理论允许数据为任意分布。获取数据尽可能不超出或尽可能纳入"有限信息空间"。信息覆盖是"最少信息"的载体，"最少信息"在灰朦胧集内演化、增补、实证。如单株灰色选择中白化函数的对称性，就是"最少信息"灰推理的结果。再如病虫害灰色预测中，只要有近三四年病虫害发生状况的数据，便可较为准确地预测未来一年或数年的病虫害发生状况。

（9）育种灰性不灭原理

育种灰性不灭原理即育种工作者对育种对象的认知为灰性。这就是说，育种认知无穷尽，育种认知是发展的，确定认知或白认知是相对的。

作物灰色育种理论认为，在育种过程中，"灰"是绝对的，"白"是相对的，即灰性不灭。首先，育种工作者的思维有灰特征，具阶段性。以育种目标制定为例，"九五"之前，为解决温饱问题，强调的是产量；而"九五"之后，全国粮食由短缺到总量大体平衡、丰年有余的历史性跨越，所以育种目标不仅要求高产，而且要求优质、高效。其次，人们对作物品种的认识，随着科学技术手段的逐步改进而不断发展和深化，具有层次性。从宏观角度来分析，信息可能是充分的，而在微观分析时却可能不充分。比如，从形态上区分小麦和玉米，通过籽粒大小、形状、颜色等信息很容易办到，但从细胞角度上区分小麦和玉米，仅仅依靠上述信息就不够了。从分子角度来区分小麦和玉米，上述信息就更不充分了。换言之，在宏观层次上认识是白的，但在微观层次上，认识则又变成灰的了。因为人们对作物育种的认识是无穷尽的，获得的信息也总是不完全的。因此，灰是绝对的。

上述九个基本原理实质上是育种工作者应当遵循的原则、思路或思维模式，对于指导育种工作具有重要意义。

3.2.3 灰色育种方法与步骤

菊芋新品种选育是一个十分艰辛而漫长的过程，包括制定育种目标、选配亲本、配制杂交组合、单株选择、品种比较、品种布局、品种利用等一系列关键环节。这些环节相互关联，环环相扣，缺一不可。其中任何一个环节的失效或缺失，都将使育种工作无法正常进行，这就要求育种工作者对每一个环节都不能掉以轻心。与传统经验育种相比，灰色育种的重要特点之一就是实现作物育种的定量化、信息化和科学化。因此，对育种目标性状信息或数据的获取要求更加严格。除了在每一个关键环节对育种对象进行认真观察、了解，做到心中有数，还要求对育种目标性状进行详细记载，以便为科学决策提供信息依据。具体方法与步骤如下：

运用生态学理论、市场需求理论、灰关系分析原理与方法，确立适宜的育种目标。

运用亲本灰色分类原理与方法，对亲本进行分类，在亲本选配四原则的指导下，配制杂交组合。

运用杂交组合灰色评判原理与方法，综合评价 F_1 杂交组合，确定组合优劣，确定重点组合。

运用单株灰色选择原理与方法，对 F_2 代及以后世代田间中选单株进行多目标性状评价与选择。

运用灰色多维综合比较原理与方法，对品系鉴定试验或品种比较试验的优良品系进行多目标性状综合评价。

运用品种灰色布局原理与方法，筛选适宜不同生态区域种植的品种或品种群。

运用品种灰色相似性栽培原理与方法，在新品种推广的当年，直接实现良种与良法的配套。

运用作物病虫害灰色预测原理与方法，对菊芋病虫害发生趋势进行预测，提出预警和预防措施。

上述各个环节的育种决策均可借助作物灰色育种电脑决策系统进行。

3.2.4 同异育种方法

3.2.4.1 同异育种的概念

同异育种理论源于作物育种中同异现象的发现。

同异现象是贯穿于作物育种过程中的一种普遍现象。众所周知，作物育种首先要制定育种目标，育种目标一经确立，此后育种过程的各个关键阶段或环节无不与其发生联系，某阶段或环节育种对象（如某亲本、杂交组合、单株、品系或品种等）与育种目标的相同程度越大（或相异程度越小），则育种效果越好，反之亦然。因此，可以说，作物育种过程实质上就是衡量育种对象与育种目标同与异，并从中筛选较优者的决策过程。这种育种对象与育种目标同与异相比较、相权衡的过程自始至终无所间断无所更移，因此，我们把这种现象称之为同异现象。

这一现象可以用联系数学中的一个数学式子 $\mu(W) = a + bi$ 来刻画。其中，$\mu(W)$ 代表育种目标与育种对象的同异联系度；a 代表育种对象与育种目标之间的同一度；b 代表差异度，并遵循 $a+b=1$ 的约束条件。因为 a 是确定的（可通过一定的数学公式计算得到），因而 b 也是确定的（由 $a+b=1$ 而定），但两者之间的关系即联系度则依 i 而变，呈现出一定程度的不确定性，即中介不确定性。从辩证的观点来看，a、b 两者之间的关系又是对立统一的关系，在一定条件下（随 i 而变），可以相互转化。育种工作者的任务就是调动各种方法和手段，促进差异度 b 向同一度 a 的转化，从而使育种对象与育种目标更加吻合，更加一致。

同异现象从本质上揭示了作物育种的真谛，仅通过同一度和差异度的量化比较，就能确定育种对象的优劣，决定育种对象的取舍，进而培育出符合人类需要的作物新品种。由此可见，同异现象的发现和研究以及同异理论的提出，对于丰富、充实和完善作物育种理论，实现作物育种的定量化具有重要意义。明确了同异现象，同异育种的概念就很好理解了。

同异育种指的是运用联系数学原理描述和解释作物育种中的同异现象，用同一度和差异度等参数表述作物育种各个关键阶段或环节育种目标与育种对象之间的关系，并据此作出育种决策，实现作物育种的定量化的一种新的选育新品种的育种方法。

同异理论是继灰色育种理论之后又一个新的定量化育种决策理论。它的提出和应用，有效地克服了传统经验育种的局限性，使作物育种能够从定量的角度解释和描述作物育种过程各个关键阶段和环节，为育种决策提供可靠的科学依据。其决策关键就在于比较和鉴别育种对象与育种目标的同与异。通过育种目标与育种对象的同异比较，不仅可以分辨育种对象的优劣，决定取舍，而且可以及时明确育种对象与育种目标之间的差距，对现时育种水平有一个整体的了解，从而提醒育种工作者及时调整育种思路，明确主攻方向，并采取相应的育种手段和措施，制定有针对性的育种方案，促进育种工作更好更快地向前发展。

与传统的经验育种相比，一方面，同异理论可以避免育种工作者因经验不足而判断失误。只要掌握了这种理论并能熟练地运用同异育种智能决策系统，即使是育种新手，也能得到育种专家那样的决策水平，从而提高育种效果和育种效率；另一方面也是更重要的方面，就是它突出表现在可以定性与定量相结合，实现作物育种在定性基础上的定量化，使作物育种学科由定性描述性学科发展成为一门较为精密的学科，这在作物育种理论的研究上将是一个重要突破。因此，有理由认为，同异理论在作物育种中具有传统育种理论不可代替的学术地位与作用。

3.2.4.2　同异育种基本原理

同异理论实质上是马克思"普遍联系原理"与"对立统一规律"在育种上的集中体现和具体应用。由此衍生出九个与生俱来、相辅相成的基本原理，包括普遍联系原理、不确定原理、灰色性原理、动态性原理、协同性原理、层次性原理、同异配对原理、同异转化原理、信息完整原理等（图3-5）。基本原理，成为育种工作者必须遵循的思维模式和行动向导和指导原则。

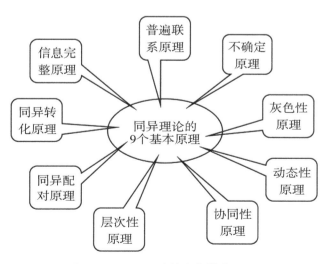

图 3-5　同异理论的九个基本原理

（1）普遍联系原理

客观事物处于普遍的联系之中。部分与部分、部分与整体相联系只不过是客观事物相互联系的一种具体体现。但是，"联系"是一个哲学概念，具有抽象性与宏观性，具体到微观层次上，两个事物间的联系是由具体的、各种各样的关系所组成的；关系可以千变万化，但不外乎两大类，一类是确定的关系，另一类是不确定的关系，我们借助传统的数学表示方法，通常是客观地刻画了部分与部分、部分与整体的已经确定的数量关系，而没有同时用数学的方法刻画出部分与部分、部分与整体一时不确定的数量关系（如信息不足等种原因）。

如图 3-6 所示。整体 W 与部分 P_1 有两种数学关系，一种是大小关系，是图 3-6 中所给条件已经确定了的关系。如设图中的整体为 1 个单位，部分 P_1 是 0.15 个单位，我们就用一个确定的数 0.15/1 表示出部分 P_1 与整体 W 的大小关系；另一种数学关系是部分 P_1 与整体 W 的空间位置关系。显而易见，P_1 在整体 W 的内部，这是确定的包含关系，但如果进一步问，P_1 在整体 W 内部的什么位置？这时仅仅根据图 3-6 所提供的信息和已知条件，我们就不能用数字给出确定的位置关系，或者只能"模糊"地说，部分 P_1 在整体 W "有点居中偏左上"，部分 P_2 在整体 W 中"有点居中偏下"，这里的"有点居中偏左上"，"有点居中偏下"都是不确定的、模糊的说法。当我们要根据已知条件完整、全面地刻画部分 P_1 与整体 W 的联系时，我们不得不同时把这两种关系都从数学的角度去刻画出来，不得不引进集对的概念，不得不引进同异联系数 a+bi。

图 3-6　部分与整体的关系（大小关系与位置关系）

（引自赵克勤学术报告，2008）

同理，我们在已知条件下要完整地、全面地刻画部分 P_1 与部分 P_2 的关系时，我们也需要从 P_1 与 P_2 的大小关系和 P_1 与 P_2 的位置关系两个方面给出相应的数学刻画。显而易见，P_1 与 P_2 的大小关系可以从它们的面积大小比确定出来，图 3-6 中的 P_1 与 P_2 大小关系是一种等同关系，0.15 比 0.15 的关系，但 P_1 与 P_2 的相互位置关系也只能说"两者比较接近""相离不是很远""P_1 在 P_2 的左上方"这些模糊的、不完全确定的语句。当然，一旦把图中的大圆放到某个直角坐标系中，我们就能够把部分 P_1 在整体 W 中的位置关系、部分 P_1 与部分 P_2 的位置关系完全精确地刻画出来，这一点正好对应于在联系数 a+bi 中给 i 补充信息后可以确定 i 的值。这个例子也说明了，对于部分与部分、部分与整体之间的不确定关系，常常是已知条件不充分、信息不完全造成的，因此，可以通过补充一些信息，增加一些条件，或者深入一个或几个层次，去做分析，就有可能化不确定为确定。

其实，作物育种诸环节，如育种目标的制定、亲本选配、杂交组合评估、单株选择、品种比较、品种利用等与作物育种就是"部分"与"整体"之间的关系。它们之间各个部分，环环相扣，密切联系，缺一不可，共同构成作物育种这样一个整体。就像一个流水作业的组装车间，其中任何一道工序的失误，都会殃及全局。因此，在作物育种过程中，要求育种工作者应具有普遍联系和整体观念，时刻注意各个育种环节彼此之间的密切关系，充分发挥它们的整体功能，切不可顾此失彼。同异联系度和同异联系数就是科学处理这种普遍联系观念的数学表达。

普遍联系原理是作物育种当中一个普遍适用的基本原理，故我们称其为同异育种的第一原理。

（2）不确定原理

不确定原理，也称"测不准原理"，是物理学中的一个著名原理。历史上，这个原理最早由德国物理学家海森堡于 1927 年提出。该原理表明一个微观粒子的某些物理量（如位置和动量，或方位角与动量矩，还有时间和能量等），不可能同时具有确定的数值，其中一个量越确定，另一个量的不确定程度就越大。测量一对共轭量的误差的乘积必然大于常数 $h/2\pi$（h 是普朗克常数）。"测不准原理"反映了微观粒子运动的基本规律，是量子力学的一个基本原理，也是现代物理学的一个重要原理。在科学研究领域，人们把海森堡的"测不准原理"称为"不确定原理"。

那么，海森堡的"测不准原理"与同异育种又有什么关系？难道同异育种中涉及的不确定性是与这个"不确定原理"相通的吗？回答当然是肯定的。这只要注意到"测不准原理"是针对微观层次上的粒子而言便很容易理解。但从广义上看，"个体"相对于"全体"，"部分"相对于"整体"，"基因"相对于"表型"恰好处于微观层次。从这个意义上说同异育种中的不确定性确有其物理意义，这个物理意义就是海森堡的"测不准原理"。

事实上，就认知而言，微观纯粹是相对于宏观而言的一个概念。类似于前面的"整体是宏观，部分是微观"之说，在作物育种中还有，单株是宏观，细胞是微观；表型是宏观，基因是微观；如此等等，这就意味着当把作物育种过程在宏观层次上的表现与微观层次上的表现相联系作全局性考虑时，不可避免地存在不确定性。也就是说，在宏观层次上被认为是确定的东西，在微观层次上则可能又是不确定的。在不确定逐步转化为确定的同时，原先确定的东西同时在转化为不确定。我们的任务是：通过掌握这两个转化（不确定逐步转化为确定，确定又转化为不确定），来达到我们的目的，来创造科学的奇迹。因此，前面说的海森堡的"测不准原理"也可以称为是"系统不确定原理"

或"全局不确定原理"。这一重要的科学原理，在同异联系度或同异联系数中也起着重要的作用，因此，我们称其为同异育种的第二原理。

（3）灰色性原理

作物育种过程本身构成一个系统。这个系统的一个十分明显的特点就是待认识对象的许多特性朦胧不清，若明若暗。从信息论的角度讲，则表现为部分信息已知，部分信息未知，或称信息不完全。亦即是说，这是一个典型的灰色系统。正是由于这种灰色性，才使得育种对象与育种目标之间的同与异呈现出确定与不确定并存的状态。当未知信息逐步明确，不确定因素逐步减少，不确定性也便逐步转变为确定性，育种对象与育种目标相异的部分也便逐步转变为相同的部分，从而达到培育优良新品种的目的。从这个意义上讲，作物育种过程也可以理解成是一个将灰色性逐步白化的过程，或不确定性转变为确定性的过程，或育种对象各性状与育种目标性状由异变同的过程。因此，我们称灰色性原理为同异育种的第三原理。

（4）协同性原理

作物育种过程中，各种亲本材料的基因重组需要协调同步。就是说，衡量作物育种工作的成功与否，并不仅仅取决于某一亲本材料（或某一基因）的优劣，而是取决于亲本组配之后各种性状（基因）诸如丰产性、抗病性、早熟性、优质性等协调利用的好坏。协同性越好，育种水平越高。因此，在作物育种工作中，特别强调综合性状（基因）的表达，强调多个性状（基因）的协同作用。这种协同性原理称为同异育种的第四原理。

（5）动态性原理

作物育种理论与方法需要不断补充、完善和发展，育种目标需要不断调整、改进和提高。这是市场、生产和生态条件不断变化的必然结果。因此，作物育种是一个动态的过程而不是静态的过程。育种工作者必须用辩证的和发展变化的观点，去认识、看待和解决育种过程当中存在的各种现象和问题。唯其如此，才能在群雄角逐和竞争的育种前沿阵地高视阔步，掌控全局，独领风骚。因此，动态性原理称为同异育种的第五原理。

（6）层次性原理

育种认识是主体（育种工作者）对客体（育种对象）的反映，它是有条件的、近似的，是逐步深入的过程。由于主客观条件的限制，育种认识总是在特定的背景下停留在特定的某一层次上，它不可避免地具有不彻底性和不完全性。因而对育种信息分类后，通常相对于确定性信息的提取和分离，必然遗留下未知的或者认识和描述所不及的一部分不确定性信息，暂时成为人在现实水平上对育种对象的认知盲区。这是主体认识的又一种相对性，即认识层次的相对性，它反映了主体（育种工作者）与客体（育种对象）间的本质矛盾。正是承认了这种矛盾的客观存在，同异理论从辩证思维的立场上通过联系度的刻画，使育种工作者的主观认识向现实又推进了具有重要意义的一步。

层次性还表现在育种主体（育种工作者）对客体（育种对象）认识的不同层次上。正如中国人工智能学会原理事长涂序彦教授指出的那样："世界是不确定性与确定性的矛盾统一体。各种系统、各种事物，在某种条件下、某种层次上，体现出不确定性；而在另一种条件下、另一种层次上，体现出确定性。因此，如何运用对立统一的观点，从整体和全局上研究不确定性和确定性，是有待探讨的重要问题。"作物育种是一个系统过程，其中充满着许多确定性或不确定性问题。如有两个小麦品种，田间试验产量分别为 9 826kg/hm^2 和 9 865kg/hm^2，在宏观层次即表现型上，我们可以认为它们的产量是不同的，这是确定的；但如果从微观层次即分子或基因水平上考虑，则既可能是相同的，也可能是不同的，即是不确定的。因为两个品种之间控制产量表现的基因可能是相同的，也可能是不同的。之所以在表现型上有差异，可能是由于环境因素诸如施肥、浇水等多种因素的影响造成的。相反地，如果这两个小麦品种田间试验产量相同，均为 9 826kg/hm^2，那么，在宏观层次上，我们可以认为这两个品种是相同的，这是确定的；但在微观层次上我们却未必能判断是否真的相同，即是不确定的。诸如此类的确定不确定问题在作物育种过程中比比皆是，同异育种理论就是为着解决这些问题而提出来的。

因此，只有通过层次的展开，我们才能把握不确定性中的确定性。育种工作者对育种对象的认识充分体现了这种层次性。如 20 世纪 80 年代初以中产水平为主要育种目标的提出，到 80 年代中后期以高产水平为主要育种目标的实施，继之 90 年代品质育种的兴起，直到目前超级品种育种和分子育种、设计育种的盛行，无不反映了育种工作者在不同阶段或层次的认知程度，从而推动育种工作的不断发展和育种水平的不断提升。

由此可见，层次性原理在作物育种过程中不仅重要而且必要。因此，我们称其为同异育种的第六原理。

（7）同异配对原理

同异配对原理指的是作物育种过程中育种对象与育种目标之间总是以同异配对的形式存在着。例如，产量的高与低、穗子的大与小、病虫害的抗与感、穗粒数的多与少、生育期的早与晚、抗逆性的强与弱、育种对象与育种目标的同与异等等，不一而足。正是由于同异配对原理的制约，以至于我们在一般意义上评价某一育种对象时，有意无意地拿与该育种对象配对的另一对象（理想对象或育种目标）作参考。如我们说某个品种是优良品种时，同时有意或无意地拿与其相异的一个或一些品种作参考。在一定育种目标框架下，两个品种相比较时，有相同的一面，必然也有相异的一面。说明育种对象与育种目标（或者说对育种对象的认识）均是矛盾的统一体。对立的双方都映现在它的对方内，正是由于对方的存在，它自己才存在，以至于我们事实上无法去孤立地认识和研究同异配对对象中（如某单株或某品种）的某一单个对象，而只能从同异配对的两个对象之相互关系、相互影响、相互渗透、相互制约的过程中去认识和把握其中任一单个对象的有关表现和规律。

从哲学的观点看，同异配对原理无非是关于"对立统一法则""事物相互联系原理"的一种新的表述，因此，严格地说，同异配对原理是联系原理的一个派生原理，之所以单独列出，一是与哲学上的对立统一规律相对应。二是由同异配对原理直接导出了相对的概念和同异联系数。更为奇妙的是，同异配对原理与育种工作的主体育种工作者的形体构造密切相关，看看我们身体上的感官——两只眼睛、两只耳朵、两个鼻孔、两只手，两条腿，无一不是配对地存在，配对地去感知育种环境和育种世界。因而在同异育种中，称同异配对原理为同异育种的第七原理。

（8）同异转化原理

作物育种过程中，育种对象与育种目标的同异双方在互相联系的统一体中呈现相对性，在一定的条件下可以实现相互转化。一般，当 i 取正值时，向同的一方转化，而当 i 取负值时，则向异的一方转化。i 在什么时候取正值，什么时候取负值，则取决于育种工作者对育种对象的认知程度。育种工作者的最初任务和最终目的就是实现育种对象各性状与育种目标各性状由异向同的转化。因此，同异转化原理称为同异育种的第八原理。

（9）信息完整原理

作物育种及其过程是联系着的统一体，因而相对于育种对象信息（宿信息），对其认识和处理也应是完整的。同异理论采用分析与综合相结合的方法，分别作确定性与不确定性，同一性和相异性两个层次的刻画，从而避免了片面性，保证了信息的完整性。同异理论认为认识是主观和客观的统一，基于某种原理和方法的信息处理是生成信息的过程，这一过程及其所形成的认识关于育种对象信息应是（基于认识模式而言）相对完整的。在同异理论看来，信息无论确定性与否，都是有用信息。育种认识正是在这一信息整体中把握育种对象和自身。由此形成了同异育种理论认识育种问题的独特思路：即以育种对象（如亲本、杂交组合、单株或品种等）为出发点，采用分析与综合的方法，分别作关于同与异或确定性与不确定性两个层次的描述或刻画，从育种对象的考察数据中提取相对的确定性信息，并且承认和考虑对应于这种刻画的相对不确定性，这样，在分离提取信息的同时便保证了信息的完整性，避免了片面性。基于这一思路，也便形成了同异育种理论解决或处理育种问题的独特风格：或者先由相对确定性信息得到分析结果，然后再考虑相对不确定性信息的可能影响，寻找同异双方相互转化的途径和可能性，进一步作相对确定性结果的稳定性分析；或者直接运用同异联系数进行运算，得到包含有确定性信息和不确定性信息的分析结果。

总之，同异理论集中体现了认识论中的辩证法，它的核心思想是以主观（育种工作者）和客观（育种对象）为基础，面对现实，承认矛盾，把育种过程视为一个确定不确定系统，从而辩证认识和整体刻画该系统中所蕴含着的对立统一关系，以实现对育种信息的完整有效的分类与处理。正因如此，信息完整原理被认为是同异育种的第九原理。

上述九个原理来自作物育种实践，来自对作物育种实践中存在着的同异现象的研究和思考，并经过多次由此及彼、由表及里的提炼和加工，以及去粗取精、去伪存真的概括和总结，已经上升到理性认识的层面。因此，在进行同异育种分析和决策的过程中，无疑具有十分普遍的指导意义。育种工作者应当在遗传、变异、重组、选择等作物育种原理前提下，将其作为基本纲领和方针，自觉地用于指导育种实践，同时在育种实践中加以验证，从中发现问题，并在解决问题的过程中不断充实、完善和提高，使之日臻成熟。唯其如此，才能有效地开展作物育种工作，提高育种水平，促进育种学科的迅猛发展。

3.2.5　同异育种方法与步骤

同异育种方法与步骤与灰色育种方法与步骤大同小异。只需将其中"灰色"换成"同异"即可。

运用生态学理论、市场需求理论、同异关系分析原理与方法，确立适宜的育种目标。

运用亲本同异分类原理与方法，对亲本进行分类，在亲本选配四原则的指导下，配制杂交组合。

运用杂交组合同异评判原理与方法，综合评价 F_1 杂交组合，确定组合优劣，确定重点组合。

运用单株同异选择原理与方法，对 F_2 代及以后世代田间中选单株进行多目标性状评价与选择。

运用同异多维综合比较原理与方法，对品系鉴定试验或品种比较试验的优良品系进行多目标性状综合评价。

运用品种同异布局原理与方法，筛选适宜不同生态区域种植的品种或品种群。

运用品种同异相似性栽培原理与方法，在新品种推广的当年，直接实现良种与良法的配套。

上述各个环节的育种决策均可借助作物同异育种智能决策系统进行。

3.3　智慧育种方法

近年来，作物育种领域正在发生一场前所未有的革命性变化。基因组学、蛋白质组学、代谢组学、细胞组学等诸如此类的研究可以说是风生水起，云蒸霞蔚，为分子育种、设计育种开拓了令人神往的新天地。与此形成鲜明对照的是作物常规育种研究较少。截至目前，绝大多数育种家选育新品种主要依靠的还是旷日持久、经年累月所积累的经验，也就是说，作物育种基本上还处于定性经验阶段。毫无疑问，这种格局在时代的发展面前已经显得很不入流和协调。令人欣喜的是，随着人类社会和科学技术的发展，物联网、人工智能、云计算、大数据等诸多技术逐渐向农业领域渗透，越来越受到人们的青睐，成为国家发展战略的重要组成部分。于是，在这样的背景下，智慧育种"千呼万唤始出来，犹抱琵琶半遮面"，开始进入人们的视野，启动了它步履蹒跚的漫长征程。尽管其理念、思路和技术仍略显稚嫩，但是它承载着作物育种的前沿技术，代表了未来作物育种的发展方向。

3.3.1 智慧育种的概念

处于起步阶段的智慧育种，其概念仁者见仁，智者见智。现以郭瑞林研究员 2018 年由中国自动化学会智慧农业专业委员会主办，南京农业大学承办，江苏农学会智慧农业分会和江苏智慧农业技术有限公司协办的"农业物联网与智慧农业发展论坛暨中国自动化学会智慧农业专委会 2018 年会"上提出的智慧育种概念为蓝本加以简单介绍。

所谓智慧育种指的是传统育种技术+现代生物技术成果（如基因工程、合成生物学、基因编辑、各种组学等技术）＋现代信息技术成果〔如生物信息学、计算机与网络、移动互联网、云计算、大数据、物联网、人工智能、机器学习（包括深度学习、图形成像、音视频、3S、无人机遥感、无线通信等技术）〕＋育种专家智慧和知识等跨学科、多交叉技术体系相互渗透，深度融合，实现育种试验设计、试验田农事操作、育种目标性状全程可视化远程监测、育种数据采集与分析、育种对象决策优化等信息化、自动化、智能化管理，从而选育满足人类需求的作物新品种的一种新型的作物育种技术体系与方法，主要由育种设计模块、育种试验种植方案模块、育种试验田精准管理模块、目标性状监测与采集模块、各种组学数据整合模块和育种决策模块所组成，如图 3-7 所示。

3.3.1.1 育种设计模块

育种设计模块主要功能是确定育种试验设计方案。在生态学原理与市场需求的双重约束下，制定合理的育种目标。围绕育种目标，以基因组、表型组、转录组、蛋白组、代谢组等各类组学大数据为基础，通过多维度生物组学数据的联合分析，挖掘株型、产量、抗病、抗虫、耐盐、耐旱、耐寒、品质等与育种目标性状相关的重要基因与自然变异，采用人工智能、机器学习数据挖掘的策略为菊芋育种建立各种聚合优良基因型的基因组预测模型，辅助育种家作出育种试验优化设计方案，包括常规育种试验设计方案和分子育种设计方案。其中，分子设计育种方案是在基因层面上辅助育种家选择亲本材料和设计杂交育种组配方案，其又可分为单基因选择设计方案、多基因聚合设计方案和全基因组选择辅助育种设计方案。全基因组选择育种设计方案是考虑基因组中数万甚至数百万的分子标记信息，在训练群体中建立基因组选择模型推导基因型与表型间的相关

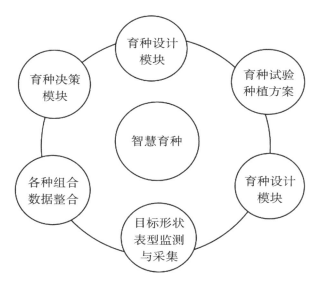

图 3-7　智慧育种示意图

性，在候选群体中模拟和预测杂交后代可能产生的表型，根据杂种一代表型预测的结果选择育种价值较高的亲本材料，设计合理的杂交、复交、聚合交和回交育种试验方案等。

3.3.1.2　育种试验种植方案模块

育种试验种植方案模块主要功能是自动化生成各类育种试验（如品种资源圃、亲本圃、选种圃、品系鉴定试验、品种比较试验、品种繁育田等）种植方案（田间试验种植计划书），确定试验规模，绘制田间试验种植图，完成田间试验种植。在育种优化设计方案的指导下，根据过去多年的历史播种日期、地表温度与 5cm 土层土壤温度、历史与实时气象数据、未来 10d 降雨与气温预测最佳播种日期，确保播种后 10d 内的 100% 出苗率并达到出苗整齐。

3.3.1.3　育种试验田间精准管理模块

育种试验田间精准管理模块主要功能是自动化精准管理育种试验田，保证菊芋育种试验材料正常健壮生长。结合天气、土壤、遥感等环境大数据，针对不同类型菊芋品种建立气候模型、土壤模型、播种模型、植保模型、营养模型，以及试验田条件下（如不同行株距等）品种的地上生长模拟模型、根系生长模拟模型，为育种工作者提供实时、高效、精准的耕作管理（如施肥、灌水等）决策。通过调取过去多年育种试验田种植区域的卫星遥感图像，以及多年气候情况、地形变化、耕作制度等信息，进行综合分析建立气候模型。根据菊芋品种的生长特性，计算育种试验田种植区域的气温、降水量、病虫害等环境限制因素，预测菊芋品种的潜在产量或向当地推荐最佳种植品种，确定最佳种植密度和最优单产产量。通过对耕作土壤地表下 100cm 的深度范围进行横切面分析，与全球范围收集的土壤样本进行对比，确定土壤土质类型；同时，提取土壤样本在专业化实验室对土壤内的化学元素进行分析建立土壤模型，精确计算育种试验田的土壤供肥能力。在菊芋生长过程中，利用菊芋发育模型推断菊芋生长发育进程和根系生长情况是否正常；利用便携式叶绿素仪、离子传感器等设备动态监测菊芋植株内营养成分是否正常；同时，利用营养模型预测最佳追肥时间与追肥数量；利用水分管理模型，预测最佳灌水日期和灌水量；根据当年的气温、湿度等情况以及孢子捕获器的数据推测病虫害防控的最佳时期，确定农药喷洒的剂量和时间；根据菊芋生长状况，确定最优收获时期等。

3.3.1.4　育种目标性状表型监测与采集模块

育种目标性状表型监测与采集模块主要功能是自动化监测并采集与菊芋育种目标性状相关的试验田间表型数据。在图形图像技术、人工智能技术、物联网技术的支撑下，逐年累积菊芋育种实验数据与种植生产数据，逐步形成菊芋表型与环境大数据体系。田间表型数据的采集使用小型无人机、野外机器人、农业机械装备搭载的光学设备、雷达设备在不同菊芋生长时期内自动化采集表型图像。图形图像数据经过专业的深度学习模型数字化处理，转换成育种中常用的标准化农艺性状数据。采用离子检测传感器等便携式设备采集菊芋生长发育过程中的生理生化指标，获取生理表型数据。这将有助于挖掘抗逆相关基因，以及氮磷钾等营养物质高效吸收利用材料的筛选。作物的田间长势、产量性状与环境因素息息相关。应用农业物联网技术配合田间农情监测系统对测试区域的气象与土壤数据、虫害与病害数据、生长与产量数据，以及收获后测产数据进行自动化采集。各类环境数据通过通信网络传输至云端服务器进行处理、分析、存储与管理，实现对育种实验站点的常年多点式追踪。环境因子数据整合到预测模型中可以显著提高模型预测精度，更加精准地预测产量、基因型与环境互作，为菊芋品种最优种植生态区的选择提供决策。

3.3.1.5　各种组学数据整合模块

各种组学数据整合模块主要功能是整合基因组、转录组、蛋白组和代谢组等各类组学大数据，为育种设计方案和品种选育各阶段决策提供科学依据。利用生物信息学原理与方法，挖掘功能基因和自然变异，利用转基因表达、基因编辑和人工合成通路创造人工变异，从而构建菊芋基因标记数据库，形成育种群体基因型数据。

3.3.1.6　育种决策模块

育种决策模块主要功能是为育种各个关键环节包括育种目标制定、亲本选配、杂交组合配制、单株选择、品种（系）比较、品种布局、品种利用提供决策。包括表型决策模块和基因型决策模块。表型决策模块主要由灰色育种电脑决策系统和同异育种智能决策系统组成。基因型决策模块则由农艺性状表型预测、产量预测、品质预测、杂交组合产量、品质预测、营养高效利用预测、抗虫抗病预测、抗非生物胁迫预测、品种环境适应预测、供体材料标记筛选等模型组成，由此作出理想基因组智能育种设计决策和各关键阶段或环节育种材料取舍决策。

3.3.2　智慧育种原理

智慧育种原理是多学科原理的融合渗透和集成。包括遗传、变异、重组、选择等作物育种原理、基因工程原理、合成生物学原理、基因编辑原理、基因组学原理、蛋白质组学原理、代谢组学原理、生物信息学原理、计算机技术与网络原理、移动互联网原理、云计算原理、大数据原理、物联网原理、人工智能原理、机器学习（包括深度学习）原理、图形成像原理、间音视频技术原理、3S 技术原理、无人机遥感原理、无线通信技术原理等。

3.3.3　智慧育种方法与步骤

第一，采用育种设计模块确定育种试验设计方案。

第二，采用育种试验种植方案模块，自动化生成各种育种试验种植方案，确定试验规模，绘制田间试验种植图，完成田间试验种植。

第三，采用育种试验田精准管理模块，对育种试验田进行自动化灌水、施肥、喷施药剂和收获。

第四，采用育种目标性状表型监测与采集模块，自动化采集各种与育种目标相关的表型数据。

第五，采用各种组学数据整合模块，整合形成育种群体基因型数据。

第六，采用育种决策模块，对育种流程各关键环节或阶段作出快速有效的育种决策，选育出符合满足人们需求的菊芋新品种。

3.4　农艺农机结合研究方法

菊芋农机农艺综合配套技术是经过长期探索、研究、实践而形成的生物措施与工程措施相结合的综合性农业生产技术。

3.4.1　农机农艺配套技术的基本内容和意义

3.4.1.1　农机农艺配套技术的基本内容

菊芋农机农艺配套技术是依据本地自然和生产资源的特点，按照菊芋品种特性及生产发育的要求，选用各项先进措施抓住农时，把各项实用的单项技术有机结合，科学地用于生产实践，获得菊芋的优质高产。菊芋农机农艺配套技术并不是简单的农机具运用和农艺措施的结合，而应是在推广农机综合配套技术和菊芋栽培模式有机结合，使两者相辅相成，互为条件。

3.4.1.2 农机农艺配套技术的重要意义

先进的农艺技术是农业生产的技术核心，农业机械化则是实现先进技术的手段，离开农机各项农艺措施就难以顺利地达到预期目的。同样，农机的运用应以满足菊芋的农艺要求为前提，否则就失去运用的目的。因此，农机与农艺相结合可以充分地发挥农机威力，变单项优势为综合优势，促进生产力进一步发展，实现菊芋生产的高产、优质、高效。实行农机农艺有机结合的重大意义，具体表现在以下几个主要方面：

（1）农机农艺结合，有利于耕作制度和种植方式的改革

传统的耕作制度和种植方式对我国农业生产的发展有一定的作用。但是，随着农机农艺新技术、新机具、新品种的不断涌现和农民对菊芋高产高效的迫切要求，亟须进行新的改革以保证菊芋生产高产、优质、高效。近年来，我国各省、市、地区针对菊芋生产需要，进行了大量的研究、试验、示范，总结推广了许多成功的经验。廊坊菊芋创新团队运用农机农艺相互结合的新技术，在广阳区九州菊芋示范基地，选用"廊芋5号"新品种及农艺配套技术，采用深松机、中型耙、菊芋播种机、中耕除草培土和秸秆还田机、菊芋收获机等机械，改革了浅层耕耙、翻耙脱节、耕种粗放，形成了以深松为主体，翻、松、耙（旋耕）、还（根茬和秸秆还田）、收（块茎收获）相结合的耕作制度，打破土壤犁底层，增加了土壤有机质含量，提高了土壤透水性和蓄水性，土壤含水量比传统耕作法提高5%~9%，菊芋平均亩产4 380kg，比对照组增产24%，平均亩产值达到4 500元，比传统种植制度增加42%。

（2）农机农艺结合，有利于促进旱作农业的发展

机械化旱作农业是旱地农业发展的有效途径。机械化作为工程措施与生物措施结合才能够发挥更大的威力。在旱作农业地区，通过微灌滴灌不产生地面水层和地表径流，不会使地面板结，不破坏土壤结构，同时可减少渗漏和蒸发量，也可结合施肥进行灌溉。据大面积应用滴灌的调查结果，滴灌比畦灌节水75%左右，节能50%~70%，省工60%~70%，并可提高菊芋生物产量。深耕深松，可增强土壤蓄水保墒能力，减少水分蒸发；秸秆还田、增加土壤有机质含量，培肥地力；化肥深施，可提高肥效，无机促有机、改善土壤团粒结构；播种前后镇压，起到了增强土壤紧实度、提墒保全苗的作用；机播保证了菊芋的最佳播期或抢墒播种，这些农机措施与农艺措施相互协调，相互促进，改善了农田生态环境，保证菊芋在旱地、半干旱地区增产丰收。在京津冀区域，通过运用耕翻改土、耙塘保墒、增施有机肥、机械秸秆还田、深施化肥、科学施肥、病虫防治等形成了一套农机农业旱作栽培技术，使活土层增加到27~30cm，有机质提高0.15%，0~10cm有效水提高1.0%~3.8%，耕层土壤总孔度达53.9%，日平均地温增加1.5℃，土壤抗旱、保墒、蓄水、增肥的综合抗旱能力大大提高，根本改善了土壤生产力和抗逆能力。2016年河北省廊坊市大城县种植百亩菊芋示范田，每亩施复合肥

30kg，亩灌水 50m³，平均亩产块茎 2 000～3 000kg，鲜秸秆 3 000～4 000kg，平均每亩生产成本 850～950 元。按照目前菊芋块茎市场收购价格 1.0 元/kg、菊芋秸秆 0.2 元/kg计算，平均亩产值为 2 600～3 800 元；亩均利润为 1 750～2 850 元。一亩菊芋实际收入约相当于京津冀地区玉米生产 700kg 产量水平的 2～2.5 倍。与小麦与玉米相比，氮磷需求量仅是小麦与玉米的 1/3，可节水 450m³。

（3）农机农艺结合，提高劳动生产率和土地产出率

农业机械化是农业技术进步的重要标志，可以大大提高劳动生产率，促进土地产出率的增长。例如旱作农机农艺综合技术，改善农业生产条件，一般增产 20% 以上。化肥深施技术，可提高肥效 20% 以上。秸秆粉碎还田技术既能增加土壤有机质，培肥地力，又能减少环境污染。地膜覆盖，比用人工提高工效 5～20 倍，每亩节省地膜 0.4kg，降低成本 418 元。2021 年新疆金牧源畜牧服务有限公司引进廊芋牧草型品种，在新疆喀什英吉沙县沙地菊芋示范田试验，采用以滴灌为主的农机农艺配套技术，不但改善土壤生态环境，土壤有机质增加 0.05%～0.15%，碱解氮增加 22%，速效磷增加 17%，速效钾增加 22%。而且大幅度提高产量，增加效益。经过实际测产，菊芋茎块亩产 5 230～6 470kg，地上枝叶生物产量在 8 820～10 240kg，每亩节约成本 600～700 元，亩产值达到 6 000～8 000 元。

（4）农机农艺结合，促进菊芋新型饲料资源的开发利用

我国畜牧业已发展到相当大的规模，饲草产品需求加速，因而饲草产品供求的矛盾日益凸显。2009 年就被国家有关部门确定为"人畜共用的新资源食品"的多年生草本植物菊芋，以其具有耐盐、耐寒、耐贫瘠、耐干旱和耐疾病等显著优势，引起人们的关注。2021 年天津市金三农农业科技开发有限公司在甘肃景泰县及周边地区农业加快转变生产方式，通过引进廊芋系列品种选育，创建以菊芋为主要作物的抗盐碱抗沙化的草场，示范推广以耕整地、播种、秸秆适时收割和青贮、加工、秸秆综合利用、畜禽粪污处理等农机农艺结合技术，有效地促进菊芋新型饲料资源的开发利用，提高当地土壤抗沙化能力和保墒能力，进一步推动甘肃景泰县及周边地区种植结构调整，推动当地草食畜牧业向农牧结合、生态循环发展。

3.4.2 系统科学的理论

系统科学是 20 世纪 40 年代以后迅速发展起来的一门新型科学。它从系统的着眼点或角度去考察、研究整个客观世界，为人类大规模改造客观世界提供科学的理论和方法。系统科学的应用已深入人类物质和精神生活的各个领域。当然，农机农艺结合与运用，促进菊芋产业发展也同样离不开系统科学的理论指导。

3.4.2.1 农机农艺综合配套技术系统

（1）系统的定义

系统是系统科学的最基本的概念，"系统"一词早已为人们所熟悉应用。如拖拉机

的燃油供给、冷却、起动、行走、转向、制动系统，菊芋栽培管理的技术、土肥、种子、植保系统，农业生产的农机、农艺、水利系统等。一般系统论创始人贝塔朗菲认为系统是互相作用的诸要素的复合体。钱学森将系统定义为"由相互作用和相互依赖的若干组成部分结合成的具有特定功能的有机整体"。

从上述系统的定义和实例可以看出，构成一个系统必须具备三个条件。一是要有两个以上的要素组成。二是要素之间相互联系、相互作用，成为不可分割的整体。三是要素之间的联系与作用必须产生不同于各要素功能的整体功能。在自然界和人类社会中，可以说任何事物都是以系统的形式存在。农机农艺结合中的农田作业机械和配套机具，农艺栽培管理和农作物组成的相互作用、相互依赖具有特定功能的有机体就叫作农机农艺综合配套技术系统。它既是农业复杂大系统的一个子系统，本身又是一个包含很多因素和层次的完整系统，并与农业系统和环境有密切关系。

（2）系统要素

系统要素是构成系统的基础，没有两个以上的要素就谈不上系统。农机农艺综合配套技术系统由农机和农艺两大子系统组成。其中农机子系统又分为农田作业动力机械和农田作业机具两部分。农田作业动力机械由拖拉机、柴油机、电动机等要素组成。农田作业机具由耕耘和整地机械、播种机械、地膜覆盖机械、植保机械、菊芋秸秆收割机械、菊芋块茎收获机械、运输机械等要素组成。农艺子系统包括菊芋品种和菊芋栽培管理两部分。菊芋品种由资源创制、品种选育、区域试验、示范推广等要素组成。栽培管理由土肥、技术、植保、种薯、种植管理等要素组成。

由此可见，要素与系统的概念是相对的，一方面要素本身也是一个系统，如耕耘和整地机械是农田作业机具的要素，而其本身却是由牵引犁、悬挂犁、圆盘耙、旋耕机、耕整机等构成的复杂系统，因此要素又称为子系统；另一方面，每一个系统又是它所从属的更大系统的要素。菊芋农机农艺综合配套技术是一个比较复杂的开放系统，同时又是农业系统的要素。这就说明任何事物都是自成系统又互为系统，要素和系统是具有相对性的。认识了菊芋农机农艺综合配套技术系统与要素的相对性，就可以减少研究推广的简单化和绝对化。既要注意从系统的整体出发，把各子系统看作为一个要素，服从菊芋农机农艺结合技术系统的整体要求，以求得系统的协调；又要考虑各子系统不仅是要素，而且它们本身是具有不同结构的复杂系统，应区别对待，发挥其本身特有的功能。

（3）系统环境

能够与系统发生相互作用而又不包含在系统内的各个事物的整体，简称为环境。任何系统都不能脱离它的环境而孤立存在，系统与其环境通过不断地交换物质、能量和信息，相互作用、相互联系、相互影响。

菊芋农机农艺综合配套技术系统相关的环境主要包括社会、生产、技术和自然条件四个方面。社会方面对系统影响比较大的有中国特色社会主义的新型经营主体，农机农业组织管理体系和管理水平，各级政府制定的一系列有关政策，特别是人的管理操作水平等；生产方面与菊芋农机农艺系统密切相关的有农机生产、农用物资、不同地区的生产条件等；技术方面有农机农艺的新品种、新工艺、新技术、新机型、技术管理水平等；自然条件方面与农机农艺结合有关的是土壤类型、质地、地理位置和温度、降雨等气候条件。这些环境因素影响菊芋农机农艺结合技术系统的运行和功能。同时，环境与系统又不是绝对的，没有严格的界线区分，对于不同的地区，不同的菊芋农机农艺结合的内容，环境与系统又有相应的变化，所以，无论从菊芋农机农艺结合技术系统的内在规律性而言，还是与环境的关系而言，都是相对性与绝对性的辩证统一。

（4）系统结构

系统结构是要素的内在有机联系形式。这种联系是保持系统整体性和功能的根据。农机农艺综合配套技术系统的结构，是其系统组成要素的结合、组织的内部形式，具有一定的层次性和整体性，对系统功能的优劣起决定性作用。

（5）系统功能

系统功能是系统与环境之间的物质、能量和信息的交换来实现系统目标的能力。菊芋农机农艺综合配套技术系统从环境中输入水分、空气、养分、肥料、农药，地膜、农机配件、维修工具等物质和光、热、电、燃油等能量以及生产计划、管理、生物产量指标、菊芋产品商品率、气象预报、病虫测报、农技知识、市场行情等信息，经过系统的变换，最后输出菊芋系列产品等物质和新的能量与信息如图 3-8 所示。系统的功能体现了系统与外部环境之间的物质、能量、信息的输入与输出的关系，是系统与环境相互作用的具体表现。

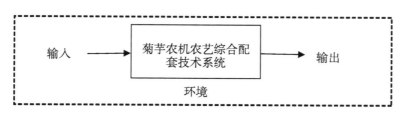

图 3-8　农机农艺系统结构

系统功能与结构的关系是相互依存不可分割的。例如，只有把农业机械与菊芋生产所需播种、收获等相应的机具按规定的结构装配起来，并同适宜的配套农艺措施有机地组合才能成为菊芋农机农艺综合配套技术系统。否则，就不具备系统的结构，因而不能产生菊芋的系列产品。

系统结构与功能是相互制约，相互转化的。一方面，结构的变化制约着系统整体功能的变化，如菊芋播种机是由种子肥料箱、开沟器、排种机构组成，但由于排种机农艺措施结构的变化促使系统功能的改变。据多年试验测定，改制后的菊芋播种机比常规马铃薯播种机，播种株距的准确率要提升 30% 左右。另一方面，系统功能又具有相对地通过环境的变化影响功能的变化，导致系统结构的改变。近年来，由于农业生产条件改善、气候变化、科技水平提高了菊芋的生长条件，促使系统功能的变化，推结构的自发调整。菊芋农机农艺综合配套技术系统结构，只有随着环境、功能变化而改变结构，才能使这一技术系统产生勃勃生机。

3.4.2.2　菊芋农机农艺综合配套技术系统的结构

菊芋农机农艺综合配套技术系统的结构框图详见图3-9。

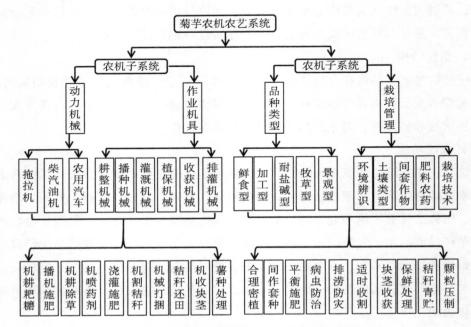

图3-9　菊芋农机农艺综合配套技术系统结构

（1）整体性

整体性亦称完整性。通常被看作是系统的最基本的性质，通常表述为"整体大于各部分之和"。这里所说的整体与部分就是指系统与要素。菊芋农机农艺综合配套技术系统是由许多要素组成，具有促使菊芋高产增效等一系列性能、而每个单独的机具和农艺措施则不具备这些整体性能。系统的整体表现出了各组成要素所没有的新特性，这就是我们为什么要大力实行农机农艺结合的原因所在。系统的整体性要求我们把所要研究、推广的农机农艺结合作为一个系统对待，从整体上去观察、思考。在一定的生产条件下，只要把农机农艺合理组装、协同，就能发挥更大的效能，如图3-9所示。

（2）相关性

组成系统的各要素不是简单的总和、而是按一规律相互依存的有机组合，这种性质就是系统的相关性。如菊芋高产增效离不开农机农艺措施，但不把农机农艺措施有机地组装集成，也不能很好地服务于生产实践。系统的相关性具有以下三个特点：

①农机农艺综合配套技术系统中的每一个要素只有在系统的整体中才能体现它本身

存在的意义，一旦离开这一系统的整体，要素就失去了在系统整体中的作用。农机只是名义上相对独立的部分，是不能离开农机农艺配套技术系统而独立存在的。

②农机农艺综合配套技术系统中每个要素的存在都依赖于其他要素的存在，如果某个要素发生变化，则其他要素也随之变化，并引起整个系统的结构变化。如在菊芋农机农艺综合配套技术系统中的农田作业机械由喷灌改为滴灌，那么配套农机具和菊芋种植形式等要素也要随之变化，并引起系统结构变化。

③农机农艺综合配套技术系统与环境密切联系体现了系统的整体效益。如应用于不同菊芋产品的用途，就选择不同类型的菊芋品种，以用于菊芋块茎加工菊粉等系列产品，就需选择总糖、果聚糖高，还原糖低的"两高一低"的加工型品种及相应的农机农艺配套技术，用于饲料日粮产品，就需选择粗蛋白等营养成分全面的牧草型品种及配套农机农艺配套技术，否则就不能达到预期的效果。如果没有各级政策的支持，菊芋农机农艺综合配套技术系统的整体功能就不能显示出这样巨大的作用。

由此可见，系统所以能保持整体性，表现出一定的功能，就是由组成系统的各要素之间及系统与环境的有机联系实现的。所以，一切系统的整体性都表现在系统、要素、环境的有机联系和辩证统一。

（3）稳定性与动态性

系统结构的稳定性是指系统在外部环境干扰的作用下，总是相对地保持稳定状态。如农作物从播种到出苗，不断从环境中吸收水分、养料和阳光，从而生长发育、成熟，其结构始终处于动态稳定过程中。农机农艺综合配套技术系统各要素之间的有机联系也是相对稳定的，以保证其在所处环境里能正常地执行功能。机械播种和收获与菊芋品种的结合，耕整施肥机具与土壤的结合都处于动态稳定之中，系统的局部变异通常不会影响系统结构的稳定。但是，由于农机农艺结合的系统结构，处于自然界和人类社会开放大系统之中，所以在本质上又是动态的，开放的，时刻都处于物质、能量、信息的交换、流动发展之中。例如，我国南方与北方地区，东部区域与西部区域，菊芋农机农艺结合综合配套技术系统就有较大的区别，因此不能静止地看问题，要从发展变化的观点，探索发展变化的动力和规律，在动态中更新和补充农业机械和农艺技术，使之相互配合，保持相对平衡。

（4）层次性

系统的层次性是物质存在状态的客观规律。菊芋农机农艺技术系统是由若干要素组成，要素又是由更小的低层次组成的子系统，而系统本身则从属于更大的系统。菊芋农机农艺结合从属于菊芋产业系统，成为其中的要素。本系统第一层次是农机、农艺技术；第二层次是农田作业机械、农田作业机具、菊芋品种和栽培管理；第三层次是拖拉机、播种机、中耕机、收获机、菊芋品种、栽培等因素；第四层次是深耕整地、适时播种、中耕培土、平衡施肥、秸秆收割、病草害综防、块茎收获等因素。总之，菊芋农机农艺综合配套技术系统是层中有层，层上有层，层层套叠，包含无限的层次。认识农机农艺结合的层次性和层次之间的相互关系，相互制约、发展变化的辩证规律，对于运用系统科学方法，研究、解决农机农艺综合配套技术系统中的各种问题，是十分有益的。

（5）目的性与优化性

系统的目的性与优化性是密切相关的。系统为了达到一定的目的，必须进行系统功能和结构优化，而系统优化又保证了目标的实现。

为了实现菊芋生产规模化，达到节本增效的目的，就必须以农机农艺综合配套技术优化为手段，依据不同品种、不同立地条件、不同生产模式，选择最适宜的农机具，科学地利用农艺技术、农机作业管理等信息，为规模化生产企业提供技术支撑，这也是研究农机农艺综合配套技术系统的目的所在。

3.4.3 系统工程方法

系统工程方法是按照客观事物本身的系统性，把所要研究的对象放在系统与环境中，从系统的观点出发，始终着重整体与部分（要素）之间，整体与外部环境的相互关系、相互作用、相互制约中进行综合、科学的考察研究，以达到优化处理问题的科学方法。菊芋农机农艺综合配套技术系统是一个由众多要素组成的复杂开放系统，只有运用系统方法进行科学的分析研究，才能优化系统结构，发挥系统功能，实现系统目标。系统工程方法的具体步骤是明确问题，环境辨识，目标选择，系统分析、评价，系统决策，实时运行。

3.4.3.1 明确问题

明确问题是研究菊芋农机农艺综合配套技术系统，寻求优化方案的首要工作。系统分析对于什么是问题，有严格的定义。所谓问题就是菊芋农机农艺综合配套技术系统当前实际的功能与系统应当具有功能两者之间的差距。如我国目前菊芋全过程农机农艺综合配套技术，由于自然地理条件制约，缺乏适用机械，机械化高产感的农艺配套技术还不够完善和两茬接口技术困难等，使特色作物菊芋的潜力未能充分发挥。这些就是菊芋全过程农机农艺综合套技术系统存在的问题。当我们找出存在问题以后，还要明确问题的轻重缓急和对系功能影响的主次顺序。为此，需要对现有为农综合配套技术系统进行系统诊断。其具体方法有调查研究析比较、聚类分析、综合评价、归纳推理、类比推理等。

3.4.3.2 环境辨识

环境辨识是针对菊芋农机农艺综合配套技术系统将所有与之密切关的环境因素进行分析比较，从环境对系统的重要程度、利弊和开发潜力等进行综合评价，寻找主要因素，认识其功能和作用大小。环境辨识的目的就是从菊芋种植环境、农艺技术与农机技术有机结合，厘清农艺与农机之间的技术相关性，揭示环境系统的构成与内在规律，探寻改善适应环境的途径，为最佳菊芋农机农艺综合技术方案提供科学依据。

环境辨识是站在研究菊芋农机农艺综合配套技术系统的角度，对所有环境因子和环境条件的客观认识与正确评价过程，具体分为四个步骤。第一，划定系统边界。使农机农艺系统的因素与环境因子有一条明显的区分界线，以防混淆。第二，挑选环境因子。菊芋农机农艺综合配套技术系统的环境因子众多，根据各环境因子之间的关联同对象系统之间的关系，绘制菊芋农机农艺系统的环境关系图（图3-9）。然后从中选择重要因子、作为环境辨识的主要对象。第二化分析筛选环境因子。环境辨识实际上是用量化分析的方法对内部作出评价，根据环境因子的重要程度、利用现状、优劣优有优、应用推广潜力和难易程度的不同，确定1、2、3、4、5分标准的相应"量"值。然后通过德尔菲法进行专家评审和量化分析。第三，从定量分析再回到定性分析，对不同等级的环境因子进行详细分析，写出系统环境辨识意见以便提高决策者进行目标选择。

3.4.3.3　确定目标

确定目标就是在明确问题和环境辨识的基础上从实际出发，根据需要和可能，由决策者向系统分析人员提出在指定时间内应达到的目标。菊芋农机农艺综合配套技术系统的目标就是提高土地生产率和劳动生产率，获得菊芋高产、优质、低耗、低成本方案。

实现菊芋农机农艺综合配套技术系统目标是提出各种方案的出发点，也是选择优化方案的依据。所以要求确定目标时，首先，必须深刻地研究现实菊芋农机农艺系统功能、务必做到所确定的目标要全面地、准确地反映现实系统的功能。即菊芋农机和农艺技术的现状、水平、农机具配套的能力，实施的可行性和应用推广的潜力等。其次，在确定目标时，为了保证其科学性，不仅要进行深入的定性研究，还要对预定时间内菊芋农机农艺综合配套技术系统各种功能可能实现的程度做出科学的预测，以便提出经过努力确能实现的目标。最后，在一般情况下，系统目标都是具有纵向与横向关系的多目标。因此，要用目标树等方法进行目标分析。如菊芋农机农艺综合配套技术系统的第一层为系统总目标；第二层为提高土地生产率、劳动生产率、菊芋高产和生态平衡等目标，第三层为第二层目标的具体化。如机配比、工艺内容与流程、农机作业量、菊芋预期产量、农机农艺配套技术、农田养分含量等。

3.4.3.4　系统评价

系统评价是指确定评价菊芋农机农艺综合配线技术方案优劣标系统评价在明确价值观念和潜在价值的基础上，通过评价因素用评价方法统一度量和估计系统价值来完成全过程。

3.4.3.5　系统分析

系统分析，就是运用系统优化技术、系统仿真技术和经验物对农机农艺配套技术的各种方案进行全面分析比较，为决策提供依据。

3.4.3.6 系统决策

（1）决策定义

所谓决策，就是选择。对系统性问题的选择叫系统决策。对菊芋农机农艺配套技术系统的各种优化方案进行选择，实现科学决策。

（2）决策系统

决策系统由决策支持系统、决策者和反馈系统组成。其中，决策支持系统就是科技创新团队或技术顾问，由他们对提出的各种农机农配套技术方案，从系统结构、功能、目标和机具可靠性、实施进行逐一方案的综合评审，从中选择最佳的优化方案。决策者是指领导。通过广开思路和科学论证进行集体决策。反馈系统就是通过各种信息渠道和方法，不断给决策者提供运行中的动态变化情况，以利于决策者进行追踪决策。

（3）决策的程序

由提出方案→综合评审→科学论证→可行性决策方案与实施运行六个步骤组成。在运行过程中发现问题+到决策者进行重新决策，这是一个动态的过程。对于菊芋农机农艺技术系统的决策，要遵循以下七条原则：

①正确性：是指决策确定的方向、目标、计划、都必须切合农业生产的实际，符合客观规律，切实可行。

②精确性：指在决策中要使用定量分析方法，使方案具有可靠性和可行性。尤其是对农业机械和工程技术的决策，精确性更为重要。

③及时性：是指决策必须迅速、及时。由于菊芋农机农艺配套技术的实施受农业生产的季节和时间限制，错过季节就影响系统功能的发挥。

④有效性：是指决策所选择的方案能很好地为实现目标服务，这是对决策科学性的最根本的评价。

⑤规范性：是指在决策过程中要有严格的组织，严肃的态度，严格的程序，严谨的方法，这是决策正确性和精确性的保证。

⑥选择性：是指在决策的过程中，通过系统分析、综合比较，依据人力、物力、资金、技术水平、气候、土地等条件，因地制宜地选择最佳方案。

⑦目标性：是指决策选择的方案，既考虑菊芋产业链需求与发展总目标，又要有利于实现农机农艺技术的结合，符合客观实际要求。

3.4.3.7 实施运行

菊芋农机农艺配套技术优化方案决策后，必须经过技术引进、试验和示范推广三个步骤。

（1）技术引进

技术引进是提高技术水平、加快农机农艺结合步伐，促进乡村振兴的重要手段。鉴于我国各地历史和自然条件的不同，对农机技术的认识、掌握和应用会有先后、深浅之别，这就需要我们善于取长补短，博采众长。有条件的还可以引进国外先进农业机械、配套农具和各项农业新技术。

（2）技术引进的一般原则

①农业机械的引进要从本地的气候条件、生产条件、管理水平，新型经营组织形式等方面认真考虑。

②要做好技术经济分析或可行性分析，这是保证引进先进技术的首要条件。需要农机农业管理部门组织技术骨干、专家教授，从多方面进行定性、定量的系统分析，为领导决策提供科学依据。

（3）试验

试验包括农机具作业试验和农作物栽培管理试验。前者侧重农业机械和农具的性能、作业质量是否符合农艺要求的试验，后者以农作物施肥、播种、种植形式、品种等综合技术，并保证农机正常作业的试验。二者是相互关系成为一体的。所以，试验要有周密的设计，认真地安排，选择具有代表性的地区（或地块），便于管理和观摩。

①技术示范要选择适宜的机具、地力均匀的地块。在同等条件下进行对比，系统观察按规范操作，保证顺利实施。同时，技术人员同科技示范户保持密切的联系，定期指导示范，并利用形式多样的方法，总结经验，宣传报道，表彰奖励，扩大影响，以便推广。

②建立领导、技术、服务三个体系，保证行政领导指挥，农用物资和技术措施的落实。

③实行教学、科研、推广结合，通过技术承包、技术培训、蹲点包片使科技、教学推广人员与生产者及农机手结合。

④农机部门的技术人员通过引进、研制、改装、生产、示范与农业措施有机结合，加快先进配套农机具的推广。

⑤在科技人员蹲点的乡、村建立示范区或百亩试验田。通过试验对比，筛选优化农机农艺组合。农民和农机手在责任田和农机作业中直接实践，积累经验，提高技术水平。

3.4.4　示范推广

菊芋农机农艺综合配套技术是由天（气候条件）、地（不同地域和土壤）、苗（农作物）、工具（人畜工具和农业机械及配套农具）和环境（社会、生产环境和条件）等众多因素组成的复合开放系统，但也有一定的局限性。因为这些成果是在特定的自然条件、耕作条件、栽培技术条件和相适应的配套机具形成的，所以，它不可能完全适应各地不同条件的大面积生产。在不同生产条件、自然条件下可能出现不同的效果。只有经过引进、试验、示范才能确定在当地推广的可行性。

菊芋农机农艺综合配套技术普及推广的方法很多，下面介绍几种目前在我国常用并有一定实用价值的方法。

3.4.4.1　技术指导

技术指导是一种适用于自然环境、生产条件、经营方式、机械作业和菊芋农机农艺配套相同的地区进行技术传播的最常用方法之一。技术指导通过聘请有丰富经验的农机农业推广人员和专家，对难度较大的技术进行培训，以达到省时、快速传播技术的目的。具体方式为举办培训班、网络会议、经验交流、技术研讨会、技术咨询、技术服务、声像宣传等。

3.4.4.2　田间指导

田间指导是农机农艺推广人员深入田间地头，同农民、机手直接交流，面对面进行技术指导的有效方法。通过交流指导，可以了解掌握在菊芋生产过程中，生产者、农机手需要什么技术，遇到什么技术难题，从而有针对性地提供解决菊芋生产中的实际问题的信息，采取有效的普及推广方法和技术措施。

3.4.4.3　咨询服务

咨询服务是由农业农机技术推广人员或专家利用一定的时间和场所向生产单位或农民、农机手提供技术咨询，解决他们提出的问题，是农机农艺综合配套技术普及推广的好形式。

3.5　二次回归正交组合设计方法

上述内容主要讲的是菊芋育种中应用的定量化研究方法，阐述的是如何科学培育菊芋新品种的问题。品种一旦培育出来，如何采用合理的栽培措施，充分发挥其生产潜能，就成为亟待解决的问题。实践表明，良种只有与良法相结合、相配套，才能尽臻其妙。那么，怎样才能做到良种良法配套呢？围绕菊芋新品种开展栽培技术试验研究是其重要方法之一。栽培技术试验研究多种多样，下面介绍一种十分重要的试验研究方法——二次回归正交组合设计方法。

田间试验的一般原理、内容、分类和单因子、复因子及正交试验设计的方法已在许多书中介绍，这里不再一一叙述。本节重点介绍二次回归正交组合设计方法优化设计的特点、基本要求、设计原理、设计方法和统计分析等方面内容。

3.5.1　二次回归正交组合设计的概念

所谓二次回归正交组合设计，指的是将回归设计、正交设计和组合设计三者有机地结合成一体的试验设计方法。组合设计是这种试验设计的核心内容。它是由 G. E. Box、K. B. Wilson（1951）和 J. S. Huntor 等（1957）首先提出来的。

3.5.2　二次回归正交组合设计的基本原理

假如有 p 个变量，那么，由这 p 个变量所组成的二次回归式的一般形式可表示为

$$\hat{y} = b_0 + \sum_{j=1}^{p} b_j x_j + \sum_{i<j} b_{ij} x_i x_j + \sum_{j=1}^{p} b_{ij} x_j^2 \qquad \text{式（3-1）}$$

设在这个回归方程式中出现的回归系数为 q 个。显然

$$q = 1 + C_p^1 + C_p^2 + C_p^1 = C_{p+2}^2 = \frac{(p+1)(p+2)}{2} \qquad \text{式（3-2）}$$

这就是说，要建立二次回归方程式，在试验过程中，试验次数 N 不能小于 q，从式（3-2）可知，随着因子数 p 的增加，参数（回归系数）的数目急速增加。

同时，由于二次回归式的几何形状是曲线形式，故欲求得方程中所包括的二次项的参数，至少需要 3 个点。即每个因素的水平数至少需要 3 个。3 个点反映在图形上一般只能表示为折线。因此，用它求出的曲线精度是十分粗放的。而当增至 4~5 个点即因子的水平数取 4 或 5 时，图形上的折线与曲线的实际形状将更加接近，由此求出的二次项参数也更加精确。但这样增加的结果，将使处理组合数目急剧增大，以致不能为试验者所接受。譬如，当因子数目 p 为 4，取每个因子的水平数为 3 时，则试验次数 $N = 3^4 = 81$；回归系数 $q = C_{4+2}^2 = 15$ 个，剩余自由度为 60。取每个因子的水平数为 4 时，则试验次数 $N = 4^4 = 256$，回归系数仍为 15 个，剩余自由度为 241。取每个因子的水平数为 5 时，则试验次数 $N = 5^4 = 625$，剩余自由度便激增到 610 个。这样惊人的试验次数，不能不令试验者望而却步。因此，通过全因子试验来建立二次回归方程显然是行不通的。

于是，为解决试验次数过多和不通过全面试验就可以获得二次回归方程的问题，"组合设计"在数学家们经过长期苦思探索便应运而生了。

3.5.2.1　组合设计及其优点

组合设计是把研究的各个因子作为一个空间，从中选取具有不同特点，又有代表性的点组合起来，形成新的设计方案。具体讲就是在因子编码空间选择距离中心点半径不等的几个球面上的一些均衡分布而又有代表性的点，其中有 m_0 个点，即"中心点"集中在半径为 $\rho_0 = 0$ 的球面上，m_c 个点即"二水平析因点"分布在半径为 $\rho_c = \sqrt{p}$ 的球面上，2ρ 个点即"星点"分布在 $\rho_R = \gamma$ 的球面上。将这些不同特点的试验点，适当地组合起来形成试验方案进行试验。

其中，"中心点"是指各因子都取基准水平（零水平）的中心试验点。可以只做一次，也可重复多次。其试验次数记为 m_0。

"二水平析因点"是指二水平（+1 或 -1）全因子试验的试验点，或者部分实施时的试验点。其试验点个数记为 m_c，$m_c = 2^p$ 或 2^{p-1}，2^{p-2} 等。

"星点"是指分布在 p 个坐标轴上，与中心点的距离为 γ 的星号点，一般为每个坐

标轴上，有两个对称的星号点。故其试验点个数为 $m_\gamma = 2p$，γ 为特定设计参数，称为星号臂。星号臂 γ 可以加以调节。通过调节，既可得到具正交性的正交设计，又可得到具旋转性的旋转设计。

这三类点共同构成的试验次数

$$N = m_c + m_\gamma + m_0 = m_c + 2p + m_0 \qquad\qquad 式（3-3）$$

下面以两个因子和三个因子为例，具体说明二次组合设计中试验点在因子空间中的分布状况。

如果为两因子试验，每个因子 5 个水平，则全因子试验共有 $5^2 = 25$ 个处理组合。但采用组合设计后，则只需选择 9 个处理组合（9 个点），来安排试验。

这九个组合分别为：

处理组合	x_1	x_2	
1	1	1	
2	1	−1	二水平（+1 或−1）组成全因子试验 $m_c = 2^p = 2^2 = 4$
3	−1	1	
4	−1	−1	
5	γ	0	
6	−γ	0	分布在 x_1 和 x_2 轴上的星号臂 γ，$m_\gamma = 2p = 2×2 = 4$
7	0	γ	
8	0	−γ	
9	0	0	x_1 和 x_2 都取基准水平时组成的中心试验点，$m_0 = 1$

它们的分布位置如图 3-10 所示。图中 x_1、x_2 两根轴代表两个因子。二水平正交设计可以有 $m_c = 4$ 个处理组合（1，1），（1，−1），（−1，1），（−1，−1）；中心点（即原点）一个处理组合（$m_0 = 1$）；然后在每根轴上离中心位置为 ±γ 处各设一个处理组合（$m_\gamma = 4$）。即 $n = m_c + m_0 + m_\gamma = 4 + 1 + 4 = 9$。

同理，如果为三因子试验，采用组合设计选定的处理组合共有 15 个：

处理组合	x_1	x_2	x_3	
1	1	1	1	
2	1	1	−1	
3	1	−1	1	
4	1	−1	−1	二水平（+1 和−1）的全因子试验 $m_c = 2^3 = 8$
5	−1	1	1	
6	−1	1	−1	
7	−1	−1	1	
8	−1	−1	−1	

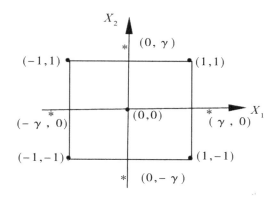

图 3-10 二因子五水平组合设计处理组合分布图示

$$
\left.\begin{array}{cccc}
9 & \gamma & 0 & 0 \\
10 & -\gamma & 0 & 0 \\
11 & 0 & \gamma & 0 \\
12 & 0 & -\gamma & 0 \\
13 & 0 & 0 & \gamma \\
14 & 0 & 0 & -\gamma \\
15 & 0 & 0 & 0
\end{array}\right\}
$$
分布在 x_1、x_2、x_3 坐标轴上的星号位置上。$m_\gamma = 2 \times 3 = 6$

x_1、x_2、x_3 都取基准水平时的中心试验点。$m_0 = 1$

这 15 个处理组合的空间分布如图 3-11 所示。

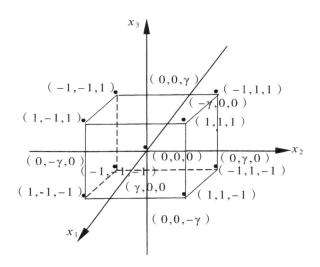

图 3-11 三因子五水平组合设计处理组合空间分布图示

组合设计具有如下 4 个优点。一是试验点（试验小区数）比全因子试验要少得多，但仍能保持一定数目的剩余自由度。二是组合设计是在一次回归正交设计的基础上即在"二水平析因点"（m_c）的基础上获得的。如果一次回归不显著，只要再补做星号点和中心点（有时已经做过，就不必再做）试验，就可以求得二次回归方程式，这对试验者来说，显然是十分方便的。三是采用组合设计的思想，可使各个因子的水平数增加，但仍可保持试验方案的正交性。正交设计的各种优点仍能充分发挥。四是同一次回归正交设计一样，二次回归正交组合设计，同样消除了回归系数间的相关性。

3.5.2.2 试验设计结构矩阵的建造和构成

结构矩阵是试验设计方案的重要依据。形式上，它是一张特殊的正交表，在这张表里，任二列的内积为零。任一列（全1列除外）之和为零，其规模为 $n \times C_{p+2}^2$ 阶矩阵。它是由因子个数（p），实施方式（全实施，部分实施）以及回归设计的具体类型3个因素来决定的。下面介绍它的构造方法。

（1）利用矩阵直积构造哈达马矩阵（简称哈阵）

①矩阵直积的概念：设 A、B 分别为 $n×m$ 与 $s×t$ 矩阵。如果将 A 的每个元素都乘以 B 而得到 $ns×mt$ 矩阵，那么，这个矩阵就称为矩阵 A 与 B 的直积，用 $A⊗B$ 表示。举例说明如下。

$$
\begin{bmatrix} 2 & 4 \\ 3 & 1 \end{bmatrix} \otimes \begin{bmatrix} -2 & 1 \\ 4 & 2 \\ -3 & 5 \end{bmatrix} = \begin{bmatrix} 2\begin{bmatrix} -2 & 1 \\ 4 & 2 \\ -3 & 5 \end{bmatrix} & 4\begin{bmatrix} -2 & 1 \\ 4 & 2 \\ -3 & 5 \end{bmatrix} \\ 3\begin{bmatrix} -2 & 1 \\ 4 & 2 \\ -3 & 5 \end{bmatrix} & 1\begin{bmatrix} -2 & 1 \\ 4 & 2 \\ -3 & 5 \end{bmatrix} \end{bmatrix} = \begin{bmatrix} -4 & 2 & -8 & 4 \\ 8 & 4 & 16 & 8 \\ -6 & 10 & -12 & 20 \\ -6 & 3 & -2 & 1 \\ 12 & 6 & 4 & 2 \\ 9 & 15 & -3 & 5 \end{bmatrix}
$$

②建立高阶哈阵：哈阵与二水平正交表和普通正交表密切相关。建造哈阵的最终目的，就是建造二水平正交表或普通正交表。其构造方法是：以最简单的哈阵 $H_2 = \begin{bmatrix} 1 & 1 \\ 1 & -1 \end{bmatrix}$ 为起点，利用矩阵直积逐步构造高阶矩阵，让哈阵的阶数等于"二水平析因点"的次数 m_c。假定试验因子 $p=3$，二水平全因子试验点 $m_c = 2^p = 2^3 = 8$，所以只要构造出 H_8 标准哈阵就可以了。

$$
H_2 H_2 = \begin{bmatrix} 1 & 1 \\ 1 & -1 \end{bmatrix} \times \begin{bmatrix} 1 & 1 \\ 1 & -1 \end{bmatrix} = \begin{bmatrix} 1\begin{bmatrix} 1 & 1 \\ 1 & -1 \end{bmatrix} & 1\begin{bmatrix} 1 & 1 \\ 1 & -1 \end{bmatrix} \\ 1\begin{bmatrix} 1 & 1 \\ 1 & -1 \end{bmatrix} & -1\begin{bmatrix} 1 & 1 \\ 1 & -1 \end{bmatrix} \end{bmatrix} = \begin{bmatrix} 1 & 1 & 1 & 1 \\ 1 & -1 & 1 & -1 \\ 1 & 1 & -1 & -1 \\ 1 & -1 & -1 & 1 \end{bmatrix} = H_4
$$

然后，再进一步由 H_2 和 H_4 构造 H_8，即

$$H_2 H_4 = \begin{bmatrix} 1 & 1 \\ 1 & -1 \end{bmatrix} \times \begin{bmatrix} 1 & 1 & 1 & 1 \\ 1 & -1 & 1 & -1 \\ 1 & 1 & -1 & -1 \\ 1 & -1 & -1 & 1 \end{bmatrix} = \begin{bmatrix} 1 & 1 & 1 & 1 & 1 & 1 & 1 & 1 \\ 1 & -1 & 1 & -1 & 1 & -1 & 1 & -1 \\ 1 & 1 & -1 & -1 & 1 & 1 & -1 & -1 \\ 1 & -1 & -1 & 1 & 1 & -1 & -1 & 1 \\ 1 & 1 & 1 & 1 & -1 & -1 & -1 & -1 \\ 1 & -1 & 1 & -1 & -1 & 1 & -1 & 1 \\ 1 & 1 & -1 & -1 & -1 & -1 & 1 & 1 \\ 1 & -1 & -1 & 1 & -1 & 1 & 1 & -1 \end{bmatrix} = H_8$$

最后，将标准哈阵 H_8 去掉全 1 列，便得到二水平正交表 $L_8 (2^7)$。即

$$\begin{bmatrix} 1 & 1 & 1 & 1 & 1 & 1 & 1 \\ -1 & 1 & -1 & 1 & -1 & 1 & -1 \\ 1 & -1 & -1 & 1 & 1 & -1 & -1 \\ -1 & -1 & 1 & 1 & -1 & -1 & 1 \\ 1 & 1 & 1 & -1 & -1 & -1 & -1 \\ -1 & 1 & -1 & -1 & 1 & -1 & 1 \\ 1 & -1 & -1 & -1 & -1 & 1 & 1 \\ -1 & -1 & 1 & -1 & 1 & 1 & -1 \end{bmatrix}$$

其中，将二水平正交表中的 -1 改写成 2，并且适当交换列的位置（将第 1 列与第 4 列交换，第 3 列与第 6 列交换），即可得到常见的正交表 $L_8 (2^7)$ 如表 3-1 所示：

表 3-1　常见正交表 $L_8 (2^7)$

列	行						
	1	2	3	4	5	6	7
1	1	1	1	1	1	1	1
2	1	1	1	2	2	2	2
3	1	2	2	1	1	2	2
4	1	2	2	2	2	1	1
5	2	1	2	1	2	1	2
6	2	1	2	2	1	2	1
7	2	2	1	1	2	2	1
8	2	2	1	2	1	1	2

由此可以看出，哈阵与二水平正交表以及常见正交表之间的关系是，二水平正交表在左边加上全一列，或者将常见正交表中的 2 改写成 1，并适当交换其列的位置，再在左边加全 1 列，均能构成一个标准哈阵。

（2）构造二次组合设计的部分结构矩阵

从标准哈阵 H_8 中选取几列作为部分结构矩阵的"骨架"：

①令 $m_\gamma = 2p = 2 \times 3 = 6$，$\gamma = 1.68$，总试验次数 $N = 20$，则中心点 $m_0 = N - m_c - m_0 = 20 - 8 - 6 = 6$。

②全 1 列的结构：让全 1 列与常数项（x_0）对应。

③一次项的构造：一次项（线性项）从左到右按 x_1，x_2，…，x_p 的顺序排列。x_1 对应的列的上半部分全为 1，下半部分全为 -1，对半将 1 和 -1 分开，即连续 1（或 -1）的数目为 m_c 的 1/2（叫 1/2 开）；x_2 对应的列的元素是 1，-1，从上至下均匀搭配为 1/4 开，即连续 1（或 -1）的数目是 m_c 的 1/4；x_3 对应的列的元素是 1，-1 为 1/8 开，即连续 1（或 -1）的数目是 m_c 的 1/8；…，x_p 对应的列的元素是 1，-1 为 $\frac{1}{2^p}$ 开。

④互作项的构造：互作项（乘积项）接着一次项从左向右排。互作项对应的列上的元素是一次项对应元素的乘积。

⑤平方项的构造：平方项接着互作项从左向右排。平方项对应的列上的元素是一次项对应元素的平方。如此这般，便可构成因子水平结构矩阵的基本"骨架"。

当然，矩阵的"骨架"也可以用 H8 中的其他列构成。

⑥将"骨架"向下延伸直至总行数等于 N（$N = 20$），x_0 列用 1 补齐；x_1，x_2，x_3 一次项下边补填 γ 和 $-\gamma$ 两个数，规则是让一次项下边的 $\pm\gamma$ 呈一条对角线；其余元素都用 0 补满。互作项和平方项列上的对应元素构造与上相同，不予赘述。于是，可得到三因子五水平的二次组合设计的部分结构矩阵如表 3-2 所示：

表 3-2　三因子五水平二次组合设计部分结构矩阵

x_0	x_1	x_2	x_3	x_1x_2	x_1x_3	x_2x_3	x_1^2	x_2^2	x_3^2
1	1	1	1	1	1	1	1	1	1
1	1	1	-1	1	-1	-1	1	1	1
1	1	-1	1	-1	1	-1	1	1	1
1	1	-1	-1	-1	-1	1	1	1	1
1	-1	1	1	-1	-1	1	1	1	1
1	-1	1	-1	-1	1	-1	1	1	1
1	-1	-1	1	1	-1	-1	1	1	1
1	-1	-1	-1	1	1	1	1	1	1
1	1.68	0	0	0	0	0	2.822	0	0
1	-1.68	0	0	0	0	0	2.822	0	0
1	0	1.68	0	0	0	0	0	2.822	0
1	0	-1.68	0	0	0	0	0	2.822	0
1	0	0	1.68	0	0	0	0	0	2.822
1	0	0	-1.68	0	0	0	0	0	2.822
1	0	0	0	0	0	0	0	0	0
1	0	0	0	0	0	0	0	0	0

（续表）

x_0	x_1	x_2	x_3	x_1x_2	x_1x_3	x_2x_3	x_1^2	x_2^2	x_3^2
1	0	0	0	0	0	0	0	0	0
1	0	0	0	0	0	0	0	0	0
1	0	0	0	0	0	0	0	0	0
1	0	0	0	0	0	0	0	0	0

至此，二次组合设计的结构矩阵建造完毕。尽管在这种结构矩阵中，其他各列均满足正交性的要求，但由于 x_0 列和平方项列的出现，使得正交性得以破坏，因而实际应用中给计算工作带来不少麻烦。因此，为使这种结构矩阵重新获得正交性，还需要适当选取 γ 及 m_0 的取值，并对平方向进行中心化转换。

3.5.2.3　星号臂 γ 的确定和平方向的中心化转换

为使组合设计具有正交性，必须解决两个问题：星号臂 γ 的确定和平方向的中心化转换。

星号臂 γ 的确定

我们以三个因子即 $p=3$ 为例，来研究这个问题。

三因子二次回归设计的结构矩阵如表 3-3 所示。

表 3-3　三因子二次回归组合设计的结构矩阵

试验号	x_0	x_1	x_2	x_3	x_1x_2	x_1x_3	x_2x_3	x_1^2	x_2^2	x_3^2
1	1	1	1	1	1	1	1	1	1	1
2	1	1	1	-1	1	-1	-1	1	1	1
3	1	1	-1	1	-1	1	-1	1	1	1
4	1	1	-1	-1	-1	-1	1	1	1	1
5	1	-1	1	1	-1	-1	1	1	1	1
6	1	-1	1	-1	-1	1	-1	1	1	1
7	1	-1	-1	1	1	-1	-1	1	1	1
8	1	-1	-1	-1	1	1	1	1	1	1
9	1	γ	0	0	0	0	0	γ^2	0	0
10	1	$-\gamma$	0	0	0	0	0	γ^2	0	0
11	1	0	γ	0	0	0	0	0	γ^2	0
12	1	0	$-\gamma$	0	0	0	0	0	γ^2	0
13	1	0	0	γ	0	0	0	0	0	γ^2
14	1	0	0	$-\gamma$	0	0	0	0	0	γ^2
15	1	0	0	0	0	0	0	0	0	0

从表 3-4 可以看出，除 x_0 和 x_j 列外。其余各列（包括加入星号点的试验号），均符合 $\sum\limits_i x_{ij} = 0$ 和 $\sum\limits_i x_{ii}x_{ij} = 0$ 的正交规律。也就是说，一次计划加入星号点后，并未破坏

一次因子和交互作用的正交性，而表 3-4 的正交性之所以被破坏了同样是由于加入了 x_0 和 x_j^2 列。在 x_0 和 x_j^2 列中，显然有

$$\begin{cases} \sum\limits_{i=1}^{N} x_{ij}^2 = m_c + 2\gamma^2 \neq 0 \\ \sum\limits_{i=1}^{N} x_i x_{ij}^2 = m_c + 2\gamma^2 \neq 0 (i = 1, 2, \cdots, N; j = 1, 2, \cdots, p) \quad \text{式（3-4）} \\ \sum\limits_{i=1}^{N} x_{ii}^2 x_{ij}^2 = m_c \neq 0 \end{cases}$$

因此，x_0 和 x_j^2 列不具正交性。

为使组合设计具有正交性，必须在使相关矩阵 $C = (X'X) - 1$ 为对角阵的条件下确定 γ 的值。为方便起见，人们把结构矩阵 X 中的列重新加以排列，把平方列（x_j^2）放在 x_0 列和 x_j 列之间，并令

$$\begin{cases} e = \sum x_{ij}^2 = m_c + 2\gamma^2 \\ f = \sum (x_j^2)^2 = m_c + 2\gamma^4 \end{cases} \quad \text{式（3-5）}$$

于是，当 $p = 3$ 时，有信息矩阵（系数矩阵）

$$A = X'X = \begin{bmatrix} N & e & e & e & & & & & & \\ e & f & m_c & m_c & & & & & & \\ e & m_c & f & m_c & & & & & & \\ e & m_c & m_c & f & & & & & & \\ & & & & e & & & & & \\ & & & & & e & & & & \\ & & & & & & e & & & \\ & & & & & & & m_c & & \\ & & & & & & & & m_c & \\ & & & & & & & & & m_c \end{bmatrix}$$

其中，空白处皆为 0（下类同）。类似地，当 p 为任意个变量时，其信息矩阵可表示为：

$$A = X'X = \begin{bmatrix} N & e & e & \cdots & e & & & & & & & \\ e & f & m_c & \cdots & m_c & & & & & & & \\ e & m_c & f & \cdots & m_c & & & & & & & \\ & & & \cdots & & & & & & & & \\ e & m_c & m_c & \cdots & f & & & & & & & \\ & & & & & e & & & & & & \\ & & & & & & e & & & & & \\ & & & & & & & \cdots & & & & \\ & & & & & & & & e & & & \\ & & & & & & & & & m_c & & \\ & & & & & & & & & & m_c & \\ & & & & & & & & & & & \cdots \\ & & & & & & & & & & & & m_c \end{bmatrix}$$

式（3-6）

它的逆矩阵 $C = (X'X)^{-1}$ 则表示为

$$A = X'X = \begin{bmatrix} K & E & E & \cdots & E & & & & & & & \\ E & F & G & \cdots & G & & & & & & & \\ E & G & F & \cdots & G & & & & & & & \\ & & & \cdots & & & & & & & & \\ E & G & G & \cdots & F & & & & & & & \\ & & & & & e^{-1} & & & & & & \\ & & & & & & e^{-1} & & & & & \\ & & & & & & & \cdots & & & & \\ & & & & & & & & e^{-1} & & & \\ & & & & & & & & & m_c^{-1} & & \\ & & & & & & & & & & \cdots & \\ & & & & & & & & & & & m_c^{-1} \end{bmatrix}$$

式（3-7）

$$D = 2 r^4 [Nf + (p - 1) N m_c - p e^2]$$

式（3-8）

在相关矩阵 C 中，

$$\begin{cases} K = 2\gamma^4 D^{-1}[f + (p-1)m_c] \\ F = D^{-1}[Nf + (p-2)Nm_c - (p-1)e^2] \\ E = -2D^{-1}e\gamma^4 \\ G = D^{-1}(e^2 - Nm_c) \end{cases}$$

式（3-9）

其中，$\begin{cases} e = m_c + 2\gamma^2 \\ f = m_c + 2\gamma^4 \end{cases}$

从式（3-6）中可知，要使组合设计成为正交设计，首先要令 $G=0$ 即

$$G = D^{-1}(e^2 - Nm_c) = 0$$

亦即 $e^2 - Nm_c = 0$，$\because e = m_c + 2\gamma^2$，$N = m_c + 2p + m_0$

$\therefore$ 将 e 和 N 的值代入，得

$$(m_c + 2\gamma^2)^2 - (m_c + 2p + m_0)m_c = 0$$

整理得

$$\gamma^4 + m_c\gamma^2 - \frac{m_c}{2}\left(p + \frac{m_0}{2}\right) = 0$$

式（3-10）

当 $m_c = 2^p$（全因子试验情况）时，有

$$\gamma^4 + 2^p\gamma^2 - 2^{p-1}(p + 0.5m_0) = 0$$

式（3-11）

当 $m_c = 2^{p-1}$（部分实施情况）时，有

$$\gamma^4 + 2^{p-1}\gamma^2 - 2^{p-2}(p + 0.5m_0) = 0$$

式（3-12）

于是，当给定因子个数 p 和基准水平处理组合重复数 x_0 后，根据式（3-10）或式（3-11），便可计算 γ^2 的值，从而计算出 γ 的值。

表3-4列出了一些常用的 γ^2 值：

表3-4　组合设计常用 γ^2 值表

m_0	p			
	2	3	4	5（$\frac{1}{2}$ 实施）
1	1.000	1.476	2.000	2.39
2	1.160	1.650	2.198	2.58
3	1.317	1.831	2.390	2.77
4	1.475	2.000	2.580	2.95
5	1.606	2.164	2.770	3.14
6	1.742	2.325	2.950	3.31
7	1.873	2.481	3.140	3.49
8	2.000	2.633	3.310	3.66
9	2.123	2.782	3.490	3.83
10	2.243	2.928	3.660	4.00

例如，$p=4$，$m_c=2^p$，$m_0=2$ 时，从表上可查得 $\gamma^2=2.198$，即 $\gamma=1.483$，余类推。

平方向的中心化

为使相关矩阵 $(X'X)-1$ 为对角阵，除了使 $G=0$ 外，还应使 $E=0$。但在表 3-4 的结构矩阵中，$E=-2D^{-1}e\gamma^4\neq0$，所以必须对结构矩阵作些变动。事实上，只要对平方项 x_j^2 进行中心化变换，即令

$$x'_{ij}=x_{ij}^2-1/N\sum_i x_{ij}^2 \qquad 式（3-13）$$

让其代替 x^2 的列，便可使信息矩阵中的第一列和第一行除第一个元素 N 外，其余皆为零，从而使得相关矩阵中的 E=0。这样，消除了 x_0 项与 x_j^2 项的相关性，而使组合设计具有正交性。据此，便可得到三因子二次回归正交组合设计的结构矩阵如表 3-5 所示。

表 3-5　三因子二次回归正交组合设计的结构矩阵 X（$m_0=1$）

试验号	x_0	x_1	x_2	x_3	x_1x_2	x_1x_3	x_2x_3	x'_1	x'_2	x'_3
1	1	1	1	1	1	1	1	0.27	0.27	0.27
2	1	1	1	-1	1	-1	-1	0.27	0.27	0.27
3	1	1	-1	1	-1	1	-1	0.27	0.27	0.27
4	1	1	-1	-1	-1	-1	1	0.27	0.27	0.27
5	1	-1	1	1	-1	-1	1	0.27	0.27	0.27
6	1	-1	1	-1	-1	1	-1	0.27	0.27	0.27
7	1	-1	-1	1	1	-1	-1	0.27	0.27	0.27
8	1	-1	-1	-1	1	1	1	0.27	0.27	0.27
9	1	1.215	0	0	0	0	0	0.746	-0.73	-0.73
10	1	-1.215	0	0	0	0	0	0.746	-0.73	-0.73
11	1	0	1.215	0	0	0	0	-0.73	0.746	-0.73
12	1	0	-1.215	0	0	0	0	-0.73	0.746	-0.73
13	1	0	0	1.215	0	0	0	-0.73	-0.73	0.746
14	1	0	0	-1.215	0	0	0	-0.73	-0.73	0.746
15	1	0	0	0	0	0	0	-0.73	-0.73	-0.73

实际应用中，上述各种二次回归正交组合设计结构矩阵表和二次回归正交表可供查用，不必再进行复杂烦琐的变换。因此，应用起来十分方便。

3.5.3　二次回归正交组合设计的方法与步骤

在得到二次正交组合设计的结构矩阵之后，我们便可以安排试验进行实施与分析了。具体实施设计方法共分为选变量、定水平；确定零水平，进行线性编码；按设计原则对号入座；确定试验的调查测定指标等。具体步骤如下。

（1）选变量、定水平

田间试验要求做到目的明确，结果可靠，并有代表性和重演性。这就需要在选变量、定水平时，根据当前科技水平和试验目的，通过查阅国内外文献，收集本地高产或优质技术资料，同有关科技人员进行认真地分析研究，在定性的基础上选择影响菊芋株高、秸秆产量、块茎产量、生物产量、秸秆与块茎比或一些品质性状等目标函数的主要变量，并确定相应水平。

（2）确定因子的变化范围

首先要在当地生产水平和菊芋高产或品质所需要的最佳栽培措施的基础上，确定因子的变化范围。根据试验目的和要求，选择 p 个因子 Z_1，Z_2，$\cdots$，Z_p。据专业知识确定每个因子 Z_j（$j=1$，2，$\cdots$，p）的上水平 Z_{2j}、下水平 Z_{1j} 和基准水平 Z_{0j} 以及变化区间 Δ_j，具体计算公式分别为式（3-14）和式（3-15）：

$$Z_{0j} = \frac{Z_{1j} + Z_{2j}}{2} \qquad\qquad 式（3-14）$$

$$\Delta_j = \frac{Z_{2j} - Z_{1j}}{2} \qquad\qquad 式（3-15）$$

（3）计算星号臂 γ 处的因子设计水平

星号臂 γ 值是据因子个数（p）和在基准水平处计划重复的次数（m_0）并查表 3-5 得到的。如当 $p=3$ 时，$m_0=1$，查得 $\gamma = \sqrt{1.476} = 1.2149$。当然，也可直接从二次回归正交组合设计表中查得。

$$\begin{cases} +\gamma 处水平值 = Z_{2j} + (\gamma - 1)\Delta_j \\ -\gamma 处水平值 = Z_{1j} - (\gamma - 1)\Delta_j \end{cases} \qquad 式（3-16）$$

（4）对因子水平进行编码

为将变化区间（Z_{1j}，Z_{2j}）的有量纲的自然因子（实际因子）Z_j 变成区间为 $[-1，1]$ 的规范变量 x_j，需对因子的取值 Z_j 作线性变换：

$$x_j = \frac{Z_j - Z_{0j}}{\Delta_j} \qquad\qquad 式（3-17）$$

这样，实际上，因子 Z_j 与编码值之间便建立了一种一一对应的关系。

上水平 $Z_{2j} \longleftrightarrow +1$；下水平 $Z_{1j} \longleftrightarrow -1$。

从而有实际因子与编码值之间的对应关系如表 3-6 所示。

表 3-6　实际因子与编码值之间的对应关系

x_j	Z_1	Z_2	$\cdots$	Z_p
γ	Z_{21}	Z_{22}	$\cdots$	Z_{2p}
1	$Z_{01}+\Delta_1$	$Z_{02}+\Delta_2$	$\cdots$	$Z_{0p}+\Delta_p$

（续表）

x_j	Z_1	Z_2	...	Z_p
0	Z_{01}	Z_{02}	...	Z_{0p}
−1	$Z_{01}-\Delta_1$	$Z_{02}-\Delta_2$	...	$Z_{0p}-\Delta_p$
−γ	Z_{11}	Z_{12}	...	Z_{1p}

经过线性编码后，各变量水平的实际值就转化为无量纲线性编码值。这样，它们在田间试验设计中的地位就都是平等的。因此，所求的回归系数可以直接反映变量作用的大小，回归系数的正负号直接反映变量的作用方向。而且由于设计的正交性，那些回归系数绝对值很小，几乎近乎于零的也可以从回归方程中剔除，这样也不会影响回归方程的计算和应用。

（5）选用合适的二次回归正交组合设计表，列出试验方案

二次正交组合设计结构矩阵表前边已经列出，按其设计排列原则对号入座，将线性编码表中的各个变量的不同水平的数值填入结构矩阵表中的基本列中，组成设计表，并列出田间试验方案。

（6）实施试验方案，在田间安排试验

（7）确定田间试验的测定指标与调查时间，并及时进行调查

（8）收获试验并整理试验结果

（9）对试验结果进行统计分析

计算回归系数，求得回归方程

令信息矩阵为 A，常数项矩阵为 B，则回归系数 $b=A^{-1}B$，即

$$\begin{cases} b'_0 = 1/N \sum_\alpha y_\alpha = \bar{y} \\ b_j = B_j/S_j = \sum_\alpha x_{\alpha j} y_\alpha \Big/ \sum_\alpha (x_{\alpha j})^2 \\ b_{ij} = B_{ij}/S_{ij} = \sum_\alpha x_{\alpha i} x_{\alpha j} y_\alpha \Big/ \sum_\alpha (x_{\alpha j} x_{\alpha j})^2, \ i \neq j \\ b_{jj} = B_{jj}/S_{jj} = \sum_\alpha x'_{\alpha j} y_\alpha \Big/ \sum_\alpha (x'_{\alpha j})^2 \end{cases}$$

式（3−18）

于是，在上述基础上，可以得到二次回归正交组合设计的回归方程为：

$$\hat{y} = b'_0 + \sum_{j=1}^p b_j x_j + \sum_{i<j} b_{ij} x_i x_j + \sum_{j=1}^p b_{jj} x'_j$$

式（3−19）

由式（3−13）便可得到像式（3−1）那样的回归方程即

$$\begin{cases} \hat{y} = b_0 + \sum_{j=1}^{p} b_j x_j + \sum_{i<J} b_{ij} x_i x_j + \sum_{j=1}^{p} b_{jj} x_j^2 \\ 其中,\ b_0 = \bar{y} - \left(\sum_{\alpha} x_{\alpha j}^2 / N \right) \sum_{j=1}^{p} b_{jj} \end{cases} \qquad 式(3-20)$$

回归方程及回归系数的检。表3-7详细列示了回归方程及回归系数的检验过程,供具体分析时参考。

表3-7　二次回归正交组合设计的方差分析

来源		平方和	自由度	均方和	$F_比$
一次效应	x	$Q_1 = B_1^2 / S_1$	1	Q_1	Q_1/V_e
	⋮	⋮	⋮	⋮	⋮
	x_{pj}	$Q_p = B_p^2 / S_p$	1	Q_p	Q_p/V_e
交互效应	$x_1 x_2$	$Q_{12} = B_{12}^2 / S_{12}$	1	Q_{12}	Q_{12}/V_e
	⋮	⋮	⋮	⋮	⋮
	$x_{p-1} x_p$	$Q_{p-1,\ p} = B_{p-1,\ p}^2 / S_{p-1,\ p}$	1	$Q_{p-1,p}$	$Q_{p-1,p}/V_e$
二次效应	x_1^2	$Q_{11} = B_{11}^2 / S_{11}$	1	Q_{11}	Q_{11}/V_e
	⋮	⋮	⋮	⋮	⋮
	x_p^2	$Q_{pp} = B_{pp}^2 / S_{pp}$	1	Q_{pp}	Q_{pp}/V_e
回归		$S_回 = Q_1 + Q_2 + \cdots + Q_{pp}$	$f_回 = C_{p+2}^2 - 1$	$S_回/f_回$	$(S_回/f_回)/V_e$
剩余		$S_剩 = S_总 + S_回$	$f_剩 = n - C_{p+2}^2$	$V_e = S_剩/f_剩$	
总计		$S_总 = \sum_{\alpha} y_\alpha^2 - \dfrac{1}{N} \left(\sum_{\alpha} y_\alpha \right)^2$	$f_总 = n-1$		

失拟性检验。用中心点 m_0 次重复试验平均数 $\bar{y}_0$ 产生的误差平方和($Q_误$),对失拟平方和(Q_{ij})进行检验。

上述显著性检验,主要反映的是回归方程式在试验点上与试验结果拟合的好坏程度。然而,即使回归方程达到显著水平,仍不能保证在所研究的整个区域内,回归方程与实测值拟合的程度同等好。为此,还需进行失拟性检验。进行这种检验,要求在各因子基准水平处设置重复试验,即有 m_0 次重复。其结果分别为 y_{01},y_{02},$\cdots$,y_{0m},其平均数为 $\hat{y}_0$。这样,便可用由此产生的误差平方和($Q_误$)和失拟平方和(Q_{Lf})进行检验。具体计算公式为:

$$Q_误 = \sum_{i=1}^{m_0} (y_{0i} - \bar{y})^2, \ f_误 = m_0 - 1 \qquad 式(3-21)$$

$$Q_{Lf} = Q_剩 - Q_误,\ f_{Lf} = f_剩 - f_误 \qquad 式（3-22）$$

$$F_比 = (\frac{Q_{Lf}}{f_{Lf}}) / (\frac{Q_误}{f_误}) \qquad 式（3-23）$$

若 $F_比 < F_{0.05}$，则吻合；若 $F_比 > F_{0.05}$，则差异显著，不吻合。表明有失拟因素存在，应考虑对数学模型进行修改。

值得注意的是，若无失拟因素存在，表 3-7 中的各项显著性测定可用剩余均方代替误差项均方进行检验；反之，若有失拟因素存在，则各项显著性测验中，必须用误差项均方进行检验。

（10）确定优化栽培技术方案

据建立的数学模型，确定优化的菊芋栽培技术方案，指导大面积生产。

3.6　二次回归旋转设计

前述二次回归正交组合设计具有试验规模小、试验次数少、可以消除回归系数间的相关性，且计算简便等优点。但它也存在一个明显的缺点，即二次回归预测值 $\hat{y}$ 的方差随试验点在因子空间的位置不同而呈现较大的差异。这样，由于误差的干扰，根据预测值寻找最优区域就变得格外困难。为此，人们通过进一步研究，提出了回归旋转设计（Whirly design）方法来克服这一缺点。

3.6.1　回归旋转设计的概念

所谓旋转性指的是试验因素空间中与试验中心距离相等的球面上各处理组合的预测值 $\hat{y}$ 的方差相等。我们把具有这种性质的回归设计称之为回归旋转设计。这种设计的好处就在于可以直接比较各处理组合预测值的优劣，从而寻找到预测值相对优良的区域。

3.6.2　回归设计的旋转性条件

旋转设计包括一次、二次和三次旋转设计，但最常见的设计是二次回归旋转设计。其旋转性条件包括必要条件、非退化条件和充要条件。下面从三元二次回归方程入手，来讨论和说明回归正交的这三个旋转性条件。

3.6.2.1　回归旋转设计的必要条件

要回答这个问题，就必须了解一下什么是信息矩阵以及信息矩阵的特点。

通常，三元二次正交多项式方程的估计值为：

$$\hat{y} = b_0 + \sum_{j=1}^{3} b_j x_j + \sum_{i<j} b_{ij} x_i x_j + \sum_{j=1}^{3} b_{ij} x_j^2 \qquad 式（3-24）$$

也可将其表示为：

$$\hat{y} = b_0 + b_1 x_{\alpha 1} + b_2 x_{\alpha 2} + b_3 x_{\alpha 3} + b_{12} x_{\alpha 1} x_{\alpha 2} + b_{13} x_{\alpha 1} x_{\alpha 3} +$$

$$b_{23} x_{\alpha 2} x_{\alpha 3} + b_{11} x_{\alpha 1}^2 + b_{22} x_{\alpha 2}^2 + b_{33} x_{\alpha 3}^2 + \varepsilon_\alpha (\alpha = 1, 2, \cdots, N) \quad 式（3-25）$$

若令 p = 变量个数，d = 回归次数，q = 回归方程的项数 = 回归系数的个数，则除随机误差项 ε_α 外，上式共有 $q = C_{p+d}^d = C_{3+2}^2 = C_5^2 = \dfrac{5!}{2!\,(5-2)!} = 10$（项）。其结构矩阵为

$$X = \begin{bmatrix} 1 & x_{11} & x_{12} & x_{13} & x_{11}x_{12} & x_{11}x_{13} & x_{12}x_{13} & x_{11}^2 & x_{12}^2 & x_{13}^2 \\ 1 & x_{21} & x_{22} & x_{23} & x_{21}x_{22} & x_{21}x_{23} & x_{22}x_{23} & x_{21}^2 & x_{22}^2 & x_{23}^3 \\ \vdots & \vdots & \vdots & \vdots & \vdots & \vdots & \vdots & \vdots & \vdots & \vdots \\ 1 & x_{N1} & x_{N2} & x_{N3} & x_{N1}x_{N2} & x_{N1}x_{N3} & x_{N2}x_{N3} & x_{N1}^2 & x_{N2}^2 & x_{N3}^2 \end{bmatrix}$$

那么，相应的信息矩阵 A 则为 10 阶对称方阵：

$$
= X^T X
\begin{bmatrix}
N & \sum x_{a1} & \sum x_{a2} & \sum x_{a3} & \sum x_{a1}x_{a2} & \sum x_{a1}x_{a3} & \sum x_{a2}x_{a3} & \sum x_{a1}^2 & \sum x_{a2}^2 & \sum x_{a3}^2 \\
 & \sum x_{a1}^2 & \sum x_{a1}x_{a2} & \sum x_{a1}x_{a3} & \sum x_{a1}^2 x_{a2} & \sum x_{a1}^2 x_{a3} & \sum x_{a1}x_{a2}x_{a3} & \sum x_{a1}^3 & \sum x_{a1}x_{a2}^2 & \sum x_{a1}x_{a3}^2 \\
 & & \sum x_{a2}^2 & \sum x_{a2}x_{a3} & \sum x_{a1}x_{a2}^2 & \sum x_{a1}x_{a2}x_{a3} & \sum x_{a2}^2 x_{a3} & \sum x_{a1}^2 x_{a2} & \sum x_{a2}^3 & \sum x_{a2}x_{a3}^2 \\
 & 对 & & \sum x_{a3}^2 & \sum x_{a1}x_{a2}x_{a3} & \sum x_{a1}x_{a3}^2 & \sum x_{a2}x_{a3}^2 & \sum x_{a1}^2 x_{a3} & \sum x_{a2}^2 x_{a3} & \sum x_{a3}^3 \\
 & & & & \sum x_{a1}^2 x_{a2}^2 & \sum x_{a1}^2 x_{a2}x_{a3} & \sum x_{a1}x_{a2}^2 x_{a3} & \sum {}^2 x_{a1}^2 x_{a2} & \sum x_{a1}^2 x_{a2}^2 & \sum x_{a1}x_{a2}^2 x_{a3}^2 \\
 & 称 & & & & \sum x_{a1}^2 x_{a3}^2 & \sum x_{a1}x_{a2}x_{a3}^2 & \sum x_{a1}^3 x_{a3} & \sum x_{a1}x_{a2}^2 x_{a3} & \sum x_{a1}x_{a3}^3 \\
 & & & & & & \sum x_{a2}^2 x_{a3}^2 & \sum x_{a1}^2 x_{a2}x_{a3} & \sum x_{a2}^3 x_{a3} & \sum x_{a2}x_{a3}^3 \\
 & & 部 & & & & & \sum x_{a1}^4 & \sum x_{a1}^2 x_{a2}^2 & \sum x_{a1}^2 x_{a3}^2 \\
 & & & & & & & & \sum x_{a2}^4 & \sum x_{a2}^2 x_{a3}^2 \\
 & & & 分 & & & & & & \sum x_{a3}^4
\end{bmatrix}
$$

从信息矩阵 A 中，我们可以发现该矩阵有两个特点十分明显：

一是信息矩阵 A 中的各个元素可用一般形式表示为：$\sum\limits_\alpha x_{\alpha 1}^{n_1} x_{\alpha 2}^{n_2} x_{\alpha 3}^{n_3}$。其中，指数 n_1、n_2、n_3 的取值范围在 0~4。亦即是说，指数的和不能超过回归次数的 2 倍，即

$$0 \leqslant n_1 + n_2 + n_3 \leqslant 2 \times 2 = 4$$

例如，当 $n_1 = n_2 = n_3 = 0$ 时，$\sum\limits_\alpha x_{\alpha 1}^{n_1} x_{\alpha 2}^{n_2} x_{\alpha 3}^{n_3} = n$，是矩阵 A 中的第 1 行第 1 列上的元素；当 $n_1 = 1$，$n_2 = 0$，$n_3 = 3$ 时，$\sum\limits_\alpha x_{\alpha 1}^{n_1} x_{\alpha 2}^{n_2} x_{\alpha 3}^{n_3} = \sum\limits_\alpha x_{\alpha 1}^1 x_{\alpha 2}^0 x_{\alpha 3}^3 = \sum\limits_\alpha x_{\alpha 1} x_{\alpha 3}^3$，是矩阵 A 中第 4 行第 10 列上的元素；而当 $n_1 = 2$，$n_2 = n_3 = 1$ 时，$\sum\limits_\alpha x_{\alpha 1}^2 x_{\alpha 2}^1 x_{\alpha 3}^1 = \sum\limits_\alpha x_{\alpha 1}^2 x_{\alpha 2} x_{\alpha 3} = \sum\limits_\alpha x_{\alpha 1} x_{\alpha 3}^3$，是矩阵 A 中第 5 行第 6 列上以及第 7 行第 8 列上的元素。余类推。

二是信息矩阵 A 的元素可分为两类：一类元素，它的所有的指数 n_1、n_2、n_3 都是偶数或零；另一类元素，它的所有的指数 n_1、n_2、n_3 中至少有一个是奇数。在矩阵 A 中对

角线上的元素和第八行第九列、第八行第十列以及第九行第十列的元素属于前一类元素；其他元素均属后一类元素。

这两个特点或者说规律不仅在上述三元二次回归设计中存在，而且在任何因素和次数的回归设计信息矩阵中都存在，这是毫无疑问的。

于是，由此类推，我们可以将上述问题一般化。即在 p 元 d 次回归中，回归方程的一般形式为：

$$y_\alpha = b_0 + b_1 x_{\alpha 1} + b_2 x_{\alpha 2} + \cdots + b_p x_{\alpha p} + b_{12} x_{\alpha 1} x_{\alpha 2} + b_{13} x_{\alpha 1} x_{\alpha 3} + \cdots + b_{1p} x_{\alpha 1} x_{\alpha p} +$$

$$b_{23} x_{\alpha 2} x_{\alpha 3} + \cdots + b_{2p} x_{\alpha 2} x_{\alpha p} + b_{11} x_{\alpha 1}^2 + b_{22} x_{\alpha 2}^2 + \cdots + b_{pp} x_{\alpha p}^2 + \varepsilon_\alpha \qquad 式（3-26）$$

在 p 个因素 d 次回归方程中，除随机变量 ε_α 外，共有 C_{p+d}^d 项，其对应的信息矩阵 A 为 C_{p+d}^d 阶对称方阵，矩阵中的元素的一般形式为：

$$\sum x_{\alpha 1}^{n_1} x_{\alpha 2}^{n_2} \cdots x_{\alpha p}^{n_p} \qquad 式（3-27）$$

式中，指数 n_1，n_2，$\cdots$，n_p 分别可取 0，1，2，$\cdots$，$2d$ 等非负整数，且满足

$$0 \leqslant n_1 + n_2 + \cdots + n_p \leqslant 2d = n \qquad 式（3-28）$$

类似于三元二次回归方程，p 元 d 次回归方程对应的信息矩阵 A 中的元素，亦可分为两类。在旋转设计中，对这两类元素的值有一定的要求，这个要求也就是信息矩阵 A 在旋转设计下的具体结构，通常称为旋转性条件，亦即回归旋转设计的必要条件，可用如下定理来表示：

定理 1：在 p 元 d 次回归旋转设计中，对应的信息矩阵 A 的元素

$$\sum x_{\alpha 1}^{n_1} x_{\alpha 2}^{n_2} \cdots x_{\alpha p}^{n_p} = \begin{cases} \lambda_n \dfrac{N \prod\limits_{i=1}^{p} n_i!}{2^{\frac{n}{2}} \prod\limits_{i=1}^{p} \left(\dfrac{n_i}{2}\right)!} & （当所有 n_i 皆为偶数或 0 时）\\[4mm] 0 & （当所有 n_i 中至少有一个奇数时）\end{cases} \qquad 式（3-29）$$

式中，指数 n_1，n_2，$\cdots$，n_p 的取值范围为 0，1，2，$\cdots$，$2d$ 等非负整数，N 为试验次数，$n = n_1 + n_2 + \cdots + n_p$，$\lambda_n$ 为待定参数，它的下标 n 一定是偶数，特别当 $n = 0$ 时，$\lambda_0 = 1$。

下面以具体例子加以说明。

设 $d = 2$，则在二次旋转设计的信息矩阵 A 中，满足不等式

$$0 \leqslant n_1 + n_2 + \cdots + n_p \leqslant 2d = 2 \times 2 = 4$$

由式（3-28）知，当 n_1，n_2，$\cdots$，n_p 都为偶数或零时，有下面三种情况：

（1） $\sum x_{\alpha 1}^{n_1} x_{\alpha 2}^{n_2} \cdots x_{\alpha p}^{n_p} = \sum\limits_{\alpha} x_{\alpha j}^2 = \lambda_2 \dfrac{N \times 2!}{2^{\frac{2}{2}} \times (\frac{2}{2})!} = \lambda_2 N (i, j = 1, 2, \cdots, p)$

$$式（3-30）$$

（2）$\sum x_{\alpha1}^{n_1} x_{\alpha2}^{n_2} \cdots x_{\alpha p}^{n_p} = \sum_{\alpha} x_{\alpha j}^4 = \lambda_4 \dfrac{N \times 4!}{2^{\frac{4}{2}} \times (\frac{4}{2})!} = \lambda_4 N \dfrac{4 \times 3 \times 2}{4 \times 2} = 3\lambda_4 N (i.j = 1,\ 2,\ \cdots,\ p)$

式（3-31）

（3）$\sum x_{\alpha1}^{n_1} x_{\alpha2}^{n_2} \cdots x_{\alpha p}^{n_p} = \sum_{\alpha} x_{\alpha i}^2 x_{\alpha j}^2 = \lambda_4 \dfrac{N_0!\ 2!\ 2!}{2^{\frac{4}{2}} \left(\frac{0}{2}\right)! \left(\frac{2}{2}\right)! \left(\frac{2}{2}\right)!} =$

$$\lambda_4 N \dfrac{1 \times 2 \times 2}{4 \times 1 \times 1 \times 1} = \lambda_4 N (i.j = 1,\ 2,\ \cdots,\ p) \qquad 式（3-32）$$

而 A 的其他元素（即当所有 N_i 中至少有一个奇数时）皆为零。此时，二次旋转设计的信息矩阵 A 有如下形式（其空白处为零）：

$$N^{-1}A = N^{-1}(X'X)$$

式（3-33）

上述定理是旋转设计的必要条件。除此之外，要使旋转设计成为可能，还需要使其待定参数 λ_n 满足非退化条件。

3.6.2.2　回归旋转设计的非退化条件

二次回归旋转设计的非退化条件实质上也就是回归系数 b_j 唯一存在的条件，表现为逆矩阵 $C=A^{-1}$ 存在。为说明这一点，需要计算式（3-33）矩阵的行列式。令 $e=Cp^2$，则

$$n^{-1}|A| = \lambda_2^p \lambda_4^e \begin{vmatrix} 1 & \lambda_2 & \lambda_2 & \cdots & \lambda_2 \\ \lambda_2 & 3\lambda_4 & \lambda_4 & \cdots & \lambda_4 \\ \lambda_2 & \lambda_4 & 3\lambda_4 & \cdots & \lambda_4 \\ \vdots & \vdots & \vdots & \cdots & \lambda_4 \\ \lambda_2 & \lambda_4 & \lambda_4 & \cdots & 3\lambda_4 \end{vmatrix} = \lambda_2^p \lambda_4^e \begin{vmatrix} 3\lambda_4 - \lambda_2^2 & \lambda_4 - \lambda_2^2 & \cdots & \lambda_4 - \lambda_2^2 \\ \lambda_4 - \lambda_2^2 & 3\lambda_4 - \lambda_2^2 & \cdots & \lambda_4 - \lambda_2^2 \\ \vdots & \vdots & \cdots & \vdots \\ \lambda_4 - \lambda_2^2 & \lambda_4 - \lambda_2^2 & \cdots & 3\lambda_4 - \lambda_2^2 \end{vmatrix}$$

$$= \lambda_2^m \lambda_4^e [(p+2)\lambda_4 - p\lambda_2^2] \begin{vmatrix} 2\lambda_4 & 0 & \cdots & 0 \\ 0 & 2\lambda_4 & \cdots & 0 \\ \vdots & \vdots & \cdots & \vdots \\ 0 & 0 & \cdots & 2\lambda_4 \end{vmatrix} = \lambda_2^p \lambda_4^e [(p+2)\lambda_4 - p\lambda_2^2](2\lambda_4)^{p-1}$$

式（3-34）

显然，要使矩阵 A 非退化，必须使 $n^{-1}|A| \neq 0$，即 $(p+2)\lambda_4 = p\lambda_2^2 \neq 0$

$$\frac{\lambda_4}{\lambda_2^2} \neq \frac{p}{p+2} \qquad 式（3-35）$$

式（3-35）是我们在作旋转设计时要竭力维护的状况。否则，便不可能构成旋转设计方案。那么，待定参数 λ_2 和 λ_4 究竟取何值，才能满足式（3-35），即满足非退化条件呢 Δ 下面我们将加以推导：

由式（3-30）至式（3-32）知，二次回归设计旋转性的必要条件是

$$\begin{cases} \sum_\alpha x_{\alpha j}^2 = \lambda_2 N \\ \sum_\alpha x_{\alpha j}^4 = 3\lambda_4 N (i.j = 1, 2, \cdots, p) \\ \sum_\alpha x_{\alpha i}^2 x_{\alpha j}^2 = \lambda_4 N \end{cases}$$

则

$$p\sum_\alpha x_{\alpha j}^2 = \sum_{j=1}^p \sum_\alpha x_{\alpha j}^2 = \sum_\alpha \sum_{j=1}^p x_{\alpha j}^2$$

令 $\sum_{j=1}^p x_{\alpha j}^2 = \rho_\alpha^2$，表示在第 α 个试验点 $(x_{\alpha 1}、x_{\alpha 2}、\cdots, x_{\alpha p})$ 在半径为 ρ_α 的球面上。于是，上式变为

$$\sum_\alpha \sum_{j=1}^p x_{\alpha j}^2 = \sum_\alpha \rho_\alpha^2 = pN\lambda_2$$

故

$$\lambda_2 = \frac{\sum_\alpha \rho_\alpha^2}{pN} \qquad 式（3-36）$$

$$\therefore (\rho_\alpha^2)^2 = (\sum_{j=1}^p x_{\alpha j}^2)^2 = \sum_{j=1}^p x_{\alpha j}^4 + 2\sum_{i<j} x_{\alpha i}^2 x_{\alpha j}^2$$

$$\therefore \sum_\alpha \rho_\alpha^4 = \sum_\alpha \left(\sum_{j=1}^p x_{\alpha j}^4 + 2 \sum_{i<j} x_{\alpha i}^2 x_{\alpha j}^2 \right) =$$

$$\sum_\alpha \left(\sum_{j=1}^p x_{\alpha j}^4 \right) + 2 \sum_{i<j} \left(\sum_\alpha x_{\alpha i}^2 x_{\alpha j}^2 \right) = \sum_\alpha x_{\alpha j}^4 \left[\frac{p^2 + 2p}{3} \right]$$

$$\therefore \lambda_4 = \frac{\sum_\alpha x_{\alpha j}^4}{3N} \quad 又 \quad \sum_\alpha x_{\alpha j}^4 = \frac{3 \sum_\alpha \rho_\alpha^4}{p^2 + 2p} = \frac{3 \sum_\alpha \rho_\alpha^4}{p(p+2)}$$

$$\therefore \lambda_4 = \frac{\sum_\alpha x_{\alpha j}^4}{3N} = \frac{3 \sum_\alpha \rho_\alpha^4}{p(p+2) \times 3N} = \frac{\sum_\alpha \rho_\alpha^4}{pN(p+2)} \qquad 式（3-37）$$

由式（3-36）和式（3-37）可得

$$\frac{\lambda_4}{\lambda_2{}^2} = \frac{\sum_\alpha \rho_\alpha^4}{\left(\sum_\alpha \rho_\alpha^2 \right)^2} \times \frac{Np}{p+2} \qquad 式（3-38）$$

式（3-38）表明，λ_4、$\lambda_2{}^2$ 的比值不仅与试验次数 N 和因子数 p 有关，而且与 N 个试验点所在球面的半径 ρ_α（$\alpha = 1, 2, \cdots, N$）有关。现在的问题是，这 N 个试验点应该分布在几个球面上，在每个球面上又该如何分布，才能满足旋转性的必要条件和非退化条件式（3-34）。

从式（3-38）与非退化条件式（3-35）的比较中，我们可以看出，只要证明不等式

$$\left(\sum_\alpha \rho_\alpha^2 \right)^2 \leqslant N \sum_\alpha \rho_\alpha^4 \qquad 式（3-39）$$

成立，且仅在 $\rho_1 = \rho_2 = \cdots = \rho_N$ 处才相等时，便可使上述问题得到圆满的解决。现证明如下：

对任意实数 λ，有 $\sum_\alpha (\lambda - \rho_\alpha^2)^2 \geqslant 0$

$$\sum_\alpha (\lambda^2 - 2\lambda \rho_\alpha^2 + \rho_\alpha^4) \geqslant 0 \sum_\alpha \lambda^2 - 2 \sum_\alpha \lambda \rho_\alpha^2 + \sum_\alpha \rho_\alpha^4） \geqslant 0$$

$$\lambda^2 N - 2\lambda \sum_\alpha \rho_\alpha^2 + \sum_\alpha \rho_\alpha^4 \geqslant 0$$

由此知上式不等号左边的二次三项式是非负的，它永远位于横轴的上方，最多与横轴相切（即左边等于零），故对二次三项式来说，λ 不可能有两个不同的实数根，所以实验室的判别式：

$$b^2 - 4ac = 4 \left(\sum_\alpha \rho_\alpha^2 \right)^2 - 4N \sum_\alpha \rho_\alpha^4 \leqslant 0, \quad 即$$

$$\left(\sum_\alpha \rho_\alpha^2 \right)^2 - N \sum_\alpha \rho_\alpha^4 \leqslant 0$$

当且仅当 $\rho_1 = \rho_2 = \cdots = \rho_N$ 即 N 个试验点位于同一个球面上时，等式才成立，于是

$$\left(\sum_\alpha \rho_\alpha^2 \right)^2 \leqslant N \sum_\alpha \rho_\alpha^4$$

评毕。

由此式和式（3-38）立即可得：

$$\frac{\lambda_4}{\lambda_2{}^2} \geqslant \frac{p}{p+2}$$

式（3-40）

因此，只有当 N 个试验点不在同一个球面上，即 N 个试验点至少位于两个半径不等的球面上时，才有可能获得旋转设计方案。

3.6.2.3　二次回归旋转设计的必要条件（$p=2$ 时）

二次回归旋转设计的必要条件规定了旋转设计必须遵循的规律，非退化条件则从另一个侧面保证了二次回归旋转设计的旋转性，说明了 N 个试验点应该分布在几个球面上。而为满足旋转性条件，试验点在球面上的分布状况又该 怎么样呢？这就涉及二次回归旋转设计的充要条件。

我们先从最简单的情况谈起，即把 N 个试验点分布在两个球面上。其中，m_0 个点集中在中心点的球面上（半径为0），即在中心点重复 m_0 次试验，另外，$m_1 = N - m_0$ 个点均匀分布在半径为 ρ（$\rho \neq 0$）的球面上。如果变量有两个（$p=2$），因子空间便构成一个平面。这样，球也就转化为平面上的一个圆。在半径为 ρ 的圆周上均匀分布的 m_1 个试验点，实际上就是半径为的圆内接正边形的 m_1 个顶点。如图 3-12 所示。

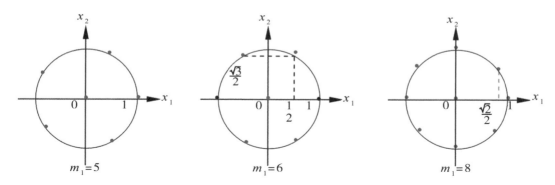

图 3-12　不同 m_1 在球面上的分布示意图

试验点在球面上的分布遵循如下定理：

定理2：如果 $p=2$，则均匀分布在半径圆周上的 m 个点满足旋转性条件式（3-29）至式（3-31）的充要条件是 $m_1 > 4$。

由此可见，只要在平面上选 正五边形、正六边形、正八边形等的顶点作为试验点，同时在中心点再补充一些必要的试验，就可得到二个因子的二次旋转设计方案。表 3-8 列出了 $m_1 = 6$，即在平面上为正六边形的二次旋转设计方案及其结构矩阵。由图 3-12 可知，$m_1 = 6$ 时，在单位圆上，正六边形各点的坐标，经计算分别是：

$$(1,\ 0),\ \left(\frac{1}{2},\ \frac{\sqrt{3}}{2}\right),\ \left(-\frac{1}{2},\ \frac{\sqrt{3}}{2}\right)\ (-1,\ 0),\ \left(-\frac{1}{2},\ -\frac{\sqrt{3}}{2}\right),\ \left(\frac{1}{2},\ -\frac{\sqrt{3}}{2}\right)$$

由式（3-30）至式（3-32）和表 3-8 知

$$\sum_\alpha x_{\alpha2}^4 = 0^4 + \left(\frac{\sqrt{3}}{2}\right)^4 + \left(\frac{\sqrt{3}}{2}\right)^4 + 0^4 + \left(-\frac{\sqrt{3}}{2}\right)^4 + \left(-\frac{\sqrt{3}}{2}\right)^4 = \frac{9}{4}$$

$$\sum_\alpha x_{\alpha1}^2 x_{\alpha2}^2 = 1^2 + 0^2 + \left(\frac{1}{2}\right)^2 \times \left(\frac{\sqrt{3}}{2}\right)^2 + \left(-\frac{1}{2}\right)^2 \times \left(\frac{\sqrt{3}}{2}\right)^2 + (-1)^2 \times 0^2 +$$

$$\left(-\frac{1}{2}\right)^2 \times \left(-\frac{\sqrt{3}}{2}\right)^2 + \left(\frac{1}{2}\right)^2 \times \left(-\frac{\sqrt{3}}{2}\right)^2 = \frac{12}{16} = \frac{3}{4}$$

$\therefore \sum_\alpha x_{\alpha2}^4 = \frac{9}{4} = 3\lambda_4 N = 3\sum_\alpha x_{\alpha1}^2 x_{\alpha2}^2 = 3 \times \frac{3}{4} = \frac{9}{4}$，即满足旋转性条件式（3-30）至式（3-32）。

表 3-8　二因子二次旋转设计的结构矩阵（$m_1 = 6$）

试验号		x_0	x_1	x_2	$x_1 x_2$	x_1^2	x_2^2
	1	1	1	0	0	1	0
	2	1	$\frac{1}{2}$	$\frac{\sqrt{3}}{2}$	$\frac{\sqrt{3}}{4}$	$\frac{1}{4}$	$\frac{3}{4}$
	3	1	$-\frac{1}{2}$	$\frac{\sqrt{3}}{2}$	$-\frac{\sqrt{3}}{4}$	$\frac{1}{4}$	$\frac{3}{4}$
m_1	4	1	-1	0	0	1	0
	5	1	$-\frac{1}{2}$	$-\frac{\sqrt{3}}{2}$	$\frac{\sqrt{3}}{4}$	$\frac{1}{4}$	$\frac{3}{4}$
	6	1	$\frac{1}{2}$	$-\frac{\sqrt{3}}{2}$	$-\frac{\sqrt{3}}{4}$	$\frac{1}{4}$	$\frac{3}{4}$
	7	1	0	0	0	0	0
m_0	8	1	0	0	0	0	0
	$\vdots$	$\vdots$	$\vdots$	$\vdots$	$\vdots$	$\vdots$	$\vdots$
	N	1	0	0	0	0	0

现在我们再来看当 $m_1 = 4$ 时的结构矩阵，是否满足旋转性条件。图 3-13 是 $m_1 = 4$ 时试验点在球面上的分布图示。

表 3-9 列示了相应的结构矩阵。

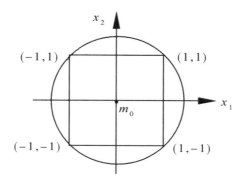

图 3-13　$m_1 = 4$ 时试验点在球面上的分布示意图

表 3-9　二因子二次设计的结构矩阵（$m_1 = 4$）

	试验号	x_0	x_1	x_2	x_1x_2	x_1^2	x_2^2
m_1	1	1	1	1	1	1	1
	2	1	1	-1	-1	1	1
	3	1	-1	1	-1	1	1
	4	1	-1	-1	1	1	1
m_0	5	1	0	0	0	0	0
	$\vdots$	$\vdots$	$\vdots$	$\vdots$	$\vdots$	$\vdots$	$\vdots$
	6	1	0	0	0	0	0

$\because$ 由表 3-9，可得：$\sum_\alpha x_{\alpha 2}^4 = 1^4 + (-1)^4 + 1^4 + (-1)^4 = 4$

$$\sum_\alpha x_{\alpha 1}^2 x_{\alpha 2}^2 = 1^2 \times 1^2 + 1^2 \times (-1)^2 + (-1)^2 \times 1^2 + (-1)^2 \times (-1)^2$$

$$= 1 + 1 + 1 + 1 = 4$$

$\therefore \sum_\alpha x_{\alpha 2}^4 \neq 3\sum_\alpha x_{\alpha 1}^2 x_{\alpha 2}^2$

故当 $m_1 \leqslant 4$ 时，不满足旋转性条件。表 3-9 当然也就不是旋转设计方案了。

由此可见，即使试验点分布在两个半径不相等的球面上，即满足非退化条件，但如果试验点在球面上的分布不满足旋转性条件，同样也不能组成旋转设计方案。这一点是需要引起高度重视的。

3.6.2.4　二次旋转设计中星号臂 γ 的确定

在三个或更多个变量（因子）的情况下，实现旋转设计常借助于组合设计思想。在本章第五节我们已经了解到，组合设计中 N 个试验（$N = m_c + 2p + m_0$）是分布在三个半径不相等的球面上的，其中：

m_c 个点是分布在半径为 $p_c = \sqrt{p}$ 的球面上；

$2p$ 个点分布在半径为 $p_\gamma = \gamma$ 的球面上；

m_0 个点集中在半径为 $p_0 = 0$ 的球面上。

据式（3-35），显然，按组合设计选取的试验点是不会使信息矩阵（系数矩阵）A 退化的。至于旋转条件式（3-30）至式（3-32），也是容易满足的。本章第五节已经指出，在组合设计中，只要适当调节星号臂 γ 的值，便可同时获得旋转性。从式（3-4）和式（3-5）可知，其信息矩阵 A 的元素中：

$$\sum_{\alpha} x_{\alpha j} = \sum_{\alpha} x_{\alpha i} x_{\alpha j} = \sum_{\alpha} x_{\alpha i}^2 x_{\alpha j} = 0$$

由式（3-5）知，其偶次方元素

$$\sum_{\alpha} x_{\alpha i}^2 = m_c + 2\gamma^2 \neq 0$$

$$\sum_{\alpha} x_{\alpha i}^4 = m_c + 2\gamma^4 \neq 0 (i = 1, 2, \cdots, N; j = 1, 2, \cdots, p)$$

$$\sum_{\alpha} x_{\alpha i}^2 x_{\alpha j}^2 \neq 0$$

为满足旋转性条件式（3-30）至式（3-32），必须使

$$\sum_{\alpha} x_{\alpha j}^4 = 3 \sum_{\alpha} x_{\alpha i}^2 x_{\alpha j}^2$$

$\because m_c = 2^p$（全因子实施时）

$\therefore$ 要使 $m_c + 2\gamma^2 = 3m_c$，即 $2^p + 2\gamma^2 = 3 \times 2^p$

解之，得，$\gamma = 2^{p/4}$

类似地，部分因子实施时，当 $m_c = 2^{p-1}$ 和 $m_c = 2^{p-2}$ 时，分别可得

$\gamma = 2^{(p-1)/4}$ 和 $\gamma = 2^{(p-2)/4}$

例如，当 $p=3$ 时，组合设计中星号点的坐标是：$(\pm1.682, 0, 0)$，$(0, \pm1.682, 0)$，$(0, 0, \pm1.682)$。

当 $p=9$ 时，采用 1/4 实施（2^{9-1}）来代替全因子试验 2^9。这时它的星号点的坐标如下：

$(\pm2.828, 0, 0, 0, 0, 0, 0, 0, 0)$，$(0, \pm2.828, 0, 0, 0, 0, 0, 0, 0)$，$(0, 0, \pm2.828, 0, 0, 0, 0, 0, 0)$，$(0, 0, 0, \pm2.828, 0, 0, 0, 0, 0)$，$(0, 0, 0, 0, \pm2.828, 0, 0, 0, 0)$，$(0, 0, 0, 0, 0, \pm2.828, 0, 0, 0)$，$(0, 0, 0, 0, 0, 0, \pm2.828, 0, 0)$，$(0, 0, 0, 0, 0, 0, 0, \pm2.828, 0)$，$(0, 0, 0, 0, 0, 0, 0, 0, \pm2.828)$

余类推。表 3-10 列出了二次旋转组合设计中常用的 γ 和 γ^2 值。

表 3-10　二次旋转组合设计常用 γ 和 γ^2 值

p	$p_c = \sqrt{p}$	$p_\gamma = \gamma = 2^{(p-1)/4}$	γ^2	m_c	m_γ
2	1.414	1.414	2.000	4	4
3	1.732	1.682	2.828	8	6
4	2.000	2.000	4.000	16	8

（续表）

p	$p_c = \sqrt{p}$	$p_\gamma = \gamma = 2^{(p-1)/4}$	γ^2	m_c	m_γ
5	2.236	2.378	5.655	32	10
5（1/2 实施）	2.236	2.000	4.000	16	10
6	2.450	2.828	8.000	64	12
6（1/2 实施）	2.450	2.378	5.655	32	12
7	2.646	3.364	11.316	128	14
7（1/2 实施）	2.646	2.828	8.000	64	14
8（1/2 实施）	2.828	3.364	11.316	128	16
9（1/2 实施）	2.828	2.828	8.000	64	16

值得注意的是，在某些情况下，特别是在 $p<5$ 时，$p_c = p_\gamma$ 或 $p_c \approx p_\gamma$，即 m_c 个全因子试验点和 m_γ 个星号点分布（或近似地分布）在同一个球面上，不符合式（3-35）的非退化条件，所以必须增加中心点试验，才可得到非退化的旋转设计，而在其他情况下，即使在中心点不做试验，也不会引起信息矩阵 A 的退化。

3.6.3　二次回归旋转设计及其特点

二次回归旋转设计大致可分为两种类型。一类是二次正交旋转组合设计，另一类是二次回归通用旋转设计。现分别介绍如下。

3.6.3.1　二次回归正交旋转组合设计

二次回归正交旋转组合设计包含以下几层含义：即它是一种回归设计；也是一种组合设计；这种组合设计具有正交性；它同时又是一种旋转设计。就是说，它是一种融回归设计、组合设计、正交设计和旋转设计于一体的综合设计方法。

如前所述，在组合设计中，适当调节星号臂值 γ，便既可获得旋转性，又可获得正交性。此外，要使二次旋转设计具有正交性，还有一个办法，就是适当地选取 m_0。

3.6.2 中告诉我们，在二次旋转组合设计中，对 m_0 的选择是相当自由的。一般情况下，$\rho_c \neq \rho_\gamma$，即使 $m_0=0$，即在中心点一次试验也不做，也不会影响设计方案的旋转性。然而，从试验角度来看，中心试验点是十分必要的。因为要测定回归在中心点的拟合情况，就必须在中心点做重复试验。所以中心点附近区域往往是试验者倍加关注的区域。这样，m_0 的选择问题也就格外突出地暴露在我们面前。那么，如何选取 m_0，使二次旋转设计也同时具有正交性呢？

首先，让我们研究一下二次旋转设计的信息矩阵式（3-33）。由此可以得到式（3-33）的相关矩阵（逆矩阵）式（3-41）。

从式（3-41）不难发现，在二次旋转设计的情况下，一次项和互作项的回归系数

b_j 和 b_{ij} 仍然保持正交性（符合正交性规律，即任一列的和 $\sum\limits_{\alpha} x_{\alpha j} = 0$ 与任二列的内积和 $\sum\limits_{\alpha} x_{\alpha i} x_{\alpha j} = 0$）。也就是说，它们之间的相关性得以消除，而正交性的破坏主要存在于 b_0 和 b_{jj} 之间及 b_{ii} 和 b_{jj} 之间（即存在相关性），它们的相关矩阵如式（3-41）所示：

$$
NA^{-1} =
\begin{matrix}
0 & \quad & 1 & 2 & \cdots p & 12 & 13 & \cdots p\text{-}1,\,p & 11 & & 12 & \cdots pp
\end{matrix}
$$

$$
=
\begin{bmatrix}
2\lambda_4^2\,(p{+}2)\,t & & & & & -2\lambda_2\lambda_4 t & -2\lambda_2\lambda_4 t & \cdots & -2\lambda_2\lambda_4 t \\
 & 1/\lambda_2 & & & & & & & \\
 & & 1/\lambda_2 & & & & & & \\
 & & & \ddots & & & & & \\
 & & & & 1/\lambda_2 & & & & \\
 & & & & & \lambda_4^{-1} & & & \\
 & & & & & & \lambda_4^{-1} & & \\
 & & & & & & & \ddots & \\
 & & & & & & & & \lambda_4^{-1} \\
-2\lambda_2\lambda_4 t & & & & & [\,(p{+}1)\,\lambda_4 - (p{-}1)\,\lambda_2^2]\,t & (\lambda_2^2{-}\lambda_4)\,t & \cdots & (\lambda_2^2{-}\lambda_4)\,t \\
-2\lambda_2\lambda_4 t & & & & & (\lambda_2^2{-}\lambda_4)\,t & [\,(p{+}1)\,\lambda_4 - (p{-}1)\,\lambda_2^2]\,t & \cdots & (\lambda_2^2{-}\lambda_4)\,t \\
\vdots & & & & & \vdots & \vdots & \vdots & \vdots \\
-2\lambda_2\lambda_4 t & & & & & (\lambda_2^2{-}\lambda_4)\,t & (\lambda_2^2{-}\lambda_4)\,t & \cdots & [\,(p{+}1)\,\lambda_4 - (p{-}1)\,\lambda_2^2]\,t
\end{bmatrix}
$$

式（3-41）

$$
其中，\ t = 1/[\,2\lambda_4(p+2)\lambda_4 - p\lambda_2^2\,] \qquad 式（3\text{-}42）
$$

$$
\begin{cases}
Cov(b_0,\ b_j) = 2\,\lambda_2\,\lambda_4 t\,\sigma^2/N \\
Cov(b_{ii},\ b_{jj}) = (\lambda_2^2 - \lambda_4)\,t\,\sigma^2/N
\end{cases} \qquad 式（3\text{-}43）
$$

其中，$t = 1/[\,2\,\lambda_4(p+2)\,\lambda_4 - p\,\lambda_2^2\,]$，$\sigma^2$ 为随机误差项 ε_α 的方差。要使二次旋转组合设计具的正交性，就必须消除上述这些回归系数之间的相关性。由式（3-13）消除常数项 b_0 与平方项回归系数 b_{jj} 间的相关性，只要对平方项施行中心化的变换即可。平方项之间的相关性的消除，也不难办到。由式（3-43）可以看出，当 $\lambda_2^2 = \lambda_4$ 或 $\lambda_4/\lambda_2^2 = 1$ 时，$Cov(b_0,\ b_j) = 0$，即相关性得以消除。

我们已经知道，组合设计中，$N = m_c + 2p + m_0$ 个试验点在三个球面的分布状况。于是由式（3-4）、式（3-37）和式（3-38）可以得到：

$$
\lambda_4/\lambda_2^2 = (m_c\,p_c^4 + m_\gamma\,p_\gamma^4 + m_0\,p_0^4)\,Np/(m_c\,p_c^2 + m_\gamma\,p_\gamma^2 + m_0\,p_0^2)\,(p+2)
$$

式（3-44）

或

$$\lambda_4 / \lambda_2^2 = (m_c p^2 + 2p \gamma^4) Np / (m_c p + m_\gamma \gamma^2)^2 (p + 2)$$

$$= (m_c p + 2 \gamma^4) N / (m_c + 2 \gamma^2)^2 (p + 2) \qquad 式（3-45）$$

在上式中，对 p 个因子的旋转设计来说，p、m_c 和 γ 都已固定，因此，要使 $\dfrac{\lambda_4}{\lambda_2^2} = 1$，就只有调整它的试验次数 N。而 $N = m_c + m_\gamma + m_0 = m_c + 2p + m_0$。这样，就只能调整中心点的试验次数 m_0，才能使 $\dfrac{\lambda_4}{\lambda_2^2} = 1$。因此，我们说，适当地选取 m_0，便可使二次旋转组合设计具有一定的正交性。于是式（3-45）可改写为

$$N / (\lambda_4 / \lambda_2^2) = (m_c + 2 \gamma^2)^2 (p + 2) / (m_c p + 2 \gamma^4) \qquad 式（3-46）$$

当 p、m_c 和 γ 已知时，代入式（3-46），便可得到二次旋转组合设计的参数如表 3-11 所示。

表 3-11　二次正交旋转组合设计的参数表

方案号	二次旋转设计参数			$N / (\lambda_4 / \lambda_2^2)$	N	λ_4 / λ_2^2	m_0
	p	m_c	γ				
1	2	4	1.414	16	16	1	8
2	3	8	1.682	23.314	23	0.99	9
3	4	16	2.000	36	36	1	12
4	5	32	2.378	58.627	59	1.01	17
5	5（1/2 实施）	16	2.000	36	36	1	10
6	6（1/2 实施）	32	2.378	58.627	59	1.01	15
7	7（1/2 实施）	64	2.828	100	100	1	22
8	8（1/2 实施）	128	3.364	177.256	177	1	33
9	8（1/4 实施）	64	2.828	100	100	1	20

由表 3-11 可知，当 $N / (\lambda_4 / \lambda_2^2)$ 为整数时，如方案 1、3、5、7、8、9 等，得到的方案为二次正交旋转组合设计方案。此时 $\dfrac{\lambda_4}{\lambda_2^2} = 1$；当 $N / (\lambda_4 / \lambda_2^2)$ 为非整数时，N 只能选取靠近 $N / (\lambda_4 / \lambda_2^2)$ 的整数值。此时，λ_4 / λ_2^2 不为 1，但与 1 相差甚微。这样的旋转组合设计就叫作二次近似正交旋转组合设计或几乎正交旋转组合设计。

据表 3-11，我们可以编制二次旋转组合设计方案。如 $p = 3$ 时，可选取 $m_0 = 9$，其旋转组合设计方案如表 3-12 所示。

表 3–12　三因子二次（几乎正交）旋转组合设计方案

试验号	x_0	x_1	x_2	x_3	x_1x_2	x_1x_3	x_2x_3	x_1^2	x_2^2	x_3^2
1	1	1	1	1	1	1	1	1	1	1
2	1	1	1	−1	1	−1	−1	1	1	1
3	1	1	−1	1	−1	1	−1	1	1	1
4	1	1	−1	−1	−1	−1	1	1	1	1
5	1	−1	1	1	−1	−1	1	1	1	1
6	1	−1	1	−1	−1	1	−1	1	1	1
7	1	−1	−1	1	1	−1	−1	1	1	1
8	1	−1	−1	−1	1	1	1	1	1	1
9	1	1.682	0	0	0	0	0	2.828	0	0
10	1	−1.682	0	0	0	0	0	2.828	0	0
11	1	0	1.682	0	0	0	0	0	2.828	0
12	1	0	−1.682	0	0	0	0	0	2.828	0
13	1	0	0	1.682	0	0	0	0	0	2.828
14	1	0	0	−1.682	0	0	0	0	0	2.828
15	1	0	0	0	0	0	0	0	0	0
16	1	0	0	0	0	0	0	0	0	0
17	1	0	0	0	0	0	0	0	0	0
18	1	0	0	0	0	0	0	0	0	0
19	1	0	0	0	0	0	0	0	0	0
20	1	0	0	0	0	0	0	0	0	0
21	1	0	0	0	0	0	0	0	0	0
22	1	0	0	0	0	0	0	0	0	0
23	1	0	0	0	0	0	0	0	0	0

从表 3–12 可以看出，常数项 b_0 与平方项回归系数 b_{jj} 间的相关性尚未完全消除，它的旋转组合设计是几乎正交旋转组合设计。如果对平方向施行中心化，即令

$$x'_{\alpha j} = x_{\alpha j}^2 - 1/N \sum_\alpha x_{\alpha j}^2 = x_{\alpha j}^2 - \frac{1}{23} \times 13.656 = x_{\alpha j}^2 - 0.594$$

此时，便可得到二次正交旋转组合设计如表 3–13 所示。

综上所述，二次正交旋转组合设计的优点是简化了计算回归系数的公式，缺点是增加了中心点的试验次数。

表 3-13　三因子二次正交旋转组合设计方案

试验号	x_0	x_1	x_2	x_3	x_1x_2	x_1x_3	x_2x_3	x'_1	x'_2	x'_3
1	1	1	1	1	1	1	1	0.406	0.406	0.406
2	1	1	1	-1	1	-1	-1	0.406	0.406	0.406
3	1	1	-1	1	-1	1	-1	0.406	0.406	0.406
4	1	1	-1	-1	-1	-1	1	0.406	0.406	0.406
5	1	-1	1	1	-1	-1	1	0.406	0.406	0.406
6	1	-1	1	-1	-1	1	-1	0.406	0.406	0.406
7	1	-1	-1	1	1	-1	-1	0.406	0.406	0.406
8	1	-1	-1	-1	1	1	1	0.406	0.406	0.406
9	1	1.682	0	0	0	0	0	2.234	-0.594	-0.594
10	1	-1.682	0	0	0	0	0	2.234	-0.594	-0.594
11	1	0	1.682	0	0	0	0	-0.594	2.234	0.594
12	1	0	-1.682	0	0	0	0	-0.594	2.234	0.594
13	1	0	0	1.682	0	0	0	-0.594	-0.594	2.234
14	1	0	0	-1.682	0	0	0	-0.594	-0.594	2.234
15	1	0	0	0	0	0	0	-0.594	-0.594	-0.594
16	1	0	0	0	0	0	0	-0.594	-0.594	-0.594
17	1	0	0	0	0	0	0	-0.594	-0.594	-0.594
18	1	0	0	0	0	0	0	-0.594	-0.594	-0.594
19	1	0	0	0	0	0	0	-0.594	-0.594	-0.594
20	1	0	0	0	0	0	0	-0.594	-0.594	-0.594
21	1	0	0	0	0	0	0	-0.594	-0.594	-0.594
22	1	0	0	0	0	0	0	-0.594	-0.594	-0.594
23	1	0	0	0	0	0	0	-0.594	-0.594	-0.594

3.6.3.2　二次回归通用旋转组合设计

如前所述，旋转性旨在解决各试验点在同一球面上预测值 $\hat{y}$ 的方差相等的问题，然而，在试验过程中，我们往往也需要对不同半径球面上各试验点的预测值 $\hat{y}$ 进行比较，希望其方差也同样相等。这就牵涉到旋转设计的通用性问题。我们把具有不仅能使试验设计方案保持旋转性，而且还能使编码值在 -1 至 $+1$ 范围内，用专业术语来说，亦即球面上的试验点距中心的距离（半径）ρ 在 0 至 1 的范围内，各个水平组合（预测值 $\hat{y}$）具有相等的误差这样的性质称之为通用性。显而易见，旋转设计具有通用性有着重要的实践意义。

正如适当选取 m_0，可使旋转设计具有正交性一样，适当选取 m_0，同样也可使旋转设计具有通用性。

具有通用性的二次回归旋转组合设计称为二次回归通用旋转组合设计。

通用性涉及预测值的方差问题，所以我们先从试验点预测值 $\hat{y}$ 的方差的讨论入手，来具体介绍二次回归通用旋转组合设计。

在二次回归旋转组合设计中，由于常数项 b_0 和二次项系数 b_{jj} 之间以及二次项系数本身之间也存在着相关，所以预测值 $\hat{y}$ 的方差

$$D_{(\hat{y})} = D(b_0) + D(b_j) \sum_{j=1}^{p} x_j^2 + D(b_{ij}) \sum_{i<j} x_i^2 x_j^2 + D(b_{jj}) \sum_{j=1}^{p} x_j^4 +$$
$$2Cov(b_0,\ b_{jj}) \sum_{j=1}^{p} x_j^2 + 2Cov(b_{ii},\ b_{jj}) \sum_{i<j} x_i^2 x_j^2$$

根据旋转性的性质可知，在因子空间中，同一球面上（球心在中心点）所有试验点的预测值 $\hat{y}$ 的方差相等。因此，为方便起见，我们取在因子空间的某一个坐标轴上，例如在因子 x_j 轴上的一个特殊点来计算 $D_{(\hat{y})}$，该点的坐标是 $(0,\ 0,\ \cdots,\ \rho,\ 0,\ 0,\ \cdots,\ 0)$，其中，$\rho$ 是这一点所在球面的半径，于是

$$\sum_{j=1}^{p} x_j^2 = \rho^2,\quad \sum_{j=1}^{p} x_j^4 = \rho^4,\quad \sum_{i<j} x_i^2 x_j^2 = 0$$

$$\therefore D(\hat{y}) = D(b_0) + D(b_j)\rho^2 + D(b_{jj})\rho^4 + 2Cov(b_0,\ b_{jj})\rho^2 = D(b_0) +$$
$$[D(b_j) + 2Cov(b_0,\ b_{jj})]\rho^2 + + D(b_{jj})\rho^4 \qquad \text{式（3-47）}$$

从相关矩阵式（3-41），我们可以找到式（3-47）等式右边的各个方差和相关矩阵：

$$\begin{cases} D(b_0) = 2\lambda_4^2(p+2)t\sigma^2/N \\ D(b_j) = \sigma^2/\lambda_2 N \\ D(b_{jj}) = [(p+1)\lambda_4 - (p-1)\lambda_2^2]t\sigma^2/N \\ Cov(b_0,\ b_{jj}) = -2\lambda_2\lambda_4 t\sigma^2/N \\ t = 1/2\lambda_4[(p+2)\lambda_4 - p\lambda_2^2] \end{cases} \qquad \text{式（3-48）}$$

为使讨论简单，暂时约定 $\lambda_2 = 1$，则上式可以写成

$$
\begin{cases}
D(b_0) = (p+2)\sigma^2 / [(p+2)\lambda_4 - p](\frac{N}{\lambda_4}) \\[3mm]
D(b_j) = \dfrac{\sigma^2}{\lambda_4\left(\dfrac{N}{\lambda_4}\right)} = \sigma^2/N \\[5mm]
D(b_{jj}) = [(p+1)\lambda_4 - (p-1)]\sigma^2 / 2\lambda_4^2[(p+2)\lambda_4 - p](\frac{N}{\lambda_4}) \\[3mm]
Cov(b_0,\ b_{jj}) = -\sigma^2 / \lambda_4[(p+2)\lambda_4 - p](\frac{N}{\lambda_4})
\end{cases}
\qquad \text{式 (3-49)}
$$

将式 (3-49) 代入式 (3-48)，即得：

$$
\frac{D(\widehat{y})}{\sigma^2} = (p+2)/[(p+2)\lambda_4 - p]\left(\frac{N}{\lambda_4}\right) \times \left\{1 + \frac{(\lambda_4 - 1)\rho^2}{\lambda_4} + \right.
$$

$$
\left. [(p+1)\lambda_4 - (p-1)\rho^4]/2\lambda_4^2(p+2)\right\}
\qquad \text{式 (3-50)}
$$

因为对任一个旋转组合设计方案来说，因子个数 p 与比值 N/λ_4 是确定的。于是，$\dfrac{D(\widehat{y})}{\sigma^2}$ 仅是 λ_4 和 ρ 的函数。譬如，当 $p=2$ 和 $p=3$ 时，代入式 (3-36)，得 $\dfrac{D(\widehat{y})}{\sigma^2}$ 的表达式分别是式 (3-51) 和式 (3-52)。

$$
\frac{D(\widehat{y})}{\sigma^2} = 1/8(2\lambda_4 + 1) \times [1 + (\lambda_4 - 1)\rho^2/\lambda_4 + (3\lambda_4 - 1)\rho^4/8\lambda_4^2]
$$

$$
\qquad\qquad\qquad\qquad\qquad\qquad\qquad\qquad\qquad \text{式 (3-51)}
$$

$$
\frac{D(\widehat{y})}{\sigma^2} = \frac{5}{23.311(5\lambda_4 - 3)} \times \left[1 + (\lambda_4 - 1)\rho^2/\lambda_4 + \frac{(\lambda_4 - 1)\rho^4}{\lambda_4}\right]
$$

$$
\qquad\qquad\qquad\qquad\qquad\qquad\qquad\qquad\qquad \text{式 (3-52)}
$$

显然，两者均为 λ_4 和 ρ 的函数。

由上述讨论可知，要使旋转组合设计具有通用性，亦即使 $D(\widehat{y})$ 在 $0<\rho<1$ 的区间内保持某一常数，关键在于如何确定 λ_4。而 λ_4 的确定，最后又可归结到选取适当的 m_0，为此，我们在 $0<\rho<1$ 的区间内插入 n 个分点。

$$
0 < \rho_1 < \rho_2 < \cdots < \rho_m < 1 \qquad\qquad (i = 1,\ 2,\ \cdots,\ n)
$$

可以分为以下几步进行：

首先，确定 λ_4，使得式 (3-50) 在 ρ_i 处的值与 $\rho = 0$ 处的值的差的平方和最小，即使

$$
Q(\lambda_4) = f_0^2(\lambda_4) \sum_{i=1}^{m} [f_1(\lambda_4)\rho_i^2 + f_2(\lambda_4)\rho_i^4]^2 = \text{最小} \qquad \text{式 (3-53)}
$$

其中，

$$f_0^2(\lambda_4) = (p+2)/[(p+2)\lambda_4 - p]\left(\frac{N}{\lambda_4}\right)$$

$$f_1(\lambda_4) = (\lambda_4 - 1)/\lambda_4$$

$$f_2(\lambda_4) = [(p+1)\lambda_4 - (p-1)]/2\lambda_4^2(p+2)$$

由此可求出不同的因子个数 p 满足式（3-53）的 λ_4 如表3-14所示。

表3-14 二次通用旋转组合设计的参数表

方案号	二次旋转设计参数			N/λ_4	λ_4	N	m_0
	p	m_c	γ				
1	2	4	1.414	16	0.81	13	5
2	3	8	1.682	23.314	0.86	20	6
3	4	16	2.000	36	0.86	31	7
4	5（1/2实施）	16	2.000	36	0.89	32	6
5	6（1/2实施）	32	2.378	58.627	0.90	53	9
6	7（1/2实施）	64	2.828	100	0.92	92	14
7	8（1/2实施）	128	3.364	177.256	0.93	162	21
8	8（1/4实施）	64	2.828	100	0.93	93	13

其次，确定 N。确定了 λ 之后，可以从比值 N/λ_4 再定出 N。

$$\frac{N}{\lambda_4} = [(m_c + 2\gamma^2)^2 + (p+2)]/(m_c p + 2\gamma^4) \qquad \text{式（3-54）}$$

当算出的结果不是整数时，N 可取其最靠近的整数。最后，再定出 m_0。

$$m_0 = N - m_c - 2p （参见表3-14最后两列） \qquad \text{式（3-55）}$$

这就是说，只要在中心点补充做如表3-14上所列的 m_0 次试验，即可使二次旋转组合设计具有通用性。

3.6.3.3 二次回归旋转设计的特点

综上所述，我们可以总结归纳出二次回归旋转组合设计的三个特点：

一是二次回归正交旋转组合设计可根据预测值直接寻找最优区域，有效地克服了二次回归正交设计由于无旋转性而使预测值 $\hat{y}$ 的方差依赖于试验点在因子空间中的位置的缺点。

二是二次回归旋转设计的旋转性、正交性及通用性可通过组合设计中星号臂 γ 的调节或中心点试验次数 m_0 的适当选取而获得。

三是二次回归正交旋转组合设计基本上保留了回归正交试验次数少、计算简便以及部分消除回归系数之间的相关性等优点，但增加了 m_0 的次数。

3.6.4　二次回归旋转设计的统计分析

二次回归旋转设计的统计分析包括二次回归旋转设计的回归系数的确定、二次回归旋转设计数学模型（方程）的建立以及二次回归旋转设计试验结果的失拟性检验与回归方程的显著性检验等三个部分。

3.6.4.1　二次回归旋转设计的回归系数的确定

二次回归旋转设计的回归系数可分为二次回归正交旋转组合设计的回归系数和二次回归通用旋转组合设计的回归系数和二次回归几乎正交旋转组合设计三个类型。

（1）二次回归正交旋转组合设计的回归系数的确定

二次回归正交旋转组合设计的回归系数的计算及随后的显著性测验，与上一节（3.5）介绍的二次回归正交组合设计的基本类似。此处不予赘述。

（2）二次回归通用旋转组合设计的回归系数的确定

二次回归通用旋转组合设计的结构矩阵为

$$X=\begin{bmatrix} 1 & x_{11} & x_{12} & \cdots & x_{1p} & x_{11}x_{12} & \cdots & x_{11}x_{1p} & x_{12}x_{13} & \cdots & x_{12}x_{1p} & x_{11}^2 & x_{12}^2 & \cdots & x_{1p}^2 \\ 1 & x_{21} & x_{22} & \cdots & x_{2p} & x_{21}x_{22} & \cdots & x_{21}x_{2p} & x_{22}x_{23} & \cdots & x_{22}x_{2p} & x_{21}^2 & x_{22}^2 & \cdots & x_{2p}^3 \\ \vdots & \vdots & \vdots & \cdots & \vdots & \vdots & \cdots & \vdots & \vdots & \cdots & \vdots & \vdots & \vdots & \cdots & \vdots \\ 1 & x_{N1} & x_{N2} & \cdots & x_{Np} & x_{N1}x_{N2} & \cdots & x_{N1}x_{Np} & x_{N2}x_{N3} & \cdots & x_{N2}x_{Np} & x_{N1}^2 & x_{N2}^2 & \cdots & x_{Np}^2 \end{bmatrix}$$

式（3-56）

其信息矩阵有两种形式：

①假如其信息矩阵 A 的形式如式（3-33）所示，相关矩阵 C 如式（3-41）所示，则其回归系数 b 可直接用 λ_2 和 λ_4 表示如下：

$$\begin{cases} b_0 = t/N\left[\,2\,\lambda_4^2(p+2)\sum_\alpha y_\alpha - 2\,\lambda_2\lambda_4\sum_{j=1}^p\sum_\alpha x_{\alpha j}^2 y_\alpha\right] \\ b_j = 1/(N\lambda_2)\sum_\alpha x_{\alpha j}y_\alpha \\ b_{ij} = 1/(N\lambda_4)\sum_\alpha x_{\alpha i}x_{\alpha j}y_\alpha \\ b_{jj} = t/N\{\,[(p+2)\lambda_4 - p\lambda_2^2]\sum_\alpha x_{\alpha j}^2 y_\alpha + (\lambda_2^2-\lambda_4)\sum_{j=1}^p\sum_\alpha x_{\alpha j}^2 y_\alpha - 2\,\lambda_2\lambda_4\sum_\alpha y_\alpha\} \end{cases}$$

式（3-57）

式中，$t = 1/\{2\lambda_4\,[(p+2)\,\lambda_4 - p\,\lambda_2^2]\}$

②假如信息矩阵 A 取式（3-6）的形式，相关矩阵 C 如式（3-7）所示，则

$$
\begin{bmatrix} b_0 \\ b_{11} \\ b_{22} \\ \vdots \\ b_{pp} \\ b_1 \\ b_2 \\ \vdots \\ b_p \\ b_{12} \\ b_{13} \\ \vdots \\ b_{p-1,p} \end{bmatrix}
=
\begin{bmatrix}
K & E & E & \cdots & E & & & & & \\
E & F & G & \cdots & G & & & & & \\
E & G & F & \cdots & G & & & & & \\
\vdots & \vdots & \vdots & & \vdots & & & & & \\
E & G & G & \cdots & F & & & & & \\
& & & & & e^{-1} & & & & \\
& & & & & & e^{-1} & & & \\
& & & & & & & \ddots & & \\
& & & & & & & & e^{-1} & \\
& & & & & & & & & m_c^{-1} \\
& & & & & & & & & \quad m_c^{-1} \\
& & & & & & & & & \quad\quad \vdots \\
& & & & & & & & & \quad\quad\quad m_c^{-1}
\end{bmatrix}
=
\begin{bmatrix}
\sum_\alpha y_\alpha \\
\sum_\alpha x_{\alpha1}^2 y_\alpha \\
\sum_\alpha x_{\alpha2}^2 y_\alpha \\
\vdots \\
\sum_\alpha x_{\alpha p}^2 y_\alpha \\
\sum_\alpha x_{\alpha1} y_\alpha \\
\sum_\alpha x_{\alpha2} y_\alpha \\
\vdots \\
\sum_\alpha x_{\alpha p} y_\alpha \\
\sum_\alpha x_{\alpha1} x_{\alpha2} y_\alpha \\
\sum_\alpha x_{\alpha1} x_{\alpha3} y_\alpha \\
\vdots \\
\sum_\alpha x_{\alpha,p-1} x_{\alpha p} y_\alpha
\end{bmatrix}
$$

故

$$
\begin{cases}
b_0 = K \sum_\alpha y_\alpha + E \sum_{j=1}^p \sum_\alpha x_{\alpha j}^2 y_\alpha \\[2mm]
b_j = e^{-1} \sum_\alpha x_{\alpha j} y_\alpha \\[2mm]
b_{ij} = m_c^{-1} \sum_\alpha x_{\alpha i} x_{\alpha j} y_\alpha \\[2mm]
b_{jj} = (F - G) \sum_\alpha x_{\alpha j}^2 y_\alpha + G \sum_{j=1}^p \sum_\alpha x_{\alpha j}^2 y_\alpha + E \sum_\alpha y_\alpha
\end{cases}
\qquad 式（3-58）
$$

式中，K、E、F、G 与式（3-9）所表示的一样。为使用方便，据式（3-9）将各个参数值计算如表3-15所示。

表 3-15　二次回归通用旋转设计参数表

p	K	E	F	G
2	0.200 0	0.100 0	0.143 75	0.018 75
3	0.166 340 2	−0.056 792	0.069 39	0.006 890 03
4	0.142 857 1	−0.035 714 2	0.034 970 2	0.003 720 23
4（1/2 实施）	0.224 241 83	−0.063 796 80	0.702 335 3	0.007 733 52
5（1/2 实施）	0.159 090 9	−0.034 090 9	0.034 090 9	0.002 840 9

（续表）

p	K	E	F	G
6（1/2 实施）	0. 110 748 7	−0. 018 738	0. 016 842 2	0. 001 217 24
6（1/4 实施）	0. 200 0	−0. 037 5	0. 034 375	0. 003 125
7（1/2 实施）	0. 070 312 5	−0. 009 765 62	0. 000 488 281	0. 008 300 78
7（1/4 实施）	0. 119 043 6	−0. 017 903 66	0. 016 581 525	0. 000 956 53
8（1/2 实施）	0. 043 126 7	−0. 005 075 20	0. 004 112 881	0. 000 206 63
8（1/4 实施）	0. 076 923 08	−0. 009 615 39	0. 008 233 173	0. 004 020 67
8（1/8 实施）	0. 123 495 90	−0. 016 715 94	0. 016 325 107	0. 000 700 11

（3）二次回归几乎正交旋转组合设计的回归系数的确定

二次回归几乎正交旋转组合设计的回归系数仍可用式（3-57）计算，因为此时 $\lambda_4 = \lambda_2^2$，所以平方项的回归系数 b_{jj} 应当改写为

$$b_{jj} = t/N \left[2\lambda_4 \sum_{\alpha} x_{\alpha j}^2 y_\alpha - 2\lambda_2 \lambda_4 \sum_{\alpha} y_\alpha \right] \qquad 式（3-59）$$

3.6.4.2　二次回归旋转设计的回归数学模型的建立

由上述回归系数，可得二次回归旋转设计的数学模型形如式（3-19）。

最后，可得到像式（3-20）那样形如 $\hat{y} = b_0 + \sum_{J=1}^{p} b_j x_j + \sum_{i<j} b_{ij} x_i x_j + \sum_{j=1}^{p} b_{ij} x_j^2$ 的回归模型。

3.6.4.3　二次回归旋转设计的失拟性检验与回归方程的显著性检验

包括二次回归旋转设计的失拟性检验、回归方程式的显著性检验和回归系数的显著性检验三个步骤。

（1）失拟性检验

首先，计算各项离差平方和并分解总自由度。

$$\begin{cases} Q_总 = \sum_{\alpha} (\hat{y} - \bar{y})^2 = \sum_{\alpha} y_\alpha^2 - 1/N (\sum_{\alpha} y_\alpha)^2 \\ f_总 = N - 1 \end{cases} \qquad 式（3-60）$$

它的回归平方和

$$\begin{cases} Q_回 = b_0 \sum_{\alpha} y_\alpha + \sum_{j=1}^{p} (b_j \sum_{\alpha} x_{\alpha j} y_\alpha + \sum_{i<j} (b_{ij} \sum_{\alpha} x_{\alpha i} x_{\alpha j} y_\alpha) + \sum_{j=1}^{p} b_{jj} \sum_{\alpha} x_{\alpha j}^2 y_\alpha \\ f_回 = C_{p+2}^2 - 1 \end{cases}$$

$$式（3-61）$$

其剩余平方和

$$\begin{cases} Q_{剩} = \sum_{\alpha} y_{\alpha}^2 - b_0 B_0 - \sum_{j=1}^{p} b_j B_j - \sum_{i<j} b_{ij} B_{ij} - \sum_{j=1}^{p} b_{jj} B_{jj} \text{ 或} \\ Q_{剩} = Q_{总} - Q_{回} \\ f_{剩} = f_{总} - f_{回} = N - C_{p+2}^2 \end{cases} \quad 式(3-62)$$

误差平方和

$$\begin{cases} Q_{误} = \sum_{i=1}^{m_0} (y_{0i} - \bar{y}_0)^2 = \sum_{i=1}^{m_0} y_{0i}^2 - 1/m_0 \left(\sum_{i=1}^{m_0} y_{0i} \right)^2 \\ f_{误} = m_0 - 1 \end{cases} \quad 式(3-63)$$

式中，y_{0i} 表示在中心点第 i 次试验结果指标（性状）值

$$\bar{y}_0 = 1/m_0 \sum_{i=1}^{m_0} y_{0i} \quad 式(3-64)$$

失拟平方和

$$\begin{cases} Q_{lf} = Q_{剩} - Q_{误} \\ f_{lf} = f_{剩} - f_{误} = N - C_{p+2}^2 - m_0 + 1 \end{cases} \quad 式(3-65)$$

则失拟性检验公式为

$$\begin{cases} F_1 = \left(\dfrac{Q_{lf}}{f_{lf}} \right) / \left(\dfrac{Q_{误}}{f_{误}} \right) \\ F(f_{lf},\ f_{误}) \end{cases} \quad 式(3-66)$$

查 F 表得 F_{α}。若 $F_1 \geq F_{\alpha}$，则失拟性差异显著，需要进一步考虑原因，以决定是否仍采用原模型，或者改变二次回归模型；若 $F_1 < F_{\alpha}$，则失拟性差异不显著，可进一步对回归方程式进行显著性检验。

（2）回归方程式的显著性检验

检验公式为

$$\begin{cases} F_2 = (Q_{回}/f_{回}) / (Q_{剩}/f_{剩}) \\ F(f_{回},\ f_{剩}) \end{cases} \quad 式(3-67)$$

若 $F_2 \geq F_{\alpha}$，则回归方程式差异显著，表明该方程式用于描述目标函数与各因子之间的关系是较为合适的；相反，若 $F_2 < F_{\alpha}$，回归方程式差异不显著，说明此方程式不合适，需要改变回归模型。

如果经 F_1 检验，达到显著水平，查明原因后认为仍采用原模型，则可用下式对回归方程式进行显著性检验：

$$\begin{cases} F_2 = \left(\dfrac{Q_{回}}{f_{回}} \right) / \left(\dfrac{Q_{误}}{f_{误}} \right) \\ F(f_{回},\ f_{误}) \end{cases} \quad 式(3-68)$$

（3）回归系数的显著性检验

对回归方程式的显著性检验，只是从总体上说明回归方程式差异显著与否。但差异显著并不等同于各个回归系数间都存在着显著性差异；差异不显著，也不表明各个回归系数间都处于不显著状态，为此，还需对回归系数进行显著性检验。这样，就要计算各回归系数的方差 $D(b)$ 和统计量 t。二次回归正交旋转组合设计中对回归系数的显著性检验与二次回归正交组合设计完全一样，故不再重述。这里着重讨论二次回归通用旋转组合设计中对回归系数的显著性检验。

据相关矩阵 C 式（3–7），可计算各回归系数的方差和 t 值。这里分两种情况加以证明。

（1）当失拟性检验，F_1 差异不显著时，

$$\begin{cases} D(b_0) = K S_{剩}^2, & t_0 = |b_0| \big/ \sqrt{K Q_剩 / f_剩} \\[2mm] D(b_j) = e^{-1} S_{剩}^2, & t_j = |b_j| \big/ \sqrt{e^{-1} Q_剩 / f_剩} \\[2mm] D(b_{ij}) = m_c^{-1} S_{剩}^2, & t_{ij} = |b_{ij}| \big/ \sqrt{m_c^{-1} Q_剩 / f_剩} \\[2mm] D(b_{jj}) = m_c^{-1} S_{剩}^2, & t_{jj} = |b_{jj}| \big/ \sqrt{F Q_剩 / f_剩} \end{cases} \qquad \text{式（3–69）}$$

式中，$S_{剩}^2 = Q_剩 / f_剩$

查 t 表，$f = f_剩$，得 t_α。若 $t \geqslant t_\alpha$，表明差异显著；若 $t < t_\alpha$，表明差异不显著。

（2）当失拟性检验，F_1 差异显著时，则式（3–69）中的 $S_剩^2$ 需采用 $S_误^2$ 的值，即 $S_误^2 = Q_误 / f_误$，余类同。

3.6.5　二次回归旋转设计方案的方法与步骤

由上述二次回归旋转组合设计统计分析方法的介绍，我们可以归纳梳理出其试验方案的分析方法与步骤如下。总体上看来，其大致分析步骤与二次正交组合设计得大同小异。

3.6.5.1　选取试验因子或变量

据试验目的和要求，选择 p 个因子 Z_1，Z_2，$\cdots$，Z_p。

3.6.5.2　确定因子的水平与变化范围

据专业知识，确定每个因子 Z_j（$j = 1$，2，$\cdots$，p）的上水平 Z_{2j}、下水平 Z_{1j} 和基准水平 Z_{0j} 以及变化区间 Δ_j，具体计算公式参见式（3–14）和式（3–15）。

3.6.5.3　计算星号臂 γ 处的因子设计水平值

据因子个数（p）和在基准水平处计划重复的次数（m_0），得到星号臂 γ 值。通常，为使二次回归旋转设计具有一定的正交性，可查表 3–14，得到适当的 m_0、试验次数 N 和 γ 的取值；为获取通用性，则可查表 3–18，得到这些参数相应的值。

如当 $p=3$ 时，如试验设计为二次回归旋转组合设计，查表 3-14，则可得到 $m_0=9$，$N=23$，$\gamma=1.682$；而如为二次回归通用旋转组合设计，查表 3-14，则可得到 $m_0=6$，$N=20$，$\gamma=1.682$。当然，这些参数值，也可直接从二次回归正交旋转组合设计表中查得。

得到 γ 后，需将其换算成实际水平值，具体公式参见式（3-16）。

3.6.5.4 对因子 水平进行编码

要将变化区间（Z_{1j}，Z_{2j}）的有量纲的自然因子（实际因子）Z_j 变成区间为 $[-1, 1]$ 的规范变量 x_j，需对因子的取值 Z_j 作线性变换。变换公式参见式（3-17）。

这样，因子 Z_j 与编码值之间便建立了一种一一对应的关系。其上水平 $Z_{2j} \longleftrightarrow +1$；下水平 $Z_{1j} \longleftrightarrow -1$。实际因子与编码值之间的对应关系如表 3-9 所示。

3.6.5.5 选用合适的二次回归正交旋转组合设计表或二次回归通用旋转组合设计表，列出试验方案

二次回归正交旋转组合设计和二次回归通用旋转组合设计的结构矩阵表查有关表格。可依据试验因素与水平具体情况选用。同时，按照设计排列原则对号入座，并将线性编码表中的各个变量的不同水平的数值填入结构矩阵表中的基本列中，组成设计表，据此列出相应的田间试验方案。

3.6.5.6 实施试验方案，在田间安排试验

试验设计完成后，为了减少误差，保证试验精度，选取地势平坦、排灌方便、土壤肥力均匀、具有代表性的田块，按照试验方案，在田间安排种植试验。

农业上多因子的复因子试验，由于受自然条件、生产水平、人工操作、地力不均和试验时间较长等条件限制，必然会增加试验误差。其中由于时间延续而产生的对试验结果的影响称为时间漂移。当时间漂移较小时，一般把它归入试验误差。但时间漂移太大，会影响分析结果。为了排除时间漂移对统计分析的干扰，必须将其从试验结果中分离出来。当时间漂移是在离散过程的情况下，应把全部试验分成若干个区组，以使每个区组各次试验的时间漂移较小；同时为了把时间漂移从试验结果中分解出来，并估计时间漂移的大小，分组不能随意进行，要按"正交性"对全部试验进行区组排列。

二次正交旋转组合设计正交区组的划分和排列，主要是通过调节 m_γ、m_0（影响通用性）和改变 γ（影响旋转性）值来解决。因素不同（p 值），分组也不一样，表 3-16 列出常用的正交区组表。

而二次回归通用旋转组合设计，其正交区组参见表 3-17。

表 3-16　二次正交旋转组合设计正交区组

P	m_c	m_γ	m_0	N	γ	正交区组
2	4	4	8	16	1.414	I 区组：4 个 m_c＋4 个 m_0 II 区组：4 个 m_γ＋4 个 m_0
3	8	6	9	23	1.682	I、II 区组：2^3 型 1/2 实施 m_c（即每区组 4 个 m_c）＋（各）3 个 m_0 III 区组：6 个 m_γ＋3 个 m_0
4	16	8	12	36	2.000	I、II 区组：2^4 型 1/2 实施 m_c（即每区组 8 个 m_c）＋（各）4 个 m_0 III 区组：8 个 m_γ＋4 个 m_0
5	32	10	17	59	2.378	I、II、III、IV 区组：2^5 型 1/4 实施 m_c（即每区组 8 个 m_c）＋（各）3 个 m_0 V：10 个 m_γ＋5 个 m_0
5（1/2 实施）	16	10	10	36	2.000	I、II 区组：2^5 型 1/4 实施 m_c（即每区组 8 个 m_c）＋（各）4 个 m_0 III 区组：10 个 m_γ＋2 个 m_0
6（1/2 实施）	32	12	15	59	2.378	I、II、III、IV 区组：2^6 型 1/8 实施 m_c（即每区组 8 个 m_c）＋（各）3 个 m_0 V：12 个 m_γ＋3 个 m_0

表 3-17　二次回归通用旋转组合设计正交区组

P	m_c	m_γ	m_0	N	γ	正交区组
2	4	4	5	13	1.414	I 区组：4 个 m_c＋3 个 m_0 II 区组：4 个 m_γ＋2 个 m_0
3	8	6	6	20	1.682	I、II 区组：2^3 型 1/2 实施 m_c（即每区组 4 个 m_c）＋（各）2 个 m_0 III 区组：6 个 m_γ＋2 个 m_0
4	16	8	7	31	2.000	I、II 区组：2^4 型 1/2 实施 m_c（即每区组 8 个 m_c）＋（各）2 个 m_0 III 区组：8 个 m_γ＋3 个 m_0
5（1/2 实施）	16	10	6	32	2.000	I、II 区组：2^5 型 1/4 实施 m_c（即每区组 8 个 m_c）＋（各）2 个 m_0 III 区组：10 个 m_γ＋2 个 m_0
6（1/2 实施）	32	12	9	53	2.378	I、II、III、IV 区组：2^6 型 1/8 实施 m_c（即每区组 8 个 m_c）＋（各）2 个 m_0 V：12 个 m_γ＋1 个 m_0

3.6.5.7 对试验结果进行统计分析

（1）计算回归系数，求得回归方程

令信息矩阵为 A，常数项矩阵为 B，则回归系数 $b = A^{-1}B$。具体计算公式因设计方法而异。若采用二次回归正交旋转组合设计方法，回归系数的计算按照式（3-18）进行；若采用二次回归通用旋转组合设计方法，回归系数的计算，则按照式（3-58）并参照表 3-20 进行；若采用二次回归几乎正交旋转组合设计方法，回归系数的计算，除 b_{ij} 的计算按照式（3-59）进行外，其余回归系数的计算与二次回归通用旋转组合设计方法的一样。

在上述计算基础上，得到形如式（3-19）和式（3-20）相应的回归方程。

（2）回归方程及回归系数的检验

回归方程及回归系数的检验过程参见表 3-10。回归方程式的显著性检验公式参见式（3-67）和式（3-68）；回归系数的显著性检验公式参见式（3-69）。

（3）失拟性检验

用中心点 m_0 次重复试验平均数 $\bar{y}_0$ 产生的误差平方和（$Q_{误}$），对失拟平方和（Q_{jj}）进行检验。具体检验公式参见式（3-60）至式（3-66）。

3.6.5.8 确定优化栽培技术方案

据建立的数学模型，确定优化的菊芋栽培技术方案，指导大面积生产。

3.6.6 二次回归旋转设计在菊芋上的应用

现以河北省廊坊市思科农业科技有限公司围绕菊芋新品种"廊芋 5 号"播期、密度、施氮量、施磷量、施钾量五个因素开展的栽培技术试验研究为例，介绍二次回归正交旋转设计的具体应用。

3.6.6.1 选取试验因子或变量

菊芋在我国虽然早有零星种植，但对其专用品种配套栽培技术的研究却少有报道。为此，廊坊菊芋创新团队对专用品种栽培技术措施进行研究（以廊芋 5 号为例），选取播期、密度、施氮量、施磷量、施钾量五个因素作为试验因子或决策变量，分别为 Z_1、Z_2、Z_3、Z_4 和 Z_5。

3.6.6.2 确定因子的水平与变化范围

首先在廊坊当地生产水平和多年来菊芋高产栽培经验的基础上，确定因子的变化范围。根据试验目的和要求，据式（3-14）和式（3-15），确定各个因子 Z_j（$j = 1$，2，…，5）的上水平 Z_{2j}、下水平 Z_{1j}、基准水平 Z_{0j} 和变化区间 Δ_j。

例如密度为例，上水平 $Z_{2j} = 1\,900$ 株/亩，下水平 $Z_{1j} = 1\,300$ 株/亩，据式（3-14），得基准水平 $Z_{0j} = \dfrac{Z_{1j} + Z_{2j}}{2} = \dfrac{1\,900 + 1\,300}{2} = \dfrac{3\,200}{2} = 1\,600$ 株/亩；据式（3-

15），得变化区间 $\Delta_j = \dfrac{Z_{2j} - Z_{1j}}{2} = \dfrac{1\ 900 - 1\ 300}{2} = \dfrac{600}{2} = 300$ 株/亩。其余几个因子播期、施氮量、施磷量、施钾量的上水平 Z_{2j}、下水平 Z_{1j}、基准水平 Z_{0j} 和变化区间 Δ_j 的计算与此类同，不予赘述，具体数据见表 3–18。

表 3–18　"廊芋 5 号" 田间试验自变量设计水平与编码值

自变量 X	变化间距 Δ_j	自变量设计水平与编码值				
		$-\gamma$（-2）	Z_{1j}（-1）	Z_{0j}（0）	Z_{2j}（+1）	$+\gamma$（+2）
X_1 播期（月/日）	7d	3/6	3/13	3/20	3/27	4/6
X_2 密度（株/666.7m²）	300 株	1 000	1 300	1 600	1 900	2 200
X_3 尿素（kg/666.7m²）	3kg	3	6	9	12	15
X_4 磷酸二铵（kg/666.7m²）	2kg	2	4	6	8	10
X_5 硫酸钾（kg/666.7m²）	4kg	2	6	10	14	18

3.6.6.3　确定星号臂 γ 值，计算星号臂 γ 处相应的因子设计水平值

本栽培试验为 5 个因子，如果进行全因子试验，田间试验工作量太大，成本太高，为减少工作量，节约开支，拟进行五因子 1/2 实施试验。查表 3–13 和表 3–14，知 γ 为 2，此种情况下，$m_0 = 10$，$m_c = 16$，$m_\gamma = 10$。据式（3–16）得 $+\gamma$ 处密度的水平值 $= Z_{2j} + (\gamma - 1)\Delta_j = 1\ 900 + (2-1) \times 300 = 2\ 200$ 株/亩；$-\gamma$ 处密度的水平值 $= Z_{2j} - (\gamma - 1)\Delta_j = 1\ 300 - (2-1) \times 300 = 1\ 000$ 株/亩。余类推。

3.6.6.4　对因子水平进行编码

据式（3–17），将变化区间（Z_{1j}，Z_{2j}）的有量纲的自然因子（实际因子）Z_j 变成区间为 [-1，1] 的规范变量 x_j，即对因子的取值 Z_j 作线性变换。如密度水平值为 1 000 株/亩时，其编码值 $= (Z_j - Z_{0j})/\Delta_j = (1\ 000 - 1\ 600)/300 = -2$；密度水平值为 1 300/亩时，其编码值 $= (Z_j - Z_{0j})/\Delta_j = (1\ 300 - 1\ 600)/300 = -1$。余类推。

这样，实际上，因子 Z_j 与编码值之间便建立了一种一一对应的关系（表 3–18）。

3.6.6.5　选用合适的二次回归正交旋转组合设计表，列出试验方案

本试验选用五因子（1/2 实时）二次正交旋转组合设计表，组织试验。

按其设计排列原则，将线性编码表中的各个变量的不同水平的数值填入结构矩阵表中的基本列中，组成设计表 3–19，形成具体的试验方案。

表 3-19 "廊芋 5 号"变量二次正交旋转组合设计试验方案

试验方案代码		X₁ 播期	X₂ 密度	X₃ 尿素/（kg/亩）	X₄ 磷酸二铵/（kg/亩）	X₅ 硫酸钾/（kg/亩）
m_c	1	3/13（-1）	1 300（-1）	6（-1）	4（-1）	14（1）
	2	3/13（-1）	1 300（-1）	6（-1）	8（1）	6（-1）
	3	3/13（-1）	1 300（-1）	12（1）	4（-1）	6（-1）
	4	3/13（-1）	1 300（-1）	12（1）	8（1）	14（1）
	5	3/13（-1）	1 900（1）	6（-1）	4（-1）	6（-1）
	6	3/13（-1）	1 900（1）	6（-1）	8（1）	14（1）
	7	3/13（-1）	1 900（1）	12（1）	4（-1）	14（1）
	8	3/13（-1）	1 900（1）	12（1）	8（1）	6（-1）
	9	3/27（1）	1 300（-1）	6（-1）	4（-1）	6（-1）
	10	3/27（1）	1 300（-1）	6（-1）	8（1）	14（1）
	11	3/27（1）	1 300（-1）	12（1）	4（-1）	14（1）
	12	3/27（1）	1 300（-1）	12（1）	8（1）	6（-1）
	13	3/27（1）	1 900（1）	6（-1）	4（-1）	14（1）
	14	3/27（1）	1 900（1）	6（-1）	8（1）	6（-1）
	15	3/27（1）	1 900（1）	12（1）	4（-1）	6（-1）
	16	3/27（1）	1 900（1）	12（1）	8（1）	14（1）
m_γ	17	3/6（-2）	1 600（0）	9（0）	6（0）	10（0）
	18	4/6（2）	1 600（0）	9（0）	6（0）	10（0）
	19	3/20（0）	1 000（-2）	9（0）	6（0）	10（0）
	20	3/20（0）	2 200（2）	9（0）	6（0）	10（0）
	21	3/20（0）	1 600（0）	3（-2）	6（0）	10（0）
	22	3/20（0）	1 600（0）	15（2）	6（0）	10（0）
	23	3/20（0）	1 600（0）	9（0）	2（-2）	10（0）
	24	3/20（0）	1 600（0）	9（0）	10（2）	10（0）
	25	3/20（0）	1 600（0）	9（0）	6（0）	2（-2）
	26	3/20（0）	1 600（0）	9（0）	6（0）	18（2）
m_0	27	3/20（0）	1 600（0）	9（0）	6（0）	10（0）
	28	3/20（0）	1 600（0）	9（0）	6（0）	10（0）
	29	3/20（0）	1 600（0）	9（0）	6（0）	10（0）
	30	3/20（0）	1 600（0）	9（0）	6（0）	10（0）
	31	3/20（0）	1 600（0）	9（0）	6（0）	10（0）
	32	3/20（0）	1 600（0）	9（0）	6（0）	10（0）
	33	3/20（0）	1 600（0）	9（0）	6（0）	10（0）
	34	3/20（0）	1 600（0）	9（0）	6（0）	10（0）
	35	3/20（0）	1 600（0）	9（0）	6（0）	10（0）
	36	3/20（0）	1 600（0）	9（0）	6（0）	10（0）

3.6.6.6　实施试验方案，在田间安排试验

选取地势平坦、排灌方便、土壤肥力均匀、具有代表性的田块，按照试验方案具体要求，在田间安排种植试验。采用随机区组排列，据表 3-19 可得菊芋 5 号 5 因子 1/2 实施二次回归正交旋转组合设计试验在田间安排的正交区组为：I、II 区组：2^5 型 1/4 实施 m_c（即每区组 8 个 m_c）＋（各）4 个 m_0；III 区组：10 个 m_γ＋2 个 m_0。各处理采用随机排列。

3.6.6.7　确定田间试验的测定指标与调查时间，并及时进行调查

试验按设计种植以后，要严格遵照设计要求进行栽培管理和观察记载。试验结果必须有高度的精确性。菊芋生育期间要了解气象、土壤的变化情况及对菊芋产量或品质的影响，为定量分析提供可靠的数据。主要记载菊芋生育期间的气象因素变化情况，测定播前、收后的土壤养分，并按照试验目的，确定目标函数诸如生物产量、秸秆产量、块茎产量、株高、秸秆块茎比等，在适当时期对这些性状进行调查记载。

3.6.6.8　收获试验并整理试验结果

试验收获后，要对试验结果进行整理。本试验整理廊芋 5 号目标函数诸如生物产量、秸秆产量、块茎产量的试验结果如表 3-20 所示。

表 3-20　"廊芋 5 号" 三个目标函数的试验结果

试验方案代码		生物产量 Y_1/（kg/亩）	秸秆产量 Y_2/（kg/亩）	块茎产量 Y_3/（kg/亩）
	1	9 010.30	5 406.18	3 604.12
	2	8 516.00	5 109.60	3 406.40
	3	8 223.50	4 934.10	3 289.40
	4	8 609.25	5 165.55	3 443.70
	5	8 638.84	5 095.64	3 543.20
	6	8 705.75	5 219.45	3 486.30
	7	8 905.41	5 299.98	3 605.43
m_c	8	8 549.80	5 141.70	3 405.10
	9	8 745.37	5 233.17	3 512.20
	10	8 941.72	5 393.42	3 548.30
	11	8 922.40	5 310.10	3 612.30
	12	8 478.97	5 073.76	3 405.21
	13	8 755.25	5 253.15	3 502.10
	14	8 612.52	5 167.51	3 445.01
	15	5 384.38	5 347.67	3 541.50
	16	9 089.92	5 482.81	3 607.11

（续表）

试验方案代码	生物产量 Y_1/（kg/亩）	秸秆产量 Y_2/（kg/亩）	块茎产量 Y_3/（kg/亩）
17	8 793.00	5 275.80	3 517.20
18	8 500.36	5 079.33	3 421.03
19	8 861.57	5 288.34	3 573.20
20	8 496.00	5 097.6	3 398.40
21	8 537.52	5 137.32	3 402.20
22	8 473.62	5 084.17	3 389.45
23	8 503.07	5 093.86	3 465.21
24	8 680.35	5 180.21	3 500.14
25	8 535.77	5 134.27	3 401.50
26	9 016.75	5 410.05	3 606.70
27	9 045.59	5 456.07	3 589.52
28	9 024.17	5 443.15	3 581.02
29	9 266.12	5 412.01	3 584.11
30	8 998.65	5 413.53	3 585.12
31	8 918.13	5 336.55	3 581.58
32	8 960.42	5 376.25	3 584.17
33	8 947.20	5 367.52	3 579.68
34	8 969.20	5 381.12	3 588.08
35	8 927.04	5 341.87	3 585.17
36	8 960.07	5 411.98	3 584.09

（m_γ 对应 17—26 行，m_0 对应 27—36 行）

3.6.6.9 田间试验结果的统计分析

计算回归系数，建立回归方程

以目标函数生物产量为例，通过表 3-26 的形式，介绍回归系数的计算及回归方程的建立。据式（3-18），令 $s_j = \sum_\alpha x_{\alpha j}^2$，$S_{ij} = \sum_\alpha (x_{\alpha i} x_{\alpha j})^2$，$S_{jj} = \sum_\alpha (x_{\alpha j}')^2$，$B_j = \sum_\alpha x_{\alpha j} y_\alpha$，$B_{ij} = \sum_\alpha x_{\alpha i} x_{\alpha j} y_\alpha$，$B_{jj} = \sum_\alpha x_{\alpha j}' y_\alpha$，$b_j = B_j/S_j$，$b_{ij} = B_{ij}/S_{ij}$，$b_{jj} = B_{jj}/S_{jj}$。收表 3-19 中最后三行各项参数的计算过程如下：

对于 x_0 来说，

$S_0 = 1^2 + 1^2 + \cdots + 1^2 = 36$，$B_0 = 1 \times 9\ 010.30 + 1 \times 8\ 516.00 + \cdots + 1 \times 8\ 960.07 = 312\ 503.98$，

$$b_o' = \frac{B_0}{S_0} = \frac{312\ 503.89}{36} = 8\ 680.67$$

对于 x_1 来说，

$S_1 = (-1)^2 + (-1)^2 + \cdots + 1^2 + (-2)^2 + 2^2 + 0^2 + \cdots + 0^2 = 24$，

$B_1 = (-1) \times 9\ 010.30 + (-1) \times 8\ 516.00 + \cdots + 2 \times 8\ 500.36 + 0 \times 8\ 861.57 + \cdots + 0 \times 8\ 960.07 = -2\ 813.60$，

$b_1 = B_1/S_1 = -2\ 813.60/24 = -117.23$

对于 $x_1 x_2$ 来说，

$S_{12} = 1^2 + 1^2 + \cdots (-1)^2 + \cdots + 1^2 + 0^2 + 0^2 + \cdots + 0^2 = 16$，

$B_{12} = 1 \times 9\ 010.30 + 1 \times 8\ 516.00 + \cdots + (-1) \times 8\ 638.84 + \cdots + 1 \times 9\ 089.92 + \cdots + 0 \times 8\ 960.07 = -3\ 687.14$，

$b_{12} = B_{12}/S_{12} = -3\ 687.14/16 = -230.45$

对于 x'_1 来说，

$S_{11} = 0.333^2 + 0.333^2 + \cdots + 3.333^2 + 3.333^2 + (-0.667)^2 + \cdots + (-0.667)^2 = 32$，

$B_{11} = 0.333 \times 9\ 010.30 + 0.333 \times 8\ 516.00 + \cdots (-0.667) \times 8\ 960.07 = -3\ 177.33$，

$b_{11} = B_{11}/S_{11} = -3\ 177.33/32 = -99.2917$

同理，可求得其他各列的参数，于是，得回归方程式为：

$$\hat{y}' = 8\ 680.67 - 117.23\,x_1 - 147.37\,x_2 - 162.08\,x_3 + 136.38\,x_4 + 281.36\,x_5 - 230.45\,x_1 x_2 - 162.27\,x_1 x_3 + 232.06\,x_1 x_4 + 199.09\,x_1 x_5 - 112.72\,x_2 x_3 + 226.86\,x_2 x_4 + 171.94\,x_2 x_5 + 229.13\,x_3 x_4 + 249.38\,x_3 x_5 - 213.25\,x_4 x_5 - 99.29\,x'_1 - 91.27\,x'_2 - 134.57\,x'_3 - 113.03\,x'_4 - 66.90\,x'_5$$

因为该式中的 x'_j 系对平方项进行中心化变换后的数据，因此，据式（3-20）知

$$b_0 = \bar{y} - \frac{\sum\limits_{\alpha} x_{\alpha j}^2}{N} \sum\limits_{j=1}^{p} b_{jj} = 8\ 680.67 - (24/36) \times [\,(-99.29)^2 + (-134.57)^2 +$$

$(-113.5692)^2 + (-66.90)^2\,] = 9017.37$，则上述回归方程转化为：

$$\hat{y} = 9\ 017.37 - 117.23\,x_1 - 147.37\,x_2 - 162.08\,x_3 + 136.38\,x_4 + 281.36\,x_5 - 230.45\,x_1 x_2 - 162.27\,x_1 x_3 + 232.06\,x_1 x_4 + 199.09\,x_1 x_5 - 112.72\,x_2 x_3 + 226.86\,x_4 + 171.94\,x_2 x_5 + 229.13\,x_3 x_4 + 249.38\,x_3 x_5 - 213.25\,x_4 x_5 - 99.29\,x_1^2 - 91.27\,x_2^2 - 134.57\,x_3^2 - 113.03\,x_4^2 - 66.90\,x_5^2$$

3.6.6.10　回归方程及回归系数的检验

（1）失拟性检验

据表 3-10 中列出的公式，计算一次效应、交互效应、二次效应、回归、剩余、总和的平方和、均方和及 F 值，详见表 3-21。

表 3-21 "菊芋 5 号" 5 因子 1/2 实施二次回归正交旋转组合设计试验方差分析

变异来源		平方和	自由度	均方	F	显著性
一次效应	x_1	329 847. 706 7	1	329 847. 706 7	7. 253 3	*
	x_2	521 200. 532 0	1	521 200. 532 0	11. 461 1	**
	x_3	630 478. 233 6	1	630 478. 233 6	13. 864 2	**
	x_4	446 366. 285 1	1	446 366. 285 1	9. 815 6	**
	x_5	1 899 889. 027 4	1	1 899 889. 027 4	41. 778 4	**
互作效应	x_1x_2	849 687. 586 2	1	849 687. 586 2	18. 684 5	**
	x_1x_3	421 285. 374 2	1	421 285. 374 2	9. 264 0	**
	x_1x_4	861 638. 780 0	1	861 638. 780 0	18. 947 4	**
	x_1x_5	634 205. 176 9	1	634 205. 176 9	13. 946 1	**
	x_2x_3	203 306. 301 0	1	203 306. 301 0	4. 470 7	
	x_2x_4	823 438. 279 2	1	823 438. 279 2	18. 107 3	**
	x_2x_5	472 986. 307 6	1	472 986. 307 6	10. 400 9	**
	x_3x_4	839 981. 415 0	1	839 981. 415 0	18. 471 1	**
	x_3x_5	995 026. 200 1	1	995 026. 200 1	21. 880 5	**
	x_4x_5	727 574. 880 4	1	727 574. 880 4	15. 999 3	**
二次效应	x_1^2	315 482. 985 7	1	315 482. 985 7	6. 937 4	*
	x_2^2	266 540. 283 1	1	266 540. 283 1	5. 861 2	*
	x_3^2	579 483. 896 8	1	579 483. 896 8	12. 742 8	**
	x_4^2	408 855. 430 6	1	408 855. 430 6	8. 990 7	**
	x_5^2	143 205. 425 9	1	143 205. 425 9	3. 149 1	
回归（$Q_回$）		12 370 480. 107 5	20	618 524. 005 4	$F_{0.05}$ (1, 15) = 4. 54	
剩余（$Q_剩$）		727 606. 743 6	15	48 507. 116 2	$F_{0.01}$ (1, 15) = 8. 68	
失拟（Q_{lf}）		635 226. 632 7	6	105 871. 105 4		
误差（$Q_误$）		92 380. 110 9	9	10 264. 456 8		
总计（$Q_总$）		13 098 086. 851 1	35			

具体计算过程简述如下：

例如对于 x_1，有

$$Q_1 = B_1^2 / S_1 = (-2\ 813. 60)^2 / 24 = 329\ 847. 706\ 7$$

对于 x_2，有

$$Q_2 = B_2^2 / S_2 = (-3\ 536. 78)^2 / 24 = 521\ 200. 532\ 0$$

对于回归，有

$$Q_回 = Q_1 + Q_2 + \cdots + Q_p + Q_{12} + Q_{13} + \cdots + Q_{p-1,\ p} + Q_{11} + Q_{22} + \cdots Q_{pp}$$
$$= 329\ 847. 706\ 7 + 521\ 200. 532\ 0 + \cdots + 1\ 899\ 889. 027\ 4 + 849\ 687. 586\ 2 +$$
$$421\ 285. 374\ 2 + \cdots + 727\ 574. 880\ 4 + 315\ 482. 985\ 7 + 266\ 540. 283\ 1 + \cdots +$$

· 116 ·

$$143\ 205.425\ 9 = 12\ 370\ 480.107\ 5$$

对于总体项，有

$$Q_{总} = \sum_{\alpha} y_{\alpha}^2 - 1/N \left(\sum_{\alpha} y_{\alpha} \right)^2 = 9\ 010.30^2 + 8\ 516.00^2 + \cdots + 8\ 960.07^2 -$$
$$(1/36) \times 312\ 503.98^2 = 13\ 098\ 086.851\ 1$$

$$Q_{剩} = Q_{总} - Q_{回} = 13\ 098\ 086.851\ 1 - 12\ 370\ 480.107\ 5 = 727\ 606.743\ 6$$

据式（3-63），知

$$Q_{误} = \sum_{i=1}^{m_0} (y_{0i} - \bar{y}_0)^2 = \sum_{i=1}^{m_0} y_{0i}^2 - 1/m_0 \left(\sum_{i=1}^{m_0} y_{0i} \right)^2 = \sum_{i=1}^{10} y_{0i}^2 - 1/10 \left(\sum_{i=1}^{10} y_{0i} \right)^2 =$$
$$(9\ 045.59^2 + 9\ 024.17^2 + \cdots + 8\ 960.07^2) - (1/10) \times (9\ 045.59 +$$
$$9\ 024.17 + \cdots + 8\ 960.07)^2 = 810\ 391\ 027.6 - 90\ 016.59^2/10 = 92\ 380.110\ 9。$$

失拟平方和为：

$$Q_{lf} = Q_{剩} - Q_{误} = 727\ 606.743\ 6 - 92\ 380.110\ 9 = 635\ 226.632\ 7$$

一次效应、互作效应和二次效应的自由度均为 1；回归自由度为 $f_{回} = C_{p+2}^2 - 1 = C_{5+2}^2 - 1 = 7!\ /[2!\ (7-2)!\ ] - 1 = 21 - 1 = 20$；剩余自由度 $f_{剩} = N - C_{p+2}^2 = N - C_7^2 = 36 - 21 = 15$；误差自由度 $f_{误} = m_0 - 1 = 10 - 1 = 9$；失拟自由度 $f_{lf} = f_{剩} - f_{误} = 15 - 9 = 6$。

据式（3-66），可知：

$$F_1 = \left(\frac{Q_{lf}}{f_{lf}} \right) / \left(\frac{Q_{误}}{f_{误}} \right) = (635\ 226.632\ 7/6) / (92\ 380.1109/9) = 10.314\ 3$$

查 F 表知，$F_{0.05}(6, 9) = 3.37$，$F_{0.01}(6, 9) = 5.80$；$\because F_1 = 10.3143 > F_{0.01}(6, 9)$，故差异极显著，说明有失拟因素存在。从本试验来看，误差项差异变异较小，误差均方仅占失拟均方的 1/10，显然仅从误差的角度来解释这种拟合结果难以说明问题。因此，还须考虑其他因素对失拟结果的影响。因目前尚未找到原因，故仍拟采用原模型。

（2）回归方程式的显著性检验

因为失拟性检验差异显著，故回归方程的显著性检验采用式（3-68）

据式（3-67）知，

$$F_2 = (Q_{回}/f_{回})/(Q_{误}/f_{误}) = (12\ 370\ 480.107\ 5/20) / (92\ 380.851\ 1/9)$$
$$= = 618\ 524.005\ 4/10\ 264.456\ 8 = 60.258\ 8$$

查 F 表，可得 $F_{0.05}(20, 9) = 2.93$，$F_{0.01}(20, 9) = 4.80$

$\because F_2 = 60.258\ 8 > F_{0.01}(20, 9) = 4.80$，$\therefore$ 差异极显著，故此回归方程用于描述目标函数与各因子之间的关系是合适的。从各个一次项、互作项和二次项显著性检验来看，除 x_5^2 项未达显著水平外，其余各项均达显著或极显著水平。

由此可见，"廊芋 5 号"目标函数生物产量与自变量播期（X₁）、密度（X₂）、尿素施用量（X_3）、磷酸二铵施用量（X_4）硫酸钾施用量的回归方程为：

$$\hat{y} = 9\,017.37 - 117.23\,x_1 - 147.37\,x_2 - 162.08\,x_3 + 136.38\,x_4 + 281.36\,x_5 - 230.45\,x_1x_2 - 162.27\,x_1x_3 + 232.06\,x_1x_4 + 199.09\,x_1x_5 - 112.72\,x_2x_3 + 2\,26.86\,x_2x_4 + 171.94\,x_2x_5 + 2\,29.13\,x_3x_4 + 2\,49.38\,x_3x_5 - 213.25\,x_4x_5 - 99.29\,x_1^2 - 9\,1.27\,x_2^2 - 134.57\,x_3^2 - 113.03\,x_4^2 - 66.90\,x_5^2$$

3.6.6.11 确定优化栽培技术方案

（1）"廊芋5号"生物产量优化栽培技术方案

据上述回归方程，对各个自变量求偏导：

对 x_1 求偏导，有：

$$-117.23 - 162.27x_3 + 230.45x_2 + 232.06x_4 + 199.09x_5 - 2\times99.29x_1 = 0,$$

即 $-198.58x_1 + 230.45x_2 - 162.27x_3 + 232.06x_4 + 199.09x_5 - 117.23 = 0$

对 x_2 求偏导，有：

$$-147.37 - 230.45x_1 - 112.72x_3 + 226.86x_4 + 171.94x_5 - 2\times91.27x_2 = 0,$$

即 $-147.37 - 230.45x_1 - 182.54x_2 - 112.72x_3 + 226.86x_4 + 171.94x_5 = 0$

对 x_3 求偏导，有：

$$-162.08 - 162.27x_1 - 112.72x_2 + 229.13x_4 + 249.38x_5 - 2\times134.57x_3 = 0,$$

即 $-162.08 - 162.27x_1 - 112.72x_2 - 269.14x_3 + 229.13x_4 + 249.38x_5 = 0$

对 x_4 求偏导，有：

$$136.38 + 232.06x_1 + 226.86x_2 + 229.13x_3 - 213.25x_5 - 2\times113.03x_4 = 0,$$

即 $136.38 + 232.06x_1 + 226.86x_2 + 229.13x_3 - 226.06x_4 - 213.25x_5 = 0$

对 x_5 求偏导，有：

$$281.36 + 199.09x_1 + 171.94x_2 + 249.38x_3 - 213.25x_4 - 2\times66.90x_5 = 0,$$

即 $281.36 + 199.09x_1 + 171.94x_2 + 249.38x_3 - 213.25x_4 - 133.80x_5 = 0$

由此，构成五元联立方程组：

$$\begin{cases} -198.58\,x_1 + 230.45\,x_2 - 162.27\,x_3 + 232.06\,x_4 + 199.09\,x_5 = -117.23 \\ -230.45\,x_1 - 182.54\,x_2 - 112.72\,x_3 + 226.86\,x_4 + 171.94\,x_5 = -147.37 \\ -162.27\,x_1 - 112.72\,x_2 - 269.14\,x_3 + 229.13\,x_4 + 249.38\,x_5 = -162.08 \\ 232.06\,x_1 + 226.86\,x_2 + 229.13\,x_3 - 226.06\,x_4 - 213.25\,x_5 = 136.38 \\ 199.09\,x_1 + 171.94\,x_2 + 249.38\,x_3 - 213.25\,x_4 - 133.80\,x_5 = 281.36 \end{cases}$$

解这个方程组，可得：

播期 $x_1 = -1.094\,8$；密度 $x_2 = 0.137\,3$；尿素施用量 $x_3 = 0.517\,3$；磷酸二铵施用量 $x_4 = -2.739\,8$；硫酸钾施用量 $x_5 = 1.775\,3$。

因为这样得到的上述自变量值是编码值，故还需要还原为实际值。据式（3-17），可得：

播期 X_1 的优化值 $Z_1 = x_1 \Delta_1 + Z_{01} = -1.094\,8 \times 7 + 20 = 12.33 \approx 12$，即 3 月 12 日；

密度 X_2 的优化值 $Z_2 = x_2 \Delta_2 + Z_{02} = 0.137\,3 \times 300 + 1\,600 = 1\,641$（株）$/666.7\mathrm{m}^2$；

尿素使用量 X_3 的优化值 $Z_3 = x_3 \Delta_3 + Z_{03} = 0.5173 \times 3 + 9 = 10.55 \approx 11$（kg）$/666.7\mathrm{m}^2$；

磷酸二铵施用量 X_4 的优化值 $Z_4 = x_4 \Delta_4 + Z_{04} = -2.739\,8 \times 2 + 6 = 0.520\,4 \approx 1$（kg）$/666.7\mathrm{m}^2$；

硫酸钾施用量 X_5 的优化值 $Z_5 = x_5 \Delta_5 + Z_{05} = 1.775\,3 \times 4 + 10 = 17.101\,2 \approx 17$（kg）$/666.7\mathrm{m}^2$。

于是，得到"廊芋 5 号"生物产量的优化栽培技术方案是：3 月 12 日左右播种；密度 1 640 株/亩；施用尿素 11kg/亩；施用磷酸二铵 1kg/亩；施用硫酸钾 17kg/亩。

（2）"廊芋 5 号"秸秆产量优化栽培技术方案

仿上，可得到廊芋 5 号秸秆产量二次回归正交旋转组合设计的回归方程式为：

$$\hat{Y} = 5\,389.14 + 20.69 x_1 + 0.02 x_2 - 9.53 x_3 + 1.94 x_4 + 82.46 x_5 +$$
$$6.21 x_1 x_2 + 28.54 x_1 x_3 + 4.56 x_1 x_4 - 12.05 x_1 x_5 + 74.70 x_2 x_3 +$$
$$9.77 x_2 x_4 - 26.36 x_2 x_5 + 4.38 x_3 x_4 + 5.93 x_3 x_5 + 6.86 x_4 x_5 -$$
$$38.92 x_1^2 - 35.07 x_2^2 - 55.62 x_3^2 - 49.05 x_4^2 - 15.27 x_5^2$$

具体计算过程同上，不予赘述。

"廊芋 5 号"秸秆产量优化栽培技术方案为：3 月 27 日左右播种；密度 2 900 株/亩；施用尿素 19kg/亩；施用磷酸二铵 7.5kg/亩；施用硫酸钾 15kg/亩。

（3）"廊芋 5 号"块茎产量优化栽培技术方案

同理，可得廊芋 5 号块茎产量的二次回归正交旋转组合设计回归方程式为：

$$\hat{Y} = 3\,582.09 + 8.24 x_1 - 1.48 x_2 - 6.81 x_3 - 16.39 x_4 + 52.99 x_5 -$$
$$17.42 x_1 x_2 + 28.43 x_1 x_3 + 8.64 x_1 x_4 - 8.10 x_1 x_5 + 31.43 x_2 x_3 -$$
$$2.14 x_2 x_4 - 20.57 x_2 x_5 + 5.51 x_3 x_4 + 24.58 x_3 x_5 - 0.87 x_4 x_5 -$$
$$20.27 x_1^2 - 16.09 x_2^2 - 38.59 x_3^2 - 16.88 x_4^2 - 11.52 x_5^2$$

"廊芋 5 号"块茎产量优化栽培技术方案为：3 月 12 日左右播种；密度 2 773 株/亩；施用尿素 7kg/亩；施用磷酸二铵 6kg/亩；施硫酸钾 14kg/亩。

第 4 章　菊芋品种选育

4.1　我国菊芋选育研究进展

青海省农林科学院是我国最早开展菊芋新品种选育研究工作的单位。2000 年起，他们运用系统选育方法，从原有的资源收集整理迈上了较系统的菊芋研发之旅。2004 年在我国第一个菊芋品种"青芋 1 号"问世，掀开了菊芋科研发展的序幕。2005 年后"青芋 2 号""青芋 3 号""青芋 5 号"新品种相继获得认定。2009 年，南京农业大学资源与环境科学学院从 30 个野生菊芋品系中选育出耐盐碱、耐贮性强的"南菊芋 1 号"新品种。之后，"南菊芋 2 号""南菊芋 9 号"和"定芋 1 号"相继培育成功。虽上述品种各具特色，但仍不能满足市场对菊芋专用品种的需求。尤其在菊芋育种水平上，与大宗作物育种相比，还处于起步期，从事菊芋育种研究人员较少，选育新品种技术手段滞后于其他作物，仍以定性经验育种为主，存在着育种周期长、盲目性大、预见性差、选育效率低的现状。为加快菊芋育种进程，利用信息技术手段，廊坊菊芋育种团队于2006 年起，率先将系统选育与定量化育种理论方法应用于菊芋新品种选育研究工作中。在这种理论的指导下，成功地培育出了加工型、鲜食型、牧草型、耐盐碱型和观赏型五大类型"廊芋系列品种"，使菊芋新品种选育工作在定性的基础上结合定量化、信息化和智能化的道路上迈出了重要的一步。

4.2　菊芋育种方法

4.2.1　系统育种

系统育种指的是直接从自然变异中进行选择并通过品种（系）比较试验、区域试验和生产试验选育菊芋新品种的方法。系统育种又称选择育种。其特点是根据既定的育种目标，利用现有菊芋品种群体中出现的自然变异，从中选择优良单株，通过优中选优和连续选优获得理想个体。这种方法的优点是选育简便快捷，缺点是只能从品种群体中分离出好的基因型，从而改良现有群体，而不能进行有目的的创新，产生新的基因型。

4.2.2　定量化育种

迄今为止，国内外菊芋作物育种仍处于定性经验阶段，新品种选育主要依靠的还是育种家的经验。虽然随着生物技术的迅猛发展，分子标记辅助选择技术方兴未艾，分子育种手段与技术日益完善，昭示出美好的应用前景，但并未从根本上改变育种周期长、盲目性大、预见性差、选育效率低的问题。廊坊菊芋育种团队，针对菊芋作物育种过程中存在的同异现象，结合信息技术，首次将同异育种理论与方法应用到菊芋育种上，收到了良好效果，从而确定了菊芋定量育种方法。以定量研究为主，结合定性的经验，采用"灰色理论""同异论"和决策评估、系统优化等方法，以解决菊芋传统育种中以定性经验为主的问题，在定量与定性相结合的基础上，通过系统分析与优化决策，形成了一种智能化菊芋品种选育方法，在分析过程中能同时考虑多个因素，从而使分析结果更加全面、客观、准确、可靠。加快了新品种选育进程，选育出具有加工、饲草、观赏、鲜食、耐盐碱型"廊芋"系列新品种。

4.2.2.1　定量数字化育种技术体系

菊芋定量数字化育种技术体系结构图详见图 4-1。

4.2.2.2　菊芋育种技术流程

明确育种目标

运用生态学理论、市场需求理论和灰关系分析和同异关系分析原理与方法，针对京津冀地区的生态条件，确立菊芋育种目标，在此基础上，对所属生态区不同用途的菊芋品种选育目标，确立了牧草、鲜食、加工型、耐盐碱、观赏等特性的"廊芋"系列新品种主要特性育种指标，详见表 4-1。并对育种目标性状之间的相互关系进行系统分析，即分别选育不同目标特性的专用品种，为开展菊芋新品种选育工作奠定了坚实的基础。

表 4-1　菊芋不同类型育种目标

五大类型	目标特性			
加工型	块茎集中度好	块茎产量高	总糖含量高	还原糖含量低
牧草型	块茎集中度好	块茎产量适中	块茎蛋白含量高	整株蛋白含量高
耐盐碱型	土壤 pH 值 8~9	盐分 0.4%~0.6%	块茎集中度好	块茎产量高
鲜食型	块茎凸起少	总糖含量高	还原糖含量低	块茎酥脆
景观型	开花早	花期长	单株花产量高	低聚果糖高

①性状主次关系研究：明确主要育种目标性状之间的主次关系。运用灰关系分析和同异关系分析原理与方法，针对菊芋不同类型育种目标主要指标，明确性状之间的主次关系。

②单株选择：运用单株灰色选择和同异选择原理与方法，在育种目标的指导下，对 F2 及以后世代田间中选单株进行多目标性状评价与选择。通常，一等单株为重点单株，

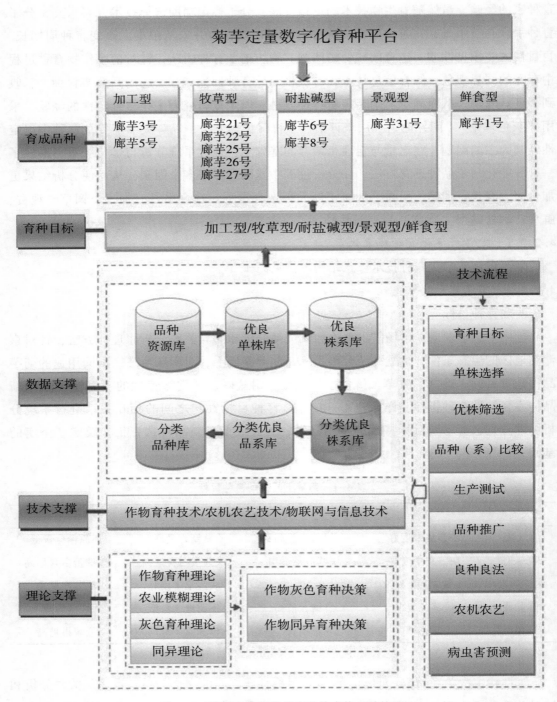

图4-1 菊芋定量数字化育种技术体系结构图

以后世代重点观察选择；二等单株为一般单株，可继续保留种植，视以后世代株系表现决定取舍；三等单株为较差单株，淘汰。

③优良株系选择：运用单株灰色选择和同异选择原理与方法，在单株选择的基础上，对一等重点单株，世代重点观察选择；二等单株保留种植选择，视以后世代株系表现决定取舍；最终选择出优良株系群。

④优良品系选择：运用灰色多维综合比较和同异比较原理与方法，对参加品系鉴定试验或品种比较试验的菊芋优良品系进行多目标性状综合评价，从中筛选出显著优于对照品种的菊芋新品种（系）。

⑤品种（系）确定：运用品种灰色布局和同异布局原理与方法，对参加区域试验及生产试验的优良品系进行综合性状评价，从中筛选适宜不同生态类型、不同用途的菊芋品种及不同类型的优良品种（系）群。

⑥确定品种：运用品种灰色相似性栽培和同异栽培原理与方法，利用区域试验品种特性调查数据，对参试的菊芋品种与生产示范品种进行栽培学特性相似性分析，寻求与生产上推广品种栽培学特性最为相似的菊芋新品种，从而确定新品种的生态型和栽培型。采用与生产推广品种相似的栽培措施与新品种相匹配，在新品种示范时直接实现良种与良法的配套，充分发挥新品种的增产和提质潜力。为此，定量化育种方法加快了菊芋新品种选育进程，选育出具有饲草、观赏、鲜食、加工型等用途的"廊芋"系列新品种。

4.3　菊芋分类品种选育

菊芋新品种（廊芋系列）选育实施过程概括为："引、选、筛、试、比、定、繁"七个字，其基本步骤如下：

4.3.1　菊芋品种资源引进

廊坊菊芋育种团队，在对国内外菊芋品种资源进行广泛收集的基础上，筛选引进菊芋种质资源 66 份：其中系统引进国外资源 40 份，即澳大利亚菊芋 2 份：澳菊 AY-01、澳菊 AY-07；美国 11 份：美菊 MY-001-011；泰国菊芋 2 份，泰菊 TY-01、TY-04；俄罗斯 15 份，RY001-015；英国 3 份，英菊 UY-01、UY-03、UY-08；荷兰 2 份：荷菊 NY-01、NY-02；比利时 3 份：BY-02、BY-4、BY-05；法国 2 份：法菊 FY-01、FY-06。国内 26 份，中国科学院过程所杜昱光教授提供 10 份：ZY1、ZY2、ZY3、ZY4、ZY5、ZY6、ZY7、ZY8、ZY9、ZY10；甘肃定西 5 份：GY2、GY1、GY2、GY4、GY8；青海 3 份：青芋 2 号、QY1（西宁）、QY2（西宁）；山东东营 2 份：SY1、SY2；河北野生菊芋 6 份：HY01-06。

4.3.1.1　资源圃选择与规模

资源圃建在河北省廊坊市安次区马神庙廊坊思科研究试验示范基地，按照品种资源引进的规模、株行距等进行规划用地，并留余地以备后续资源扩充。试验田设置原始材料圃5亩，预留2亩备用。

4.3.1.2　引进资源布局

根据引进菊芋资源、品种分布、种植现状、生态适应性等方面进行布局与小区划分，首先，按国际与国内两类菊芋资源圃进行分区，其次，按照地域属性进行小区划分，并设有隔离小区。对每个资源进行标定编码。

4.3.2　单株选择

单株选择是依据专用品种育种目标，自2006—2011年，从国内外引进种植的菊芋原始材料圃中筛选最优秀的个体，按照专用品种的不同类型，筛选出具有一定价值的优良单株761个，其中加工型261个，牧草型241个，耐盐型123个，鲜食型78个，景观型（开花）58个。

4.3.2.1　优良单株筛选

通过多年的选择、提纯以及比较试验等手段，在761个单株选择的基础上，进一步分行种植进行株形比较试验，依据专用品种育种目标，再次优化筛选出310个株系，其中加工型103个，牧草型82个，耐盐型58个，鲜食型39个，景观型（开花）28个。

4.3.2.2　优良株行试验

根据市场需求及企业生产实际，自2012年将保留优良株系资源圃，缩减引进原始资源圃规模。建立了310个优良单株资源圃10亩。

通过上述反复优良单株选择、提纯以及比较试验等手段筛选出符合菊芋专用品种育种目标，进行优良株行试验，进一步选育出122个优良株系，其中加工型60个，牧草型35个，耐盐型12个，鲜食型8个，景观型（开花）7个。

4.3.3　品系筛选

廊坊菊芋育种团队将上述菊芋品种资源进行分类选择，进行编码及溯源管理，根据新品种选育要求，依据优中选优的原则，制定菊芋新品系筛选试验。

2012—2014年分别在廊坊市安次区、广阳区进行优良品系筛选鉴定试验研究。通过优良株形比较试验数据及采取的信息技术与智能装备监测外观与环境采集的数据进行定量分析，获得符合菊芋专用品种育种目标的优良品系80个，其中，加工型优良品系35个，牧草型优良品系30个，耐盐碱型优良品系8个，鲜食型优良品系4个，景观型优良品系3个。

具体试验统计结果详见表4-2至表4-6。

4.3.3.1　加工型品系性状比较

表 4-2　加工型品种性状比较统计表

编号	主茎数	株高/cm	最大茎秆直径/cm	纤维状根	块茎						单株块茎数/个	最大块茎重/g	单株产量/kg
					集中度	整齐度	颜色	形状	根毛	芽眼			
Y-JP1	1.00	299	2.15	中等	集中	整齐	白	瘤形	少	突出	20	46	1.70
Y-JP2	1.02	287	1.90	多	集中	整齐	白	瘤形	少	突出	36	41	2.19
Y-JP3	1.3	306	2.45	中等	集中	不整齐	深紫	菱形	少	突出	51	624	3.51
Y-JP4	1.26	276	2.00	中等	集中	整齐	白	瘤形	少	突	32	165	2.92
Y-JP5	1.12	316	2.20	中等	集中	整齐	白	菱形	少	突出	52	645	3.58
Y-JP6	1.0	268	1.92	少	集中	整齐	白	瘤形	少	突	38	40	1.97
Y-JP7	1.00	301	2.60	少	集中	整齐	白	瘤形	少	突	40	56	1.44
Y-JP8	1.34	287	1.91	中等	集中	整齐	白	长瘤形	少	突	39	39	1.17
Y-JP9	1.40	301	2.40	少	集中	整齐	白	瘤形	少	突	38	78	2.51
Y-JP10	1.10	291	2.14	中等	集中	不整齐	白	瘤形	少	突出	23	49	1.90
Y-JP11	1.12	289	2.10	多	集中	整齐	白	长瘤形	少	突出	34	45	2.24
Y-JP12	1.26	286	2.20	中等	集中	整齐	白	瘤形	少	突	36	175	2.98
Y-JP13	1.3	307	2.40	中等	集中	不整齐	白	瘤形	少	突出	48	615	3.44
Y-JP14	1.00	288	1.98	少	集中	整齐	白	瘤形	少	突	40	42	1.98
Y-JP15	1.03	321	2.70	少	集中	整齐	白	瘤形	少	突	42	58	1.54
Y-JP16	1.36	297	1.96	中等	集中	整齐	白	长瘤形	少	突	41	42	1.37
Y-JP17	1.44	311	2.50	少	集中	整齐	白	瘤形	少	突	39	80	2.68
Y-JP18	1.02	266	2.26	中等	集中	整齐	白	菱形	少	突出	23	46	1.80
Y-JP19	1.04	268	2.01	多	集中	整齐	白	菱形	少	突出	37	43	2.28
Y-JP20	1.27	268	2.21	中等	集中	整齐	白	瘤形	少	突	34	185	2.99
Y-JP21	1.20	279	1.98	少	集中	不整齐	白	瘤形	少	突	41	46	2.03
Y-JP22	1.15	308	2.81	少	集中	不整齐	白	瘤形	少	突	43	57	1.65
Y-JP23	1.35	264	1.89	中等	集中	不整齐	白	长瘤形	少	突	37	35	1.27
Y-JP24	1.42	312	2.50	少	集中	整齐	白	菱形	少	突	39	81	2.58
Y-JP25	1.11	289	2.09	中等	集中	整齐	白	菱形	少	突出	24	51	2.03
Y-JP26	1.14	289	2.24	多	集中	整齐	白	长瘤形	少	突出	37	49	2.19
Y-JP27	1.22	279	2.12	中等	集中	整齐	白	瘤形	少	突	38	185	2.89
Y-JP28	1.2	301	2.30	中等	集中	不整齐	白	瘤形	少	突出	50	635	3.48
Y-JP29	1.04	276	1.68	少	集中	不整齐	白	瘤形	少	突	37	38	1.68

（续表）

编号	主茎数	株高/cm	最大茎秆直径/cm	纤维状根	块茎						单株块茎数/个	最大块茎重/g	单株产量/kg
					集中度	整齐度	颜色	形状	根毛	芽眼			
Y-JP30	1.03	321	2.70	少	集中	整齐	黄白	菱形	少	突	44	58	1.54
Y-JP31	1.00	190	1.10	中等	分散	不整齐	深紫	梭形	多	中等	16	—	—
Y-JP32	1.40	315	2.21	中等	集中	整体	黄白	瘤形	少	突出	38	102	2.11
Y-JP33	1.00	324	3.10	中等	集中	整齐	白	瘤形	少	突出	42	67	1.88
Y-JP34	1.00	178	1.80	中等	分散	整齐	紫	梭形	少	突出	58	38	0.80
Y-JP35	1.02	188	1.95	中等	分散	整齐	紫	梭形	少	突出	52	37	0.98

4.3.3.2 牧草型品系性状比较

表4-3　牧草型菊芋品系性状统计表

品系编号	主茎数	主茎		株高/cm	最大茎秆直径/cm	纤维状根	块茎						单株块茎数/个	最大块茎重/g	单株产量/kg
		分枝主茎数	分枝数				集中度	整齐度	颜色	形状	根毛	芽眼			
Y-MC1	1.00	0	7	198	2.15	中等	集中	整齐	白	瘤形	少	突出	20	50	2.10
Y-MC2	1.0	0	9	234	1.90	多	集中	整齐	白	瘤形	少	突出	32	48	2.56
Y-MC3	1.19	1	11	245	2.00	中等	集中	整齐	白	瘤形	少	突	28	203	2.78
Y-MC4	1.08	1	8	267	2.3	中等	集中	不整齐	白	瘤形	少	突出	41	650	3.28
Y-MC5	1.0	0	7	199	1.92	少	集中	整齐	白	瘤形	少	突	31	60	1.90
Y-MC6	1.00	0	6	267	2.60	少	集中	整齐	白	瘤形	少	突	30	78	1.61
Y-MC7	1.40	1	12	265	1.91	中等	集中	整齐	白	长瘤形	少	突	31	46	1.23
Y-MC8	1.28	1	140	243	2.4	少	集中	整齐	白	瘤形	少	突	37	97	2.71
Y-MC9	1.20	0	10	306	2.45	中等	集中	整齐	白	瘤形	少	突出	24	54	2.30
Y-MC10	1.22	0	11	304	1.69	多	集中	整齐	白	瘤形	少	突出	35	51	2.68
Y-MC11	1.21	1	12	305	2.20	中等	集中	整齐	白	瘤形	少	突	32	213	2.66
Y-MC12	1.16	1	10	305	2.40	中等	集中	整齐	白	瘤形	少	突出	44	648	3.18
Y-MC13	1.10	0	8	210	1.92	少	集中	不整齐	白	瘤形	少	突	33	58	1.90
Y-MC14	1.20	0	9	298	2.54	少	集中	不整齐	白	瘤形	少	突	32	81	1.68
Y-MC15	1.30	1	13	295	1.99	中等	集中	不整齐	白	长瘤形	少	突	33	48	1.27
Y-MC16	1.18	1	14	283	2.64	少	集中	整齐	白	瘤形	少	突	38	99	2.81
Y-MC17	1.06	1	9	317	2.23	中等	集中	不整齐	白	瘤形	少	突出	42	570	3.26
Y-MC18	1.03	0	10	269	1.95	少	集中	整齐	白	瘤形	少	突	32	62	1.88

(续表)

| 品系编号 | 主茎数 | 主茎 | | 株高/cm | 最大茎秆直径/cm | 纤维状根 | 块茎 | | | | | | 单株块茎数/个 | 最大块茎重/g | 单株产量/kg |
		分枝主茎数	分枝数				集中度	整齐度	颜色	形状	根毛	芽眼			
Y-MC19	1.00	0	7	267	2.61	少	集中	整齐	白	瘤形	少	突	31	76	1.65
Y-MC20	1.3	1	12	257	1.96	中等	集中	整齐	白	长瘤形	少	突	31	42	1.32
Y-MC21	1.30	1	14	304	2.6	少	集中	整齐	白	瘤形	少	突	41	88	3.28
Y-MC22	1.20	0	12	289	2.46	中等	集中	整齐	紫	瘤形	少	突出	38	85	3.30
Y-MC23	1.30	0	14	304	1.89	多	集中	整齐	白	瘤形	少	突出	38	51	2.68
Y-MC24	1.20	1	13	305	2.27	中等	集中	整齐	白	瘤形	少	突	32	103	2.76
Y-MC25	1.26	1	12	308	2.60	中等	集中	整齐	白	瘤形	少	突出	48	139	3.18
Y-MC26	1.24	0	14	310	2.11	少	集中	整齐	白	瘤形	少	突	51	148	3.20
Y-MC27	1.30	1	14	308	2.10	中等	集中	整齐	白	梭形	多	中等	52	151	3.24
Y-MC28	1.27	1	12	277	2.21	中等	集中	整体	黄白	瘤形	少	突出	22	132	2.26
Y-MC29	1.00	0	13	265	3.10	中等	集中	整齐	白	瘤形	少	突出	42	87	2.33
Y-MC30	1.20	0	12	247	2.92	中等	集中	整齐	白	瘤形	少	突出	44	98	2.14

4.3.3.3　耐盐碱型品系性状比较

耐盐碱型品系性状比较详见4-4。

表4-4　耐盐碱型菊芋品系性状统计表

| 品系编号 | 主茎数 | 主茎 | | 株高/cm | 最大茎秆直径/cm | 纤维状根 | 块茎 | | | | | | 单株块茎数/个 | 最大块茎重/g | 单株产量/kg |
		分枝主茎数	分枝数				集中度	整齐度	颜色	形状	根毛	芽眼			
Y-NY1	1.00	0	8	197	2.25	中等	集中	整齐	白	瘤形	少	突出	24	309	2.18
Y-NY2	1.04	0	12	185	2.14	多	集中	整齐	白	瘤形	少	突出	26	299	2.85
Y-NY3	1.24	1	10	188	2.40	中等	集中	整齐	白	瘤形	少	突出	34	455	3.19
Y-NY4	1.10	0	13	178	1.94	少	集中	不整齐	白	瘤形	少	突	22	344	1.78
Y-NY5	1.00	0	7	179	2.40	少	集中	整齐	白	瘤形	少	突	34	289	1.38
Y-NY6	1.26	1	14	214	2.40	中等	集中	整齐	白	瘤形	少	突	48	483	3.53
Y-NY7	1.30	1	12	156	1.95	中等	集中	整齐	白	长瘤形	少	突	26	307	1.50
Y-NY8	1.40	1	12	218	2.50	少	集中	整齐	白	瘤形	少	突	42	368	3.57

4.3.3.4　鲜食型品系性状比较

鲜食型品系性状比较详见表4-5。

表 4-5　鲜食型菊芋品系性状统计表

| 品系编号 | 主茎数 | 主茎 | | 株高/cm | 最大茎秆直径/cm | 纤维状根 | 块茎 | | | | | | 单株块茎数/个 | 最大块茎重/g | 单株产量/kg |
		分枝主茎数	分枝数				集中度	整齐度	颜色	形状	根毛	芽眼			
Y-XS1	1.20	0	10	217	2.25	中等	集中	整齐	白	瘤形	少	突出	38	425	2.68
Y-XS2	1.02	0	12	175	2.28	多	集中	整齐	白	瘤形	少	突出	23	268	2.11
Y-XS3	1.30	1	11	182	2.35	中等	集中	不整齐	白	瘤形	少	突出	31	285	1.69
Y-XS4	1.10	0	13	168	1.96	少	集中	整齐	白	瘤形	少	突	24	254	1.51

4.3.3.5　景观型品系性状比较

景观型品系性状比较详见表 4-6。

表 4-6　景观型（开花）菊芋品系性状统计表

| 品系编号 | 主茎数 | 主茎 | | 株高/cm | 最大茎秆直径/cm | 纤维状根 | 块茎 | | | | 花 | | 单株块茎数/个 | 最大块茎重/g | 单株产量/kg |
		分枝主茎数	分枝数				集中度	整齐度	颜色	形状	初花期/（月/日）	花期/表数			
Y-JG31	1.20	0	12	248	2.46	中等	分散	整齐	紫	瘤形	7/26	96	38	168	2.68
Y-JG32	1.30	0	13	226	2.48	多	分散	整齐	紫	瘤形	7/30	94	33	142	2.11
Y-JG33	1.30	0	13	238	1.98	少	分散	整齐	紫	瘤形	8/02	92	29	121	1.51

4.3.4　品种（系）比较试验

从表 4-1 至表 4-5 中通过多次筛选出获得不同类型的 80 个优良品系试验结果，选出生物产量高、生物特性、抗逆性表现突出的加工型优良品系 Y-JP3、Y-JP5、Y-JP13、Y-JP28、Y-JP4、Y-JP12、Y-JP15、Y-JP27；牧草型优良品系 Y-MC12、Y-MC17、Y-MC21、Y-MC22、Y-MC25、Y-MC26、Y-MC27；耐盐性优良品系 Y-NY2、Y-NY3、Y-NY6、Y-NY8；鲜食型优良品系 Y-XS1、Y-XS2；景观型优良品系 Y-JG31、Y-JG32 等 22 个品系产量表现显著，生长特性好，综合性状稳定，抗逆性表现突出的品系，进行产量、品质与性状之间关系的品系比较试验研究，从而确定品种。

2014—2015 年分别在廊坊市安次区对筛选出的优良品系 22 个进行分类品比试验，根据育种目标，通过试验数据的比较分析及品质测定，鉴定出 8 个不同类型的廊芋系列品种，其中，加工型 3 个，牧草型 1 个，鲜食型 1 个，景观型 1 个，耐盐碱型 2 个。

4.3.4.1　加工型品种比较试验研究

（1）产量与主要农艺性状之间的关系研究

首先，确定菊芋品种的产量性状与一些主要农艺性状之间的关系。找出影响产量性状的主要因素。在开展菊芋新品种选育的过程中，通过对产量影响较大性状的选择，获得较为理想的品系。

对廊坊市安次区马神庙试验基地 8 个加工型菊芋优良品系的性状观察数据统计如表 4-7 所示。

表 4-7　菊芋不同品种（系）产量与农艺性状观察值

品系	主茎个数	株高/cm	最大茎秆直径/cm	集中度	块茎形状	单株块茎数	最大块茎/g	亩产量/kg
Y-JP3	1.24	227.67	2.01	1	2	29.33	263.67	3 201.60
Y-JP4	1	210.33	1.92	1	2	29.67	147	3 034.60
Y-JP5	1.36	236.67	1.91	1	1	32.67	162	3 535.10
Y-JP12	1.36	243.67	2.4	1	2	35.33	173.33	3 002.50
Y-JP13	1.16	238	2.3	2	2	41	580	3 068.70
Y-JP15	1	251.33	2.6	1	2	34	144	3 168.25
Y-JP27	1	219	2.15	1	2	20	132.33	2 501.25
Y-JP28	1.01	222	1.9	1	2	31	126	2 721.65

据廊坊育种试验基地采集数据统计分析，采用灰关系分析原理与方法，对单株产量与主茎个数、株高、最大茎秆直径、集中度、块茎形状、单株块茎数、最大块茎重之间的关系进行了研究，分析结果见表 4-8。

表 4-8　菊芋块茎产量与几个主要农艺性状之间的灰色关联度分析

主茎个数	株高	最大茎秆直径	集中度	块茎形状	单株块茎数	最大块茎重
0.789 0	0.783 8	0.740 5	0.757 6	0.783 6	0.756 0	0.704 4

结果表明：优良品系块茎产量与各农艺性状之间关系的密切程度依次为：主茎个数>株高>块茎形状>集中度>单株块茎数>最大茎秆直径>最大块茎重。在廊坊生态和生产条件下，块茎产量与主茎个数、块茎形状、株高关系较为密切，其次为集中度与单株块茎数，而与最大块茎数关系不大。

因此，在以产量为主要育种目标的情况下，在进行加工品种选择时，应重视对主茎个数、块茎形状、株高、集中度和单株块茎数等几个性状的选择，即应选择主茎个数较少、块茎形状为长瘤形、株高较高、集中度较好、单株块茎数较多、亩产高的品系，这样，便可望鉴定出产量较高的菊芋新品种（系）。

（2）产量与块茎品质性状之间的关系研究

加工型菊芋品种选育对品质有较高要求，须分析品质性状与产量性状之间的关系。

依据廊坊试点品种比较试验 8 个参试品系产量与品质性状测定结果为基础数据，菊芋块茎菊粉含量所需糖分含量之间的关系，我们选择的 8 个优良品系的块茎测定结果如下，测定结果见表 4-9。

表 4-9　菊芋加工型新品种（系）样品检测结果 （%）

样品编号	品系编号	折干总糖	固含	总糖含量	果聚糖含量	果糖含量	葡萄糖含量	蔗糖含量	还原糖类之和	其他糖类占比
1	Y-JP3	83.12	26.19	21.77	11.53	0.16	0.06	0.88	1.10	5.05
2	Y-JP4	76.95	23.08	17.76	9.41	0.06	ND	1.65	1.73	9.74
3	Y-JP5	81.20	27.23	22.11	12.01	0.13	ND	1.01	1.14	5.16
4	Y-JP12	76.81	24.02	18.45	9.78	0.24	0.07	1.19	1.50	8.13
5	Y-JP13	71.59	22.42	16.05	8.51	0.06	ND	1.71	1.77	11.02
6	Y-JP15	78.62	24.60	19.34	10.25	0.18	0.05	1.27	1.50	7.76
7	Y-JP27	82.84	22.96	19.02	10.08	0.23	ND	1.63	1.86	9.78
8	Y-JP28	78.37	26.44	20.72	10.98	0.34	ND	1.50	1.89	9.12

采用灰关系分析原理与方法，对菊芋块茎糖分含量之间的关系进行了研究分析详见表 4-10。

表 4-10　菊芋块茎糖分含量之间的灰色关联度分析

	总糖含量	果聚糖含量	还原糖含量
总糖含量	1	0.9624	0.7812
果聚糖含量	0.9637	1	0.7806
还原糖含量	0.6428	0.6345	1

分析结果表明：

菊芋块茎总糖含量之间的关系较密切，其次为果聚糖含量；块茎总糖含量与果聚糖含量之间的关系较密切；块茎果聚糖含量与总糖含量之间的关系较密切；块茎还原糖含量与总糖含量、果聚糖含量较密切。由此可见，在菊芋品系块茎糖分含量的改善过程中，这些性状之间的选择具有同步的效果。

（3）加工型品种的确定

根据加工型品种选育的目标特性排序结果表 4-11，鉴定出加工型菊芋品种 2 个，品系编号为：Y-JP3、Y-JP5；命名为廊芋 3 号、廊芋 5 号。

表 4-11　加工型品种与目标特性指标表

品种名称	品系编号	块茎集中度	块茎亩产量/kg	总糖含量/%	还原糖含量/%
廊芋 3 号	Y-JP3	集中	3 201.6	21.77	1.10
廊芋 5 号	Y-JP5	集中	3 535.1	22.11	1.14

4.3.4.2　牧草型品种比较试验研究

（1）菊芋整株蛋白含量试验研究

根据在廊坊菊芋育种基地对 9 个牧草菊芋优良品系品种比较试验，在菊芋营养生长期内，以每周生长情况进行整株取样，并对水分、粗蛋白、总糖、粗脂肪、粗纤维指标进行了检测，检测的数据结果见表 4-12 至表 4-21、图 4-2 至图 4-11。

表 4-12　牧草型菊芋品系 1 不同生长周期指标体系变化　　　　　　（%）

编号	取样周数	水分	粗蛋白	总糖	粗脂肪	粗纤维
品系 1	1	8.7	16.1	14.7	0.8	22.0
	2	8.8	13.5	17.4	0.8	18.9
	3	8.8	11.3	21.2	0.8	20.8
	4	7.7	11.0	23.4	1.0	19.2
	5	13.1	11.7	14.9	1.3	9.9
	6	8	9.6	30.7	0.8	17.2
	7	7.9	8.4	40.7	0.7	15.7
	8	9.7	8.6	23	0.6	14.7
	9	8.3	7.5	31.3	0.8	25.1
	10	8.4	12.1	19.4	1.5	23.5
	11	8.3	9.4	19.3	1.1	24.8
	12	8.2	10.2	16.3	3.4	30.9
	13	9.6	8.6	18.3	0.5	28.5
	14	8.4	9.8	16.4	5.5	28.5
	15	9.6	10.1	18.7	1.7	26.1
	16	9.8	7.3	15.4	0.3	25.2
	17	8.4	8.3	20.6	1.6	29.8
	18	8.3	3.7	25.5	0.4	25.6
	19	9.7	6.6	20.0	0.6	25.2
	20	10	8.2	16.5	2.8	25.9

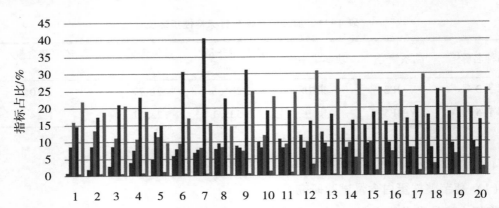

图 4-2　牧草型菊芋品系 1 不同生长的指标变化

（见彩图，至图 4-12）

表 4-13　牧草型菊芋品系 2 不同生长周期指标体系变化　　　　　（%）

编号	取样周数	水分	粗蛋白	总糖	粗脂肪	粗纤维
	1	9.8	13.4	17.5	0.8	13.6
	2	9.4	12	17.9	0.7	17
	3	9.8	9.9	19.6	0.8	12.6
	4	12.1	11.9	17.7	1.3	14.5
	5	9.2	10.5	18.8	1.0	11.3
	6	10.1	10.1	17.9	0.6	13.1
	7	19.9	7.3	21.8	0.4	17
	8	10.9	7.2	24.9	0.2	18.3
	9	11.5	12.1	15.9	0.7	16.9
品系 2	10	10.6	9.6	14.2	0.6	27.8
	11	9.7	8.9	15.7	0.6	27.4
	12	9.5	8.2	16.0	0.5	21.1
	13	8.4	10.0	16.0	0.8	25.2
	14	9.6	11.7	13.6	1.0	20.8
	15	8.9	9.1	14.6	0.5	25.8
	16	8.2	7.6	17.5	0.3	25.7
	17	9.1	11.1	21.8	0.6	18.7
	18	8.5	6.9	22.9	0.5	27.2
	19	8.5	8.3	18.7	0.5	22.6
	20	8.6	6.5	15.0	0.5	33.9

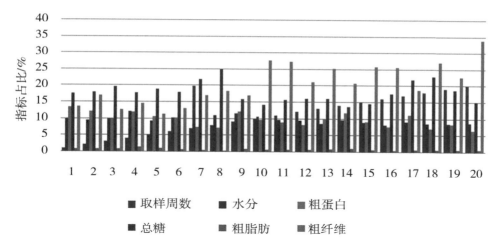

图 4-3　牧草型菊芋品系 2 不同生长周的指标变化

表 4-14　牧草型菊芋品系 3 不同生长周期指标体系变化　　　　　　　　　　　　（%）

编号	取样周数	水分	粗蛋白	总糖	粗脂肪	粗纤维
品系 3	1	10.8	12.7	15.6	0.4	21.9
	2	11.3	14.5	10.6	0.5	16.4
	3	10.7	11.6	12.8	0.4	14.6
	4	9.9	14.3	10.3	1.2	15.8
	5	9.9	9.9	7.4	1.4	11.1
	6	9.8	9.8	10.7	2.8	15.1
	7	10.1	9.0	19.9	0.7	19.9
	8	10.5	10.5	10.9	0.9	13.5
	9	12.3	15.9	9.3	1.4	10.6
	10	10.8	13.2	6.1	3.8	21.0
	11	10.1	10.0	9.6	2.5	26.0
	12	11.2	11.6	13.8	0.8	21.1
	13	10.3	10.3	13.8	0.6	26.7
	14	8.3	8.3	13.3	0.1	27.8
	15	10.3	10.3	19.2	0.5	29.9
	16	10.5	12.3	15.4	0.7	26.4
	17	11.5	9.2	16.5	0.5	24.8
	18	11.1	7.1	16.7	0.7	26.1
	19	11.2	9.5	13.2	0.8	20.8
	20	11.7	7.8	14.3	0.6	28.3

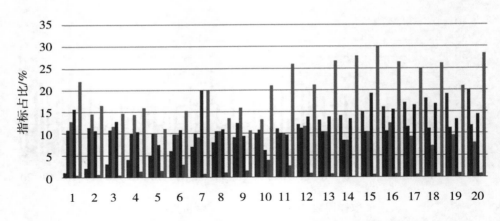

图 4-4　牧草型菊芋品系 3 不同生长的指标变化

表 4-15　牧草型菊芋品系 4 不同生长周期指标体系变化　　　　　　　　（%）

编号	取样周数	水分	粗蛋白	总糖	粗脂肪	粗纤维
	1	13.7	15.9	10.3	1.2	19.2
	2	14.9	10.9	13.9	0.8	20.5
	3	14.1	10.8	9.9	0.9	17.7
	4	14.0	11.2	10.4	1.1	12.2
	5	13.4	10.2	13.6	1.1	14.5
	6	13.2	9.9	14.8	1.2	16.5
	7	14.3	8.0	14.4	1.0	12.6
	8	13.4	7.2	13.1	0.5	15.3
	9	15.1	11.9	10.6	0.7	15.2
品系 4	10	13	13.1	11.9	0.7	20.1
	11	12.1	11.1	8.7	0.7	17.5
	12	11.7	12.1	6.3	0.5	23
	13	12.7	7.1	14.9	1.0	27.3
	14	12.6	11.4	14.1	1.2	20.6
	15	11.8	8.0	16.0	0.8	29.8
	16	12.2	9.5	14.4	1.2	23.1
	17	12.8	7.7	20.3	0.8	21.8
	18	12.2	3.8	22.2	0.6	26.8
	19	11.4	7.6	18.6	1.0	24.6
	20	11.0	4.2	18.9	0.6	32.9

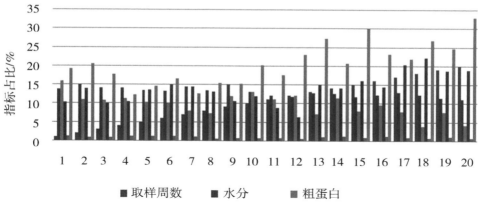

图 4-5　牧草型菊芋品系 4 不同生长的指标变化

表 4-16　牧草型菊芋品系 5 不同生长周期指标体系　　　　　　　　　　（%）

编号	取样周数	水分	粗蛋白	总糖	粗脂肪	粗纤维
品系 5	1	13.7	11	10.2	0.9	16.1
	2	14.7	14.1	12.9	1.8	14.3
	3	15.7	8.4	11.0	0.7	16.4
	4	13.2	10.3	20.7	1.1	15.6
	5	12.2	11.4	16.8	1.0	15.3
	6	18.1	7.1	17.4	1.8	19.2
	7	16.9	5.3	20.6	0.6	21.7
	8	15.5	6.7	19.2	0.8	21.9
	9	17.5	5.8	17.2	0.4	24.5
	10	14.6	3.3	22.6	0.5	26.2
	11	15.7	4.2	19.4	0.5	23.1
	12	12.7	10.3	12.8	1.3	18.5
	13	13.8	3.6	21.3	0.5	32.3
	14	14	5.7	19.7	0.6	26.5
	15	13.4	6.8	17.9	0.6	27.8
	16	15.3	6.3	19.8	0.6	27.1
	17	14.9	7.3	14.3	0.7	27.4
	18	10.7	4.4	20.7	0.2	34.3
	19	11.5	4.2	11.5	0.5	38.8
	20	12.3	2.7	15.6	0.3	39.5

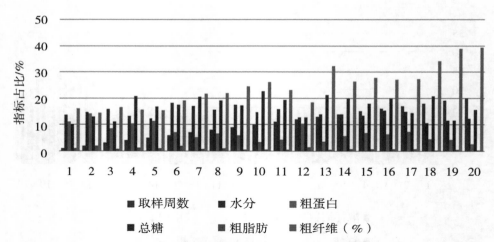

图 4-6　牧草型菊芋品系 5 不同生长的指标变化

表 4-17　牧草型菊芋品系 6 不同生长周期指标体系变化

（%）

编号	取样周数	水分	粗蛋白	总糖	粗脂肪	粗纤维
	1	16.0	11.3	13.8	1.1	17.8
	2	11.9	11.1	14.6	1.1	17.1
	3	13.6	9.0	20.0	1.0	15.5
	4	12.8	10.5	21.5	0.8	12.4
	5	15.3	9.6	20.0	1.2	15.2
	6	14.3	10.7	19.5	1.3	14.0
	7	14.6	7.8	20.7	1.2	13.6
	8	14.7	7.3	19.8	1.0	15.2
	9	13.8	10.0	16.3	1.0	17.6
品系 6	10	13.2	5.0	18.1	0.8	24.1
	11	12.1	6.9	16.1	1.1	17.1
	12	14.4	4.4	22.8	0.9	16.3
	13	14.8	4.4	19.8	0.6	18.2
	14	14.6	3.1	26.1	0.5	18.7
	15	13.4	4.9	25.4	0.7	18.5
	16	13.0	6.8	13.6	0.9	17.3
	17	12.8	5.3	21.3	0.7	17.8
	18	10.4	3.7	27.2	0.8	28.2
	19	12.6	5.4	17.1	1.0	20.8
	20	11.5	3.9	12.0	1.0	35.0

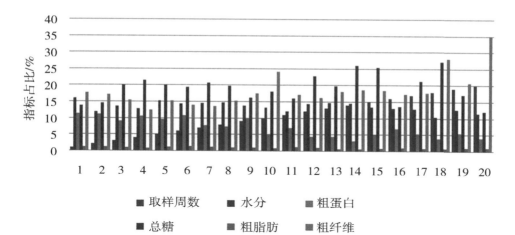

图 4-7 牧草型菊芋品系 6 不同生长的指标变化

表 4-18 牧草型菊芋品系 7 不同生长周期指标体系变化 （%）

编号	取样周数	水分	粗蛋白	总糖	粗脂肪	粗纤维
	1	14.7	13.9	11.5	1.0	17.6
	2	13.8	13.4	11.8	0.9	13.8
	3	14.0	13.4	13.5	1.0	17.2
	4	16.1	9.1	15.2	1.0	13.6
	5	16.5	12.6	9.8	1.4	14.5
	6	15.2	8.5	10.7	1.5	13.4
	7	14.7	10.3	12.1	1.2	12.4
	8	15.5	10.4	11.1	0.9	12.2
	9	15.3	10.3	8.9	1.0	18.5
品系 7	10	15.0	6.3	9.6	1.0	23.6
	11	14.4	6.0	9.6	0.9	22.5
	12	14.0	4.7	14.4	0.5	21.6
	13	14.7	6.3	16.4	0.6	17.2
	14	13.4	5.8	15.5	0.6	22.2
	15	13.0	5.3	17.0	0.8	20.0
	16	13.4	4.5	16.0	0.7	18.0
	17	12.3	4.0	22.6	0.7	22.7
	18	11.9	3.7	16.6	0.7	22.8
	19	12.8	3.3	19.5	1.0	18.4
	20	12.7	4.7	18.2	1.1	18.9

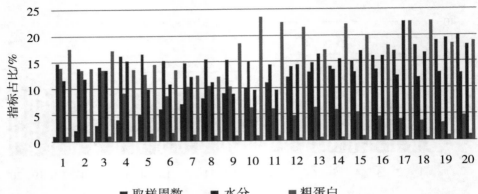

图 4-8　牧草型菊芋品系 7 不同生长的指标变化

表 4-19　牧草型菊芋品系 8 不同生长周期指标体系变化　　　　　　　　　（%）

编号	取样周数	水分	粗蛋白	总糖	粗脂肪	粗纤维
	1	12. 6	12. 5	11. 7	1. 3	18. 5
	2	13. 4	9. 0	18. 7	1. 2	19. 7
	3	13. 8	8. 0	20. 5	1. 2	17. 6
	4	13. 8	9. 1	21. 5	1. 5	12. 6
	5	14. 3	8. 5	23. 9	1. 2	13. 6
	6	12. 3	8. 8	21. 8	1. 5	10. 3
	7	12. 7	7. 6	27. 2	1. 5	10. 9
	8	14. 6	8. 7	25. 3	1. 1	16. 9
	9	15. 1	10. 8	19. 1	1. 0	16. 2
品系 8	10	13. 8	7. 7	22. 1	0. 7	16. 7
	11	12. 1	5. 7	21. 5	0. 9	18. 6
	12	12. 9	7. 1	17. 8	1. 3	17. 0
	13	13. 2	4. 5	21. 7	0. 5	19. 7
	14	14. 0	3. 8	23. 1	0. 6	20. 1
	15	13. 5	5. 0	24. 8	0. 6	17. 3
	16	12. 8	4. 0	27. 7	0. 6	20. 0
	17	13. 6	3. 5	31. 3	0. 7	16. 1
	18	12. 3	3. 6	31. 5	0. 7	17. 4
	19	11. 9	4. 6	31. 1	0. 8	19. 1
	20	11. 8	3. 6	25. 4	0. 9	23. 0

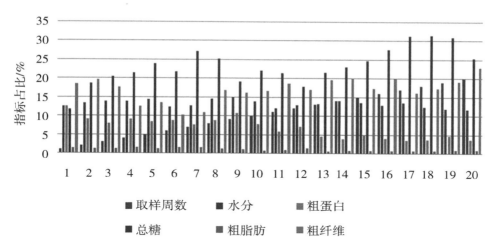

图 4-9　牧草型菊芋品系 8 不同生长的指标变化

表 4-20　牧草型菊芋品系 9 不同生长周期指标体系变化　　　　　　　　　　（%）

编号	取样周数	水分	粗蛋白	总糖	粗脂肪	粗纤维
	1	12.1	12.6	13.4	0.9	16.3
	2	13.8	8.4	15.8	1.1	20.4
	3	11.8	14.5	8.9	1.0	20.5
	4	13.2	10.5	21.1	1.1	14.2
	5	13.0	11.3	15.0	1.1	17.3
	6	12.5	8.5	23	0.9	15.2
	7	13.5	6.5	26.5	0.7	16.1
	8	14.0	6.7	25.1	0.5	14.1
	9	12.4	8.4	18.1	1.2	14.7
品系 9	10	12.9	7.6	19.4	0.8	20.7
	11	13.2	5.8	19.4	0.9	21.6
	12	12.7	4.9	18.6	0.7	21.1
	13	13.2	7.2	18.0	1.0	17.8
	14	14.2	4.8	25.3	0.8	21.6
	15	12.6	4.3	25.1	0.5	18.6
	16	13.4	3.1	32.1	0.5	16.1
	17	12.9	3.1	33.8	0.3	19.0
	18	12.7	4.2	30.1	0.5	17.8
	19	11.6	3.7	27.1	0.1	23.4
	20	11.9	4.6	24.5	0.5	21.8

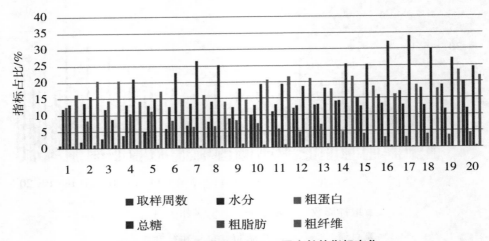

图 4-10　牧草型菊芋品系 9 不同生长的指标变化

表 4-21　参试的 9 个品系不同生长周期粗蛋白的变化

取样周数	粗蛋白/%								
	品系 1	品系 2	品系 3	品系 4	品系 5	品系 6	品系 7	品系 8	品系 9
1	16.1	13.4	12.7	15.9	11	11.3	13.9	12.5	12.6
2	13.5	12.0	14.5	10.9	14.1	11.1	13.4	9.0	8.4
3	11.3	9.9	11.6	10.8	8.4	9.0	13.4	8.0	14.5
4	11.0	11.9	14.3	11.2	10.3	10.5	9.1	9.1	10.5
5	11.7	10.5	9.9	10.2	11.4	9.6	12.6	8.5	11.3
6	9.6	10.1	9.8	9.9	7.1	10.7	8.5	8.8	8.5
7	8.4	7.3	9.0	8.0	5.3	7.8	10.3	7.6	6.5
8	8.6	7.3	10.5	7.2	6.7	7.3	10.4	8.7	6.7
9	7.5	12.1	15.9	11.9	5.8	10.0	10.3	10.8	8.4
10	12.1	9.6	13.2	13.1	3.3	5.0	6.3	7.7	7.6
11	9.4	8.9	10.0	11.1	4.2	6.9	6.0	5.7	5.8
12	10.2	8.2	11.6	12.1	10.3	4.4	4.7	7.1	4.9
13	8.6	10	10.3	7.1	3.6	4.4	6.3	4.5	7.2
14	9.8	11.7	8.3	11.4	5.7	3.1	5.8	3.8	4.8
15	10.1	9.1	10.3	8.0	6.8	4.9	5.3	5.0	4.3
16	7.3	7.6	12.3	9.5	6.3	6.8	4.5	4.0	3.1
17	8.3	11.1	9.2	7.7	7.3	5.3	4.0	3.5	3.1

（续表）

取样周数	粗蛋白/%								
	品系 1	品系 2	品系 3	品系 4	品系 5	品系 6	品系 7	品系 8	品系 9
18	3.7	6.9	7.1	3.8	4.4	3.7	3.7	3.6	4.2
19	6.6	8.3	9.5	7.6	4.2	5.4	3.3	4.6	3.7
20	8.2	6.5	7.8	4.2	2.7	3.9	4.7	3.6	4.6

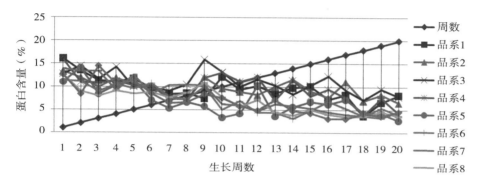

图 4-11 9 个不同品系生长周数与蛋白质含量峰值

以上数据分析表明，在菊芋营养生长期，整株蛋白含量的测定，对牧草型菊芋品种选择极为重要，为菊芋整株作为牧草开发利用及饲喂不同畜禽饲料用途提供了收割时间优化方案。

（2）牧草型菊芋优良品系茎、叶营养指标体系研究

在廊坊菊芋育种基地，兼顾块茎及地上茎叶的产量与应用，在牧草型品系比较试验中，选择了 30 个品系参试，并进行取样分析，取样时间为 8 月 17 日，取样部位为地上茎、叶，经过烘干处理后，进行送检，测得菊芋茎、叶营养指标体系数据详见表 4-22。

表 4-22 菊芋茎、叶营养指标体系数据检测 （%）

序号	样品名称	干物质	粗蛋白	粗灰分	粗纤维	水分
1	牧草品系 1	90.08	13.96	11.51	26.06	9.92
2	牧草品系 2	90.34	12.37	11.80	21.03	9.66
3	牧草品系 3	90.59	11.36	10.28	21.45	9.41
4	牧草品系 4	89.97	10.16	11.36	21.59	10.03
5	牧草品系 5	90.20	9.23	10.57	23.89	9.80
6	牧草品系 6	90.33	8.38	10.56	25.63	9.67

（续表）

序号	样品名称	干物质	粗蛋白	粗灰分	粗纤维	水分
7	牧草品系7	90.73	9.64	10.62	27.60	9.27
8	牧草品系8	90.90	8.18	9.85	25.33	9.10
9	牧草品系9	90.40	9.30	10.83	24.65	9.60
10	牧草品系10	90.47	9.82	10.94	23.69	9.53
11	牧草品系11	90.52	8.88	10.36	23.27	9.48
12	牧草品系12	90.36	10.73	11.44	22.22	9.64
13	牧草品系13	90.92	8.27	9.56	24.04	9.08
14	牧草品系14	90.64	8.26	10.97	23.50	9.36
15	牧草品系15	90.11	9.18	10.68	23.92	9.89
16	牧草品系16	90.66	7.67	10.39	21.54	9.34
17	牧草品系17	90.87	6.87	9.49	18.91	9.13
18	牧草品系18	90.77	7.49	9.57	23.85	9.23
19	牧草品系19	90.56	8.13	10.04	24.35	9.44
20	牧草品系20	90.54	10.85	11.07	22.78	9.46
21	牧草品系21	90.32	12.08	11.8	24.87	9.68
22	牧草品系22	90.49	14.13	12.73	21.49	9.51
23	牧草品系23	90.60	8.24	11.55	20.95	9.40
24	牧草品系24	90.90	7.83	11.19	24.80	9.10
25	牧草品系25	91.03	12.06	10.33	21.60	8.97
26	牧草品系26	90.90	10.75	10.73	26.95	9.10
27	牧草品系27	91.11	10.79	12.53	25.4	8.89
28	牧草品系28	91.15	8.49	11.53	26.53	8.85
29	牧草品系29	91.26	7.43	10.88	23.43	8.74
30	牧草品系30	90.72	6.80	10.62	23.04	9.28

（3）牧草型菊芋优良品系确定

根据以上整株利用品系分析及地下、地上均可利用的品系品比试验结果，综合分析，确定了7个牧草菊芋优良品系，编号为：Y-MC12、Y-MC17、Y-MC21、Y-MC22、Y-MC25、Y-MC26、Y-MC27，进一步进行品比试验，选择青芋2号品种作对照。

①菊芋秸秆品质性状之间关系的研究。

根据在廊坊菊芋育种基地对在对块茎产量影响相对较小的情况下，对秸秆取样，经

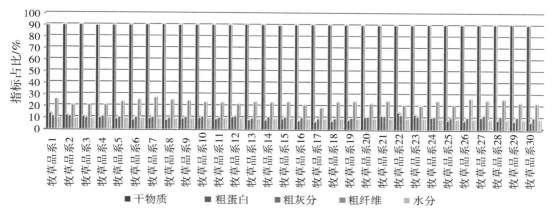

图 4-12　牧草型菊芋茎叶营养指标数据

检测秸秆中的粗蛋白、粗脂肪、粗纤维、水分等指标测试的数据详见表 4-23。

表 4-23　菊芋秸秆品质性状测试值　　　　　　　　　　　　　　　　　（%）

品种编号	粗蛋白	粗脂肪	粗纤维/（mg/kg）	水分
Y-MC12	8.67	12.5	172.6	9.66
Y-MC17	8.95	14.8	247	10.17
Y-MC21	13.09	12.1	304.7	8.94
Y-MC22	14.13	17.8	277.9	9.79
Y-MC25	11.88	15.5	253.2	9.35
Y-MC26	12.38	19.1	256.3	9.74
Y-MC27	12.21	21.2	167.7	9.76
青芋 2 号	5.69	12.3	225.6	10.42

注：各品质性状测定均为中国农业科学院畜牧兽医研究所品质测试中心。

采用灰关系分析原理与方法，对菊芋秸秆品质性状进行了分析。从中寻求各品质性状之间的关系，从而为牧草型菊芋育种指标体系提供理论依据。分析结果见表 4-24。

表 4-24　菊芋秸秆品质性状之间的灰色关联度分析　　　　　　　　　　（%）

性状	粗蛋白	粗脂肪	粗纤维/（mg/kg）	水分	粗灰分
粗蛋白	1	0.704 6	0.802 9	0.731 0	0.747 2
粗脂肪	0.795 5	1	0.817 1	0.806 6	0.692 1
粗纤维	0.800 0	0.725 5	1	0.797 4	0.712 5

（续表）

性状	粗蛋白	粗脂肪	粗纤维/（mg/kg）	水分	粗灰分
水分	0.753 3	0.741 5	0.819 7	1	0.681 6
粗灰分	0.810 7	0.659 7	0.780 5	0.729 1	1

分析结果表明：菊芋秸秆中的粗蛋白含量与粗灰分、粗纤维和粗脂肪关系较为密切，而与水分的关系则不大；秸秆粗脂肪与水分的关系最密切，其次为粗脂肪、粗蛋白；秸秆粗纤维与水分、粗脂肪、粗蛋白的关系较为密切；秸秆水分与粗脂肪、粗纤维的关系较为密切；秸秆粗灰分与粗蛋白和粗纤维的关系较为密切。因此，要提高菊芋秸秆粗蛋白含量，应当重视对粗灰分、粗纤维和粗脂肪等性状的选择；秸秆粗脂肪的含量，应重视兑水分、粗脂肪和粗蛋白等性状的选择；秸秆粗纤维的含量，应重视兑水分、粗脂肪、粗蛋白等性状的选择；要改良秸秆粗灰分的含量，应重视对粗蛋白和粗脂肪等性状的选择。

在灰色关联度分析中，与通常相关分析不同，一性状与另一性状之间的关联度并不具有对称性（即 rij ≠ rji）。这是因为灰色关联度分析具有整体性，它不仅考虑某性状与另一性状之间的关系，同时也考虑某一性状与其他性状之间的关系，因而其分析结果更符合客观实际。如：在本研究中，从粗蛋白性状的角度考虑问题，认为该性状与粗灰分的关系最为密切，它们之间的灰色关联度为 0.8107；但如从粗灰分的角度考虑问题，则不一定完全是这样，因为粗灰分与粗蛋白相比较的同时，还要与另 4 个性状进行比较，这样必然会消除相互之间的一些影响，从而使两者之间的灰色关联度最终为 0.7472，结果更为真实可靠。这正是灰色关联度分析的优势所在。

②菊芋块茎品质性状之间关系的研究。

我们对菊芋块茎糖分含量与蛋白质之间的关系进行了研究。试验数据来自廊坊试验点的 7 个品系及对照取样测试结果。块茎糖含量、初水含量、风干样蛋白、鲜蛋白测定值详见表 4-25。

表 4-25 菊芋块茎糖含量、初水含量与蛋白质含量测试值 （%）

品系编号	总糖含量	初水含量	风干样蛋白	鲜蛋白
Y-MC12	20.40	76.29	14.63	3.47
Y-MC17	25.20	72.98	17.67	6.01
Y-MC21	19.60	73.43	21.91	8.01
Y-MC22	18.30	69.98	22.18	9.31
Y-MC25	22.20	65.98	19.05	7.20

（续表）

品系编号	总糖含量	初水含量	风干样蛋白	鲜蛋白
Y-MC26	17.36	70.26	19.05	7.57
Y-MC27	21.00	71.96	18.03	7.58
对照	12.10	7196	15.01	4.12

注：由中国科学院大连化物所品质测试中心测定。

灰色关联度分析详见表4-26。

表4-26　菊芋块茎糖含量与蛋白质含量之间的灰色关联度分析

	糖含量	风干样蛋白	鲜蛋白
糖含量	1	0.5096	0.6337
风干样蛋白	0.615	1	0.8075
鲜蛋白	0.6295	0.7372	1

从表4-26可以看出，菊芋块茎糖含量与鲜蛋白之间较为密切，与风干样蛋白次之；风干样蛋白与鲜蛋白之间较为密切的关系。因此，要改善菊芋块茎风干样蛋白含量，只要针对鲜蛋白进行选择即可。

③菊芋秸秆不同采收时期营养物质含量生产试验。

根据牧草型品种选育的目标特性及作为饲喂畜禽饲料的不同加工用途，开展菊芋秸秆不同采收时期营养物质含量生产试验研究。

根据同一牧草型品种生产试验，分别采收对菊芋前期、菊芋开花前、菊芋开花后、刈割第一次、刈割第二次、采收期这几个时期的地上部茎秆、菊芋皮渣及对照玉米秸秆进行营养物质的含量进行了测定。检测结果详见表4-27。

表4-27　不同采收时期菊芋秸秆及块茎皮渣与玉米秸秆营养物质含量　　（%）

项目	水分	粗蛋白	粗脂肪	粗纤维	粗灰分	钙	磷	无氮浸出物
菊芋前期株高1.7m	9.88	15.63	2.10	12.11	9.87	0.98	0.45	23.46
菊芋秸秆花前	8.20	13.20	1.683	16.91	11.65	0.765	0.256	41.56
菊芋秸秆花后	7.75	7.83	0.638	30.75	5.68	0.636	0.064	48.80
菊芋秸秆采收	6.80	6.13	0.598	55.87	3.25	0.469	0.029	31.59
菊芋块茎皮渣	7.00	13.60	0.574	19.45	5.63	0.217	0.213	53.75
玉米秸秆	5.12	5.09	1.004	38.78	8.40	0.293	0.052	41.21

由表4-27可以看出，菊芋秸秆粗蛋白含量在菊芋前期收割时最大，菊芋花前期收

割次之，菊芋采收期收割最小。菊芋秸秆花前花后、第一次刈割以及皮渣蛋白质含量均高于玉米秸秆；粗脂肪含量菊芋花前采收秸秆最高，菊芋皮渣最小；粗纤维含量是采收后秸秆最大，菊芋花前采收的秸秆最小；粗灰分是菊芋花前最高，菊芋采收后秸秆最低；钙含量为菊芋花前以及第二次刈割最高，菊芋皮渣最低；磷含量为菊芋花前最高，采收期菊芋秸秆最低；无氮浸出物是菊芋2次刈割最大，采收期秸秆含量最小。

综上所述，菊芋秸秆蛋白含量与采收时期密切相关，根据利用价值进行地上秸秆及地下块茎的采收。秸秆采收蛋白含量峰值出现在菊芋前期采收、菊芋花前期采收2个阶段最为理想。作为牧草用的菊芋品种选择，秸秆蛋白含量较高区间有3个时间段，第一时间段是4周左右；第二个时间段是9~12周；第三个时间段是16~19周。根据牧草加工形式与饲喂用途不同提供了适宜的收割时间。

④菊芋生物产量与品质性状试验研究。

以生物产量高为主要育种目标，在牧草型新品种选育过程中，不仅要测重每亩生物产量、而且要关注秸秆粗蛋白含量，通过对9个参试品系进行灰色多维综合比较分析，其中灰色综合关联度表示的是某品系6个性状与理想性状（育种目标性状）之间的综合关联度。该值越大，表明6个性状越符合育种目标，综合表现越好。分析结果如表4-28所示。

表4-28 菊芋新品系生物产量与品质性状试验结果 （%）

品种名称	块茎产量/ kg	生物产量/ （kg/亩）	花后秸秆 蛋白质含量	花后秸秆 纤维含量	花后秸 粗脂肪含量	块茎总糖 含量	块茎果 聚糖含量
Y-MC12	3 155.29	4 572.87	3.95	24.70	1.48	19.59	7.90
Y-MC17	3 707.73	5 418.45	4.53	21.10	1.15	19.36	7.50
Y-MC19	2 441.94	3 495.57	5.11	25.62	1.37	20.90	8.57
Y-MC21	3 772.64	5 467.51	14.55	19.21	1.39	22.28	9.70
Y-MC22	3 886.23	5 632.21	13.83	15.31	1.17	23.16	10.90
Y-MC25	2 748.13	4 367.26	11.50	20.35	2.03	21.52	9.80
Y-MC26	3 374.19	4 890.13	13.60	18.98	1.16	20.04	9.10
Y-MC27	3 700.65	5 691.74	10.44	27.79	1.78	19.58	7.60
青芋2号	2 366.74	3 430.06	3.83	30.75	0.638	12.72	8.38
权重	0.213 7	0.240 2	0.149	0.147 4	0.149	0.149 2	0.165 1

表4-28为选育的8个菊芋新品种（系）试验结果，青芋2号为对照。为客观、合理、科学地评价上述新品种（系）的综合性状，分别采用品种灰色多维综合比较和品种同异比较原理与方法，对上述新品系适时收获的块茎亩产量、生物产量花后秸秆粗蛋

白、花后秸秆粗纤维、花后秸秆粗脂肪、块茎总糖含量、块茎果聚糖含量等 6 个性状进行综合评价。

以生物产量高为主要育种目标，则各性状的权重如表 4-28 最后一行所示，6 个性状的权重中每亩生物产量为最高（0.240 2）。该研究采用灰色关联度法对各品种（系）的综合关联度进行了分析，以生物产量高为主要育种目标，在牧草型新品种选育过程中，不仅要测重每亩生物产量、而且要关注秸秆粗蛋白含量，通过表 4-28 给出了秸秆粗蛋白含量等性状指标数据。对 9 个参试品系进行灰色多维综合比较分析，其中灰色综合关联度表示的是某品系 6 个性状与理想性状（育种目标性状）之间的综合关联度。该值越大，表明 6 个性状越符合育种目标，综合表现越好。分析结果如表 4-29 所示。

表 4-29　菊芋新品系灰色多维综合比较分析（以牧草为主要育种目标）

品种（系）名称	灰色综合关联度	位次	产量方差分析位次
Y-MC26	0.691 1	4	6
Y-MC12	0.478 9	9	5
Y-MC21	0.816 8	1	1
Y-MC27	0.639 9	5	7
Y-MC25	0.715 7	3	4
Y-MC17	0.542 7	7	3
Y-MC19	0.530 5	8	8
Y-MC22	0.762 4	2	2
青芋 2 号	0.570 4	6	9

结果分析：牧草型新品种 Y-MC21 和 Y-MC22 综合表现最好。其 6 个性状综合关联度分别为 0.816 7 和 0.762 4，且综合效应显著优于其他品种，与对照品种青芋 2 号比较，达到极显著水平。这与灰色多维综合比较分析的结果基本一致，进一步说明，该品种确是不可多得的优良品种。其次，备选出了 Y-MC25、Y-MC26、Y-MC27 这三个品系不仅在新品系中生物产量、花后粗蛋白含量最高，而且花后秸秆粗纤维含量、花后秸秆粗脂肪也较高，是优质高产牧草型品种，为此，定名为"廊芋 21 号"和"廊芋 22 号"。

⑤牧草型菊芋品种确定。

根据牧草型品种选育的目标特性及作为畜禽饲料的不同加工用途，经综合生产试验分析，鉴定出牧草型菊芋品种 2 个，品系编号为：Y-MC21、Y-MC22；命名为"廊芋 21 号""廊芋 22 号"。选出备选品种 3 个，一个是兼顾块茎产量及秸秆蛋白含量均高；一个是秸秆蛋白含量高，但块茎产量一般；一个是秸秆蛋白含量高，秸秆产量也高，块茎产量低。命名为"廊芋25号""廊芋26号""廊芋27号"。

表4-30 牧草型品种与目标特性指标

品种名称	品系编号	块茎集中度	块茎亩产量/kg	块茎蛋白质含量/%	整株蛋白质含量/%
廊芋21号	Y-MC21	好	3 538.34	13.09	6.13
廊芋22号	Y-MC22	好	3 657.03	14.13	6.87
廊芋25号	Y-MC25	好	2 821.11	11.88	5.32
廊芋26号	Y-MC26	好	3 349.63	12.38	5.13
廊芋27号	Y-MC27	较好	3 627.70	12.81	5.93
青芋2号	对照	较好	2 412.31	1.26	3.28

注：菊芋成熟收获期的检测值。

4.3.4.3 耐盐碱型品种比较试验研究

根据耐盐碱型育种指标体系，经过多年筛选试验，在含糖量、产量、耐盐碱度及综合性状均表现突出的4个菊芋品系参加生产试验，选择耐盐碱型品系4个，编号为：Y-NY2、Y-NY6、Y-NY8、Y-NY3，对照品种为青海农科院选育的"青芋2号"，进行品比试验。试验地点为天津宁河良种场、静海、文安、唐海土壤质地为典型黏质中重度盐碱地，含盐量0.4%~0.6%。

品比试验结果详见表4-31、表4-32：

表4-31 菊芋品比试验结果分析

品种编号	主茎数/个				株高/cm				单株茎重/g				区平均产量/kg	折合平均亩产/kg
	I	II	III	平均	I	II	III	平均	I	II	III	平均		
Y-NY2	1	1	1	1.0	267	278	257	267	1.57	1.45	1.71	1.57	1 138.49	2 704.94
Y-NY6	2	3	2	2.3	287	269	315	290	1.91	1.99	1.88	1.93	1 414.85	3 393.09
Y-NY8	2	1	2	1.7	325	311	321	319	1.87	1.99	1.98	1.95	1 414.08	3 359.56
Y-NY3	3	2	2	2.3	299	321	304	308	1.14	1.30	1.45	1.30	942.70	2 239.70
青芋2号	2	3	2	2.3	275	270	279	274	1.04	1.11	1.24	1.13	823.12	1 595.84

注：数据来源于天津宁河良种场。

表4-32 菊芋品比试验结果分析

品种编号	主茎数（个）				株高（cm）				单株茎重（g）				区平均产量（kg）	折合平均亩产（kg）
	I	II	III	平均	I	II	III	平均	I	II	III	平均		
Y-NY2	1	1	1	1.0	257	268	247	257	1.47	1.35	1.62	1.48	1 073.23	2 549.81
Y-NY6	2	2	2	2.0	277	259	305	280	1.81	1.89	1.78	1.84	1 339.72	3 338.34

（续表）

品种编号	主茎数（个）				株高（cm）				单株茎重（g）				区平均产量（kg）	折合平均亩产（kg）
	Ⅰ	Ⅱ	Ⅲ	平均	Ⅰ	Ⅱ	Ⅲ	平均	Ⅰ	Ⅱ	Ⅲ	平均		
Y-NY8	2	2	2	2.0	325	311	321	319	1.77	1.89	1.89	1.85	1 341.53	3 187.27
Y-NY3	2	2	2	2.0	299	321	304	308	1.04	1.20	1.36	1.20	1 023.18	2 067.42
青芋 2 号	2	3	2	2.1	269	270	274	271	1.02	1.09	1.24	1.17	913.28	1 649.24

注：数据来源于天津静海试验基地。

从以上表4-31、表4-32试验结果可以看出，品比产量由高到低排序依次为：Y-NY6、Y-NY8、Y-NY2、Y-NY3，均高于对照品种"青芋2号"。在此品比试验的基础上，继续在文安，唐海对耐盐碱品系安排品比试验，试验结果见表4-33、表4-34。

表 4-33 菊芋品比试验结果分析

品种编号	取样株数	取样重量/kg	单株产量/kg	小区密度/株	小区产量/kg	密度/（株/亩）	实际测产/（kg/亩）	产量排序
Y-NY2	15	4.05	0.81	23.7	19.221	3 884	3 178.09	4
Y-NY4	15	4.35	0.87	23.7	20.609	3 884	3 407.72	3
Y-NY6	15	4.5	0.9	23.7	21.323	3 884	3 525.87	2
Y-NY8	15	5.15	1.03	23.7	24.380	3 884	4 031.10	1

注：数据来源于文安试验基地。

表 4-34 菊芋品比试验结果分析

品系编号	主茎数/个	株高/cm	单株茎重/kg	最大块茎重/kg	小区产量/kg	折合亩产/kg	产量排序
Y-NY2	3.0	145	1.14	0.042	102.6	1 708.29	4
Y-NY6	4.3	186	1.8	0.2	162.0	2 697.30	2
Y-NY4	3.0	1 698	1.62	0.153	140.9	2 345.99	3
Y-NY8	3.67	210	2.9	0.19	246.5	3 104.23	1

注：数据来源于唐海试验基地。

两个基地品比试验结果，以品种耐盐碱、抗逆性、兼顾高产选育为目标。从综合性状上考虑，确定出适宜耐盐碱型品种Y-NY8、Y-NY6两个品种。定名为耐盐型"廊芋6号"和"廊芋8号"。

4.3.4.4 鲜食型品种比较试验研究

根据鲜食型育种指标体系，经过多年筛选试验，通过品系产量与品质性状生产试验结果，详见表4-35列示选育的2个菊芋新品种（系）试验结果，"青芋2号"为对照。

表4-35 菊芋新品系产量与品质性状试验结果

品种系名称	块茎产/kg	块茎集中度	块茎形状	块茎总糖含量/%	还原糖含量/%
Y-XS1	3 326.00	集中	凸起小	20.28	8.10
Y-XS2	3 053.68	集中	火炬形	19.90	7.57
青芋2号	977.71	集中	长棒型	12.72	6.38
权重	0.210 7	—	—	0.149 2	0.165 1

注：数据来源于廊坊基地。

育种目标定位于鲜食型时，各性状的权重同样会发生相应变化。据灰关联度法得到鲜块茎亩产量、块茎总糖含量、还原糖含量等3个性状的测定值分别为：4 326.00、5.14、23.28、7.10。以培育鲜食型品种为主要育种目标时，应特别重视对块茎果聚糖、块茎总糖含量性状的选择。品种的灰色综合比较分析结果详见表4-36。

表4-36 菊芋新品系灰色多维综合比较分析（以鲜食型为主要育种目标）

品种（系）名称	灰色综合关联度	位次	产量方差分析位次
Y-XS1	0.722 1	1	1
Y-XS2	0.629 3	2	2
青芋2号	0.567 4	3	3

分析结果表明：编号为Y-XS1灰色综合关联度为0.722 1，综合性状最优。在其块茎总糖含量和还原糖含量综合性状表现最高，其他性状中等偏高。并且块茎中石细胞少，凸起少，口感甜脆，综合性状显著优于对照品种"青芋2号"，作为特色蔬菜，具有极大的推广潜力，因此该品种是一个优良的鲜食型品种。定名为"廊芋1号"。

4.3.4.5 景观型品种比较试验研究

根据景观型育种指标体系，经过多年筛选试验，通过品系生产试验，对块茎产量、生物总产量、初花期、花期天数、产花量等特征指标进行测定分析，结果详见表4-37，列示选育的3个菊芋新品种（系）编号为：Y-JG31、Y-JG32、Y-JG33试验结果，青芋2号为对照。为客观、合理、科学地评价上述新品系的利用价值，分别采用品种灰色多维综合比较和品种同异比较原理与方法，对3个品系初花期时间、花期天数、亩鲜秸秆产量、亩块茎产量、生物总产量等5个性状进行综合评价。

表 4-37 观赏型菊芋新品系试验结果

品系名称	初花期时间（月/日）	花期天数/d	亩鲜秸秆产量/kg	亩块茎产量/kg	生物总产量/kg
Y-XS31	7/26	102	3 845.75	2 692.03	6 537.78
Y-XS32	7/30	92	1 012.10	1 808.47	2 821.05
Y-XS33	8/02	87	1 374.58	1 395.95	2 770.53
青芋 2 号	9/24	30	2 865.56	2 578.91	5 444.47
权重	0.165 1	0.149 2	0.149	0.147 4	0.149

定位于景观型育种目标，各性状的权重同样会发生相应变化。据灰关联度法得到初花期时间、花期天数、亩鲜秸秆产量、亩块茎产量等 4 个性状的权重。这就是说，当以选育景观型品种为主要育种目标时，应特别重视对初花期时间、花期天数、亩鲜秸秆产量、亩块茎产量等性状的选择。灰色关联分析结果详见表 4-38。

表 4-38 菊芋新品系灰色多维综合比较分析（以景观型为主要育种目标）

品种（系）名称	灰色综合关联度	位次	产量方差分析位次
Y-JG31	0.680 2	1	1
Y-JG32	0.599 4	3	3
Y-JG33	0.629 3	4	2
青芋 2 号	0.480 2	5	5

从表 4-38 中 4 个品系与对照品种青芋 2 号的灰色综合比较，Y-JG31 灰色综合关联度为 0.680 2，综合性状最优。因此该品种是一个优良的景观型品种，定名为"廊芋 31 号"。

4.4 菊芋系列品种鉴定

选择菊芋系列品种表现优良的品种参加区试比较试验和相关指标，进一步鉴定已选品种特点，为大面积品种示范推广提供技术支撑。

4.4.1 加工型品种鉴定

4.4.1.1 区试材料

供试材料为"廊芋 3 号""廊芋 5 号" 2 个新品种，进行区试品比试验，对照品种青芋 2 号。

4.4.1.2 区试点基本情况

2017—2019 年连续 3 年于 3 月下旬至 11 月上旬分别在山东寿光市羊口镇、天津武清、廊坊安次马神庙、石家庄市试点进行品种适应性试验，小区试验面积 1 亩。

气候条件：山东寿光年平均气温 12.7℃，年最高 14.2℃，历年平均降水量 593.8mm，季节降水高度集中于夏季，均日照总时数 2548.8h，土壤 pH 值 8.4~8.7，属轻中度盐渍土壤，属暖温带季风区大陆性气候；马神庙试验基地试点海拔 13m 左右，年平均降水量 554.9mm，年平均日照为 2 660h 左右，年平均气温 11.9℃，最高气温 39℃，最低气温-16℃，无霜期 183d 左右，属暖温带大陆性季风气候；石家庄平山县试点海拔 111m 左右，年平均降水量 530~590mm，年平均日照为 2 600~2 750h，年平均气温 12.7℃，最高气温 40℃，最低气温-18℃，无霜期 180d 左右，属暖温带半湿润季风大陆性气候；石家庄试点海拔 160m 左右，年平均降水量 474.0mm，年平均日照为 2521.9h，年平均气温 12.8℃，最高气温 41℃，最低气温-14℃，无霜期 205d 左右，属暖温带季风大陆性气候；天津武清县石各庄试点海拔 10m 左右，年平均降水量 606mm，年平均日照为 2 521.9h，年平均气温 11.6℃，最高气温 38℃，最低气温-17℃，无霜期 212d 左右，属暖温带半湿润季风大陆性气候。

4.4.1.3 试验设计

山东、河北、天津的 4 个区域示范点采用随机区组，小区面积 1 亩，3 次重复。

4.4.1.4 结果与分析

为鉴定加工型菊芋新品种，廊坊菊芋育种团队自 2017—2019 年，选择 4 个示范点对加工型菊芋新品种的折干总糖、固含、总糖含量、果糖、葡萄糖、蔗糖、还原糖、块茎生态特性、块茎产量等指标测试，取平均数据，采用灰色分析的方法，对菊芋块茎上述 9 项指标含量之间的关系进行了研究分析见表 4-39。

表 4-39　区域试验三年平均菊芋块茎产量与营养品质汇总表　　　　　（%）

| 品种名称 | 区试地点 | 折干总糖 | 固含 | 总糖含量 | 果糖含量 | 葡萄糖含量 | 蔗糖含量 | 还原糖 | 块茎性状特性 | | | | 块茎产量/（kg/亩） |
									块茎集中度	整齐度	颜色	抗病性	
廊芋 3 号	山东寿光	75.71	23.26	17.61	0.10	ND	1.61	1.71	集中	整齐	白色	抗病	5 064.63
廊芋 5 号	山东寿光	76.95	23.08	17.76	0.06	ND	1.01	1.07	集中	整齐	白色	抗病	4 541.33
廊芋 3 号	天津武清	83.00	18.29	16.18	0.30	0.06	2.02	2.38	集中	整齐	白色	抗病	4 892.20
廊芋 5 号	天津武清	82.49	18.39	18.17	0.29	ND	1.69	1.98	集中	整齐	白色	抗病	4 437.07
廊芋 3 号	河北廊坊	83.12	26.19	21.77	0.34	0.06	1.47	1.87	集中	整齐	白色	抗病	4 908.24
廊芋 5 号	河北廊坊	82.84	22.96	23.02	0.23	ND	1.63	1.86	集中	整齐	白色	抗病	4 541.32
廊芋 3 号	河北石家庄	78.37	26.44	15.66	0.34	ND	1.50	1.89	集中	整齐	白色	抗病	4 591.45

（续表）

品种名称	区试地点	折干总糖	固含	总糖含量	果糖含量	葡萄糖含量	蔗糖含量	还原糖	块茎集中度	整齐度	颜色	抗病性	块茎产量/（kg/亩）
廊芋5号	河北石家庄	82.51	18.98	20.72	0.29	ND	1.05	1.34	集中	整齐	白色	抗病	4 266.64
青芋2号	上述试点	62.43	16.24	13.17	0.21	0.08	3.10	4.86	集中	整齐	紫色	抗病	3 124.36
理想品种性状权重值		0.098 6	0.082 1	0.098 4	0.088 1	0.079 6	0.078 5	0.094 3	—				1.314 9

衡量加工型菊芋品种的重要指标是"两高一低"，即块茎产量和总糖含量高，还原糖含量低。区试结果表明："廊芋3号"和"廊芋5号"在山东寿光、天津武清、河北廊坊和河北石家庄的区域试验达到茎产量和总糖含量高，还原糖含量低。由此可见，加工型品种选育以"两高一低"的育种目标，则品种的产量和品质各性状的权重如表4-39中最后一行所示。除菊芋块茎性状特性的8个性状的权重中每亩块茎产量为最高（1.314 9）。

采用灰色关联度法对各品种（系）的综合关联度进行了分析，以块茎产量与营养质量为主要育种目标，在加工型新品种选育过程中，不仅要测重每亩块茎产量、而且要关注折干总糖（0.098 6）、总糖含量（0.098 4）、还原糖（0.094 3）等各项指标的含量与理想性状（育种目标性状）之间的综合关联度。该值越大，表明9个性状越符合育种目标，综合表现越好。

4.4.2 牧草型品种鉴定

4.4.2.1 区试材料

供试材料为"廊芋21号""廊芋22号""廊芋25号""廊芋26号""廊芋27号"菊芋新品种，进行区试品比试验，对照品种"青芋2号"。

4.4.2.2 区试点基本情况

2019—2021年连续三年于3月下旬至11月上旬分别在廊坊菊芋研究所试验基地、廊坊市固安菊芋示范试点、石家庄市农科院试验基地、天津武清县石各庄试点进行品种适应性试验，小区试验面积2亩。

气候条件：马神庙试验基地试点海拔13m左右，年平均降水量554.9mm，年平均日照为2 660h左右，年平均气温11.9℃，最高气温39℃，最低气温-16℃，无霜期183d左右，属暖温带大陆性季风气候；石家庄平山县试点海拔111m左右，年平均降水量530~590mm，年平均日照为2 600~2 750h，年平均气温12.7℃，最高气温40℃，最低气温-18℃，无霜期180d左右，属暖温带半湿润季风大陆性气候；栾城神农神速地试点海拔160m左右，年平均降水量474.0mm，年平均日照为2 521.9h，年平均气温

12.8℃，最高气温 41℃，最低气温-14℃，无霜期 205d 左右，属暖温带季风大陆性气候；天津武清县石各庄试点海拔 10m 左右，年平均降水量 606mm，年平均日照为 2 521.9h，年平均气温 11.6℃，最高气温 38℃，最低气温-17℃，无霜期 212d 左右，属暖温带半湿润季风大陆性气候。

4.4.2.3 试验设计

采用随机区组，小区面积 1 334m²，3 次重复。

4.4.2.4 结果与分析

（1）块茎产量与其营养品质之间关系

为摸清菊芋块茎产量及其营养品质之间的关系，廊坊菊芋育种团队 2019—2021 年对选择的牧草型新品种和优良品系的粗蛋白、粗纤维、粗灰分、总能量、钙、镁、钾、总糖、总黄酮、总氨基酸含量测试，三年的平均数据，采用灰色分析的方法，对菊芋块茎上述 10 项指标含量之间的关系进行了研究分析见表 4-40。

表 4-40　菊芋品种区域试验三年平均块茎产量及其营养品质汇总表　　　　（%）

品种品系名称	粗蛋白	粗纤维	粗灰分	总能量/(kcal/kg)	钙	镁	钾	干基总糖	总黄酮	总氨基酸	块茎产量/(kg/亩)
廊芋 21 号	13.01	5.91	5.40	1 492.00	0.07	0.06	2.21	65.11	0.05	4.68	2 743.61
廊芋 22 号	14.13	5.96	5.44	1 490.33	0.08	0.05	2.21	65.17	0.05	4.60	3 409.17
廊芋 25 号	11.88	5.96	6.48	1 518.33	0.08	0.06	2.27	66.21	0.05	4.83	3 767.31
廊芋 26 号	12.04	5.94	6.51	1 521.33	0.09	0.06	2.29	66.29	0.06	4.86	3 774.00
廊芋 27 号	11.84	5.98	6.39	1 525.67	0.08	0.06	2.30	66.36	0.06	4.91	3 871.09
青芋 2 号	7.45	5.11	4.70	1 150.00	0.03	0.04	2.08	54.22	0.01	3.44	2 178.59
理想品种性状权重值	0.089 9	0.085 7	0.087 6	0.084 6	0.096 6	0.091 7	0.085 2	0.083 4	0.089 1	0.089 9	0.121 2

为进一步了解 6 个不同参试品种和品系的块茎产量及其叶营养品质之间的关系，我们运用品种同异比较原理与方法，对 6 个参试品种和品系进行了同异比较分析，对牧草型菊芋品种和品系进行分析，以块茎产量、品质为主要目标，并且兼顾鲜秸秆产量与叶营养指标的同异分析其计算结果详见表 4-41。

表 4-41　以块茎产量与茎叶营养兼顾为目标的同异分析结果表

品种品系名称	综合同一度	同异联系式	同异联系度	同异联系势值	联系势	显著性测验	评语	同异分析	方差分析
廊芋 21 号	0.837 9	0.837 9+0.162 1i	0.675 8	5.169 0	强同势	a	优良	6	5
廊芋 22 号	0.852 3	0.852 3+0.147 7i	0.704 6	5.770 5	强同势	a	优良	4	4

（续表）

品种品系名称	综合同一度	同异联系式	同异联系度	同异联系势值	联系势	显著性测验	评语	同异分析	方差分析
廊芋 25 号	0.930 0	0.93+0.07i	0.860 0	13.285 7	强同势	a	优良	1	3
廊芋 26 号	0.876 9	0.876 9+0.123 1i	0.753 8	7.123 5	强同势	a	优良	2	2
廊芋 27 号	0.868 1	0.868 1+0.131 9i	0.736 2	6.581 5	强同势	a	优良	3	1
青芋 2 号	0.626 3	0.626 3+0.373 7i	0.252 6	1.675 9	微同势	c	一般	10	10

分析结果表明：从表 4-41 中可见，牧草型新品系"廊芋 25 号""廊芋 26 号""廊芋 27 号"综合表现最好。性状综合同一度分别为 0.9300、0.8769、0.8681，综合效应显著优于其他品种品系，在 6 个品种和品系中均位列前三，并且与对照品种"青芋 2 号"比较，达到极显著水平。通过同异分析和方差分析，进一步说明"廊芋 27 号"是不可多得的优良品种。

（2）鲜秸秆产量及其营养品质之间关系

为研究菊芋鲜秸秆产量及其营养品质，利用 2019—2021 年廊坊 9 个新品种（系）的水分、粗蛋白、粗灰分、粗纤维、中洗纤维含量和鲜秸秆产量、块茎产量测试 3 年合计后的平均数据，采用灰色分析的方法，对菊芋块茎上述 10 项指标含量之间的关系进行了研究分析见详表 4-42。

表 4-42　菊芋品种区域试验三年平均鲜秸秆产量及其营养品质汇总结果 　　　　（%）

品种品系名称	代码	水分	茎粗蛋白质	粗灰分	粗脂肪	粗纤维	无氮浸出物	中性洗涤纤维	总能量/（kcal/kg）	鲜秸秆产量/（kg/亩）	块茎产量/（kg/亩）
廊芋 21 号	3	4.17	13.18	7.68	0.98	49.76	24.23	55.09	395.10	5 418.63	2 162.10
廊芋 22 号	4	3.52	14.03	8.51	0.90	52.43	20.61	57.58	395.16	5 517.82	3 332.04
廊芋 25 号	7	4.04	11.98	6.34	1.05	55.76	20.83	56.82	399.84	5 666.66	3 793.64
廊芋 26 号	8	4.06	12.46	6.33	1.24	51.22	24.69	56.85	401.50	5 701.27	3 821.70
廊芋 27 号	9	4.07	12.21	6.37	1.31	55.64	20.40	57.07	401.28	5 725.42	3 925.35
青芋 2 号	10	6.35	2.62	9.37	1.29	50.95	29.42	51.42	364.61	4 398.30	2 194.95
理想品种性状权重值		0.123 8	0.136 6	0.096 9	0.118 4	0.105 8	0.108 2	0.134 2	0.127 3	0.169 7	0.114 7

注：无氮浸出物（%）= 干物质%-粗蛋白%-粗脂肪%-粗灰分%-粗纤维%；总能（kcal/kg，1kcal/kg 约合 4.18kJ/kg，全书同）= 5.7*粗蛋白%+9.4*粗脂肪%+4.2*（粗纤维%+无氮浸出物%）

区试结果表明：菊芋鲜秸秆产量权重值最高（0.169 7），鲜秸秆营养品质与 8 项指标含量之间的关系密切度，明显地高于菊芋块茎产量（0.114 7）。鲜秸秆营养品质与其营养品质各指标权重值的排序分别次为粗蛋白、中洗纤维、水分、总能量、粗脂肪、无氮浸出物、粗纤维、粗灰分。由此可见，在菊芋品种鲜秸秆和块茎产量的改良过程中，这些性状之间的选择具有同步改良的效果。牧草型品种选育以块茎产量高为主要育种目标，则鲜秸秆营养品质各性状的权重如表4-42中最后一行所示。10个性状的权重中每亩鲜秸秆产量为最高（0.169 7），相比亩茎粗蛋白次之（0.114 7）。

本品种鉴定，采用灰色关联度法对各品种（系）的综合关联度进行了分析，以块茎产量高为主要育种目标，在牧草型新品种选育过程中，不仅要侧重每亩块茎产量、而且要关注叶营养品质中的粗蛋白（0.136 6）、中洗纤维（0.134 2）、总能量（0.127 3）、水分（0.123 8）、粗脂肪（0.118 4）、无氮浸出物（0.108 2）、粗纤维（0.105 8）、粗灰分（0.096 9）等各项指标的含量与理想性状（育种目标性状）之间的综合关联度，该值越大，表明8个性状越符合育种目标，综合表现越好。

为了进一步了解8个不同参试品种和品系的菊芋鲜秸秆产量及其营养品质之间的关系，我们运用品种同异比较原理与方法，对8个参试品种和品系进行了同异比较分析，对牧草型菊芋品种和品系进行，以鲜秸秆产量、品质为主要目标，并且兼顾块茎产量与其营养指标的同异分析其计算结果详见表4-43。

表4-43　菊芋鲜秸秆产量为主要目标的同异分析结果

品种品系名称	综合同一度	同异联系式	同异联系度	同异联系势值	联系势	显著性测验	评语	同异分析	方差分析
廊芋21号	0.814 0	0.814+0.186i	0.628	4.376 3	强同势	a	优良	9	10
廊芋22号	0.897 8	0.897 8+0.102 2i	0.795 6	8.784 7	强同势	a	优良	6	6
廊芋25号	0.908 5	0.908 5+0.091 5i	0.817	9.929	强同势	a	优良	3	3
廊芋26号	0.933 2	0.933 2+0.066 8i	0.866 4	13.970 1	强同势	a	优良	2	2
廊芋27号	0.942 5	0.942 5+0.057 5i	0.885	16.391 3	强同势	a	优良	1	1
青芋2号	0.687 1	0.687 1+0.312 9i	0.374 2	2.195 9	微同势	c	较好	10	9

分析结果表明：从表4-43中可见，以菊芋鲜秸秆产量为主要目标的同异分析中，牧草型新品系"廊芋25号""廊芋26号""廊芋27号"三个品种总能量等各项指标综合表现最好。性状综合同一度分别为0.908 5，0.933 2，0.942 5，综合效应显著优于廊芋21号（0.814 0）等其他品种（系），并且与对照品种青芋2号（0.687 1）比较，达到极显著水平。

4.4.3　耐盐型品种鉴定

4.4.3.1　区试材料

供试材料为"廊芋6号""廊芋8号"2个新品种，进行区试品比试验，对照品种"青芋2号""南菊芋2号"。

4.4.3.2 区试点基本情况

2018—2019 年连续两年于 4 月上旬至 11 月上旬分别在山东寿光市羊口镇、天津静海基地小区试验面积 1 亩。

气候条件：山东寿光年平均气温 12.7℃，历年平均降水量 593.8mm，季节降水高度集中于夏季，均日照总时数 2 548.8h，土壤 pH 值 8.4～9.7，土壤总盐含量 9.5g/kg 左右，属轻中度盐渍土壤，属暖温带季风区大陆性气候；天津静海县陈官屯试点海拔 10m 左右，年平均降水量 606mm，年平均日照为 2521.9h，年平均气温 11.6℃，最高气温 38℃，最低气温 -17℃，无霜期 212d 左右，土壤 pH 值 8.5～8.7，土壤总盐含量 12g/kg 左右，属中度盐渍土壤，属暖温带半湿润季风大陆性气候。

4.4.3.3 试验设计

山东寿光、河北廊坊、天津静海 3 个区域示范点采用随机区组，小区面积 1 亩，3 次重复。

4.4.3.4 结果与分析

为鉴定耐盐碱型菊芋新品种，廊坊菊芋育种团队 2018—2019 年选择 4 个耐盐型新品种的等土壤 pH 值、土壤总盐含量、干重、水分、灰分、总糖、还原糖、块茎性状特性、块茎产量等指标测试三年的合计后的平均数据，采用灰色分析的方法，对菊芋块茎上述 9 项指标含量之间的关系进行了鉴定分析见表 4-44。

表 4-44 菊芋品种区域试验两年平均块茎产量、耐盐性及品质汇总结果

品种名称	区试地点	土壤pH值	土壤总盐含量/(g/kg)	干重/g	水分含量/%	灰分/%	总糖/%	还原糖/%	块茎性状特性				块茎产量/(kg/亩)
									集中度	整齐度	颜色	抗病性	
廊芋6号	山东寿光	8.42	9.50	10.67	76.13	1.39	24.80	0.75	集中	整齐	白色	抗病	3 678.48
廊芋8号	山东寿光	8.42	9.50	6.31	75.48	1.52	19.30	0.30	集中	整齐	白色	抗病	4 102.35
廊芋6号	天津静海	8.51	12.20	8.93	76.21	1.52	23.10	0.45	集中	整齐	白色	抗病	3 574.02
廊芋8号	天津静海	8.51	12.20	10.1	74.62	1.84	22.60	0.24	集中	整齐	白色	抗病	3 962.68
廊芋6号	河北廊坊	7.60	8.40	10.82	73.08	2.54	21.50	0.28	集中	整齐	白色	抗病	3 678.47
廊芋8号	河北廊坊	7.60	8.40	10.92	74.94	1.65	22.90	0.34	集中	整齐	白色	抗病	3 975.68
青芋2号	上述试点	7.6～8.7	8.4～12.2	11.05	76.93	1.47	13.17	1.07	集中	整齐	紫色	抗病	2 671.33
南菊芋2号	上述试点	7.6～8.7	8.4～12.2	7.72	76.01	1.55	18.70	1.29	集中	整齐	紫色	抗病	2 778.35
理想品种性状权重值		0.088 4	0.088 1	0.084 2	0.078 5	0.076 4	0.081 1	0.17	—	—	—	—	1.151 0

区试结果表明：通过"廊芋 6 号"和"廊芋 8 号"在山东寿光、天津静海、河北廊坊试验结果可见，以耐盐碱型品种选育的目标，则品种的产量和耐盐性的权重如表 4-44

中最后一行所示。土壤 pH 值、土壤总盐含量、总糖含量均超过 0.08，表现为显著。

采用灰色关联度法对各品种（系）的综合关联度进行了分析，以块茎产量与营养质量为主要育种目标，在耐盐型新品种选育过程中，不仅要测重每亩块茎产量、而且要关注块茎产量（1.1510）土壤 pH 值（0.0884）、土壤总盐含量（0.0881）、总糖（0.0811）等各项指标的含量与理想性状（育种目标性状）之间的综合关联度。为此，通过鉴定分析"廊芋 6 号"和"廊芋 8 号"，由于对照品种"青芋 2 号"和"南芋 2 号"，是两个优良的耐盐型品种。

4.4.4 鲜食型与景观型品种鉴定

4.4.4.1 区试材料

供试材料为"廊芋 1 号""廊芋 31 号"进行区试品比试验，对照品种"青芋 2 号"。

4.4.4.2 区试点基本情况

2018—2019 年连续两年于 3 月下旬至 10 月下旬分别在廊坊安次马神庙试验基地和廊坊永清县。区试点年平均降水量 554.9mm，年平均日照为 2 660h 左右，年平均气温 11.9℃，最高气温 39℃，最低气温 -16℃，无霜期 183d 左右，属暖温带大陆性季风气候。

4.4.4.3 试验设计

河北廊坊安次和永清 2 个区域示范点采用随机区组，小区面积 300m^2，3 次重复。

4.4.4.4 结果与分析

为鉴定鲜食型与景观型菊芋新品种，廊坊菊芋创新团队 2018—2019 年选择 2 个新品种的块茎鲜重、干重、水分含量、灰分、总糖、块茎性状特性、花性状特性、块茎产量等指标测试两年的合计后的平均数据，采用灰色分析的方法，对菊芋块茎上述 8 项指标含量之间的关系进行了鉴定分析见表 4-45。

表 4-45　菊芋品种区域试验两年平均块茎产量及品质汇总分析表

品种名称	区试地点	块茎鲜重/g	干重/g	水分含量/%	灰分/%	总糖/%	还原糖/%	块茎性状特性				花性状特性		块茎产量/(kg/亩)
								生长习性	整齐度	颜色	抗病性	开花时间（月/日）	花期/d	
廊芋 1 号	廊坊永清	40.16	10.1	74.62	1.84	22.6	1.07	集中	整齐	白色	抗病	9/21	37	3 218.45
廊芋 1 号	廊坊安次	44.38	10.67	76.13	1.39	24.8	1.75	集中	整齐	紫色	抗病	9/21	37	3 648.21
廊芋 31 号	廊坊安次	48.15	11.05	76.93	1.47	15.0	0.98	分散	一般	白色	抗病	7/28	92	1 968.46
青芋 2 号	上述试点	40.24	11.05	76.93	1.47	12.7	1.07	集中	整齐	紫色	抗病	9/26	32	2 716.34
理想品种性状权重值		0.087 3	0.082 2	0.073 1	0.064 0	0.081 1	0.794 2	—	—	—	—	—	0.873 5	0.916 2

区试结果表明："廊芋 1 号"品种的产量和含糖量权重如表 4-45 中最后一行所示。总糖（0.811），还原糖（0.794 2）、块茎产量（0.916 2）均表现为显著。"廊芋 31 号"花性状特性（0.873 5）表现为显著。

采用灰色关联度法对各品种（系）的综合关联度进行了分析，以鲜食型与景观型品种鉴定为主要育种目标，各项指标的含量与理想性状（育种目标性状）之间的综合关联度。为此，通过鉴定分析"廊芋 1 号"和"廊芋 31 号"，与对照品种"青芋 2 号"相比极显著，是两个优良的特色品种。

4.4.5　品种繁育示范

廊坊菊芋育种团队运用定量育种的理论和方法，确定加工型（产量和总糖高，还原糖低）、牧草型（粗蛋白、总能高）、耐盐碱型（耐土壤含盐量 0.6%~0.8%）、景观型（花期长、花量多）、鲜食型（块茎甜脆可口、无渣）的不同专用品种的关键评价指标，构建了菊芋特性优异分类指标体系，选育了目标特性优异的菊芋系列品种群，并研究规模生产的机械化收获机具，制定出配套的农机农艺措施。

选育出的加工型菊芋新品种，块茎亩产比传统品种增产 27.86%~32.67%；总糖含量 19.36%~23.52%，比传统品种高 4.8 个百分点以上；还原糖含量 1.78%，比传统品种低 10% 以上，解决了高产、高糖、还原糖低"两高一低"集一身的育种难题。

选育出的牧草型菊芋新品种，分别比传统品种高 8.12 个、3.23 个、4.17 个百分点；首次进入国家饲料数据库，进一步拓展了我国优质粗饲料资源。

选育出的耐盐碱型菊芋新品种，具有适于耐土壤含盐量 0.6%~0.8% 区域生长，经测定，种植 3~5 年，可有效地降低土壤盐分，是改善盐碱地生态环境的重要作物。

选育出的景观型菊芋新品种，具有开花早，花期长，花朵数达 80 个以上，单株花产量达 258g，经测试发现含低聚果糖 0.89%，蛋白质 17.3%，适宜开发健康茶饮料，为改善生态环境，打造景观产业及菊芋花的开发产业链提供专用品种。

廊坊菊芋育种团队先后在河北、天津、山东、甘肃、内蒙古、河南、湖南、青海、新疆等省（区、市）建立繁种与示范基地，通过生产试验的品种在种子田进行繁育商品品种 2 380 万 t，为大面积推广提供优质品种及农机农艺配套技术。

第5章 菊芋配套栽培技术研究

以适应市场为导向，满足生产者需求，对菊芋专用品种的综合配套栽培技术的研究是非常重要的。任何一种作物想要获得丰产，都需要对其良种良法、农机农艺综合配套技术进行研究，给出优化的配套栽培措施。廊坊菊芋育种团队在选育出不同类型的菊芋品种基础上，对其配套栽培技术进行了研究探索，取得了大量第一手资料。通过连续多年品比及品种规模化栽培示范，总结出了一整套菊芋的良种良法、农机农艺配套栽培技术，以期为菊芋的推广栽培提供技术依托。

5.1 良种良法配套栽培技术研究

本书以廊坊市菊芋育种研究团队选育出的五大类型品种的配套栽培技术研究为例，给出良种良法配套栽培技术。

5.1.1 品种选择

廊芋品种分为五大类：加工型、牧草型、耐盐碱型、景观型与鲜食型。加工型品种为白色、乳白色及乳黄色，块茎形状为瘤状、少凸起的棒状，块茎产量高，丰产性能好；牧草型品种多数块茎颜色为白色、乳白色及乳黄色，少数为粉白色，生物产量高，块茎产量适中。耐盐碱型品种为白色或乳白色；景观型品种为紫红色种，块茎外皮紫红色，肉白色，单个块茎小，块茎分散，一般块茎丰产性相对低，适宜用于防风固沙或景观；牧草型品种块茎外皮多为乳白色及乳黄色，形状为瘤状、凸起状。规模化栽培菊芋，根据立地条件、环境条件及用途，选择耐旱、耐瘠薄、抗病性强，块茎集中度高、块茎大且多，品质指标符合不同用途的丰产的优良菊芋品种。加工型品种可选择种"廊芋3号""廊芋5号"等；耐盐碱品种"廊芋6号""廊芋8号"等；牧草型品种"廊芋21号""廊芋22号""廊芋25号""廊芋26号""廊芋27号"等；景观型品种"廊芋31号"等；鲜食型品种"廊芋1号"等。

5.1.2 播前准备

5.1.2.1 整地施肥

清除前茬残留物，土地深翻30~40cm，达到土壤疏松透气。

根据土壤地力条件，结合整地翻耕时一次性施入做底肥。给出不同地力条件下推荐施肥方案参考如下表5-1。

表 5-1 不同地力条件下推荐施肥方案

地力条件	有机肥		磷酸二铵/ (kg/亩)	硫酸钾/ (kg/亩)
	腐熟的农家肥/ (m³/亩)	商品有机肥/ (kg/亩)		
良好	1~2	50	30~40	10~15
一般	2~3	50~80	50	20
贫瘠	3~5	80~100	50	25

5.1.2.2　播种时间

整地后适时播种，在京津冀地区，一般在 4 月上旬完成播种。

5.1.2.3　种子处理

采用菊芋块茎进行无性繁殖。将无腐烂、无损伤的菊芋块茎切割成大小 30~50g 的种块，种块上至少带有 1~2 个芽孢。切割好的种块利用 0.8% 的高锰酸钾溶液浸泡 5min 消毒，捞出晾干待播。

5.1.2.4　播种方式

可选择机械播种，也可机械开沟，人工播种。

5.1.3　不同类型品种栽培试验

根据品种类型及特征特性，在京津冀地区进行了多点栽培试验，对供试品种的实验结果进行了分析，为大面积种植推广提供技术支撑。

5.1.3.1　栽培试验地点

廊坊区域：廊坊安次、广阳、文安；石家庄区域：石家庄市农业科学院、平山东大吾、鹿泉东庄；天津区域：天津市武清。

5.1.3.2　供试品种

品种为鲜食型"廊芋 1 号"、加工型"廊芋 3 号"、牧草兼加工型"廊芋 21 号"、景观型"廊芋 31 号"。

5.1.3.3　试验结果分析

为研究土壤基础地力与菊芋品种各要素之间的关系，分别在廊坊市安次、广阳、文安，石家庄市农业科学院、平山东大吾、鹿泉东庄，天津市武清等地安排栽培试验，随机区组设计，3 个重复。试验统计结果见表 5-2。

表 5-2 不同土壤地力与菊芋品种各主要性状之间的关系试验结果统计

地点	株高	分枝数	秸秆鲜重	块茎鲜重	生物产量	秸秆/块茎	土壤质地	有机质	速效氮	速效磷	速效钾	pH 值
天津武清	311.7	207.6	3 327	2 362.1	5 714.1	1.46	壤土	14.57	96.29	6.68	144	8.53
廊坊文安	276.2	191.5	3 457.2	2 518.2	5 983.8	1.36	盐碱	10.42	68.98	12.44	124.6	8.24

（续表）

地点	株高	分枝数	秸秆鲜重	块茎鲜重	生物产量	秸秆/块茎	土壤质地	有机质	速效氮	速效磷	速效钾	pH值
平山东大吾	291.3	161.3	4 059.8	2 866.6	6 926.4	1.43	荒坡	9.5	68	5.59	117	7.56
鹿泉东庄	290	189.5	4 236.1	2 907.6	7 143.7	1.47	砂土	10.8	59	8.1	201	7.71
廊坊安次	313	208.6	4 708.3	3 395.1	8 103.3	1.39	黏土	12.68	79.68	14.88	116.05	7.85
廊坊广阳	291.2	185.5	4 649.6	3 467.9	8 110	1.38	沙壤	12.18	77.22	14.59	118.3	7.59
石家庄农科院	303.6	239.9	5 001	3 742	8 743	1.34	壤土	15.4	102	8.5	136	7.8

据表 5-2 试验数据，对不同土壤基础地力与菊芋品种各主要性状之间的关系进行了灰色关联分析详见表 5-3。

表 5-3　土壤地力与菊芋各主要性状之间的灰色关联度分析

地力指标	株高	分枝数	秸秆鲜重	块茎鲜重	生物产量	秸秆块茎比
土壤质地	0.561 1	0.592 7	0.623 4	0.621 5	0.624 4	0.533 5
有机质	0.736 7	0.812 6	0.682 9	0.718 5	0.697 3	0.669 7
速效氮	0.687 6	0.718 9	0.614 2	0.637 3	0.624 0	0.654 7
速效磷	0.646 4	0.643 0	0.670 5	0.692 6	0.678 0	0.649 7
速效钾	0.549 7	0.555 4	0.558 3	0.733 0	0.704 4	0.715 2
pH 值	0.815 4	0.704 5	0.577 7	0.567 0	0.594 0	0.793 9

其结果分析如下：

（1）有机质与菊芋各主要性状之间的关系

有机质对分枝数的影响最大，其灰色关联度为 0.816 2，其次为株高（0.736 7）、块茎鲜重（0.715 8）和生物产量（0.697 3），对秸秆块茎比值（0.669 7）的影响相对较小。说明有机质在菊芋生长发育过程中也发挥着重要作用，如图 5-1 所示。

（2）速效氮与菊芋各主要性状之间的关系

速效氮对分枝数影响最大，其灰色关联度为 0.718 9，其次为株高（0.687 6）、秸秆块茎比（0.654 7）、块茎鲜重（0.637 3）和生物产量（0.624 0），对秸秆鲜重（0.614 2）的影响相对较小，如图 5-2 所示。

（3）速效磷与菊芋各主要性状之间的关系

速效磷对块茎鲜重影响最大，其灰色关联度为 0.692 6，其次为生物产量（0.678 0）、秸秆鲜重（0.670 5）、秸秆块茎比（0.649 7）、株高（0.646 4），对分枝数（0.643 0）的影响相对较小，如图 5-3 所示。

（4）速效钾与菊芋各主要性状之间的关系

速效钾块茎鲜重对影响最大，其灰色关联度为 0.733 0，其次为秸秆块茎比

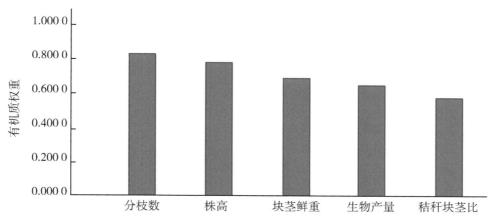

图 5-1　有机质与菊芋各主要性状之间关系

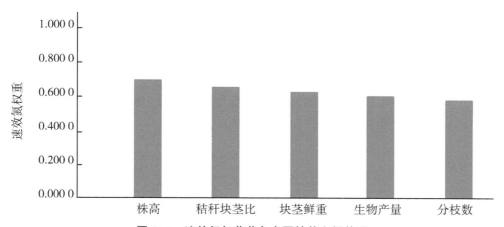

图 5-2　速效氮与菊芋各主要性状之间关系

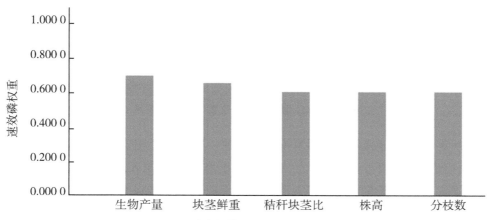

图 5-3　速效磷与菊芋各主要性状之间关系

（0.715 2）、生物产量（0.704 4），而对秸秆鲜重（0.558 3）、分枝数（0.555 4）和株高（0.549 7）影响相对较小，如图5-4所示。

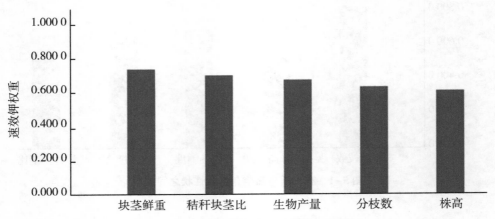

图5-4　速效钾与菊芋各主要性状之间关系

（5）土壤pH值与菊芋各主要性状之间的关系

土壤pH值对株高影响最大，其灰色关联度为0.815 4，其次为秸秆块茎比（0.793 9）、分枝数（0.704 5），而对生物产量（0.594 0）、秸秆鲜重（0.577 7）、块茎鲜重（0.567 0）影响相对较小，如图5-5所示。

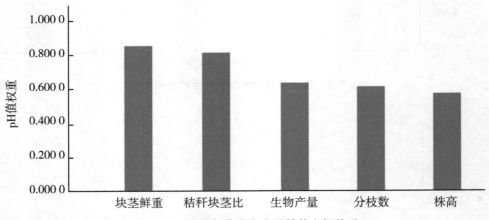

图5-5　pH值与菊芋各主要性状之间关系

综上所述，在土壤肥力诸多因素中，有机质、速效氮、速效磷对菊芋生长发育具有重要作用，而在试验所涉及的几个生态区域和土壤养分条件下，速效钾和pH值基本能够满足菊芋生长发育所需，构不成限制因子。因此，在菊芋栽培管理过程中，应重视培肥地力，重视速效氮和速效磷的施用。

5.1.4　不同栽培密度与菊芋品种各主要性状之间的关系研究

为了探讨在京津冀生态条件下不同栽培密度对菊芋品种各主要性状的影响，我们分别在廊坊安次、广阳、文安，石家庄市农业科学院、平山东大吾、鹿泉东庄，天津市武清等地安排试验，分别设置 70cm×50cm、80cm×50cm、90cm×50cm 和 100cm×50cm 4 个密度处理，参试品种为"廊芋 1 号""廊芋 3 号""廊芋 21 号"和"廊芋 31 号"，随机区组设计，3 个重复。试验统计结果见表 5-4。

表 5-4　不同栽培密度与菊芋各主要性状之间关系研究的试验结果

密度处理	分枝数	株高	秸秆鲜重	块茎鲜重	生物产量	秸秆块茎比
70cm×50cm	178.9	301.2	3 795.8	2 660.7	6 460.1	1.44
80cm×50cm	194.2	305.5	4 001.5	2 835.4	6 833.8	1.41
100cm×50cm	215.9	316.0	4 309.9	3 086.6	7 400.5	1.40
90cm×50cm	213.6	313.7	4 313.3	3 067.4	7 422.6	1.40

表 5-4 显示，不同栽培密度对分枝数、秸秆鲜重、块茎鲜重和生物产量均具有明显的影响，而对株高和秸秆块茎比影响不大。

不同密度对菊芋各主要性状究竟有多大影响，我们对其进行了灰色关联度分析，结果见表 5-5。

表 5-5　不同密度与菊芋各主要性状之间的灰色关联度分析

处理	分枝数	株高	秸秆鲜重	块茎鲜重	生物产量	秸秆块茎比
密度	0.740 7	0.684 0	0.715 8	0.723 7	0.720 2	0.657 3
排序	1	5	4	2	3	6

试验结果表明：不同密度对分枝数影响最大，其灰色关联度为 0.740 7，其次为块茎鲜重（0.723 7）、生物产量（0.720 2）和秸秆鲜重（0.715 8），而对株高（0.684 0）和秸秆块茎比（0.657 3）影响相对较小。在 4 种不同密度中，以 90cm×50cm 为最佳，其次为 100cm×50cm。因此，在试验所涉生态区域内，菊芋品种的适宜密度为 90cm×50cm 和 100cm×50cm，如图 5-6 所示。

5.1.5　不同立地条件（环境）与菊芋品种各主要性状之间的关系研究

菊芋生长发育是品种基因型与环境共同作用的结果。因此研究不同立地条件和环境对菊芋生长发育的影响具有重要意义与作用。为此，分别在廊坊的安次、广阳、文安，石家庄市农业科学院、平山东大吾、鹿泉东庄，天津市武清等地安排试验，参试品种为

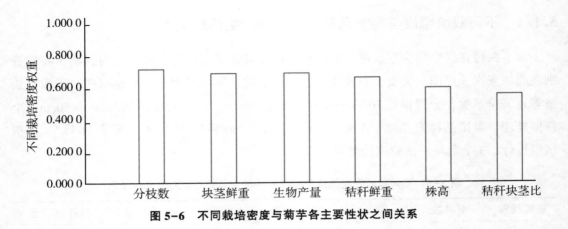

图 5-6　不同栽培密度与菊芋各主要性状之间关系

"廊芋 1 号" "廊芋 3 号" "廊芋 21 号" 和 "廊芋 31 号"，随机区组设计，3 个重复。以品种 "廊芋 1 号" 品种为例，试验统计结果详见表 5-6。

表 5-6　不同立地条件（环境）与菊芋各主要性状之间关系的试验结果

试验地点	土壤质地	分枝数	株高	秸秆鲜重	块茎鲜重	生物产量	秸秆块茎比
文安	内陆盐碱	190.8	276.2	3 457.2	2 518.2	5 983.8	1.37
天津武清	壤土	207.6	338.4	3 609.8	2 436.3	6 080.4	1.45
平山东大吾	荒坡	161.3	291.3	4 059.8	2 866.6	6 926.4	1.43
鹿泉东庄	沙土	189.5	290	4 236.1	2 907.6	7 143.7	1.47
安次	黏土	208.6	313	4 708.3	3 395.1	8 103.3	1.39
广阳	沙壤土	185.5	291.2	4 649.6	3 467.9	8 110	1.39
石家庄农科院	壤土	239.9	303.6	5 001	3 742	8 743	1.34

由表 5-6 试验结果可知，相同品种在不同立地条件（环境）下，各主要性状有明显不同。说明环境对菊芋品种的确有一定影响。

为进一步明确不同立地条件（环境）对菊芋品种各主要性状的具体影响，对其进行了灰色关联度分析详见表 5-7。

表 5-7　不同立地条件（环境）与菊芋主要性状之间的灰色关联度分析

处理	分枝数	株高	秸秆鲜重	块茎鲜重	生物产量	秸秆块茎比
环境	0.582 7	0.540 5	0.609 8	0.611 4	0.608 9	0.525 0
排序	4	5	2	1	3	6

结果表明，不同立地条件（环境）对菊芋各主要性状均具有一定程度的影响。其

中，环境对块茎鲜重（0.611 4）、秸秆鲜重（0.609 8）和生物产量（0.608 9）影响较大，而对分枝数（0.582 7）、株高（0.540 5）和秸秆块茎比（0.525 0）的影响相对较小。这就启示我们，菊芋品种是有一定适宜种植区域的，因此，应当重视对菊芋品种最佳适应区域的研究，如图 5-7 所示。

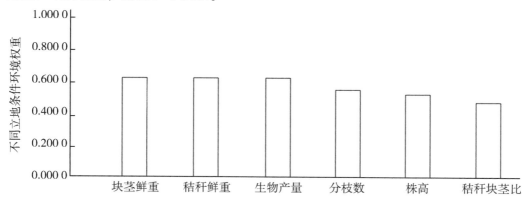

图 5-7 不同立地条件环境与菊芋各主要性状之间关系

5.1.6 不同区域环境、不同类型品种密度试验研究

区域试验地点分别选择了廊坊安次、广阳、廊坊文安，石家庄市农业科学院、平山东大吾、鹿泉东庄，天津市武清等地，进行栽培试验研究。供试品中品种仍为"廊芋 1号""廊芋 3 号""廊芋 21 号"和"廊芋 31 号"。

表 5-8 不同区域、不同类型菊芋品种密度组合优化布局研究试验结果

试验地点	品种	分枝数	株高	秸秆鲜重	块茎鲜重	生物产量	秸秆块茎比
河北省安次	廊芋 1 号（70）	108	279.5	4 289.51	3 215.55	7 631.45	1.37
	廊芋 1 号（80）	123	不同区域（栽培环境）	4 415.9	3 351.18	7 640.69	1.28
	廊芋 1 号（90）	144	298.67	4 849.22	3 788.45	8 637.67	1.28
	廊芋 1 号（100）	138	292.33	4 602.44	3 595.66	8 198.1	1.28
	廊芋 3 号（70）	172	302.88	4 858.59	3 595.36	8 453.95	1.35
	廊芋 3 号（80）	184	311.56	4 996.21	3 925.56	8 963.41	1.26
	廊芋 3 号（90）	164	341.49	5 306.82	3 967.2	9 232.38	1.35
	廊芋 3 号（100）	224	328.77	5 013.56	3 710.03	8 723.59	1.35
	廊芋 21 号（70）	318	316.23	5 523.77	3 645.68	9 169.45	1.52
	廊芋 21 号（80）	228	325.66	5 769.54	3 750.2	9 565.96	1.52
	廊芋 21 号（90）	384	368.98	5 832.65	3 849.55	9 682.2	1.52
	廊芋 21 号（100）	270	351.27	5 797.55	3 768.41	9 519.74	1.56
	廊芋 31 号（70）	180	281.11	3 345.65	2 393.01	5 738.66	1.4
	廊芋 31 号（80）	205	299.87	3 446.1	2 504.74	5 950.84	1.38
	廊芋 31 号（90）	235	315.32	3 708.52	2 665.19	6 373.71	1.39
	廊芋 31 号（10）	260	308.43	3 576.18	2 595.38	6 171.56	1.38

（续表）

试验地点	品种	分枝数	株高	秸秆鲜重	块茎鲜重	生物产量	秸秆块茎比
	廊芋 1 号（70）	123	286.36	4 189.52	3 282.67	7 472.19	1.28
	廊芋 1 号（80）	120	285.78	4 374.68	3 417.72	7 792.4	1.28
	廊芋 1 号（90）	153	287.45	5 021.89	3 825.81	8 847.7	1.74
	廊芋 1 号（100）	141	283.23	4 789.34	3 629.86	8 419.22	1.32
	廊芋 3 号（70）	224	301.65	4 158.53	3 429.31	7 587.84	1.21
	廊芋 3 号（80）	200	304.45	4 500.8	3 610.12	8 110.12	1.25
	廊芋 3 号（90）	180	305.96	4 728.38	3 821.45	8 549.83	1.24
河北省	廊芋 3 号（100）	164	303.89	4 604.51	3 682.41	8 287.43	1.25
广阳	廊芋 21 号（70）	195	311.66	5 381.68	3 666.9	9 048.58	1.47
	廊芋 21 号（80）	276	314.54	5 585.87	3 882.85	9 468.72	1.62
	廊芋 21 号（90）	252	318.15	5 886.43	4 026.31	9 912.74	1.46
	廊芋 21 号（100）	300	315.33	5 698.25	3 941.56	9 639.81	1.63
	廊芋 31 号（70）	136	211.97	3 659.11	2 481.98	6 141.09	1.47
	廊芋 31 号（80）	152	221.9	3 779.78	2 692.03	6 471.81	1.4
	廊芋 31 号（90）	180	304.36	4 189.52	3 282.67	7 472.19	1.28
	廊芋 31 号（100）	172	301.82	3 845.75	2 812.32	6 537.78	1.28
	廊芋 1 号（70）	108	257.23	3 534.46	2 698.06	6 232.52	1.31
	廊芋 1 号（80）	126	261.78	3 801.33	2 890.81	6 692.14	1.29
	廊芋 1 号（90）	126	258.91	3 659.66	2 778.49	6 438.15	1.33
	廊芋 1 号（100）	120	245.91	3 689.22	2 710.41	6 408.63	1.36
	廊芋 3 号（70）	152	298.98	3 053.29	2 319.18	5 372.47	1.32
	廊芋 3 号（80）	200	308.33	3 469.98	2 589.39	6 059.37	1.34
	廊芋 3 号（90）	232	306.44	3 268.27	2 318.91	5 787.18	1.3
河北省	廊芋 3 号（100）	160	302.76	2 886.45	2 217.84	5 104.29	1.3
文安	廊芋 21 号（70）	290	321.43	3 907.72	2 627.33	6 535.05	1.49
	廊芋 21 号（80）	300	349.89	4 119.84	2 879.32	6 999.16	1.43
	廊芋 21 号（90）	228	338.69	3 989.69	2 718.44	6 708.13	1.47
	廊芋 21 号（100）	290	318.96	3 785.29	2 609.88	6 395.63	1.45
	廊芋 31 号（70）	164	209.87	3 045.75	2 283.71	5 329.46	1.33
	廊芋 31 号（80）	200	215.32	3 138.09	2 365.98	5 429.47	1.37
	廊芋 31 号（90）	224	212.98	3 086.32	2 291.38	5 377.7	1.35
	廊芋 31 号（100）	132	211.23	2 879.83	1 992.03	4 871.86	1.44

（续表）

试验地点	品种	分枝数	株高	秸秆鲜重	块茎鲜重	生物产量	秸秆块茎比
石家庄市农业科学院	廊芋 1 号（70）	240	326.5	4 265.5	3 526	7 791.5	1.22
	廊芋 1 号（80）	290	320.5	4 668.12	3 991	8 659.12	1.17
	廊芋 1 号（90）	250	323.4	5 669.6	4 012	9 681.6	1.44
	廊芋 1 号（100）	288	312.7	5 611.2	4 109	9 720.2	1.38
	廊芋 3 号（70）	168	309.7	5 486.71	3 880	9 366.71	1.44
	廊芋 3 号（80）	290	299.5	5 568.9	3 988	9 556.9	1.38
	廊芋 3 号（90）	250	315.4	5 714.36	4 148	9 862.36	1.38
	廊芋 3 号（100）	192	312.7	5 869.09	4 269	10 138.09	1.38
	廊芋 21 号（70）	240	332.2	4 702.5	3 621	8 323.5	1.27
	廊芋 21 号（80）	280	326.3	4 887.17	3 835	8 722.17	1.27
	廊芋 21 号（90）	280	320.5	4 912.8	3 825	8 737.8	1.27
	廊芋 21 号（100）	300	330.7	4 885.9	3 728	8 613.9	1.33
	廊芋 31 号（70）	200	268.6	4 369	3 066	7 435	1.44
	廊芋 31 号（80）	210	256.4	4 521.9	3 326	7 847.9	1.38
	廊芋 31 号（90）	180	253.2	4 665.8	3 399	8 064.8	1.38
	廊芋 31 号（100）	180	249.5	4 216.8	3 149	7 365.8	1.33
河北省平山东大吾	廊芋 1 号（70）	138	292.5	3 809.56	2 732	6 541.56	1.38
	廊芋 1 号（80）	80	320.5	4 012.77	2 870	6 882.77	1.38
	廊芋 1 号（90）	150	310.2	4 587.15	3 171	7 758.15	1.44
	廊芋 1 号（100）	184	298.5	4 467.12	3 066	7 533.12	1.44
	廊芋 3 号（70）	84	305.6	4 290.69	2 899	7 189.69	1.5
	廊芋 3 号（80）	114	309.7	4 318.9	2 928	7 246.9	1.5
	廊芋 3 号（90）	168	315.6	4 659.6	3 240	7 899.6	1.44
	廊芋 3 号（100）	184	322.7	4 750.81	3 348	8 098.81	1.44
	廊芋 21 号（70）	168	291.1	4 325.8	3 032	7 357.8	1.44
	廊芋 21 号（80）	180	289.7	4 817.6	3 426	8 243.6	1.38
	廊芋 21 号（90）	168	305.3	4 918.7	3 568	8 486.7	1.39
	廊芋 21 号（100）	196	301.9	4 012.34	3 619	7 631.34	1.13
	廊芋 31 号（70）	180	259.3	2 846.58	1 896	4 742.58	1.5
	廊芋 31 号（80）	168	225.9	2 987.78	1 929	4 916.78	1.56
	廊芋 31 号（90）	174	286.7	3 026.25	2 015	5 041.25	1.5
	廊芋 31 号（100）	244	225.9	3 125.35	2 126	5 251.35	1.5

（续表）

试验地点	品种	分枝数	株高	秸秆鲜重	块茎鲜重	生物产量	秸秆块茎比
河北省鹿泉东庄	廊芋1号（70）	126	287.6	4 563.12	3 128	7 691.12	1.44
	廊芋1号（80）	152	277.6	5 102.78	3 518	8 620.78	1.44
	廊芋1号（90）	177	301.2	5 231.78	3 666	8 897.78	1.44
	廊芋1号（100）	208	266.8	5 189.32	3 632	8 821.32	1.44
	廊芋3号（70）	177	281.1	4 137.63	2 897	7 034.63	1.44
	廊芋3号（80）	156	259.8	4 258.66	3 048	7 306.66	1.38
	廊芋3号（90）	192	276.9	4 702.91	3 340	8 042.91	1.38
	廊芋3号（100）	186	298.7	4 811.88	3 348	8 159.88	1.44
	廊芋21号（70）	168	276.6	3 803.15	2 469	6 272.15	1.56
	廊芋21号（80）	144	288.7	4 017.22	2 615	6 632.22	1.56
	廊芋21号（90）	224	269.3	5 134.6	3 811	8 945.6	1.33
	廊芋21号（100）	200	298.6	4 321.9	2 976	7 297.9	1.44
	廊芋31号（70）	186	301.5	2 889.9	1 877	4 766.9	1.56
	廊芋31号（80）	224	321.5	3 084.21	1 973	5 057.21	1.56
	廊芋31号（90）	240	311.2	3 271.12	2 128	5 399.12	1.56
	廊芋31号（100）	272	322.1	3 256.71	2 096	5 352.71	1.56
天津武清	廊芋1号（70）	138	345.33	2 983.45	2 185.76	5 169.21	1.36
	廊芋1号（80）	144	354.7	3 048.96	2 291.78	5 340.74	1.33
	廊芋1号（90）	162	356.67	3 598.63	2 526.46	6 125.09	1.42
	廊芋1号（100）	174	358.67	3 928.33	2 825.18	6 753.51	1.39
	廊芋3号（70）	144	338.33	2 953.29	2 018.35	4 971.64	1.46
	廊芋3号（80）	180	344.03	3 053.29	2 125.26	5 178.55	1.44
	廊芋3号（90）	200	345.66	3 495.47	2 589.46	6 534.93	1.12
	廊芋3号（100）	232	348.98	3 980.39	3 021.49	7 001.88	1.32
	廊芋21号（70）	204	342.98	3 816.93	2 166.4	5 983.33	1.76
	廊芋21号（80）	252	343.34	4 209.65	2 312.85	6 522.5	1.63
	廊芋21号（90）	300	344.56	4 535.69	2 642.25	7 177.94	1.72
	廊芋21号（100）	324	344.52	4 844.6	2 826.61	7 671.21	1.71
	廊芋31号（70）	205	287.87	2 956.45	1 968.48	4 924.93	1.5
	廊芋31号（80）	220	297.56	3 158.34	2 192.83	5 351.17	1.44
	廊芋31号（90）	250	301.56	3 456.34	2 498.32	5 954.66	1.38
	廊芋31号（100）	192	359.8	3 736.98	2 788.79	6 625.77	1.29
性状权重（鲜食型）		0.123 3	0.137 7	0.185 7	0.211 6	0.194 8	0.146 9
性状权重（饲草型）		0.124 0	0.137 3	0.211 8	0.184 3	0.198 3	0.144 3

5.1.7　菊芋品种密度组合优化布局

在确立选育饲草、景观、耐盐、鲜食、加工型等菊芋新品种的育种目标基础上，运用作物灰色育种和同异育种理论与方法选育菊芋新品种，一批表现优良的廊芋系列新品种相继问世。其中，LF-1、"廊芋 2 号"、"廊芋 21 号"和"廊芋 31 号"表现尤为突出。为了探讨这些新品种的适宜密度和适宜种植区域，廊坊菊芋创新团队分别在河北省廊坊市安次、广阳、文安，河北省石家庄市农业科学院、平山东大吾、鹿泉东庄，天津市武清等地设置试验，密度处理 4 个：70cm×50cm、80cm×50cm、90cm×50cm 和 100cm×50cm，参试品种为"廊芋 1 号""廊芋 3 号""廊芋 21 号"和"廊芋 31 号"，随机区组设计，3 个重复。试验统计结果见表 5-7。以菊芋品种"廊芋 1 号"与"廊芋 21 号"为例研究密度组合优化布局。

5.1.7.1　鲜食型菊芋新品种廊芋 1 号与密度组合优化同异布局研究

鲜食型菊芋品种廊芋 1 号，它的最适密度是多少，最佳种植区域又在什么地方，这是需要认真研究和探索的。为此，我们对上述试验结果进行了同异布局分析（表 5-8）。

廊芋 1 号品种，各性状诸如分枝数、株高、秸秆鲜重、块茎鲜重、生物产量和秸秆块茎比的权重分别为 0.123 3、0.137 7、0.185 7、0.211 6、0.194 8 和 0.146 9。同异布局分析结果见表 5-9 所示。

表 5-9　鲜食型菊芋新品种密度组合优化同异布局分析

生态区	品种	综合同一度	同异联系势值	同异联系势	联系势测试	排序	综合评语
河北省安次	廊芋 1 号（70）	0.590 4	1.441 4	微同势	c	12	一般
	廊芋 1 号（80）	0.598 6	1.491 3	微同势	c	11	一般
	廊芋 1 号（90）	0.659 8	1.939 4	微同势	c	9	一般
	廊芋 1 号（100）	0.632 1	1.718 1	微同势	c	10	一般
	廊芋 3 号（70）	0.661 8	1.956 8	微同势	c	8	一般
	廊芋 3 号（80）	0.688 7	2.212 3	微同势	c	7	一般
	廊芋 3 号（90）	0.706 8	2.410 6	弱同势	b	5	较好
	廊芋 3 号（100）	0.694 3	2.271 2	弱同势	b	6	较好
	廊芋 21 号（70）	0.760 1	3.168 4	弱同势	b	3	较好
	廊芋 21 号（80）	0.751 8	3.029 0	弱同势	b	4	较好
	廊芋 21 号（90）	0.811 0	4.291 0	强同势	a	1	优良
	廊芋 21 号（100）	0.769 5	3.338 4	弱同势	b	2	较好
	廊芋 31 号（70）	0.509 1	1.037 1	微同势	c	16	一般
	廊芋 31 号（80）	0.528 2	1.119 5	微同势	c	15	一般
	廊芋 31 号（90）	0.563 0	1.288 3	微同势	c	13	一般
	廊芋 31 号（100）	0.558 7	1.266 0	微同势	c	14	一般

（续表）

生态区	品种	综合同一度	同异联系势值	同异联系势	联系势测试	排序	综合评语
河北省广阳	廊芋 1 号（70）	0.584 8	1.408 5	微同势	c	13	较好
	廊芋 1 号（80）	0.602 5	1.515 7	微同势	c	12	较好
	廊芋 1 号（90）	0.712 4	2.477 1	弱同势	b	4	优良
	廊芋 1 号（100）	0.648 2	1.842 5	微同势	c	7	较好
	廊芋 3 号（70）	0.619 9	1.630 9	微同势	c	10	较好
	廊芋 3 号（80）	0.645 3	1.819 3	微同势	c	8	较好
	廊芋 3 号（90）	0.664 2	1.978 0	微同势	c	6	较好
	廊芋 3 号（100）	0.644 0	1.809 0	微同势	c	9	较好
	廊芋 21 号（70）	0.710 7	2.456 6	弱同势	b	5	优良
	廊芋 21 号（80）	0.774 5	3.434 6	弱同势	b	3	优良
	廊芋 21 号（90）	0.778 5	3.514 7	弱同势	b	2	优良
	廊芋 21 号（100）	0.792 7	3.823 9	弱同势	b	1	优良
	廊芋 31 号（70）	0.522 8	1.095 6	微同势	c	16	较好
	廊芋 31 号（80）	0.542 7	1.186 7	微同势	c	15	较好
	廊芋 31 号（90）	0.603 1	1.519 5	微同势	c	11	较好
	廊芋 31 号（100）	0.548 4	1.214 3	微同势	c	14	较好
河北省文安	廊芋 1 号（70）	0.509 0	1.036 7	微同势	c	10	优良
	廊芋 1 号（80）	0.539 9	1.173 4	微同势	c	5	优良
	廊芋 1 号（90）	0.528 3	1.120 0	微同势	c	7	优良
	廊芋 1 号（100）	0.525 9	1.109 3	微同势	c	8	优良
	廊芋 3 号（70）	0.473 5	0.899 3	微异势	e	14	较好
	廊芋 3 号（80）	0.530 3	1.129 0	微同势	c	6	优良
	廊芋 3 号（90）	0.512 2	1.050 0	微同势	c	9	优良
	廊芋 3 号（100）	0.459 0	0.848 4	微异势	e	15	较好
	廊芋 21 号（70）	0.596 6	1.478 9	微同势	c	2	优良
	廊芋 21 号（80）	0.622 9	1.651 8	微同势	c	1	优良
	廊芋 21 号（90）	0.585 4	1.412 0	微同势	c	4	优良
	廊芋 21 号（100）	0.585 8	1.414 3	微同势	c	3	优良
	廊芋 31 号（70）	0.475 4	0.906 2	微异势	e	13	较好
	廊芋 31 号（80）	0.499 2	0.996 8	微异势	e	11	较好
	廊芋 31 号（90）	0.498 8	0.995 2	微异势	e	12	较好
	廊芋 31 号（100）	0.445 8	0.804 4	微异势	e	16	较好

（续表）

生态区	品种	综合同一度	同异联系势值	同异联系势	联系势测试	排序	综合评语
河北省石家庄农科院	廊芋 1 号（70）	0.637 9	1.761 7	微同势	c	14	较好
	廊芋 1 号（80）	0.702 2	2.358 0	弱同势	b	10	优良
	廊芋 1 号（90）	0.764 2	3.240 9	弱同势	b	5	优良
	廊芋 1 号（100）	0.775 1	3.446 4	弱同势	b	1	优良
	廊芋 3 号（70）	0.719 5	2.565 1	弱同势	b	6	优良
	廊芋 3 号（80）	0.765 3	3.260 8	弱同势	b	4	优良
	廊芋 3 号（90）	0.770 8	3.363 0	弱同势	b	2	优良
	廊芋 3 号（100）	0.768 4	3.317 8	弱同势	b	3	优良
	廊芋 21 号（70）	0.670 8	2.037 7	微同势	c	11	较好
	廊芋 21 号（80）	0.707 7	2.421 1	弱同势	b	9	优良
	廊芋 21 号（90）	0.708 4	2.429 4	弱同势	b	8	优良
	廊芋 21 号（100）	0.711 8	2.469 8	弱同势	b	7	优良
	廊芋 31 号（70）	0.617 1	1.611 6	微同势	c	15	较好
	廊芋 31 号（80）	0.640 9	1.784 7	微同势	c	13	较好
	廊芋 31 号（90）	0.643 6	1.805 8	微同势	c	12	较好
	廊芋 31 号（100）	0.599 4	1.496 3	微同势	c	16	较好
河北省平山东大吾	廊芋 1 号（70）	0.540 8	1.177 7	微同势	c	12	优良
	廊芋 1 号（80）	0.542 0	1.183 4	微同势	c	11	优良
	廊芋 1 号（90）	0.619 3	1.626 7	微同势	c	5	优良
	廊芋 1 号（100）	0.616 9	1.610 3	微同势	c	6	优良
	廊芋 3 号（70）	0.569 4	1.322 3	微同势	c	10	优良
	廊芋 3 号（80）	0.582 4	1.394 6	微同势	c	9	优良
	廊芋 3 号（90）	0.633 5	1.728 5	微同势	c	4	优良
	廊芋 3 号（100）	0.650 7	1.862 9	微同势	c	3	优良
	廊芋 21 号（70）	0.602 3	1.514 5	微同势	c	8	优良
	廊芋 21 号（80）	0.653 2	1.883 5	微同势	c	2	优良
	廊芋 21 号（90）	0.665 1	1.986 0	微同势	c	1	优良
	廊芋 21 号（100）	0.609 8	1.562 8	微同势	c	7	优良
	廊芋 31 号（70）	0.457 9	0.844 7	微异势	e	16	较好
	廊芋 31 号（80）	0.468 5	0.881 5	微异势	e	15	较好
	廊芋 31 号（90）	0.473 3	0.898 6	微异势	e	14	较好
	廊芋 31 号（100）	0.508 4	1.034 2	微同势	c	13	优良

（续表）

生态区	品种	综合同一度	同异联系势值	同异联系势	联系势测试	排序	综合评语
河北省鹿泉东庄	廊芋 1 号（70）	0.607 4	1.547 1	微同势	c	8	较好
	廊芋 1 号（80）	0.670 0	2.030 3	微同势	c	4	较好
	廊芋 1 号（90）	0.694 7	2.275 5	弱同势	b	3	优良
	廊芋 1 号（100）	0.700 2	2.335 6	弱同势	b	2	优良
	廊芋 3 号（70）	0.586 3	1.417 2	微同势	c	10	较好
	廊芋 3 号（80）	0.591 1	1.445 6	微同势	c	9	较好
	廊芋 3 号（90）	0.645 3	1.819 3	微同势	c	6	较好
	廊芋 3 号（100）	0.654 5	1.894 4	微同势	c	5	较好
	廊芋 21 号（70）	0.547 0	1.207 5	微同势	c	12	较好
	廊芋 21 号（80）	0.560 3	1.274 3	微同势	c	11	较好
	廊芋 21 号（90）	0.705 7	2.397 9	弱同势	b	1	优良
	廊芋 21 号（100）	0.608 5	1.554 3	微同势	c	7	较好
	廊芋 31 号（70）	0.465 7	0.871 6	微异势	e	16	一般
	廊芋 31 号（80）	0.494 4	0.977 8	微异势	e	15	一般
	廊芋 31 号（90）	0.519 7	1.082 0	微同势	c	14	较好
	廊芋 31 号（100）	0.527 0	1.114 2	微同势	c	13	较好
天津武清	廊芋 1 号（70）	0.459 6	0.850 5	微异势	e	15	较好
	廊芋 1 号（80）	0.469 6	0.885 4	微异势	e	14	较好
	廊芋 1 号（90）	0.527 0	1.114 2	微同势	c	9	优良
	廊芋 1 号（100）	0.565 6	1.302 0	微同势	c	5	优良
	廊芋 3 号（70）	0.456 8	0.840 9	微异势	e	16	较好
	廊芋 3 号（80）	0.479 2	0.920 1	微异势	e	12	较好
	廊芋 3 号（90）	0.521 9	1.091 6	微同势	c	10	优良
	廊芋 3 号（100）	0.594 6	1.466 7	微同势	c	3	优良
	廊芋 21 号（70）	0.555 2	1.248 2	微同势	c	6	优良
	廊芋 21 号（80）	0.589 7	1.437 2	微同势	c	4	优良
	廊芋 21 号（90）	0.651 9	1.872 7	微同势	c	2	优良
	廊芋 21 号（100）	0.687 1	2.195 9	微同势	c	1	优良
	廊芋 31 号（70）	0.476 5	0.910 2	微异势	e	13	较好
	廊芋 31 号（80）	0.502 0	1.008 0	微同势	c	11	优良
	廊芋 31 号（90）	0.542 7	1.186 7	微同势	c	8	优良
	廊芋 31 号（100）	0.552 8	1.236 1	微同势	c	7	优良

由上述密度组合优化同异布局分析结果可知，在以河北省廊坊市安次试点为代表的种植环境类型区，"廊芋 1 号"品种配以 90cm×50cm 的密度其 6 个性状与理想性状之间的综合同一度最大，为 0.811 0，属于强同势优良品种密度组合，显著或极显著优于其他品种与密度组合。因此，在该生态区应大力推广种植廊芋 1 号，并同时配以 90cm×50cm 的密度。

在河北广阳区试点生态区"廊芋 21 号"品种配以 100cm×50cm 的密度组合为最好，其 6 个性状与理想性状之间的综合同一度为 0.792 7，属于弱同势优良品种密度组合，与"廊芋 21 号"配以 90cm×50cm 的密度组合、廊芋 21 号配以 80cm×50cm 的密度组合、"廊芋 21 号"配以 70cm×50cm 的密度组合之间无显著差异。因此，在该生态区，应推广种植"廊芋 21 号"和"廊芋 1 号"两个品种，"廊芋 21 号"配以 4 种密度任何一种均可，廊芋 1 号配以 90cm×50cm 的密度组合。其余生态区的分析结果见表 5-10 所示。

表 5-10　鲜食型菊芋优良品种与密度组合优化布局建议

生态区	同异布局决策
河北省廊坊安次	廊芋 21 号（90）
河北省廊坊广阳	廊芋 21 号（100）廊芋 21 号（90）廊芋 21 号（80）廊芋 1 号（90）廊芋 21 号（70）
河北省廊坊文安	廊芋 21 号（80）廊芋 21 号（70）廊芋 21 号（100）廊芋 21 号（90）
河北省石家庄农科院	廊芋 1 号（100）廊芋 3 号（90）廊芋 3 号（100）廊芋 3 号（80）
河北省平山东大吾	廊芋 21 号（90）廊芋 21 号（80）廊芋 3 号（100）廊芋 3 号（90）
河北省鹿泉东庄	廊芋 21 号（90）廊芋 1 号（100）廊芋 1 号（90）廊芋 1 号（80）
天津市武清	廊芋 21 号（100）廊芋 21 号（90）廊芋 3 号（100）廊芋 21 号（80）

5.1.7.2　饲草型菊芋新品种廊芋 21 号与密度组合优化同异布局研究

根据表 5-10 试验统计结果，仍采用灰关联度法确定各性状权重，显然，"廊芋 21 号"品种的秸秆鲜重的权重要比以"廊芋 1 号"品种的权重要大。同异布局分析结果详见表 5-11。

从表 5-11 饲草型菊芋品种与密度优化同异布局分析可以看出：在以廊坊区域安次试点为代表的生态类型区，若以选用饲草型品种为主推品种，则"廊芋 21 号"品种配以 90cm×50cm 的密度组合为最佳。其 6 个性状与理想性状的综合同一度为 0.814 0，属于强同势优良品种与密度组合，显著或极显著优于其他品种与密度组合。因此，在该地区应大力推广种植"廊芋 21 号"新品种并配以 90cm×50cm 的密度。

表 5-11　饲草型菊芋新品种与密度优化同异布局分析

生态区	品种	综合同一度	同异联系势值	同异联系势	联系势测试	排序	综合评语
廊坊安次	廊芋 1 号（70）	0.589 6	1.436 6	微同势	c	12	一般
	廊芋 1 号（80）	0.597 7	1.485 7	微同势	c	11	一般
	廊芋 1 号（90）	0.658 4	1.927 4	微同势	c	9	一般
	廊芋 1 号（100）	0.630 7	1.707 8	微同势	c	10	一般
	廊芋 3 号（70）	0.661 6	1.955 1	微同势	c	8	一般
	廊芋 3 号（80）	0.687 3	2.198 0	微同势	c	7	一般
	廊芋 3 号（90）	0.706 4	2.406 0	弱同势	b	5	较好
	廊芋 3 号（100）	0.694 2	2.270 1	弱同势	b	6	较好
	廊芋 21 号（70）	0.762 8	3.215 9	弱同势	b	3	较好
	廊芋 21 号（80）	0.754 9	3.080 0	弱同势	b	4	较好
	廊芋 21 号（90）	0.814 0	4.376 3	强同势	a	1	优良
	廊芋 21 号（100）	0.772 6	3.397 5	弱同势	b	2	较好
	廊芋 31 号（70）	0.508 9	1.036 2	微同势	c	16	一般
	廊芋 31 号（80）	0.527 9	1.118 2	微同势	c	15	一般
	廊芋 31 号（90）	0.563 0	1.288 3	微同势	c	13	一般
	廊芋 31 号（100）	0.558 5	1.265 0	微同势	c	14	一般
廊坊广阳	廊芋 1 号（70）	0.583 3	1.399 8	微同势	c	13	较好
	廊芋 1 号（80）	0.601 1	1.506 9	微同势	c	12	较好
	廊芋 1 号（90）	0.711 0	2.460 2	弱同势	b	5	优良
	廊芋 1 号（100）	0.647 5	1.836 9	微同势	c	7	较好
	廊芋 3 号（70）	0.617 6	1.615 1	微同势	c	10	较好
	廊芋 3 号（80）	0.643 5	1.805 0	微同势	c	8	较好
	廊芋 3 号（90）	0.662 1	1.959 5	微同势	c	6	较好
	廊芋 3 号（100）	0.642 2	1.794 9	微同势	c	9	较好
	廊芋 21 号（70）	0.712 4	2.477 1	弱同势	b	4	优良
	廊芋 21 号（80）	0.775 8	3.460 3	弱同势	b	3	优良
	廊芋 21 号（90）	0.780 6	3.557 9	弱同势	b	2	优良
	廊芋 21 号（100）	0.794 3	3.861 4	弱同势	b	1	优良
	廊芋 31 号（70）	0.523 4	1.098 2	微同势	c	16	较好
	廊芋 31 号（80）	0.542 7	1.186 7	微同势	c	15	较好
	廊芋 31 号（90）	0.601 7	1.510 7	微同势	c	11	较好
	廊芋 31 号（100）	0.548 2	1.213 4	微同势	c	14	较好

（续表）

生态区	品种	综合同一度	同异联系势值	同异联系势	联系势测试	排序	综合评语
廊坊文安	廊芋 1 号（70）	0.507 8	1.031 7	微同势	c	10	优良
	廊芋 1 号（80）	0.538 9	1.168 7	微同势	c	5	优良
	廊芋 1 号（90）	0.527 3	1.115 5	微同势	c	7	优良
	廊芋 1 号（100）	0.525 3	1.106 6	微同势	c	8	优良
	廊芋 3 号（70）	0.472 4	0.895 4	微异势	e	14	较好
	廊芋 3 号（80）	0.529 6	1.125 9	微同势	c	6	优良
	廊芋 3 号（90）	0.512 4	1.050 9	微同势	c	9	优良
	廊芋 3 号（100）	0.457 7	0.844 0	微异势	e	15	较好
	廊芋 21 号（70）	0.597 7	1.485 7	微同势	c	2	优良
	廊芋 21 号（80）	0.623 6	1.656 7	微同势	c	1	优良
	廊芋 21 号（90）	0.586 3	1.417 2	微同势	c	4	优良
	廊芋 21 号（100）	0.586 5	1.418 4	微同势	c	3	优良
	廊芋 31 号（70）	0.474 4	0.902 6	微异势	e	13	较好
	廊芋 31 号（80）	0.498 2	0.992 8	微异势	e	11	较好
	廊芋 31 号（90）	0.498 1	0.992 4	微异势	e	12	较好
	廊芋 31 号（100）	0.445 6	0.803 8	微异势	e	16	较好
石家庄农科院	廊芋 1 号（70）	0.635 6	1.744 2	微同势	c	14	较好
	廊芋 1 号（80）	0.699 2	2.324 5	弱同势	b	10	优良
	廊芋 1 号（90）	0.765 4	3.262 6	弱同势	b	5	优良
	廊芋 1 号（100）	0.775 6	3.456 3	弱同势	b	1	优良
	廊芋 3 号（70）	0.720 5	2.577 8	弱同势	b	6	优良
	廊芋 3 号（80）	0.766 3	3.279 0	弱同势	b	4	优良
	廊芋 3 号（90）	0.771 5	3.376 4	弱同势	b	2	优良
	廊芋 3 号（100）	0.768 9	3.327 1	弱同势	b	3	优良
	廊芋 21 号（70）	0.670 0	2.030 3	微同势	c	11	较好
	廊芋 21 号（80）	0.706 5	2.407 2	弱同势	b	9	优良
	廊芋 21 号（90）	0.707 4	2.417 6	弱同势	b	8	优良
	廊芋 21 号（100）	0.711 2	2.462 6	弱同势	b	7	优良
	廊芋 31 号（70）	0.617 6	1.615 1	微同势	c	15	较好
	廊芋 31 号（80）	0.640 8	1.784 0	微同势	c	13	较好
	廊芋 31 号（90）	0.643 6	1.805 8	微同势	c	12	较好
	廊芋 31 号（100）	0.598 9	1.493 1	微同势	c	16	较好

（续表）

生态区	品种	综合同一度	同异联系势值	同异联系势	联系势测试	排序	综合评语
	廊芋 1 号（70）	0.540 7	1.177 2	微同势	c	12	优良
	廊芋 1 号（80）	0.541 9	1.182 9	微同势	c	11	优良
	廊芋 1 号（90）	0.620 2	1.633 0	微同势	c	5	优良
	廊芋 1 号（100）	0.617 9	1.617 1	微同势	c	6	优良
	廊芋 3 号（70）	0.570 3	1.327 2	微同势	c	10	优良
	廊芋 3 号（80）	0.583 4	1.400 4	微同势	c	9	优良
	廊芋 3 号（90）	0.634 4	1.735 2	微同势	c	4	优良
石家庄平山东大吾	廊芋 3 号（100）	0.651 4	1.868 6	微同势	c	3	优良
	廊芋 21 号（70）	0.602 8	1.517 6	微同势	c	8	优良
	廊芋 21 号（80）	0.653 8	1.888 5	微同势	c	2	优良
	廊芋 21 号（90）	0.665 2	1.986 9	微同势	c	1	优良
	廊芋 21 号（100）	0.605 8	1.536 8	微同势	c	7	优良
	廊芋 31 号（70）	0.458 2	0.845 7	微异势	e	16	较好
	廊芋 31 号（80）	0.469 1	0.883 6	微异势	e	15	较好
	廊芋 31 号（90）	0.473 7	0.900 1	微异势	e	14	较好
	廊芋 31 号（100）	0.508 7	1.035 4	微同势	c	13	优良
	廊芋 1 号（70）	0.608 4	1.553 6	微同势	c	8	较好
	廊芋 1 号（80）	0.671 3	2.042 3	微同势	c	4	较好
	廊芋 1 号（90）	0.695 8	2.287 3	弱同势	b	3	优良
	廊芋 1 号（100）	0.701 3	2.347 8	弱同势	b	2	优良
	廊芋 3 号（70）	0.586 8	1.420 1	微同势	c	10	较好
	廊芋 3 号（80）	0.591 3	1.446 8	微同势	c	9	较好
	廊芋 3 号（90）	0.645 9	1.824 1	微同势	c	6	较好
石家庄鹿泉东庄	廊芋 3 号（100）	0.655 4	1.901 9	微同势	c	5	较好
	廊芋 21 号（70）	0.548 3	1.213 9	微同势	c	12	较好
	廊芋 21 号（80）	0.561 6	1.281 0	微同势	c	11	较好
	廊芋 21 号（90）	0.705 6	2.396 7	弱同势	b	1	优良
	廊芋 21 号（100）	0.609 4	1.560 2	微同势	c	7	较好
	廊芋 31 号（70）	0.466 2	0.873 4	微异势	e	16	一般
	廊芋 31 号（80）	0.495 3	0.981 4	微异势	e	15	一般
	廊芋 31 号（90）	0.520 6	1.085 9	微同势	c	14	较好
	廊芋 31 号（100）	0.528 1	1.119 1	微同势	c	13	较好

（续表）

生态区	品种	综合同一度	同异联系势值	同异联系势	联系势测试	排序	综合评语
	廊芋 1 号（70）	0.458 9	0.848 1	微异势	e	15	一般
	廊芋 1 号（80）	0.468 7	0.882 2	微异势	e	14	一般
	廊芋 1 号（90）	0.527 1	1.114 6	微同势	c	9	较好
	廊芋 1 号（100）	0.565 6	1.302 0	微同势	c	5	较好
	廊芋 3 号（70）	0.456 8	0.840 9	微异势	e	16	一般
	廊芋 3 号（80）	0.479 1	0.919 8	微异势	e	12	一般
	廊芋 3 号（90）	0.521 8	1.091 2	微同势	c	10	较好
天津武清	廊芋 3 号（100）	0.593 8	1.461 8	微同势	c	4	较好
	廊芋 21 号（70）	0.558 1	1.263 0	微同势	c	6	较好
	廊芋 21 号（80）	0.593 9	1.462 4	微同势	c	3	较好
	廊芋 21 号（90）	0.655 6	1.903 6	微同势	c	2	较好
	廊芋 21 号（100）	0.691 2	2.238 3	弱同势	b	1	优良
	廊芋 31 号（70）	0.476 9	0.911 7	微异势	e	13	一般
	廊芋 31 号（80）	0.502 1	1.008 4	微同势	c	11	较好
	廊芋 31 号（90）	0.542 6	1.186 3	微同势	c	8	较好
	廊芋 31 号（100）	0.552 2	1.233 1	微同势	c	7	较好

　　在以廊坊广阳试点为代表的生态区，"廊芋 21 号"配以 100cm×50cm 的密度组合为最好，属于弱同势优良品种密度组合，与"廊芋 21 号"配以 90cm×50cm 的密度组合、"廊芋 21 号"配以 80cm×50cm 的密度组合、"廊芋 21 号"配以 70cm×50cm 的密度组合无显著差异，而与其他品种与密度组合呈显著差异。因此，在该生态区，应推广种植"廊芋 21 号"，配以 4 种密度的任何一种均可，其生态区应推广种植的品种密度优良组合如表 5-12 所示。

表 5-12　饲草型菊芋新品种与密度优化布局建议

生态区	同异布局决策
廊坊安次	廊芋 21 号（90）
廊坊广阳	廊芋 21 号（100）廊芋 21 号（90）廊芋 21 号（80）廊芋 21 号（70）
廊坊文安	廊芋 21 号（80）廊芋 21 号（70）廊芋 21 号（100）廊芋 21 号（90）
石家庄农科院	廊芋 1 号（100）廊芋 3 号（90）廊芋 3 号（100）廊芋 3 号（80）
石家庄平山东大吾	廊芋 21 号（90）廊芋 21 号（80）廊芋 3 号（100）廊芋 3 号（90）
石家庄鹿泉东庄	廊芋 21 号（90）廊芋 1 号（100）廊芋 1 号（90）廊芋 1 号（80）

生态区	同异布局决策
天津武清	廊芋 21 号（100）廊芋 21 号（90）廊芋 21 号（80）廊芋 3 号（100）

由此可见，"廊芋 21 号"是一个加工与饲草兼用型新品种。

5.1.8　种块不同部位的种芽对菊芋生长影响研究分析

在石家庄市农业科学院实验基地进行，供试土壤为壤土，耕层土壤 pH 值 7.8，有机质 1.54g/kg、速效氮 102mg/kg、速效磷 8.5mg/kg、速效钾 136.0mg/kg。栽培品种为"廊芋 21 号"。试验设计株行距为 80cm×50cm，3 次重复，田间随机排列。种块统一催芽，种块顶芽长 1.5～2.5cm 时，按照种块的顶芽、腰芽、和尾芽分别切块，分类定植，（即顶芽种植 M1、腰芽种植 M2、尾芽种植 M3）每穴播 2 块种薯，定植时间为 4 月 5 日，播种后浇水，11 月中旬收获。

表 5-13　种块不同部位的种芽对菊芋生长的影响结果表

处理	出苗天数	株高（cm）	分枝数	块茎鲜重（kg/亩）	秸秆鲜重（kg/亩）	生物产量（kg/亩）	秸秆/块茎
M1	21.5	302.5	4×58	2 818.5	7 076.5	9 895	71.5/28.5
M2	27	296.4	4×55	2 516.3	6 071.2	8 587.5	70.7/29.3
M3	34	292.6	3×56	2 214.2	5 566	7 780.2	71.5/28.5

统计结果表明以下几点。

选用不同部位的种芽作为种块，其出苗时间差异显著，其中顶芽比腰芽早出苗约 5.5d，比尾芽早出苗 12.5d。同时 M1、M2 处理比 M3 的幼苗整齐粗壮。说明，菊芋顶芽和腰芽对培育壮苗显著优于尾芽。

不同部位的种芽对株高影响不大，但是对分枝数有影响，M1、M2 处理间差异不明显，M1、M2 总分枝数明显高于 M3。说明不同部位的种芽对植株的地上部位群体分布影响显著。

M1 处理比 M2 块茎增产 12%，M1 处理比 M3 块茎增产 27.3%，说明不同部位的种芽对菊芋块茎的产量差异明显。

不同处理的茎秆与块茎的比变化极小，说明不同部位的种芽对植株的总体生物量影响是同步的，影响产量变化的主要原因是生长期的时间和幼苗的生长状况，由此可见使用种块的腰芽和顶芽作为生产原料是重要的丰产基础。

5.1.9　块茎贮藏技术

菊芋块茎贮藏质量与菊芋品种、贮藏方式、贮藏技术、产地生态条件、采收期及采后商品化处理等因素密切相关。本研究主要通过菊芋块茎贮藏与保鲜方式，对菊芋块茎商品品质及营养品质的进行系统分析，提出菊芋茎块贮藏有效技术措施。

为保证菊芋茎块的商品价值，选择适宜的贮藏方式，并且在贮藏过程中注意加强管理，以免茎块发生腐烂影响品质等问题。下面对留藏、埋藏、窖藏、冷藏四种方式进行研究。

5.1.9.1　留藏

菊芋地上部分干枯死亡后，割掉地上部分，不挖块茎，留在原地越冬。

5.1.9.2　埋藏

挖埋藏坑宽2m，深度0.8m，将菊芋块茎装入塑料网袋中，每隔1.5m放置由直径10cm玉米秸秆扎两个作为通气孔，初冬盖10cm的土，越冬期随温度的降低，增加覆土的厚度。

5.1.9.3　窖藏

将选好的块茎用编织袋装好后，堆放在窖中，窖温控制在-2℃左右为宜。窖内保持足够的空气，定期检查，做好记录，及时剔除腐烂变质的块茎。

5.1.9.4　冷藏

淘汰有霉烂、损伤块茎，用保鲜袋盛装后编号、堆码在冰箱中，温度保持在3~4℃，湿度保持在70%~80%。供试样品为廊芋6号，每个处理随机取样100个块茎，重复3次，试验时间自收获日11月18日开始贮藏，至翌年春季2月10日结束。

试验结果表明，留藏方式块茎水分散失率达到36.45%，烂损率达到2.75%，无腐烂、感病及软化现象发生；埋藏方式贮藏块茎水分散失率为6.87%，腐烂、感病及软化率达4.35%；窖藏方式贮藏块茎水分散失率达到26.15%，腐烂、感病率达24.14%；冷藏方式贮藏块茎无水分散失块茎腐烂、感病及软化现象发生。

通过菊芋块茎贮藏前营养品质与埋藏方式贮藏后营养品质分析表明：菊芋块茎收获后随着贮藏时间的延长，块茎的水分减少，灰分增加，总糖、果聚糖和还原糖的含量均发生不同程度的变化。贮藏15~50d，逐渐增加，50~84d内，温度低会使得聚合度≥6果聚糖含量呈起伏变化，而聚合度<6果聚糖及蔗糖含量缓慢下降，导致总糖和果聚糖含量有所下降详见表5-14、表5-15。

表 5-14　廊芋 6 号块茎贮藏前营养成分分析

品种	鲜重/g	干重/g	水分/%	总糖/%	果聚糖/%	还原糖/%	灰分/%	地点
廊芋 6 号	48.15	11.05	77.05	17.00	7.67	0.29	1.47	天津静海陈官屯
廊芋 6 号	44.38	10.67	75.95	24.80	6.43	0.75	1.39	天津塘沽区良种场
廊芋 6 号	45.56	10.86	76.16	24.67	6.89	0.98	1.04	廊坊安次马神庙
廊芋 6 号	46.66	11.23	75.93	23.44	7.48	1.09	0.98	廊坊广阳王玛

表 5-15　廊芋 6 号块茎埋藏后营养成分分析

品种	鲜重/g	干重/g	水分/%	总糖/%	果聚糖/%	还原糖/%	灰分/%	地点
廊芋 6 号	44.84	11.05	75.36	15.64	7.06	0.27	2.27	天津静海陈官屯
廊芋 6 号	41.33	10.67	74.18	22.82	5.92	0.69	2.18	天津塘沽区良种场
廊芋 6 号	42.43	10.86	74.40	22.30	6.34	0.90	1.84	廊坊安次马神庙
廊芋 6 号	43.45	11.23	74.15	21.56	6.88	1.02	1.74	廊坊广阳王玛

5.1.10　块茎保鲜试验

试验品种为"廊芋 6 号"，方法为常温真空包装、塑料包装、冰箱冷藏和未洗塑装共 6 种保鲜方法，平均每袋装 18~20 个块茎，试验周期 18d。

5.1.10.1　真空-A

菊芋块茎机洗后真空包装，真空度 0.035mp 的 10 袋，每袋 300g，置于室内（室温 18℃）。

5.1.10.2　真空-B

块茎机洗后真空包装，真空度为 0.017mp 的 10 袋，每袋 300g，置于室内（室温 18℃）。

5.1.10.3　塑装封口

块茎机洗后，塑封不抽真空 10 袋，每袋 300g，置于室内（室温 18℃）。

5.1.10.4　塑装不封口

块茎机洗后装袋，每袋 300g，10 袋，敞口自然置于室内（室温 18℃）。

5.1.10.5　冰箱冷藏

块茎机洗后装袋，每袋 300g，10 袋，放置于 4℃冰箱中。

结果表明，保鲜处理 3d 后各种方法均无变化；保鲜 3~6d，真空处理块茎有轻度霉变；其他处理方法均无变化；保鲜 9～18d，各种试验处理方法均出现不同程度的脱水和霉变，而冷库保鲜处理的块茎质无明显变化详见表 5-16。

表 5-16　菊芋块茎保鲜对比试验结果分析

保鲜时间/d	真空-A	真空-B	塑装封口	塑装不封口	未洗塑装	冷库冷藏
3	无明显变化	无明显变化	无明显变化	无明显变化	无明显变化	无明显变化
6	平均 2.14 个块茎发现绿色菌株和白毛	平均 1.13 个块茎发现散在绿色菌株无白毛	袋内有散在水珠	块茎略变软，有失水	无明显变化	无明显变化
8	平均 4.65 个块茎长绿色菌株和白毛	平均 2.58 个块茎长绿色菌株和白毛	平均 1.10 个块茎发现绿色菌株	块茎变软，块茎脱水 20%，袋子周围有水珠	无明显变化	无明显变化
12	平均 10.46 个块茎长绿色菌株，发毛并有气体产生，充满真空袋	平均 7.15 个块茎长绿色菌株，长毛产气	平均 5.50 个块茎长绿色菌株，长毛	块茎脱水 22%，袋子周围水珠变多	块茎脱水 4%～6%，为发现霉斑	无明显变化
15	平均 16.89 个块茎腐烂，产生大量气体，对真空袋压力大	平均 9.87 个块茎腐烂，产气充满真空袋	平均 12.46 个块茎长绿色菌株，长毛，产气	块茎进一步变软，脱水 25%，个别块茎变黑	块茎脱水 6%～8%，部分块茎出现斑点	无明显变化
18	腐烂抛弃	袋内产气，气压力大	产气充满袋子	黑变块茎有绿色菌株	块茎脱水 8%～10%，个别块茎霉变	无明显变化

综上所述，在菊芋块茎贮藏方法中，以埋藏和冷藏两种效果最好，水分散失少，霉烂率低，但冷藏投资成本高。埋藏占地多，应根据需要选择适宜的贮藏方式。块茎保鲜适宜短期的贮藏，仍以低温冷藏为宜，其他方法可短暂保存 9d 以内。

5.1.11　菊芋栽培模式研究

5.1.11.1　菊芋间套作模式

菊芋间作套种技术在我国种植区域尚处于空白，加强菊芋套种粮食及经济作物生产技术研究工作，并围绕菊芋间套作等系列作物生产技术的研究十分必要。

（1）菊芋间作西瓜

菊芋间作西瓜能合理利用西瓜生长的时间和空间，菊芋在早春为西瓜御寒防风，有利于促进西瓜的前期生长，而西瓜则为菊芋改善光照条件，促进了后期生长和边行优势的发挥。西瓜与菊芋间作，高矮相间，变单一群体为复合群体、平面采光为立体采光，可提高光能利用率和田间通风条件。促进西瓜轮作倒茬，减少西瓜枯萎病、线虫病为害，同时由于耕作次数增多，减少了田间杂草和其他病虫害的发生。

①菊芋西瓜间作原则。菊芋间作西瓜要依据四项原则，一是充分利用光、热、水、气、土壤等自然资源，提高单位面积产量和经济效益。二是充分利用西瓜前期生长比较缓慢，茎蔓匍匐生长需要较大行距等情况。苗期与菊芋共生，菊芋对西瓜苗期生长无大影响，而且具有一定防风增温的促苗效应。三是由于西瓜的全生育期较短，不影响菊芋生长，有效利用生长季节。四是菊芋西瓜为了处理好共生期间作物间的生育矛盾，选择早熟西瓜品种及适宜播种期，使西瓜采收结束后菊芋即将进入旺盛生长期。

②栽培要点有几下几点。

播前准备。西瓜对土壤以疏松透气性好、土层深厚的沙壤土为宜。土壤 pH 值为 6.5~7.0，含盐量在 0.2% 以下。西瓜喜好高温干燥的气候，而不耐寒。生长适温 18~32℃，耐高温，在 40℃ 仍维持一定同化效能，15℃ 生长缓慢，10℃ 停止生长。西瓜喜光，需充足光照。光照强度和时间不足导致徒长，叶柄长，叶形狭长，叶薄色淡，易染病。坐果期光照不足，表现为易落果，受精不良，坐果期延迟，而且影响结实器官生育。在充足光照条件下，株型紧凑，节间和叶片较短，蔓粗，叶厚浓绿，花质好，果实含糖量高。

品种选择。菊芋新品种选择"廊芋 5 号"和"廊芋 3 号""廊芋 1 号""廊芋 21号"为适宜的间作品种。西瓜品种选择选择生育期在 85~90d，成熟一致的早熟西瓜品种，如"京欣四号""京抗 1 号""华欣"和"早春红玉"等抗病早熟品种。

整地施肥。3 月初整地，要求土地平整、细碎、上虚下实。结合整地每亩一次性沟施入有机肥 4 000~5 000kg，二铵 21~32kg，尿素 15~20kg，氯化钾或硫酸钾 10~12kg。将肥料撒入地表，然后用机械深翻耙平，灌底墒水待播。

种子处理。将选好的菊芋块茎切成 2~3cm 大小，每块留 1~2 个芽眼，放入容器里用 1% 浓度的高锰酸钾浸泡种块 2~3min，然后捞出用草木灰拌种。播种前对所选用的西瓜种子，选择晴天翻晒 2~3d，然后将种子放入 55℃ 水中连续搅拌 15min，自然冷却后，再浸种 4~5d，洗净种子表皮的黏液，用湿纱布包好，将种子置于 25~30℃ 条件下催芽，待种子露白后即可播种。菊芋每亩播种量 50~60kg；西瓜每亩播种量 0.15kg 左右。

适时播种。菊芋在 3 月 20 日至 4 月 5 日播种，用改进的马铃薯播种机进行平作机播，足墒播种，如墒情不够，可造墒播种。每穴一块，播深 5~10cm，覆土后镇压保墒。西瓜在地下 12cm 低温 15℃ 以上即可播种，西瓜露地直播一般在 4 月 5—10 日播种。西瓜东西行种植，先盖膜播种后，膜宽 1.2~1.4m。覆盖地膜 3d 后，播种播深 1cm，牙朝下，每亩密度在 1 300 株。播种方式。菊芋采用大小垄种植，大垄行距 180~200cm；小垄行距 50~70cm；株距 40~50cm。西瓜采用地膜覆盖种植，种植 2 行西瓜，行距 70~80cm，株距 60~70cm，间隔在菊芋大垄之间 180~200cm。

菊芋田间管理。苗期锄草 1~2 次，当茎叶高 60cm 以上，一般不需再锄草。当菊芋植株长到 80~100cm，可直接刈割一次，留茬 30cm 左右，做畜禽青饲料。在 8 月下旬如遇干旱，可浇一次透水。如遇雨后大风，菊芋歪倒时，要及时扶正培土，并挖沟排水，以防土壤湿渍发病。生育期间 6 月和 8 月各追施氮磷钾复合肥一次，每次 6~8kg/亩。花期可用 0.3%的磷酸二氢钾进行 2~3 次叶面追肥，并浇一次块茎膨大水，对于后期植株中下部发出的侧枝，尽量摘除。成熟期应减少浇水，土壤见干见湿即可。可尽量将植株中下部发黄、过密的枝叶除去，减少养分消耗，以利增产。菊芋一般无明显病虫害，如茎基部有烂根现象时，可采用 0.1%甲基托布津喷洒。为防止出苗前期或幼苗期发生蝼蛄和地老虎，可在播种前用 5%辛硫磷颗粒剂 2kg/亩加细土 25~30kg/亩进行土壤处理。防治红蜘蛛和椿象等害虫可用 20%哒螨灵可湿性粉剂 1 000~1 500 倍液喷雾。在京津冀地区一般 10 月下旬或 11 月上旬收获。用菊芋收获机或人力，把菊芋块茎从土里取出来即可。如遇秋冬季降雨过多，来不及收获，也可以在春季土壤地温稳定在1.5℃以上，土壤解冻后及时收获。

西瓜田间管理。西瓜出苗后要及时查苗、发现缺苗及时点水补种或移栽补苗，西瓜 2 片真叶时定苗，定苗要去弱留壮。瓜苗长到 5~6 片真叶时，在西瓜根部压土，使幼苗由直立生长转为匍匐生长。西瓜蔓后，采取双蔓整枝法，在主蔓基部选留一健壮的侧蔓作为副蔓，及时将其他侧蔓去掉。当主蔓坐住瓜后，在瓜前留 10~12 片叶子，将主蔓生长点去掉。留下的主蔓和侧蔓，蔓与蔓之间按 20~25cm 均匀摆布并压蔓。第一次压蔓在蔓茎 60cm 处，以后每个 4~5 节压一次，共压蔓 3~4 次。坐瓜前后不压，以利于果实生长。压蔓在下午进行，以防折断。当西瓜第 2~3 朵雄花开放时，早上 6~8 点，进行人工辅助授粉，阴天可推迟到 10 点。定位坐果就是把西瓜定位坐在主蔓第二朵雌花或侧蔓的第一朵雌花上，当西瓜长到鸡蛋大小时，一株选留第二雌花结的正常瓜型的一个瓜，及时翻瓜、垫瓜、盖瓜，力求成熟一致，6 月中旬及早采收，不结二茬瓜。肥水管理。苗期可追施一次促苗肥，一般每亩施尿素 10kg，饼肥 25kg；当幼瓜鸡蛋大小时，结合浇水，每亩施尿素 5~7kg，硫酸钾 5kg；当幼瓜长到碗口大小时，结合浇水施肥，每亩施尿素 2.5~5kg，硫酸钾 3~5kg；并用 0.2%磷酸二氢钾和 0.2%尿素混合液叶面喷施 1~2 次。西瓜伸蔓期，膨大期每隔 7d 浇水 1 次，采收前 5~7d 停止浇水。西瓜个头定型以后，每隔 4d 左右，翻瓜一次，根据情况，翻瓜两三次，可以促进西瓜果实均匀受光，着色均匀，发育更好，品质更佳，根据市场需要在西瓜 7~9 成熟后及时收获，平均亩产 3 500~4 000kg。

5.1.11.2　林下套种菊芋模式

我国林地面积达 20 亿亩左右，为发展林下经济提供新的作物与套作模式。由于单一林木生长周期长、投资见效慢，加之自然环境恶劣，导致林木效益低下，大大限制了林农发展林业的积极性。目前，一些林地中的空地没有得到很好的开发利用，甚至荒芜杂草丛生，除杂草用的灭草剂对土壤污染较大，且人工或机械除草成本高。

菊芋具有耐旱的特性，在京津冀地区，充分利用自然降水菊芋就能正常生长的特点开展林下套种模式试验示范，取得了良好的效果。林下套种菊芋可充分利用空间光、水、肥的环境，提高光合效率，改良土壤结构，促进林木的生长，有效地利用林地资源、提高林地的综合效益、增加林农收入。

（1）林地环境条件与原则

①选择林地、疏林地、灌木林地、未成林造林地等不同林地立地条件进行套种菊芋种。原则是充分利用光、热、水、气、土壤林地等自然资源，提高单位面积产量和经济效益。

②不同林地的适宜郁闭度，天然林和人工林地为30%左右；疏林为10%~20%；指灌木覆盖度为40%左右。新造林成活率大于或等于合理造林株数的41%。

③林木行距必须大于400cm，菊芋与林木的距离应大于160cm，处理好林木与菊芋共生期间的生育矛盾。

（2）不同林地套种模式

①在京津冀地区林地中的树木株距一般为3m，行距为4m、5m、6m三种种植形式，根据不同品种类型，确定适宜的套种模式。

②林木株行距3m×6m套种菊芋4行，加工型及鲜食型菊芋采取宽窄行种植，株距为40~50cm，内两行的行距60cm，外两行的行距100cm，距离林木距离不低于170cm。牧草型菊芋品种在林地中种5行，株行距50cm×60cm，距离林木距离不低于180cm。

③株行距3m×5m套种菊芋3行，加工型及鲜食型菊芋采取等行距种植，株距为40~50cm，3行等行距为80cm，距离林木不低于170cm。牧草型菊芋品种在林地中种4行，株行距（45~50）cm×60cm，距离林木不低于160cm。

④株行距3m×4m套种菊芋2行，加工型、鲜食型、牧草型菊芋品种种植株距为40~50cm，2行等行距为60cm，距离林木不低于170cm。

5.1.11.3 品种选择

根据不同的用途，选择菊芋系列新品种划分为牧草型（廊芋21号、廊芋22号）、加工型（廊芋3号、廊芋5号、廊芋21号）、鲜食型（廊芋1号）和耐盐碱型（廊芋6号、廊芋8号）四种类型的相应品种。种薯要选择单块大小3cm以上的块茎，无腐烂、无病虫、饱满度好的菊芋块茎作种，大块茎可切开，每块保留1~2个饱满芽眼，用1%浓度的高锰酸钾浸泡种块2~3min，然后捞出用草木灰拌种即可。

（1）播前准备

前茬作物收获后或早春土壤解冻后，深翻耕深25~30cm；播前进行耙糖，做到地平、土细、墒足。菊芋种植应一次性施足底肥，牧草型品种播前结合春翻或秋翻，每亩施腐熟农家肥4 000~5 000kg，纯氮8~12kg，纯磷10~15kg，纯钾3~4kg；加工型、鲜食型品种每亩施腐熟农家肥 4 000~5 000kg，纯氮 6.7~10kg，纯磷 10~15kg，纯钾 5~6kg。

（2）适时播种

菊芋一般多为春播和秋播，平均地温稳定在 10~15℃即可发芽出苗。春季：一般 3 月下旬至 5 月上旬均可播种。秋季：11 月中下旬，上冻之前。播种量以每亩 50~60kg。播种前先将块茎分选，按萌芽眼的多少，用洁净利刀将块茎切成若干块，每块保留 1~2 个饱满芽眼，块茎大小 3cm 左右。播种方式为垄作或平作。垄作种植，机播点种覆土，垄底部 30cm，垄高 20cm，覆土后进行镇压保墒。平作种植，采用马铃薯播种机或人工播种，播深 5~10cm，覆土后进行镇压保墒，天气干旱要浇水或雨后播种。

（3）栽培技术

菊芋生长前期茎叶高 20~40cm 时松土，40~60cm 除草。苗期锄草 2~3 次，有利于保墒壮苗。苗齐后进行除草松土，松土层达 5cm 以上；加工型、鲜食型、耐盐碱型菊芋品种，对主枝生长过密的幼苗，保留 1~2 个健壮主枝外，其余除去。在京津冀地区，春季播种灌水后，如遇长期干旱，叶片发蔫时，要适时浇水。生长中期遇暴风雨，菊芋歪倒时，要及时扶正培土，并挖沟排水，以防土壤湿渍发病。牧草型品种在第一次收割后，每亩追氮磷钾复合肥 15kg 左右，施用磷酸二铵 10~25kg。后期管理，可浇一次块茎膨大水，成熟期应减少浇水，土壤见干见湿即可。

适时收获。牧草型在出苗后 16~19 周和 24~26 周二次收获。一般亩产鲜秸秆 3 000~10 000kg。块茎收获用菊芋块茎专用收获机（4JY-130 型）或人力收获，把菊芋块茎从土里取出来即可。菊芋第一年播种收获后有块茎残留在土中，第二年也可以不用再播种，但要求疏苗补种，保证植株分布均匀。

5.1.12　不同区域农艺配套栽培技术

廊芋系列品种先后在京津冀、山东、河南、内蒙古、吉林、辽宁、湖北、甘肃、青海、新疆、海南等我国南北方示范推广，不同区域的气象条件差异较大，详见表 5-17。

表 5-17　我国不同区域气候环境条件比较

	平均历年积温/℃		全年光照时数/h	无霜期/（d/年）	降水量/mm
	≥0	≥10			
北京	4 550	3 813.4	2 000~2 800	180~200	480~630
天津	4 500	4 094	2 500~2 900	196~246	360~970
河北	2 700~5 016	2 185~4 526	2 126~3 063	81~220	215~745
廊坊	4 535~4 803.1	4 149.1~4 402.9	2 660 左右	183 左右	550 左右
张家口	2 700~3 706	2 290~3 256	2 800~3 100	80~239	400~600

（续表）

	平均历年积温/℃		全年光照 时数/h	无霜期/ （d/年）	降水量/ mm
	≥0	≥10			
山东	4 200~5 200	3 600~4 700	2 290~2 890	180~220	550~950
河南	4 300~4 500	3 700~4 300	1 286~2 293	201~285	408~1 296
内蒙古	1 800~4 000	1 400~3 400	2 700~3 400	60~163	50~450
吉林	2 450~3 600	2 100~3 100	2 400~2 600	120~140	700
辽宁	2 550~3 800	3 263	2 300~3 000	100~145	500~1 050
湖南	5 600~6 800	5 000~5 840	1 200~1 650	253~311	1 200~1 700
宁夏	3 700~3 850	3 200~3 300	3 000	150~195	150~600
湖北	5 100~5 600	4 500~5 400	1 100~2 150	230~300	800~1 600
甘肃	2 650~4 700	2 400~4 500	1 700~3 300	50~250	42~760
青海	900~3 000	1 500~3 400	≥3 000	100~200	250~550
新疆南疆	4 500	≥4 000	3 000~3 549	200~220	50~100
新疆北疆	4 000	≤3 500	2 500~3 000	140~185	150~200

由于菊芋各生育阶段的生长发育与气候环境条件密切相关，因此，不同区域农艺配套栽培技术应根据表5-17中不同菊芋生长发育的气候土壤环境条件，因地制宜制定适宜的配套栽培技术。

表5-18　菊芋生长环境与配套栽培技术要点

生育时期	生长环境与配套栽培技术要点
苗期	生长环境：土壤适宜的含水率为15.5%~18.5%，播后25d左右，即土壤温度稳定在6~7℃时块茎萌动发芽，8~10℃出苗，菊芋幼苗能耐1~2℃低温。 栽培要点：北方区域春季一般3月下旬至4月下旬播种，南方播期可提前至2月中下旬，温度在10~20℃，排水不及时易感染菊芋菌核病，应选择50%的甲基托布津浸种2h晾干后播种。菊芋在我国大部分区域，可在秋季入冬前播种。密度：一般为1 800株左右，播种量以每亩50~60kg。播种方式为垄播或平播；播深5~10cm，覆土后进行镇压保墒，天气干旱要浇水或雨后播种。
植株生长期	生长环境：适宜温度为300℃，土壤适宜含水率为15.5%~18.5%。 栽培要点：菊芋生长前期茎叶高20~40cm时松土，4~60cm除草利于保墒壮苗。生长中期对主枝生长过密的幼苗，保留1~2个健壮主枝外，其余除去。遇暴风雨，菊芋歪倒时，要及时扶正培土，并挖沟排水，以防土壤湿渍发病。南方区域要注意白粉病，可选乙嘧菌酯、氟硅唑，苯醚甲环唑，四氟醚唑，腈菌唑，己唑醇等药物防治；发现菌核病和斑枯病的病株及时拔除并烧毁，并选择石灰或速可灵、菌核净药物进行土壤处理。牧草型品种在菊芋苗后的第9~12周或17~19周适时收割秸秆，收割后亩追氮磷钾复合肥15kg左右，施用磷酸二铵10~25kg，促进菊芋生长。

（续表）

生育时期	生长环境与配套栽培技术要点
块茎形成膨大期	生长环境：土壤适宜的含水率为 15.5%~18.5%，18~22℃和 12h 日照有利于块茎形成；20℃左右是块茎形成的最佳温度。 栽培要点：如遇干旱，可浇一次块茎膨大水，土壤见干见湿即可。块茎膨大期不需浇水，降水量过大，影响菊芋块茎膨大期的生长，造成菊芋倒伏减产，及时排水。
成熟期	生长环境：热量充足、气候总体呈暖干特征，平均气温 10.8℃，平均降水量 25~40mm，土壤相对含水量 63%~80%，墒情适宜。 栽培要点：菊芋秸秆作为饲料用途，可在霜降前两周左右，也就是菊芋块茎收获前两周为宜；一般菊芋块茎可在 -20~-15℃的冻土层内能安全越冬，在河北省张北坝上地区，内蒙古、西藏等区域在春季冷热频繁交替的年份，有可能导致地下块茎霉烂，必须在秋季收获。

5.2　农机配套技术研究与应用

5.2.1　单行菊芋块茎收获机研发

菊芋属于小作物，从事菊芋农机作业机械研究的较少。国内菊芋收获机存在设计结构不合理、机件易损率高、明薯率、收获率低和损失率高等问题，造成菊芋收获过程中人力物力浪费，导致收获效率不高。为此，新型菊芋收获机的研发是解决农机配套栽培技术的关键环节。

5.2.1.1　试验设计

菊芋收获机技术要求

国内菊芋收获机械技术发展还处于起步阶段，但各类型机均应具备以下 5 项技术要求：

①挖净率：要求挖深在 250~300cm，每行挖掘宽度在 450~500cm，挖净率应不低于 98%。

②明薯率：收获机必须具有良好的分离机构，能将菊芋块茎与土壤分离，使分离后的薯块集堆或集条以便人工捡拾、明薯率应达 95% 以上。

③破损率：收获时应尽量减少菊芋块茎破皮、切伤等损失，破损率应小于 5%。

④作业速度：生产机械收获的目的在于减轻劳动强度，提高生产率，适时收获。因此，收获机作业时应具有一定的作业速度。

⑤其他要求：菊芋收获机在尽可能减少自身动力消耗的情况下，其配套动力应有一定的储备。分离机构应具有排石、去菊芋根茎功能，以适应土壤、地形等方面的变化，以及收获后田地平整及后茬农田作业。

根据马铃薯块茎收获机的原理及机型，按照菊芋种植模式与特点，进行菊芋收获机的关键部件的设计改造，研制机械，并进行实际收获试验。

5.2.1.2 供试材料

以单行马铃薯收获机做基础材料。

5.2.1.3 参数设定

菊芋收获机主要由悬挂装置、挖掘铲、栅格筛输送分离装置、振动筛输送分离装置、挖掘深度调整机构、动力传动装置、机架、收集器等组成。收获机铲深30~35cm；传输链条长180~210cm，宽度为90cm，每个链条之间距离3cm。详见图5-8。

图5-8 单行菊芋块茎收获机总装结构图

1. 悬挂装置；2. 挖掘铲；3. 栅格筛输送分离装置；4. 机架；5. 动力传动装置；6. 振动筛；7. 收集器

5.2.1.4. 菊芋收获机的主要特点

收获效率高，破损率低。采用挖掘装置入土角与输送分离装置升运角相一致设计，有效解决铲后积土问题；采用随行限深机构，有效减少阻力，提高作业顺畅性；运转轻快，不堵槽，结构简洁，使用寿命长；29.4~73.5kW拖拉机即可带动，配套动力广泛。适用于起垄种植的菊芋收获，适用行距70cm以上，土壤类型为壤土、沙土，土壤含水率10%~20%，超出上述范围，产品作业性能可能有所变化。

5.2.1.5. 试验结果

通过在河北省廊坊市和天津的多点试验，应用效果如表5-19。

表5-19 菊芋单行收获机械的田间测试收获效果分析（2013年）

试验地点	收获面积/亩	土壤质地	测试面积/m²	明薯率平均/%	收获率平均/%	损失率平均/%	节约成本平均/（元/亩）
广阳	3.00	砂壤土	50×3.5	87.6	94.86	2.34	623.60

（续表）

试验地点	收获 面积/亩	土壤质地	测试 面积/m²	明薯率 平均/%	收获率 平均/%	损失率 平均/%	节约成本平均/ （元/亩）
安次	10.00	黏壤土	50×3.5	78.9	92.34	2.89	538.45
文安	5.00	盐碱土	50×3.5	91.2	93.68	3.43	564.67
合计	18.00	——	525	平均85.90	平均93.63	平均2.89	平均575.57

表 5-20　菊芋收获机械的田间测试收获效果分析（2014 年）

试验地点	收获 面积/亩	土壤质地	测试 面积/m²	明薯率 平均/%	收获率 平均/%	损失率 平均/%	节约成本/ （元/亩）
广阳	3.00	沙壤土	50×3	92.68	95.21	2.34	623.60
农科院	5.00	沙壤土	50×3	91.86	96.35	2.42	569.35
安次	7.00	黏壤土	50×3	89.86	93.34	1.89	538.45
文安	5.00	盐碱土	50×3	90.13	94.86	2.43	564.67
武清	35.00	黏壤土	50×3	89.11	93.11	2.51	548.98
合计	55.00	——	750	平均90.73	平均94.57	平均2.32	平均569.01

　　菊芋收获机试验面积为 73 亩，随机抽点 15 个，测试面积 1 275m²，通过测试分析，各点菊芋收获机械的平均明薯率、收获率、损失率分别达到 85.90%、93.63%、2.89%，每亩节约成本 575.57 元；2014 年各点菊芋收获机械的平均明薯率、收获率、损失率分别达到 90.73%、94.57%、2.32%，每亩节约成本 569.01 元，达到预期的实验目的。该菊芋收获机械可以按沙土、沙壤土、中黏性土壤类型进行收获，适应性强；挖掘深度可调，收获效果良好。

5.2.2　双层双行菊芋块茎收获机研发

　　目前，国内菊芋收获机研发主要以常规式菊芋挖掘机和滚筒式菊芋收获机为主。

　　常规式菊芋挖掘机以现有挖掘式马铃薯收获机为代表的根茎类作物收获机应用在菊芋收获作业上，因菊芋挖掘深度为 250~500mm，超出收获机设计挖掘深度，导致工作阻力大于机具荷载，使机具容易损坏，加之北方菊芋收获多在深秋至初冬进行，此时地表土壤已出霜冻，形成一定厚度冻结层，不易破碎，土壤中的菊芋团块、根系、表面冻土块、深层土壤中的砾石与分体式挖掘铲柄、机具侧板卡塞，导致土壤拥堵，使机具无法持续有效作业，现有根茎类作物收获机因升运链杆条间距较大，升运过程中较小菊芋块茎由链杆条间隙落地，被落下的土壤掩埋，来年萌发影响下茬作物，同时输送分离行程短，抖动频率及幅度较小，菊芋团块及根系脱落不彻底。土壤、块茎分离效果差，使后续人工捡拾难度增大等问题。

滚筒式菊芋收获机在收获菊芋时通过滚筒的转动实现碎土，散土筛除，菊芋块茎与根系有效分离，可以实现收获后大块板结土壤，菊芋大块残根与菊芋块茎分离，减少小块菊芋块茎由升运链辐条间隙处落下，提高小块儿菊芋块茎的挖净率，同时将挖掘出来的菊芋块茎成堆堆放，以利于后续的人工捡拾作业取得较高的工作效率。该收获机存在造价高，土壤适应能力差等缺点，使得在国内市场占有率很低。但在生产中均不能满足不同地力条件的需要。

为此，在借鉴国内有关菊芋收获机的研制使用情况，面向传统收获机结构设计不合理，稳定性和可靠性不高，机器使用寿命短，挖掘铲设计不合理，入土角度不宜造成整机喂入量太小；收获菊芋时损失率大；缠绕和壅土；智能化程度低等问题。针对菊芋的生长特性，理论联系实际，反复试验，针对不同地区、不同地块、不同产量收获作业时可能出现的问题，对菊芋收获机进行进一步优化设计。

双层双行菊芋收获机研究设计

（1）功能改进

①所研制的收获机，可以实现对深挖掘、芋土分离、输送、铺放等作业过程，挖净率高，破损率≤1.5%，含杂率≤1.5%，均高于传统收获机且有一定的深松土壤作用，并可以在菊芋北方深秋至初冬收获季节，克服卡塞及土壤拥堵，实现持续有效的作业，降低了劳动强度，提高了工作效率，降低了收获作业成本，且收获质量好。

②通过挖掘铲的功能和形状分析结合菊芋收获具体作业条件，设计了一种整体式条形挖掘铲，结构坚固，能承受较大的挖掘阻力，并能顺利地破开初霜冻形成的冻结层，且具有较强的抗表面冻土块、砾石、团块残根卡阻能力。

③菊芋团块根系发达，菊芋块茎不易脱落，分离装置的增加有助于菊芋块茎由根系脱落及土壤与芋块分离。

④解决传统收获机上发生的缠绕和壅土等问题，提高菊芋块茎的收获率和成品率。

（2）双层双行菊芋收获机结构（图5-9）

①新型菊芋收获机加宽了一级栅格筛相邻筛杆间的距离，有效解决作业时喂入量大造成堵塞的问题。

②新型菊芋收获机在机架前端两侧分别加上导入辊，既可切断杂草，又能够将杂草和土壤推向后面的栅格筛，防止发生缠绕。

③新型菊芋收获机将收集铲的尾部改成栅格状，有利于土壤与菊芋的分离，并将收集铲改为固定式三角平面多铲，其阻力相对较小，能够减少一定功耗。

（3）菊芋收获机主要特点

①采用整体式挖掘铲，将与机组前进方向平行的挖掘铲固定扳，并依据菊芋块茎大小采用合理的挖掘铲面宽度和升运链杆条间距，实现菊芋挖掘、芋土分离、输送、铺放，并起到一定的土壤深松作用，能在250～300mm挖掘深度，实现在不同土壤类型持

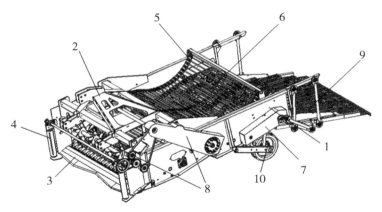

图 5-9　新型菊芋收获机总装结构

1. 机架；2. 悬挂装置；3. 挖掘铲；4. 导入辊；5. 栅格筛输送分离装置；6. 多级振动筛输送分离装置；7. 挖掘深度调整机构；8. 动力传动装置；9. 震荡筛与收集器；10. 行走装置等组成。

续稳定作业，满足我国现阶段菊芋规模化种植情况下收获作业的需求。

②实现"互联网+农机"智能作业，综合传感器、计算机测控技术、卫星定位技术和无线通信技术，研究"互联网+农机"智能作业运行模式，实时监测收获机的具体位置、收获深度和收获亩数等数字化管理。

（4）试验结果（表 5-21）

表 5-21　菊芋收获机械的田间测试收获效果分析（2018—2020 年）

试验地点	收获面积（亩）	土壤质地	测试面积/m²	明薯率平均/%	收获率平均/%	损失率平均/%	节约成本/（元/亩）
山东寿光	100.00	盐碱土	50×3	95.23	96.54	2.15	727.50
青海西宁	45.00	壤土	50×3	95.48	96.19	2.24	738.76
青海基地	250.00	中黏土	50×3	95.46	96.24	2.31	741.68
合计	395.00	—	—	平均95.39	平均96.32	平均2.23	平均735.98

通过三年的实地测试，菊芋收获机试验面积为 395 亩，随机抽点 12 个，测试面积 450m²，通过测试分析，2018 年在山东寿光西部盐碱地菊芋收获机械的明薯率、收获率、损失率分别达到 95.23%、96.54%、2.15%，每亩节约成本 727.50 元；2019 年在青海菊芋示范点菊芋收获机械的平均明薯率、收获率、损失率分别达到 95.48%、96.19%、2.24%，每亩节约成本 738.76 元。2020 年在青海菊芋示范点菊芋收获机械的平均明薯率、收获率、损失率分别达到 95.46%、96.24%、2.31%，每亩节约成本 741.68 元。三年平均明薯率、收获率、损失率分别达到 95.39%、96.32%、2.23%，每亩节约成本 735.98 元，达到预期试验目的。该菊芋收获机械在我国东部的地区盐碱

土,西部地区沙壤土、中黏性土壤类型进行收获,适应性强;挖掘深度可调,收获效果良好。

(5)农机农艺作业模式

菊芋收获机收获效果与农机农艺作业中的种植形式、播种形式、播种深度等农艺技术措施密切相关,详见表5-22。

表5-22　推荐农机农艺作业模式

收获机宽幅	种植形式		播种形式		播种深度
	平作	垄作	等行	宽窄行	
单行80cm	平整土地 直接播种	垄底35cm 垄顶25cm 垄高30cm	行距80cm 株距50cm	—	5~10cm
双行160cm	平整土地 直接播种	垄底35cm 垄顶25cm 垄高30cm	行距80cm 株距45cm	窄行60cm 宽行100cm	5~10cm

5.2.3　菊芋农机配套作业技术

菊芋农机配套作业技术包括播前整地(深翻耕地、旋耕整地)—播种施肥(平播/垄播)—中耕除草—植保作业—秸秆收割(鲜秸秆收割、晾晒、打包)—秸秆还田(切割、粉碎、还田)—块茎收获(块茎)—运输储藏(装袋运输、挖沟复土)等农机全程机械化作业流程的各项技术,是菊芋规模化种植,促进菊芋产业化的关键环节。

5.2.3.1　播前整地

(1)农机作业要求

①选择地势平缓、坡度<8°、土层厚度≥35cm,利于机械化作业的地块。适时整地,不误农时。

②深松、深耕深度25cm以上,浅旋、浅耙深度12cm以上。

③深度一致,地头、地边应整齐。

④土壤绝对含水率12%~15%时进行耕整地作业。

⑤土地平整、无沟无垄、土壤细碎,土块直径应≤3cm。

(2)选择农机具的注意事项

①建议选用联合整地机具,一次性完成土壤底部疏松、表土细碎平整和镇压作业。

②选用的拖拉机及配套机具应安全可靠,技术状态良好。

③拖拉机驾驶员及机具操作人员应进行相应技术培训,熟悉机具结构、原理、维护保养和调整,操作应熟练,操作人员劳动保护应符合安全规定。

(3)轮式拖拉机

轮式拖拉机主要在我国北方地区农村进行农田作业或运输作业,其中大型轮式拖拉

图 5-10　轮式拖拉机结构图

机适宜在大面积的农田生产中使用，可以大大提高生产效率。相比于履带式拖拉机，轮式拖拉机的体积较小，重量较轻，消耗金属较少，价格和维修费用较低。其配套农机具较多，作业范围较广，能用于公路运输，每年使用的时间也较长，所以综合利用性能较高。在我国轮式拖拉机生产和销售量都比较大，其中四轮驱动的效率比两轮驱动的轮式拖拉机高 20%～50%，更适于挂带重型或宽幅高效农具，也适于农田基本建设工作，但在结构上，它比两轮驱动轮式拖拉机复杂，价格更高。为保证拖拉机的作业效率，建议选用大型拖拉机功率为 73.6kW 以上的拖拉机进行整地作业。

轮式拖拉机的保养。拖拉机在使用过程中，零件或配合件由于松动、磨损、变形、疲劳、腐蚀等因素作用，工作能力会逐渐降低或丧失，使整机的技术状态失常。另外，燃油、润滑油及冷却水、液压油等工作介质也会逐渐消耗，使拖拉机正常工作条件遭到破坏，加剧整机技术状态的恶化。为了使拖拉机经常处于完好技术状态和延长使用寿命，必须对拖拉机进行正确操作、维护与调整。下面就拖拉机主要零部件的维护与保养做简要说明。

空气滤清器的保养。经常检查空气滤清器管各管路连接处的密封是否良好，螺母螺栓，夹紧圈等如有松动，要及时紧固；各零件如有破损要及时修复或更换。一般要求每工作 100h 应保养一次空气滤清器，干式滤清器纸滤芯保养时，要用软毛刷清扫。然后用压缩空气从滤芯内向外吹滤网，贮油盘，中心管等零件。滤网先吹雨干，喷上少许机油后再装配。贮油盘内应换用经过滤的机油。加机油时，应按油面标记加注，不能使油面过高或过低，安装时应保证密封胶圈密封良好。

气门的保养。拖拉机在运行 800h 后应检查调整气门间隙，并清除积碳。运行

1 200h 后检查气门和座的密封情况，必要时进行研磨或更换新件。

柴油滤清器的保养。滤清器内的杂质随使用时间的延长会不断增多，过滤能力下降；其他零件如垫圈的老化，损坏等会造成"短路"，即柴油不经过滤直接进入油泵。因此要进行保养，应注意以下几点：滤芯断面与中心要密封良好；保养纸质滤芯时，可先在柴油中浸泡一段时间，再用软质刷子刷洗。也可用气筒向滤芯内打气，自内向外吹去污物；滤清器经拆装后，要放尽其间的空气。

喷油器的保养。一般拖拉机运行 800h 后应检查喷油器的喷油压力和喷油质量。

润滑系统的保养。及时添加润滑油，柴油机启动前或连续工作 10h 以上。应检查油底壳油面高度。定期清洗润滑油过滤器，更换滤芯。定期更换油底壳润滑油，结合实际情况和油的质量，适当提前或延后。清洗油路。柴油机工作 500h 应清洗油路。润滑油路压力调整。柴油机工作时，若发现润滑油路压力低于正常压力，则应查明原因。使用中如因调压簧变软，偏磨或折断使机油压力降低，则需调整弹簧预紧力或更换弹簧以恢复正常压力。

离合器的保养。经常检查踏板自由行程和三个分离杆的分离间隙。分离杆或分离叉磨损严重时应更换新件。定期检查轴承的润滑情况，必要时注入黄油。拖拉机工作 500h 应拆下分离轴承清洗，清洗后放入盛有黄油的容器中加热。使黄油渗入，待凝固后取出装上。加热时温度不能太高。

液压系统的保养。定期检查液压油面的高度，不足应添加或更换液压油，一定要保持清洁。清洗液压系统内部零件时，为防止油道堵塞或密封处造成泄漏，禁止用棉丝擦洗。橡胶密封圈不要用汽油泡洗，以免老化变质。装配密封圈时应涂少许机油或肥皂水，以防止剪切，撕裂。油泵、分配器、油缸等是精密部件，一般不随意拆下。

液压转向系油箱的检查与维护。油箱设置于机罩后体下的右侧，打开油箱盖观察油尺上是否有油痕，如无油痕，说明转向油箱内油量不足，应检查找出漏油的原因，然后拆下油箱补充加油至油尺的中间刻线，再装回原位。检查时系统查验液压转向油缸，油管及接头各处均不漏油，否则易造成转向不灵，油箱内滤网应定期清洗或更换。在检查油面时，应同时检查油箱盖上面中心位置的通气阀起落是否灵活，如有油污应清洗干净。

电气系统保养。各导线的连接必须紧固可靠，不得被柴油和机油玷污，并防止与柴油机灼热部分接触，检查导线的绝缘性能是否良好。

发动机冷却系统的保养。发动机用冷却液可以是煮沸的自来水，也可以是防冻液。启动前首先检查散热器中冷却水是否加满，有无漏水。定期清除冷却系统中的水垢，以保证换热表面的散热作用。经常检查散热器芯体部位有无杂草，灰尘，油污等。按时检查节温器性能是否良好，否则会影响冷却水的循环而降低冷却效果。

（4）深松整地联合作业机

深松整地联合作业机由拖拉机后动力输出轴驱动，采用三点式悬挂，是深松旋耕整地联合作业机具，可与多种型号的拖拉机配套。

该机用于未耕或已耕地上的深松旋耕或整地作业，深松旋耕后土块细碎，地表平整，杂草、留茬覆盖良好，作业效率高，是一种深受广大农民欢迎的机具。深松整地联合作业机执行标准：JB/T 10295—2014。图 5-11 为深松整地联合作业机结构组成。

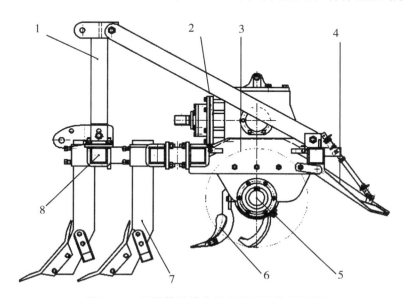

图 5-11　深松整地联合作业机具总装结构图

1. 悬挂；2. 箱体总成；3. 机架；4. 覆土板总成；5. 刀轴总成；6. 犁铧总成；
7. 深松铲；8. 深松铲架

使用前的准备。使用前必须加注润滑油，所有黄油嘴应加注黄油，检查、并拧紧全部螺栓，各传动部件必须转动灵活并无异声。切忌将刀片反装，错使刀背先入土，致使机器受力过大，损坏机件。

与拖拉机的悬挂连接时，拆去拖拉机牵引挂钩，卸下动力输出轴盖。对准悬挂架中部倒车，提升下拉杆至适当高度，倒车至能与本机左右悬挂销连接为止。安装万向节，并上好插销。先装左边下拉杆，再装右边下拉杆（因右边下拉杆有调整长度的机构，可调节右下拉杆的高低），并装好插销。安装上拉杆，插好插销。

作业前调整。左右水平调整，将机具降低，使刀尖接近地面，观看左右刀尖离地面高度是否一致，否则调整右悬挂杆，使左右刀尖离地高度一致，以保证左、右耕作深度一致。前后水平调整，将机具降至要求耕深，从侧面看万向节与第一轴是否接近水平，若夹角过大（>10°）则放长或缩短拖拉机上拉杆，使传动轴处于有利的工作状态。提升高度的调整，为防止万向节传动轴损坏，旋耕机作业时，传动轴与水平面夹角不得大于 10°，地头转弯不得大于 25°，故一般田间作业只要提升至离地约 20cm 即可。如遇过沟、坎或路上运输，须升得更高时，要切断动力；在田间作业时，要求做最高提升位置的限制，即将位调节手轮上螺丝拧紧限位。

使用方法。起步时，将机具提升离地 15~20cm，结合动力输出轴，空转 1~2min，然后挂上工作档位，缓慢放松离合器踏板，同时操作拖拉机液压升降调节手柄，使机具逐步入土，随之加大油门直至正常耕深。上下调整深松铲，使其达到要求深松深度。禁止在起步前先将机具入土到耕深或猛放入土。因为这会招致机具的损坏和拖拉机离合器的严重磨损，特别严重时会使动力输出轴折断。机具前进速度选择的原则是：达到深松和耕深要求，达到碎土要求，既保证耕作质量，又要充分发挥拖拉机的额定功率，从而达到高效、优质、低耗的目的。一般情况下，作业时前进速度为 3km/h 左右。转弯时，必须将机具升起，禁止在作业中转弯、倒退，否则将招致刀片变形、断裂，甚至损坏机具。

（5）旋耕机

旋耕机是与拖拉机配套完成耕、耙作业的耕耘机械。因其具有碎土能力强、耕后地表平坦等特点，而得到了广泛的应用。正确使用和调整旋耕机，对保持其良好技术状态，确保耕作质量是很重要的。按其旋耕刀轴的配置方式分为横轴式和立轴式两类。以刀轴水平横置的横轴式旋耕机应用较多。

旋耕机有较强的碎土能力，多用于开垦灌木地、沼泽地和草荒地的耕作。工作部件包括旋耕刀辊和按多头螺线均匀配置的若干把切土刀片，由拖拉机动力输出轴通过传动装置驱动，常用转速为 190~280r/min。刀辊的旋转方向通常与拖拉机轮子转动的方向一致。切土刀片由前向后切削土层，并将土块向后上方抛到罩壳和拖板上，使之进一步破碎。刀辊切土和抛土时，土壤对刀辊的反作用力有助于推动机组前进，因而卧式旋耕机作业时所需牵引力很小，有时甚至可以由刀辊推动机组前进。在与 15kW 以下拖拉机配套时，一般采用直接连接，不用万向节传动；与 15kW 以上拖拉机配套时，则采用三点悬挂式、万向节传动；重型旋耕机一般采用牵引式。耕深由拖板或限深轮控制和调节。拖板设在刀辊的后面，兼起碎土和平整作用；限深轮则设在刀辊的前方。刀辊最后一级传动装置的配置方式有侧边传动和中央传动两种。侧边传动多用于耕幅较小的偏置式旋耕机。中央传动用于耕幅较大的旋耕机，机器的对称性好，整机受力均匀；但传动箱下面的一条地带由于切土刀片达不到而形成漏耕，需另设消除漏耕的装置。

其工作原理是从拖拉机内的动力输出轴传出动力，通过齿轮箱将动力传输给下一轴，齿轮箱内一对是固定啮合的锥齿轮，动力从齿轮箱内传出，到达两侧边的链传动机构，由链传动机构将动力传输给刀轴，从而带动刀辊转动。如图 5-12 所示。

旋耕机的使用和调整。旋耕机是与拖拉机配套完成耕、耙作业的耕耘机械。具有碎土能力强、耕后地表平坦等特点，而得到了广泛的应用。正确使用和调整旋耕机，对保

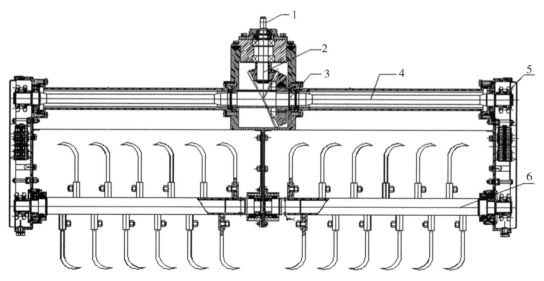

图 5-12　旋耕机总装结构图

1. 第一轴；2. 小锥齿轮；3. 大锥齿轮；4. 传动轴；5. 链轮；6. 犁刀轴

持其良好技术状态，确保耕作质量是很重要的。现将旋耕机正确使用与调整技术介绍如下：

作业开始，应将旋耕机处于提升状态，先结合动力输出轴，使刀轴转速增至额定转速，然后下降旋耕机，使刀片逐渐入土至所需深度。严禁刀片入土后再结合动力输出轴或急剧下降旋耕机，以免造成刀片弯曲或折断和加重拖拉机的负荷。

在作业中，应尽量低速慢行，这样既可保证作业质量，使土块细碎，又可减轻机件的磨损。要注意倾听旋耕机是否有杂音或金属敲击音，并观察碎土、深耕情况。如有异常应立即停机进行检查，排除后方可继续作业。

在地头转弯时，禁止作业，应将旋耕机升起，使刀片离开地面，并减小拖拉机油门，以免损坏刀片。提升旋耕机时，万向节运转的倾斜角应小于30°，过大时会产生冲击噪声，使其过早磨损或损坏。

在倒车、过田埂和转移地块时，应将旋耕机提升到最高位置，并切断动力，以免损坏机件。如向远处转移，要用锁定装置将旋耕机固定好。

每个班次作业后，应对旋耕机进行保养。清除刀片上的泥土和杂草，检查各连接件紧固情况，向各润滑油点加注润滑油，并向万向节处加注黄油，以防加重磨损。

5.2.3.2　播种施肥机具

（1）农机农艺技术要求及注意事项

①春季解冻后，选择 20~25g 重的块茎播种，亩需块茎种子 50kg，株行距 0.5m×0.5m，播种深度 10~20cm，播后 30d 左右出苗。菊芋一年播种，收获后有块茎残存土中，翌年可不

再播种，但为了植株分布均匀，过密的地方要疏苗，缺株的地方要补栽。

②选用合适的中耕机，花期前追肥培土，一次完成开沟、施肥、培土、拢型等工序。视杂草生长情况，同时喷施药剂除草。

③中耕培土厚度 6cm±1cm。

④中耕行距与播种行距一致，垄两侧杂草应清除干净，不伤及作物根茎。中耕培土垄高、垄宽一致，土块细碎疏松。

⑤茎叶距离地膜 2~3cm 时采用上土机覆土作业，覆土厚度 3~5cm。

⑥秋季采收后整地，亩施土杂粪肥 5 000kg，70% 撒施，30% 播种时集中沟施；另施硫酸钾 15kg，深耕 30cm，耕后整平作畦以备播种。在施足基肥的基础上，菊芋的生长期需追施两次肥：第一次在 5 月下旬前后，每亩追施尿素 10kg，促使幼苗健壮多发新枝；第二次在现蕾初期，每亩追施硫酸钾 15kg，追后浇水。

（2）播种

菊芋播种按距 60cm 开挖播种沟，沟深 8cm 左右，亩施过磷酸钙 60kg、尿素 15kg、硫酸钾 20kg 混合后，按株距 35~40cm 规格点施于播种沟内，每点 30g 左右，将芋种点播于 2 施肥点中间，每点播 1 个菊芋种，大块的种芋可切块播种，每块种芋不少于 15g 且留 2~3 个芽眼，播后复土，浇透水等待出苗。出苗后要及时查苗补苗，确保产量。

（3）播种机（图 5-13）

图 5-13　播种机总装结构

菊芋播种机与同小型拖拉机配套使用，集开沟、施肥、播种和覆土于一体，可一次完成施肥、播种作业。

①播种机的工作原理：播种机田间作业，首先通过开沟器进行开沟，同时地轮随着拖拉机前进而转动，地轮转动会带动地轮轴上的链轮和链条一起转动，链传动将动力传

递给中间轴，再通过中间轴传递至排种器和排肥轴，因此，播种机的全部动力都来自地轮的转动。施肥箱内装有播种过程所需的肥料，肥料在螺旋搅拌器中不停运动，以防止出现肥料架空堵塞的问题而影响施肥效果。施肥器多采用外槽轮形式，经施肥管运输后，在开沟器处施入土壤中。播种装置的升运轮通过链传动的作用进行转动，从而带动取种带转动，在取种带上安装有规律排布的取种勺，取种勺能够实现在种箱中连续获取薯种并疏松至取种带最高位置的功能。当到达最高位置，取种勺将薯种抛出到排种管，保证薯种能有效进入排种管中，经排种管后的薯种落入皮带上，随皮带运动准确地落入开好的种沟内，从而实现播种的全部过程。

②主要结构及技术特点如下：

排种器。播种机的取种和排种主要通过链传动带动取种勺实现工作，升运链条的长短应根据播种机的实际工作能力确定。若升运链条过长，会增加薯种的运输距离，影响工作效率；若升运链条太短，可能会出现在输送薯种的过程中薯种还未在托种铁片上稳定停留就滑落，从而影响排种的均匀性。因此，升运链条的长度应按最合适的中心距来选取。通常情况下，长度应在 2m 左右，薯种的升运高度不大于 0.5m。同时为保证播种质量，取种勺的运行速度应该不大于 0.5m/s，以避免漏播、重播现象的发生。

种箱。种箱是薯种的装载单元，播种机的薯种箱通常具有与播种行数相适应的容积，以满足播种机的正常作业要求并减少中途添加薯种的次数。种箱的体积不宜过大，过大的种箱不仅占据了更多的空间，也导致拖拉机行驶的牵引阻力增大，同时为保证薯种顺利地进入种箱底部的取种口，通常箱底板的倾斜角应大于种子的自然休止角 24°~34°，以保证取种勺的正常取种。

漏播补偿装置。由于播种机多采用机械式的取种方式，在取种的过程中容易出现取种失败而造成的漏播问题。针对这一问题，通过在外槽轮排种器的排种口加装光线或感应传感器，来检测是否有薯种掉落，同时与另一个简易排种器相配合。当排种失败时，通过备用排种装置进行薯种补充，备用排种装置由电机驱动，通过传感器的反馈信号实现开关。当传感器检测到排种失败时，信号会迅速传递给控制系统控制电机带动备用排种结构运转，补偿种薯由备用播种箱提供，最后补偿到被检测的漏播排种勺处，进而完成补偿作业。

排肥装置。播种机的排肥装置多采用机械式排肥结构，通过排肥器的转动在肥料箱获取肥料，因此，排肥装置的性能就直接决定了排肥的精密程度。通常情况下，马铃薯播种过程中所施加的肥料多为颗粒状化肥，施肥过程需要将化肥排到一定深度土壤中。现阶段使用较多的机械化排肥装置为外槽轮式排肥器，其具有性能稳定可靠、结构简单以及排肥均匀程度高的优点，适用于对复合肥和松散化肥的施肥作业，能够有效实现马铃薯施肥机精确施肥的农艺要求；同时，外槽轮式的排肥器能够实现根据要求自由调节排肥量的功能，通过改变外槽轮的工作长度，来满足不同施肥量的要求。

5.2.3.3 植保机械

（1）自走式喷杆喷雾机（图5-14）

自走式喷杆喷雾机是一种将喷头装在横向喷杆或竖立喷杆上自身可以提供驱动动力、行走动力，不需要其他动力提供就能完成自身工作的一种植保机械。该类喷雾机的作业效率高，喷洒质量好，喷液量分布均匀，适合大面积喷洒各种农药、肥料和植物生产调节剂等的液态制剂，可用于农作物、草坪、城市消毒等。

图5-14 自走式喷杆喷雾机结构

（2）主要优点

①药液箱容量大，喷药时间长，作业效率高。

②喷药机的液泵，采用多缸隔膜泵，排量大，工作可靠。

③喷杆采用单点吊挂平衡机构，平衡效果好。

④喷杆采用拉杆转盘式折叠机构，喷杆的升降、展开及折叠，可在驾驶室内通过操作液压油缸进行控制，操作方便、省力。

⑤可直接利用机具上的喷雾液泵给药液箱加水，加水管路与喷雾机采用快速接头连接，装拆方便、快捷。

⑥喷药管路系统具有多级过滤，确保作业过程中不会堵塞喷嘴。

⑦药液箱中的药液采用回水射流搅拌，可保证喷雾作业过程中药液浓度均、一致。

⑧药液箱、防滴喷头采用优质工程塑料制造。

⑨可加配切顶器、施肥。

（3）安全操作及注意事项

①机具在道路上行驶时要遵守交通规则，上路之前请检查灯光、喇叭、刹车和紧急

制动功能是否完好，保证喷杆处于折叠状态，且保证喷杆托架已经托住喷杆。机具在起步、升降及喷杆展开或折叠时应鸣笛示警。在道路运输及作业过程中，严禁人员站在机器上，驾驶室内亦不得超员。应时刻注意道路交通状况能否满足机具的尺寸。

②机具工作前，应检查各控制按钮，并掌握各按钮的操作规程。机具启动后，不得再乘坐其他人，也不得牵引其他机器。要尽量避免急刹车或突然加速，这样做会造成主药箱中的水发生涌动，使机器不稳。机具熄火后，应打开驻车制动、锁定工作部件，并将操纵杆置于中位，然后再对机具进行保养。

③操作人员应具备自我防护意识，作业时需佩戴防护装备（衣服、手套、鞋子等）。操作人员不得在中途进行喝水、吃东西、吸烟等可能产生农药中毒效果的行为。一旦作业人员出现身体不适等症状，应立即去医院就医。作业时，驾驶员必须精力集中，机器停稳后方能上、下人员。

④严禁在发动机未熄火时进入机器下方进行检查、保养、维修。作业中出现故障，须立即停车、熄火、关闭药液分配阀，然后方可进行检查。对机具电控系统进行保养前，应首先断电。保养检修时，机器必须停放在平整坚实的地面上，须用坚固的物体支撑住机器。进行作业、维护保养及操作喷杆时，喷杆摆动范围内及喷杆下方均不允许站人。除非进行必要的维修保养，人员不得进入药箱。喷药作业后，如药箱内有残余药液，则应按照有关环保规定进行处理，不得随意排放。应定期检查高压液压管路，以及时发现隐患。

⑤处理农药时，应遵守农药生产厂提供的安全说明，并遵照国家有关环保规定。冲洗药箱及喷药管道时，喷头、过滤器及清洗操作人员防护用品的废水应按照有关环保规定处理，不得随意排放。

⑥注意机器上的警示和安全标志，并保证其清洁完好

5.2.3.4　植保无人机

无人机，又名无人飞行器，通过地面遥控或导航飞控，来实现喷洒作业，可以喷洒药剂、种子、粉剂等（图5-15）。机体特点如下。

采用高效无刷电机作为动力。机身振动小，可以搭载精密仪器，喷洒农药等更加精准；地形要求低，作业不受海拔限制，在西藏、新疆等高海拔地域；起飞调校短、效率高、出勤率高；环保，无废气，符合国家节能环保和绿色有机农业发展要求；易保养，使用、维护成本低；整体尺寸小、重量轻、携带方便；提供农业无人机电源保障。具有图像实时传输、姿态实时监控功能；喷洒装置有自稳定功能，确保喷洒始终垂直地面；半自主起降，切换到姿态模式或 GPS 姿态模式下，只需简单地操纵油门杆量即可轻松操作直升机平稳起降；失控保护，直升机在失去遥控信号的时候能够在原地自动悬停，等待信号的恢复。机身姿态自动平衡，摇杆对应机身姿态，最大姿态倾斜45，适合于灵巧的大机动飞行动作；GPS 姿态模式（标配版无此功能，可通过升级获得），精确定

图 5-15　植保无人机结构图

位和高度锁定，即使在大风天气，悬停的精度也不会受到影响；新型植保无人机的尾旋翼和主旋翼动力分置，使得主旋翼电机功率不受尾旋翼耗损，进一步提高载荷能力，同时加强了飞机的安全性和操控性。这也是无人直升机发展的一个方向。高速离心喷头设计，不仅可以控制药液喷洒速度，也可以控制药滴大小，控制范围在 $10 \sim 150 \mu m$。

5.2.3.5　农艺及农机保机技术及注意事项

优先选用高效植保机械，按农艺要求配置药液，喷头距离作物 $40 \sim 50cm$ 距离处匀速、缓慢喷洒。

（1）秸秆收获机械

菊芋的地上茎叶可做兔、猪、羊、驴、马等畜禽饲料。既可在菊芋生长旺季割取地上茎叶直接用做青饲料，也可在秋季粉碎后制作干饲料。

（2）青饲收获机

目前，田间收取青饲料作物的机械主要有甩刀式青饲料收获机和通用型青饲料收获机两种类型。

①甩刀式青饲料收获机：甩刀式青饲料收获机主要用来收获青绿牧草、燕麦、甜菜茎叶等低矮青饲作物。其主要工作部件是一个装有多把甩刀的旋转切碎器。作业时，切碎器高速旋转，青饲作物被甩刀砍断、切碎，然后被抛送到挂车中。根据切碎的方式又分为单切式和双切式两种。单切式青饲收获机对饲料只进行一次切碎，甩刀为正面切割型，对所切碎的饲料的抛送作用强，但切碎质量较差，长短不齐。一般工作幅宽为 $1.25m$ 左右，切碎长度 $50mm$ 左右，配套动力 $22 \sim 36kW$，生产率每小时 $0.5hm^2$ 左右，损失率小于 3%。双切式青饲收获机在甩刀式切碎装置后面设置一平行螺旋输送器，螺旋输送器前端设有滚刀式或盘刀式切碎抛送装置。作业时，甩刀将饲料切碎，并抛入螺旋输送器，由螺旋输送器送入切碎抛送装置进行第二次切碎，最后抛入挂车。其切碎质量较好，但结构复杂。工作幅宽 $1.5m$ 左右，配套动力为 $30kW$ 左右。

②通用型青饲料收获机：通用型青饲料收获机又称多种割台青饲收获机，可用于收

获各种青饲作物。有牵引式、悬挂式和自走式 3 种。一般由喂入装置和切碎抛送装置组成机身，机身前面可以挂接不同的附件，用于收获不同品种的青饲作物，常用的附件有全幅切割收割台、对行收割台和捡拾装置 3 种。全幅切割收割台采用往复式切割器进行全幅切割，适于收获麦类及苜蓿类青饲作物。割幅为 1.5～2m，大型的可达 3.3～4.2m；对行割台采用回转式切割器进行对行收获，适于收获青饲玉米等高秆作物。捡拾装置由弹齿式捡拾器和螺旋输送器组成，用于将割倒铺放在地面的低水分青饲作物拾起，并送入切碎器切成碎段。详见图 5-16。

图 5-16　通用型青饲料收获机结构图

青饲收获机的选型。在购买青饲收获机时要考虑以下几个方面：①在选择自走式或牵引式的问题上，首先要根据购买者的使用性质来确定。如果青贮玉米和青饲料的种植面积在 1 000hm² 以上，应以自走式为主要机型，再按自走与牵引 1：（3～4）的比例配备一定数量的牵引机。既要满足青贮玉米和青饲料在最佳收割期时收割，又要考虑使现有的拖拉机动力充分利用，更要考虑投资效益和回报率的问题。更值得注意的是当青贮收割作业完毕，拖拉机还可进行其他作业，这对经营者是很有利的。如果是专业化的青贮收割作业也可参考上述的配备方法。对有实力的个体农机经营者，应根据现有动力选购与之匹配的牵引式青贮收割机。

②在选购青饲收获机的时候，还要考虑资金的能力的大小，要首选价格合理、技术性能先进、制造工艺水平高、生产率高、工作可靠性强的机型。

③应考虑选购规模大、实力强的大型农机企业生产的产品，如果在同等技术水平的条件下，要选择价格低、售后服务好有诚信的产品。

5.2.3.6　菊芋收获机械

（1）安装及调整方法

①将收获机配件准备齐全，把配套的拖拉机停在宽敞的地方。

②将整台收获机的紧固件、开口销、黄油嘴全部检查一遍，如有松动或开口销脱落

及没开衩应紧固、开衩、连接牢固。

③齿轮箱内加注 HL-30 齿轮油，油面以浸没大锥齿轮底部的一个齿宽为宜，各转动部件定期加注钙钠基润滑脂。各部件必须转动灵活。

（2）与拖拉机连接方法

当与菊芋收获机配套的拖拉机倒退对准收获机中部，提升拖拉机下拉杆，倒车至能与收获机左右悬挂销连接为止。

①装上收获机后，拖拉机把收获机提升起来，通过调整拖拉机左、右吊杆长短，使收获机达到左右平衡为止。

②为与不同型号拖拉机配套，确保机器性能的正常发挥，不同拖拉机选取不同大小的万向节及悬挂点。

③检查并拧紧全部连接螺栓。

（3）田间试运行

①将菊芋收获机悬挂在拖拉机上，同时用万向节把拖拉机的后输出轴与收获机的动力输入轴连接。用手转动万向节，检查有无卡、碰现象。如有，应及时排除。

②起步时将菊芋收获机提升，挖掘刀尖离地面 5~8cm 接合拖拉机动力输出轴，空转 1~2min，无异常响声的情况下，挂上工作档位，逐步放松离合器踏板，同时操作拖拉机调节手柄逐步入土，随之加大油门直到正常作业。

③检查菊芋收获机工作后的地块菊芋收净率，查看有无碎果以及严重破皮现象，如菊芋破皮严重，应降低收获进行速度，调深挖掘深度。

④作业时，机器上禁止站人或坐人，否则可能缠入机器，造成严重的人身伤亡事故。机具运转时，禁止接近旋转部件，否则可能导致身体缠绕，造成人身伤亡事故。检查机具时，必须切断拖拉机动力输出轴动力，以防造成人身伤害。

⑤使用及调整方法：将菊芋收获机悬挂在拖拉机上，同时用万向节把拖拉机的后输出轴与收获机的动力输入轴连接。用手转动万向节，检查有无卡、碰现象。拖拉机的操作按照拖拉机的使用说明进行操作。空机运转，设备应运转平顺流畅。为防止传动轴损坏，菊芋收获机工作时传动轴夹角不得大于 ±15°，故一般田间作业只要提升至挖掘刀尖离地即可，如遇沟埂或路上运输，需提升得更高时要切断动力输出。为防止意外，在田间作业时要求做最高提升位置的限制，即将位调节手轮上螺丝拧紧限位。菊芋收获机和拖拉机位置不平行时，应调整拖拉机左右限位杆，使收获机和拖拉机对正，并保持收获机挂在拖拉机上的左右横向摆动量在 10~20mm 范围，否则容易损坏机件。下地前，调节好限深轮的高度，使挖掘铲的挖掘深度在 20cm 左右。在挖掘时，限深轮应走在要收的菊芋秧的外侧，确保挖掘铲能把菊芋挖起，不能有挖偏现象，否则会有较多的菊芋损失。在行走时，拖拉机的行走速度可在慢 1 或 2 挡，后输出速度在慢速，在坚实度较大的土地上作业时应选用最低的耕作速度。作业时，要随时检查作业质量，根据作物生

长情况和作业质量随时调整行走速度与升运链的提升速度，以确保最佳的收获质量和作业效率。停机时，踏下拖拉机行走离合器踏板，操作动力输出手柄，切断动力输出即可。在作业中，如突然听到异响应立即停机检查。通常是收获机遇到大的石块、树墩等，这种情况会对收获机造成大的损坏，作业前应先问明情况再工作。

（4）维修与保养

正确地进行维修和保养，是确保菊芋收获机正常运转，提高功效延长使用寿命的重要措施。

①班保养（工作 10 个 h）：检查拧紧各连接螺栓、螺母，检查放油螺塞是否松动。检查各部位的插销、开口销有无缺损，必要时更换。检查螺栓是否松动及变形，应补齐、拧紧及更换。

②季保养（一个工作季节）：全部执行班保养的规定项目。

③年保养（一年之后进行）：彻底清除菊芋收获机上的油泥、土及灰尘；放出齿轮油进行拆卸检查，特别注意检查各轴承的磨损情况，安装前零件需清理，安装后加注新的齿轮油；拆洗轴、轴承，更换油封，安装时注足黄油；拆洗万向节总成，清洗十字轴滚针，如损坏应更换；拆下传动链条检查，磨损严重和有裂痕者必须更换；检查传动链条是否裂开，有裂开应修复；菊芋收获机不工作长期停放，垫高菊芋收获机使刀片离地，刀片上应涂机油防锈，外露齿轮也需涂油防锈。非工作表面剥落的油漆应按原色补齐以防锈蚀。菊芋收获机应停放在室内或加盖于室外。

（5）安全操作及注意事项

①安全警示标识：安全警示标志是提醒人们存在危险或潜在危险，并指示人们如何避免危险。使用说明书中的"安全注意事项"和机器粘贴的安全警示标识及操作标志，是机器使用人员所必须遵守的。机身粘贴的警示标识，应随时保持清晰可见。若有破损、损坏、脱落、丢失应及时联系厂方或经销商购买更换或补充；维修更换新零部件时，新零部件上应有制造厂规定的安全警示标识。不遵守操作提示所造成的伤害、故障、损失等后果由使用者承担。

②安全注意事项：检查收获机各零部件是否正常，检查所有连接处螺栓是否紧固和安装正确；检查变速箱是否加足齿轮油；轴承、是否注足润滑脂；机器空转 2min，确保各部件无异响，运转灵活；机器作业前应先熟悉场地情况，以防作业时机器碰撞硬质物品，从而导致机器损坏；机器下地作业时，应先空运转，缓慢入土；机器运转时上面和后面严禁站人，以防抛出物冲击人的身体，应保持安全距离；由于该机是由拖拉机动力驱动的农具，因而要求驾驶人员特别提高警惕，随时注意在必要时切断动力，以免发生危险；工作中如发现不正常现象，应立即停车检查，排除故障后方可继续工作；机器在转移时切记切断动力输出轴，升到最高，禁止左右晃动，确保液压悬挂机构不下降；切记切断动力输出轴，并熄灭发动机；机器抬高时应用结实的支撑物支撑牢固，以免滑

落伤人；检查各部件的插销、开口销有无缺损、刀轴是否变形、刃口是否磨损严重、螺栓是否松动及变形；必要时进行调整或更换；检查有无漏油现象，必要时更换纸垫或油封，齿轮油不够时应添加到规定油位；检查万向节及传动系统各部位轴承、油封。若失效应拆开清洗或更换新件，加足润滑油。

（6）常见故障及排除方法

常见故障及排除方法详见表5-23。

表5-23　常见故障及排除方法

故障现象	故障原因	排除方法
菊芋脱皮严重	1. 挖掘深度不够 2. 工作速度过快	1. 调节拉杆，使挖掘深度增加 2. 低速
齿轮箱有杂音	1. 有异物落入箱内 2. 圆锥齿轮间隙过大 3. 轴承损坏 4. 齿轮牙断	1. 取出异物 2. 调整齿轮侧隙 3. 更换轴承 4. 更换齿轮
万向节传动轴折断	1. 传动系统有卡死干涉现象 2. 牵引部分脱落造成作业中突然超负荷	1. 先检查故障原因，排除后更换传动轴 2. 排除牵引部分的故障，更换传动轴
机器强烈震动	1. 传动轴安装错误 2. 螺栓有松动 3. 轴承损坏	1. 正确安装传动轴 2. 更换、增补 3. 拧紧螺栓 4. 检查、校平衡 5. 更换轴承
轴承温升过高	1. 缺油或油质太差 2. 轴承间隙过小 3. 轴承损坏	1. 适量增补或更换润滑油 2. 调整轴承装配间隙 3. 更换轴承

第6章 菊芋的营养成分、影响因素与价值分析

6.1 菊芋茎叶的营养成分及价值分析

6.1.1 菊芋茎叶营养成分

菊芋地上的茎叶部分具有抗性强，极少病虫害的特点，引起了人们对其化学成分及生物活性的关注。

国内外研究表明，菊芋茎、叶中的主要有黄酮类、酚酸类、倍半萜类、倍半萜内酯类、氨基酸、多糖、甾醇类、挥发油和矿物质等生物活性物质与营养成分，其中大部分活性成分具有抗氧化、杀菌消炎以及肿瘤细胞毒性等多种药理作用，对人和畜禽疾病的治疗产生积极作用。其主要组成详见表6-1。

表6-1 菊芋地上部分（茎、叶）生物活性物质与矿物质组成

类别	生物活性物质与矿物质成分组成
黄酮类	去酰半齿泽兰素、石吊兰素、山柰酚葡萄糖酸盐、山奈酚-3-O-葡萄糖苷、山奈酚、芦丁、穿心莲、川陈皮素、水飞蓟素、葛根素、甲基鼠李素等；5，8-二羟基-6，7，4′-三甲氧基黄酮、5，8-二羟基-6，7-二甲氧基-2-（3，4-二甲氧基苯）-4-苯并吡喃酮、异鼠李素-O-葡萄糖苷、山奈酚葡萄糖醛酸苷、山奈酚-3-O-葡萄糖苷、儿茶素和表儿茶素；异甘草素、2，4，2′，4′-四羟基查尔酮、甘草素、针依瓦菊素、槲皮素-7-O-β-葡糖苷、硫黄菊素和硫黄菊素葡糖苷。
酚酸类	3，4-二咖啡酰奎宁酸、3-阿魏酰奎尼酸、3-O-咖啡酰奎宁酸（绿原酸）、1，5-二咖啡酰奎宁酸、儿茶素、水杨酸、表没食子儿茶素、没食子酸酯、对香豆酰基-奎尼酸；3，5-O-二咖啡酰奎宁酸、3，4-O-二咖啡酰奎宁酸、4，5-O-二咖啡酰奎宁酸、3，5-O-二咖啡酰奎宁酸甲酯、P-香豆酰奎宁酸、咖啡酰葡萄糖和阿魏酰奎宁酸等。
萜类	17，18-二氢尿嘧啶A、海葵醇A，H、海葵素B、绢毛向日葵素A，B、菊芋精、3-乙氧基海葵素B15-羟基-3-去氧果酸、睫毛向日葵酸、甘草酸等。去乙酰硫代嘌呤、氨甲酰菊酯、绢毛向日葵素A、菊芋精、3-羟基-8β-噻乙酰氧基-1-脱氢氧合酶，10-脱氢阿瑞洛辛、eupatoliade；对映-17-氧代贝壳杉烷-15（16）-烯-19-酸、对映-17-羟基贝壳杉烷-15（16）-烯-19-酸、对映-15β-羟基贝壳杉烷-16（17）-烯-19-羧酸-甲酯、α-蒎烯、莰烯、β-蒎烯、桧烯、柠檬烯、α-古巴烯、α-柏木烯、β-倍半水芹烯、β-甜没药烯、α-花侧柏烯和芳樟醇；去乙酰基卵美菊素、1α-乙酰氧基-羽状半裂素、1α-羟基-羽状半裂素。β-胡萝卜素和维生素C等。
氨基酸	酪氨酸、异亮氨酸、缬氨酸、谷氨酸、赖氨酸、蛋氨酸、苏氨酸、亮氨酸、苯丙氨酸、天冬氨酸、丝氨酸、甘氨酸、丙氨酸、胱氨酸、组氨酸、精氨酸和脯氨酸等（7种必需，10种非必需）。

（续表）

类别	生物活性物质与矿物质成分组成
纤维素及糖类	纤维素、半纤维素；向日葵多糖、阿拉伯糖、果聚糖、果糖、蔗糖、木糖、半乳糖、甘露糖、阿拉伯糖和鼠李糖等及 $10-\beta-D-$葡萄糖苷$-3-$羟基$-11-$十二烷-6，$8-$二炔酸甲酯、甲基$-9-\beta-D-$葡萄糖苷$-10-$十一烯-5，$7-$二炔酸甲酯、$10-\beta-D-$葡萄糖苷$-3-$羟基-4，$11-$十二碳二烯-6，$8-$二炔酸甲酯和（8Z）$10-\beta-D-$葡萄糖苷$-8-$癸烯-4，$6-$二炔酸酯等。
甾醇类	$\triangle7-$豆甾醇、$\triangle7-$菜油甾烯醇、$\beta-$谷甾醇、5α，$8\alpha-$表二氧-22β，$23\beta-$表$-$二氧麦角甾$-6-$烯$-3\beta-$醇、5α，$8\alpha-$表二氧-22α，$23\alpha-$表二氧麦角甾$-6-$烯$-3\beta-$醇、（24R）-5α，$8\alpha-$表二氧麦角甾$-6-$烯$-3\beta-$醇、$7\alpha-$羟基豆甾醇、（24R）$-24-$乙基$-5\alpha-$胆甾烷-3β、5α，$6\beta-$三醇、谷甾$-5-$烯$-3\beta-$醇$-$乙酸酯、$7\alpha-$羟基谷甾醇、（22E，24R）-5α，$8\alpha-$表二氧麦角甾-6，9（11），$22-$三烯$-3\beta-$醇、（22E，24R）-5α，$8\alpha-$表二氧麦角甾-6，$22-$二烯$-3\beta-$醇和-3β，$7\alpha-7-$甲氧基豆甾$-5-$烯$-3-$醇等。
挥发油	（E）$-$乙酸$-2-$己烯$-1-$醇酯、三环萜、$\alpha-$侧柏烯、（E）$-$罗勒烯、$\gamma-$萜品烯等。
矿物质	镁、钙、磷、钾、氯、硫、锌、铁等。

资料来源：中国农业科学院北京畜牧兽医研究所熊本海团队，2020；Malmberg et al.，1986；汪悦等，2020；袁晓艳，2009；李玲玉 等，2019；Matsuura et al.，2014；李晓栋，2012；Jantaharn et al.，2018，Kim et al.，2010 的研究资料。

菊芋叶片的粗蛋白含量约是茎秆的 3 倍，块茎的 5 倍（Rawate et al.，1985）。叶片中水解氨基酸的总含量可达叶片干重的 12.45%，其中，脯氨酸、天门冬氨酸、谷氨酸和亮氨酸为菊芋叶片中氨基酸的主要组成成分，而脯氨酸含量最高（Peksa et al.，2016）。叶片中 $\beta-$胡萝卜素（371mg/kg）和维生素 C（1 662mg/kg）的水平相对较高，是块茎的 4~8 倍。菊芋茎、叶在花期完成各类营养成分的积累，并达到最大值，茎比叶子含有更多的纤维素和半纤维素。

为系统地研究菊芋的饲用价值，自 2017 年以来，中国农业科学院北京畜牧兽医研究所中国饲料数据库情报网中心，连续收集了由廊坊菊芋育种团队选培育的 8 个"廊芋"系列新品种，百余个样品批次。全面检测了不同品种、不同年份、不同茬次及不同生产期的菊芋秸秆的概略养分、碳水化合物（主要是糖的组成）、氨基酸及矿物元素含量等。从营养价值特性上表明：有部分品种的秸秆在适当的生产期采收，有较高的粗蛋白含量，且钙、磷养分含量丰富。用作粗饲料，可部分替代优质苜蓿，并减少抗生素的用量，且有明显的价格优势。因此，2019 年 11 月，中国饲料库情报网中心发布的第 30 版《中国饲料成分及营养价值表》中，首次将菊芋秸秆作为粗饲料纳入中国饲料数据库（表 6-2）。

表 6-2　牛、羊常用粗饲料（青绿、青贮及粗饲料）的菊芋与紫花苜蓿、玉米、黑麦典型养分（干基）对比表

序号	饲料原料	DM %	NEm MJ/kg	NEm Mcal/kg	NEg MJ/kg	NEg Mcal/kg	NEL MJ/kg	NEL Mcal/kg	CP %	UIP %CP	CF %	ADF %	NDF %	eNDF %NDF	EE %	Ca %	ASH %	P %	K %	Cl %	S %	Zn mg/kg
1	苜蓿干草（初花期）	90	5.44	1.30	2.59	0.62	5.44	1.3	19	20	28	35	45	92	2.5	8	1.41	0.26	2.5	0.38	0.28	22
2	苜蓿干草（中花期）	89	5.36	1.28	2.38	0.57	5.36	1.28	17	23	30	36	47	92	2.3	9	1.40	0.24	2.0	0.38	0.27	24
3	苜蓿干草（盛花期）	88	4.98	1.19	1.84	0.44	4.98	1.19	16	25	34	40	52	92	2	8	1.20	0.23	1.7	0.37	0.25	23
4	苜蓿干草（成熟期）	88	4.60	1.10	1.09	0.26	4.52	1.08	13	30	38	45	59	92	1.3	8	1.18	0.19	1.5	0.35	0.21	23
5	苜蓿叶粉	89	6.53	1.56	3.97	0.95	6.44	1.54	28	15	15	25	34	35	2.7	15	2.88	0.34	2.2	—	0.32	39
6	苜蓿茎	89	4.35	1.04	0.63	0.15	4.23	1.01	11	44	44	51	68	100	1.3	6	0.90	0.18	2.5	—	—	—
7	带穗玉米秸秆	80	6.07	1.45	3.39	0.81	6.07	1.45	9	45	25	29	48	100	2.4	7	0.50	0.25	0.9	0.20	0.14	—
8	玉米秸秆成熟期	80	5.15	1.23	2.13	0.51	5.15	1.23	5	30	35	44	70	100	1.3	7	0.35	0.19	1.1	0.30	0.14	22
9	玉米青储乳化期	26	6.07	1.45	3.39	0.81	6.07	1.45	8	18	26	32	54	60	2.8	6	0.40	0.27	1.6	—	0.11	20
10	玉米和玉米芯粉	97	8.20	1.96	5.44	1.30	7.82	1.87	9	52	9	10	26	56	37	2	0.06	0.28	0.5	0.05	0.13	16
11	玉米芯	90	4.44	1.06	0.84	0.20	4.35	1.04	3	70	36	39	88	56	0.5	2	0.12	0.04	0.8	—	0.40	5
12	黑麦干草	90	5.36	1.28	2.38	0.57	5.36	1.28	10	30	33	38	65	98	3.3	8	0.45	0.30	2.2	—	0.18	27
13	黑麦秸秆	89	4.06	0.97	0.08	0.02	3.97	0.95	4	—	44	55	71	100	1.5	6	0.24	0.09	1.0	0.24	0.11	—
14	菊芋茎秆廊坊	96	4.31	1.03	2.10	0.50	6.13	1.46	7	—	51	48	58	100	0.94	10	0.64	0.16	—	—	—	—
15	菊芋叶粉廊坊	92	6.67	1.59	1.83	0.44	5.62	1.34	19	—	23	22	45	0	3.64	17	0.76	0.25	—	—	—	—
16	菊芋全株廊坊	95	5.98	1.43	2.05	0.49	5.59	1.33	10	—	31	40	53	63	2.1	12	0.98	0.45	—	—	—	—

注：（1）数据来源：《中国饲料成分及营养价值表》（2019 年第 30 版）。

（2）DM—原样干物质含量；TDN—总可消化养分；NEm—维持净能；NEg—增重净能；NEl—泌乳净能；CP—粗蛋白质；UIP—粗蛋白质中的过瘤胃蛋白比例；CF—粗纤维；ADF—酸性洗涤纤维；NDF—中性洗涤纤维；eNDF—有效 NDF；EE—粗脂肪；ASH—粗灰分；Ca—钙；P—磷；K—钾；Cl—氯；S—硫；Zn—锌。表中数据除 DM 外，其他均以干物质为基础的含量。

（3）有关通过化学成分预测饲料能（NEm，NEg，NEl）的计算公式：（1）TDN=1.15×CP%+1.75×EE%+0.45×CF%+0.008 5×NDF%2+0.25×NFE%-3.4；（2）NEm（MJ/kg）=0.102 5×TDN%-0.502；（3）DE（MJ/kg）=0.209×CP%+0.322×EE%+0.084×CF%+0.002×NFE%2+0.046×NFE%-1.187。

NFE%-3.4；（2）NEm（MJ/kg）=0.102 5×TDN%-0.502；（3）DE（MJ/kg）=0.209×CP%+0.322×EE%+0.084×CF%+0.002×NFE%2+0.046×NFE%-1.187。

（4）NEL（MJ/kg）=0.655×DE（MJ/kg）-0.351；（5）NEg（MJ/kg）=0.815×DE（MJ/kg）-0.049 7×DE2（MJ/kg）-1.187。

0.627；（4）NEm（MJ/kg）=0.627；

6.1.2 茎叶营养的影响因素

国内外学者研究表明，菊芋茎叶的营养成分与种质资源及品种、生育阶段、刈割次数、生长环境等因素密切相关。

6.1.2.1 种质资源及品种

Seiler 等（2004）对美国得克萨斯州的9个野生菊芋种群在2年开花期间茎叶中的氮（N）、磷（P）、钙（Ca）、镁（Mg）、钾（K）和 Ca/P 进行了评估，结果表明，9个种群的 N、K、P，Ca、Mg 和 Ca/P 均存在基因型差异，通过杂交和选择改善的可能性；P 和 Mg 的群体差异很小，通过选择难以改善这些差异。

Erbas 等（2016）研究了2个不同品种的菊芋，从出苗到采收期 CP 含量分别从48.15%和40.95%降低到35.55%和28.45%，而游离氨基酸含量分别0.595和0.285增加到5.075和5.625；总可溶性糖7.3mg/g增加到28.6mg/g，还原糖含量从1.8mg/g增加到6.4mg/g。抑制蛋白质消化的一些抗营养成分在发芽后减少，例如 α-半乳糖苷、胰蛋白酶、凝集素和胰凝乳蛋白酶抑制剂等。

赵孟良等（2017）选取从国外引进的22份菊芋种源，以国内2个菊芋品种做参考，测了叶片中矿质元素纤维素、绿原酸、黄酮和粗纤维含量，结果表明，不同菊芋种源间测定指标含量均存在显著性差异。叶片中 K 含量最高的品种达30.62mg/g，是青芋3号的2.5倍；Mg 含量最高为14.17mg/g，与青芋3号含量差异不大；Fe 含量差别不大，范围为0.09~0.19mg/g；Ca 含量最高的为26.87mg/g；绿原酸和黄酮含量最高分别达2.55%和1.24g/100g；粗纤维含量最高达16.7%，最低的为7.36%。

孔涛等（2013）选择块茎形状及颜色不同的红菊芋、球白菊芋、白红菊芋、长白菊芋、大白菊芋5个不同品种茎叶的含水量、蛋白质、脂肪、灰分、粗纤维、总糖、还原糖、水溶性物质等不同品种菊芋茎叶8个主要营养成分，进行测定结果的定量分析。其研究表明，红菊芋含水量、脂肪含量、灰分含量、水溶性成分最高，分别为77.31%、6.14%、9.68%、65.88%，粗纤维含量上最低，为5.21%。上述5个指标，红菊芋与其他4个品种差异极显著。5个菊芋品种中，长白菊蛋白质含量最高，为6.65%，但仍低于优质饲料标准（10%~20%）。整体分析看，这5个菊芋品种中，红菊芋叶片可作为牲畜饲料的较好原料。

李晓丹（2014），从现蕾期到成熟期，晚熟品种和南方的两个品种较早熟和中晚熟品种的中性洗涤纤维和酸性洗涤纤维含量低；早熟品种蛋白质含量高，晚熟品种含量低，中晚熟品种居中；茎叶中的无氮浸出物含量：晚熟品种>中晚熟品种>早熟品种。

刘鹏等（2019）为探讨不同品种菊芋秸秆饲用品质状况，测定了不同品种菊芋秸秆的营养成分、体外消化率和有效能，结果表明：上述3项指标品种间差异显著，6个测试品种中 LY2 饲料品质最好。品种间茎叶养分含量的差异为菊芋品种选育提供了可能，可根据不同需求，选育优质目标性状品种。

廊坊菊芋育种团队 2015 年选择了 32 个菊芋的品种资源，对茎叶样品的粗蛋白、粗脂肪、粗纤维、粗灰分等进行测定结果分析。表 6-3 中水分平均 8.49%，粗蛋白 6.72%，粗脂肪平均 13.68mg/g，粗纤维平均 206.52mg/g；粗蛋白最高为 14.11%，最低为 4.70%，相差 9.41%；粗脂肪最高为 21.2mg/g，最低为 8.5mg/g，相差 12.7mg/g；粗纤维最高为 304.7mg/g，最低为 153.1mg/g，相差 151.6mg/g；结果表明，各项营养成分指标差异显著，品种（品系）是关键的内在因素详见表 6-3。

表 6-3 　 不同品种品系主要营养成分测验分析结果

编号	品种品系	水分/%	粗蛋白/%	粗脂肪/ (g/kg)	粗纤维/ (g/kg)
1	LJ1	10.36	4.70	20.3	203.5
2	LJ11	10.77	5.97	15.8	207.5
3	LJ2	10.13	4.83	11.7	153.1
4	LJ21	10.58	6.56	12.4	298.7
5	LJ3	9.60	5.11	13.7	256.2
6	LJ31	11.19	5.51	14.0	184.2
7	LJ4	10.18	4.53	11.5	211.0
8	LJ41	14.39	5.36	8.5	177.7
9	LJ42	11.31	5.70	13.8	197.5
10	LJ5	9.76	14.11	21.2	167.7
11	LJ5-1	9.74	12.38	19.1	256.3
12	LJ5-2	9.35	11.88	15.5	253.2
13	LJ6	10.21	5.55	13.9	192.1
14	LJ61	10.54	5.77	14.5	200.3
15	LJ62	8.94	8.73	12.1	304.7
16	LJ7	9.79	7.44	17.8	277.9
17	LJ71	9.90	5.09	10.6	235.7
18	LJ72	11.07	5.21	13.5	219.8
19	LJ8	9.66	6.07	12.5	172.6
20	LJ9	9.97	4.92	11.5	194.4
21	LJ10	9.31	4.78	11.6	187.8
22	LJ101	10.69	5.29	12.5	199.2
23	LJP1	10.03	4.89	16.4	222.9
24	LJP2	10.17	5.95	14.8	247.0

（续表）

编号	品种品系	水分/%	粗蛋白/%	粗脂肪/（g/kg）	粗纤维/（g/kg）
25	LJP1	0.64	9.32	14.5	208.5
26	LJP2	0.65	9.34	12.8	203.0
27	LJP3	0.75	10.73	12.0	162.6
28	LF-4	0.57	8.82	12.0	214.1
29	LF-5	0.59	9.49	12.6	190.3
30	LF-6	10.47	6.44	14.5	205.5
31	LF-7	10.36	4.70	20.3	203.5
32	青芋3号	10.77	5.97	15.8	207.5
平均	—	8.49	6.72	13.68	206.52

注：表中测试分析结果由中国农业科学院北京畜牧兽医研究所测定。

为摸清牧草型菊芋品种（品系）的茎叶主要营养成分含量，2018—2019年对6个廊芋系列品系秸秆养分进行系统分析，结果表明，菊芋叶片的粗蛋白质、粗灰分、粗脂肪3项指标含量高于茎秆的3倍左右，而秸秆中的粗纤维和中性纤维含量要明显高于叶片。具体结果如表6-4所示，菊芋全株（根茎叶）的水分为5.17%，粗蛋白质10.15%，粗灰分11.85%，粗脂肪2.14%，粗纤维31.22%，中性纤维53.33%。其中叶片各项指标分别为含水量6.03%～8.01%，粗蛋白质19.31%～21.80%，粗灰分15.16%～16.89%，粗脂肪3.27%～3.69%，粗纤维22.76%～36.00%，中性纤维36.41%～47.42%。茎的各项指标分别为含水量3.37%～4.25%，粗蛋白质6.10%～7.04%，粗灰分7.33%～9.76%，粗脂肪0.86%～1.11%，粗纤维49.38%～52.73%，中性洗涤纤维56.06%～58.72%。详见表6-4。

表6-4　牧草型菊芋系列品种（品系）营养分析结果　　　　　　（%）

品种品系名称	水分	粗蛋白质	粗灰分	粗脂肪	粗纤维	中性纤维	备注
Y-MC19-茎	3.83	7.03	9.76	0.94	50.99	57.80	植株全部茎秆
Y-MC19-叶	8.01	19.31	16.89	3.64	22.76	45.23	植株全部叶片
Y-MC19-根	3.76	4.95	22.99	0.87	39.14	61.38	匍匐茎和根系
Y-MC19-全株	5.17	10.15	11.85	2.14	31.22	53.33	植株所有茎叶
Y-MC 20-茎	3.84	6.25	7.20	1.11	50.29	58.72	植株全部茎秆
Y-MC 20-叶	7.47	20.01	16.80	3.69	30.53	47.42	植株全部叶片
菊芋21-茎	4.25	6.10	7.65	0.97	49.38	56.96	植株全部茎秆
菊芋21-叶	7.03	19.46	16.13	3.65	32.42	40.56	植株全部叶片
菊芋22-茎	3.51	6.62	8.13	0.99	51.19	56.24	植株全部茎秆

（续表）

品种品系名称	水分	粗蛋白质	粗灰分	粗脂肪	粗纤维	中性纤维	备注
菊芋22-叶	7.22	19.66	15.16	3.27	28.27	36.41	植株全部叶片
Y-MC23-茎	4.01	6.80	7.33	1.11	50.55	56.06	植株全部茎秆
Y-MC23-叶	6.47	19.52	15.31	3.64	30.88	42.69	植株全部叶片
Y-MC24-茎	3.37	7.04	8.38	0.86	52.73	57.86	植株全部茎秆
Y-MC24-叶	6.03	21.80	16.56	3.64	36.00	42.93	植株全部叶片
青芋2号	7.92	2.64	37.5	1.72	59.95	61.73	植株所有茎叶

注：此数据由中国农业科学院北京畜牧兽医研究所动物营养学国家重点实验室测定。

6.1.2.2　不同生育阶段

在菊芋生长的不同生育阶段，茎叶中的营养成分亦有所差异。

Seiler（2004）研究证明，叶片中的氮含量从幼叶中的35%逐渐降至老叶中的12%，粗蛋白含量从17.3%DM减少到13.3%DM。

吕炳起等（2011）的研究表明，菊芋开花前秸秆粗蛋白含量14.76%，粗纤维20.86%，18种氨基酸中含量较高的几种分别为谷氨酸1.41%、脯氨酸1.32%、天门冬氨酸1.05%，蛋氨酸含量最低为0.03%。矿物元素中镁含量最高，为1.3%，其次是铁，为1.1%。消化实验测得结果，菊芋秸秆可消化蛋白为7.56%，酸性洗涤纤维为34.1%，中性洗涤纤维38.81%，秸秆消化能为4.16MJ/kg。

刘法涛（1997）的研究表明，在全部生长期，叶多汁饲料质量很高。随着叶的老化，生长后期，粗蛋白含量减少，由21%降至12.8%，粗脂肪由4.18%减少至2.0%，粗纤维含量由14.3%增加到21.6%。胡萝卜素含量在生长期分析都是高的，只是在最后微冻时收获，它的含量减少达13.54mg。在生长期内，菊芋茎的含水量为72.4%～80%，粗蛋白、粗脂肪少，纤维素、粗灰分多而胡萝卜素缺乏，但糖分多（菊糖和果糖）。李晓丹（2014），研究表明：从现蕾期到成熟期的茎叶中纤维含量增加、蛋白质含量下降，尤其叶中的蛋白质含量下降明显，茎中蛋白质的含量变化不明显；粗脂肪含量略有增加；灰分含量成熟期略高于现蕾期。

郑晓涛（2012）测定了不同生长时期叶片中总黄酮含量。结果表明，5—9月菊芋叶总黄酮含量上升，9月达到最高，11月含量下降，此时块茎也已成熟。

苗芹等（2017）等采用HPLC法测定菊芋叶和向日葵叶中绿原酸含量，并对收获期菊芋叶和向日葵叶中绿原酸的积累分布进行研究。结果表明，收获期菊芋叶中绿原酸的含量是不断变化的。10月菊芋叶绿原酸平均含量（3.08%）高于9月（2.14%）和11月（1.40%）；10月不同时期菊芋叶绿原酸含量高低顺序依次为，下旬>中旬>上旬，下旬菊芋叶中绿原酸含量达到最高（4.20%），而后急剧下降，至11月中旬达到最低（0.51%）。

赵俊宏等（2021）分析菊芋生长周期内的绿原酸动态含量。在不同生长时期中，菊芋叶片中的绿原酸含量有很大差异，2020年11月的菊芋叶片中绿原酸的含量最高，为1.52%（质量分数）。通常情况下，菊芋块茎的收获时间在10月下旬，在此时段采摘菊芋叶提取其中的绿原酸、叶黄酮等活性物质，不仅不会影响菊芋块茎的收益，而且还可以充分利用菊芋资源，实现植物的高值化利用。

在菊芋生长发育过程中，蛋白酶将蛋白质转化为氨基酸，α-淀粉酶将淀粉转化为糖，因此蛋白质和淀粉的水解伴随着游离氨基酸和单糖的增加。此外，块茎中会积累一些次生代谢产物，如维生素E和多酚。出苗后11~14周总酚含量增加，主要化合物是没食子酸、原儿茶酸、咖啡酸和芥子酸以及槲皮素（刘海伟，2017）。内源酶活化及一些复杂的生化代谢途径可能导致菊芋发育过程中酚类成分的变化。涉及酚类化合物的合成和转化的分子信号传导途径包括：氧化戊糖磷酸酯、乙酸酯/丙二酸酯及莽草酸等途径、水解鞣质途径以及糖酵解途径等（Hansen等，2002）。

廊坊菊芋育种团队系统地研究菊芋在不同生育阶段茎叶的营养成分变化规律，选择牧草性"廊芋21号"为测试品种，试验地点在廊坊菊芋研究所试验田，2016年3月中旬播种，出苗后从4月14日开始，每隔10d采集一次样本，直到10月22日连续观察测试192d，具体测试结果见表6-5。

通过跟踪测定牧草型品种廊芋21号的从苗期到成熟期间的不同生长阶段的粗蛋白、总糖等主要营养含量变化。从表6-5中可见，4月14日至5月14日粗蛋白含量11.7%~14.7%，总糖含量10.2%~15.7%，为第一个高峰期；7月3日至9月12日粗蛋白含量8.2%~16.3%，总糖含量最高达到19.3%，为第二个高峰期；改写了菊芋茎秆的养分峰值仅在现蕾期的前人认知，探明菊芋全生育期的动物营养变化规律及峰值区间，为菊芋作青贮饲料秸秆采收最佳期提供了科学依据。

表6-5　廊芋21号在不同生育阶段茎叶的营养成分测验结果　　（%）

编号	采集时间（月-日）	水分	粗蛋白	总糖	粗脂肪	粗纤维
3-1	04-14	10.0	12.8	15.7	0.4	22.1
3-2	04-24	10.0	14.7	10.8	0.5	16.6
3-3	05-04	10.0	11.7	12.9	0.4	14.7
3-4	05-14	10.0	14.3	10.2	1.2	15.8
3-5	05-24	10.0	9.9	7.4	1.4	11.1
3-6	06-03	10.0	9.8	10.6	2.8	15.1
3-7	06-13	10.0	9.0	19.9	0.7	19.9
3-8	06-23	10.0	10.6	10.9	0.9	13.6

（续表）

编号	采集时间（月-日）	水分	粗蛋白	总糖	粗脂肪	粗纤维
3-9	07-03	10.0	16.3	9.5	1.4	10.9
3-10	07-13	10.0	13.3	6.2	3.9	21.2
3-11	07-23	10.0	10.0	9.6	2.5	26.1
3-12	08-03	10.0	11.8	13.9	0.8	21.3
3-13	08-13	10.0	10.3	13.8	0.6	26.8
3-14	08-23	10.0	8.2	13.1	0.1	27.2
3-15	09-02	10.0	10.4	19.3	0.5	30.0
3-16	09-12	10.0	12.4	15.5	0.7	26.5
3-17	09-22	10.0	9.4	16.7	0.6	25.2
3-18	10-02	10.0	7.2	16.9	0.7	26.4
3-19	10-12	10.0	9.6	13.4	0.8	21.1
3-20	10-22	10.0	7.9	14.6	0.6	28.8

注：由中国农业科学院北京畜牧兽医研究所测定。

6.1.2.3　生长环境

生长环境条件的不同与菊芋茎叶的营养成分变化密切相关，相同品种在不同区域种植，其茎叶的营养成分变化较大。由于气候与土壤等环境造成营养成分差异，北方区域种植菊芋茎叶主要营养成分要高于南方，西部高于东部。

1959 年，我国著名动物营养学家张子仪院士组织国内动物饲料营养领域专家撰写由农业出版社出版的《国产饲料营养成分含量表》。书中收集甘肃、江苏南京、湖南等地 9 个菊芋秸秆和叶片样品，可见地处西北区域的兰州采集样品中菊芋叶片粗蛋白含量为 21.8%，粗纤维含量 14.3%，无氮沁出物 26.1%；菊芋秸秆粗蛋白含量为 9.7% ~ 12.5%，粗纤维含量 25.7% ~ 27.9%，无氮沁出物 40.1% ~ 44.4%。江苏、湖南菊芋秸秆的粗蛋白含量为 1.4% ~ 3.2%，粗纤维含量 1.0% ~ 4.5%，无氮沁出物 6.6% ~ 16.6%。详见表 6-6。

表 6-6　菊芋茎叶营养成分含量表　　　　　　　　　　　　　（%）

名称	水分	粗蛋白	粗脂肪	粗纤维	无氮沁出物	粗灰分	钙	磷	采集地点
菊芋茎叶	7.5	9.7	1.8	27.7	43.2	1.0	0.43	0.03	兰州
菊芋茎叶	7.3	10.5	1.2	27.9	42.0	2.0	0.37	0.03	兰州

（续表）

名称	水分	粗蛋白	粗脂肪	粗纤维	无氮沁出物	粗灰分	钙	磷	采集地点
菊芋茎叶	5.3	11.2	1.3	26.4	44.4	0.4	0.40	0.02	兰州
菊芋茎叶	7.1	12.5	1.5	25.7	40.1	2.5	0.29	0.18	兰州
菊芋叶片	8.2	21.8	2.8	14.3	26.1	0.9	0.04	0.06	兰州
菊芋茎叶	86.3	2.7	0.4	1.6	6.6	1.0	—	—	南京
菊芋茎叶	81.8	2.0	1.1	4.5	7.7	27.9	0.94	0.26	湘潭
菊芋茎叶	72.8	3.2	1.0	3.2	16.6	14.0	—	—	湖南
菊芋茎叶	7.4	1.4	1.9	1.0	7.0	20.3	—	—	湖南

注：摘自 1959 年由农业出版社出版张子仪院士编著《国产饲料营养成分含量表》。

6.1.2.4 刈割期

菊芋茎叶再生能力强，每年可刈割 3~4 次。刈割期对菊芋茎叶的饲料价值和总产量也有影响（王丽慧 等，2015）。随着刈割次数的增加，总生物量和地上部生物量增加，地下部生物量减少；在苗高 170cm 时刈割 1 次的菊芋秸秆中粗蛋白、粗脂肪、粗灰分以及钙磷、总糖含量高于未刈割和刈割两次的秸秆。为达到生物量最大值，菊芋应该选择在苗高 120cm 时留茬 30cm 刈割 1 次，苗子长到 120 cm 再刈割 1 次；为了达到最佳营养价值时期刈割则可以选择在苗高 170 cm 时刈割。也可在成熟期前（现蕾期）进行刈割，此时的茎秆粗蛋白含量较高（10.52%~15.22%），木质素含量低，有利于提高饲草营养价值。

廊坊菊芋育种团队对牧草型廊芋 21 号品种进行不同生长时期菊芋秸秆营养物质含量分析。分别采收菊芋（菊芋前期、菊芋开花前、菊芋开花后、采收期）这四个时期的地上部茎秆，以及玉米秸秆和菊芋皮渣进行营养物质的含量测定。

通过对菊芋不同时期秸秆养分含量测定表 6-7 可以看出，玉米秸秆水分含量低于菊芋秸秆；粗蛋白含量菊芋花前收割的秸秆最大，采收期秸秆含量最小，菊芋秸秆花前花后、第一次刈割以蛋白质含量均高于玉米秸秆；粗脂肪含量菊芋花前采收秸秆最高，菊芋皮渣最小；粗纤维含量是采收后秸秆最大，菊芋花前采收的秸秆最小；粗灰分是菊芋花前最高，菊芋采收后秸秆最低；钙含量是菊芋花前以及第 2 次刈割最高，菊芋皮渣最低；磷含量为菊芋花前最高，采收期菊芋秸秆最低；无氮浸出物是菊芋 2 次刈割最大，采收期秸秆含量最小详见表 6-7。

表 6-7　菊芋秸秆不同时期以与玉米秸秆营养物质含量对照　　　（%）

作物茎叶	水分	粗蛋白	粗脂肪	粗纤维	粗灰分	钙	磷	无氮浸出物
菊芋生长中期 株高 1.7m	9.88	10.63	2.10	12.11	9.87	0.98	0.45	23.46
菊芋花蕾前期	8.20	14.46	1.683	22.45	11.65	0.765	0.256	41.56
菊芋开花后期	7.75	6.83	0.638	30.75	5.68	0.636	0.064	48.80
菊芋成熟期	6.80	1.89	0.598	55.87	3.25	0.469	0.029	31.59
玉米秸秆	5.12	5.49	1.004	38.78	8.40	0.293	0.052	41.21

6.1.3　茎叶营养价值

菊芋茎叶含有多种生物活性物质，具有抗氧化、抗菌性、抗炎性、抗肿瘤等功能。此外，菊芋叶片中总糖、蛋白含量较高，水解氨基酸的总含量，可达叶片干重的12.445%，其中脯氨酸、天门冬氨酸、谷氨酸和亮氨酸为菊芋叶片中氨基酸的主要组成成分（谌馥佳，2013）。

6.1.3.1　生物活性物质功能

（1）抗氧化

抗氧化剂具有抗细胞损伤并降低慢性疾病风险的功能。菊芋中的抗氧化剂主要是黄酮类和酚酸类化合物。谌馥佳（2013）的研究表明，菊芋叶片中总酚、总黄酮的含量很高，并具有良好的抗氧化活性，说明菊芋叶片可以作为一种潜在的天然抗氧化物质。吴婧（2010）对菊芋叶黄酮提取物进行稳定性、抗氧化性、抗肿瘤性的研究表明，菊芋叶黄酮有一定的耐热性，具有应用于食品体系的先天优势；还对抗油脂过氧化有一定效果。抗氧化性研究表明，菊芋叶黄酮提取物对超氧离子、羟自由基和 DPPT 自由基均有一定的清除作用（郑晓涛，2012；吴婧 等，2010；杨明俊 等，2011），说明菊芋叶黄酮类化合物具有良好的抗氧化能力。

菊芋叶片中所含酚酸类化合物中一种重要的抗氧化活性物质——绿原酸（CQA），具有广泛的协同抗氧化能力，尤其是其主要成分 3-咖啡奎宁酸（3-CQA）与槲皮素等黄酮类化合物以及 α-生育酚，芦丁等抗氧化剂混合时，可将机体对 DPPH 和 2，2-联氮-二（3-乙基-苯并噻唑-6-磺酸）二铵盐（ABTS）等自由基的清除能力提高 3%~45%。CQA 分子的再生机制和多种抗氧化剂分子之间的相互作用是 CQA 协同抗氧化现象的主要原因（杨凯舟，2016）。

菊芋中的抗氧化剂活性受多种因素的影响。菊芋叶片吸收的紫外线-B（UV-B）辐射可能影响抗氧化防御机制。Costa 等（2002）的研究表明菊芋叶片中的还原型谷胱甘肽和抗氧化酶（CAT、GR 和 GPX）的活性在 15 kJ/m^2 UV-B 照射下分别增加

32.0 nmol/g、0.36 pmol/mg、4.6 U/mg 和 18.7 U/mg。生长于盐碱地或在盐水灌溉条件下的菊芋块茎中谷胱甘肽-S-转移酶（GST）、GPX 和 SOD 活性与叶片相比增加，相同条件下菊芋叶片表现出比块茎更高的活性 GR 和 CAT 活性。

（2）抗菌性研究

菊芋在栽培过程中极少有病菌危害，几乎不需施任何农药化肥，食用安全。许多学者都着眼于植物地上部分抗菌性的研究。

刘海伟等（2017）比较了菊芋叶片水、石油醚、乙酸乙酯不同溶剂提取物兑水稻纹枯菌、小麦赤霉菌、番茄早疫菌和番茄灰霉菌四种病原真菌的抑菌活性。发现乙酸乙酯提取物抑菌活性最为显著，20mg/mL 对番茄早疫菌和番茄灰霉菌已经完全抑制，说明其含有活性较强的抑菌化合物。菊芋叶片中可能含有生物酸、酚类、黄酮类、内酯类、强心甙、蛋白质、氨基酸、油脂以及还原糖类等，但未能确定菊芋叶片提取物的抑菌活性的是由哪种成分或多种成分协同作用的结果。

韩睿（2010）、李屹（2015）等采用生长速率法测定菊芋叶片不同有机溶剂提取物对不同种植物病原真菌（前者是青霉菌、辣椒灰霉菌和番茄白粉菌；后者是辣椒疫霉菌）的抑菌效果。结果表明：菊芋叶各溶剂提取物对测试真菌都存在一定的抑制作用。其中丙酮、乙酸乙酯提取物对辣椒灰霉菌的抑菌率较好，分别达到 90.46%±0.535% 和 100%。乙酸乙酯对辣椒疫病的防治效果达到 100%，优于化学药剂 25% 甲霜灵可湿性粉剂 400 倍液的防治效果。

谌馥佳（2013）研究表明，菊芋叶片乙醇粗提物（减压回流法）具有广泛的抑菌谱，可以用于多种植物病害的防治，尤其对半知菌亚门的番茄灰霉病菌、苹果炭疽病菌、小麦纹枯菌和鞭毛菌亚门的辣椒疫霉病菌的抑制效果较好。进一步研究表明：粗提物中分离出的总酚含量与各粗提物对辣椒疫霉病菌和小麦纹枯病菌的 EC50 呈现明显的负相关性，咖啡酸的含量同各粗提物对小麦纹枯病菌的 EC50 值呈显著负相关性，咖啡酸和 1,5-二咖啡酰奎宁酸含量同各粗提物对辣椒疫霉病菌的 EC50 值呈现显著的负相关性，推测菊芋叶片中这些酚酸类抑菌物质可能单独、也可能协同抑制植物病原真菌。吴婧（2010）研究表明：菊芋叶黄酮提取物对 3 种供试细菌均有一定抑制作用，抑制作用从大到小依次为金黄色葡萄球菌>大肠杆菌>枯草芽孢杆菌。

Jantaharn 等（2018）发现对映-贝壳杉-16-烯-19-酸和 β-豆甾-4-烯-3-酮对屎肠球菌（*E. faecium*）抑菌活性一致，其最低抑菌浓度范围 6.25~12.50μg/mL，后者还具有抑制结核杆菌的活性，MIC 为 25.00μg/mL。脂质转移蛋白（LTP）属于大型植物蛋白家族，对多数真菌具有很强的抗菌活性。菊芋叶片中的 Ha-AP10 是与许多植物 LTP 同源的 10ku 碱性多肽，研究显示出其对伤寒沙门氏菌、金黄色葡萄球菌、枯草芽孢杆菌、霍乱弧菌、白色念珠菌和尖孢镰刀菌等有不同程度的抑制力。此外，菊芋中的鞣质与富含脯氨酸的蛋白质形成的复合物，可抑制微生物细胞蛋白质合成。

以上学者关于菊芋叶片提取物抗菌性的研究，开拓了植物源保鲜剂、植物源农药的新用途及新思路，对于菊芋资源的综合利用具有重要意义。

（3）抗炎性

菊芋叶片中发挥抗炎作用的物质主要是倍半萜类化合物。Hernández 等（2001）研究表明，α-亚甲基-γ-内酯是倍半萜内酯发挥抗炎作用的必需基团，其抗炎作用主要涉及对炎性因子和炎症信号通路的影响。例如，通过抑制巨噬细胞 NF-κB 的活化以及信号传导及转录激活蛋白（STAT）的磷酸化等，从而降低炎性细胞因子如白细胞介素-6（IL-6）、白细胞介素-8（IL-8）、肿瘤坏死因子-α（TNF-α）和肠黏膜丁酸等的水平。Lyb 等（1998）从菊芋叶片中分离得到倍半萜内酯——堆心菊内酯可以选择性地抑制 NF-κB 与 DNA 结合活性并抑制 NF-κB 相关基因的表达。此外，该化合物可以改变核因子 κB 抑制蛋白（IκB）/NF-κB 复合物，干扰 IκB 激酶的释放，进而抑制其启动相关炎症基因的转录。Pan 等（2009）研究发现菊芋花中的倍半萜内酯（4，15-异三醇内酯和 4，15-异三糖内酯甲基丙烯酸酯）发挥抗炎作用的机制是通过抑制 TNF-α 和干扰素-γ（IFN-γ）诱导的非洲绿猴肾细胞 ATCC CCL-8 中 STAT1 的磷酸化，从而减少 T 细胞分泌因子——受激活调节正 T 细胞表达和分泌因子和 IL-8 的生成。此外，菊芋的抗炎作用还与肠道相关淋巴组织（GALT）的作用有关（Watzl 等，2005）。

（4）抗肿瘤

菊芋地上部分中分离出的黄酮类、二萜类、倍半萜内酯、倍半萜烯等化合物能够减小甚至消除一些化学致癌物的毒性，抑制肿瘤细胞增长。Yuan 等（2012）从菊芋叶片中分离得到了 3 种倍半萜类化合物，对 B16 细胞（小鼠黑素瘤细胞）增殖产生抑制作用。Pan 等（2009）从菊芋茎叶中分离出 8 种化合物（包括 3 个二萜类、2 个吉马烷型倍半萜内酯、木脂素、诺异戊二烯和苯甲醛衍生物）对于 MCF-7 细胞（人乳腺癌细胞系）具有不同程度的细胞毒性，其中吉马烷型倍半萜内酯的细胞毒性作用最强。吴婧等（2010）研究发现，菊芋叶中黄酮提取物对瘤株细胞有抑制作用，在 200μg/mL 时菊芋黄酮提取物对人鼻咽癌细胞、人肝癌细胞和人白血病细胞抑制率分别为 11.65%、12.56% 和 16.78%。

除了生物活性物质，菊芋中的某些特异性蛋白也能够起到抗肿瘤作用。Griffaut 等（2007）通过双重应激切割和干燥处理得到了菊芋叶片中特异性抗肿瘤细胞的蛋白质复合物，该复合物对多种肿瘤细胞（MDA-MB-231 乳腺癌细胞，Caco2 和 DLD1 结肠癌细胞，PA1 和 SKOV3 卵巢癌细胞，A549 非小细胞肺癌细胞）具有较强的毒性作用。研究结果显示，该蛋白复合物含有 2 种特殊多肽，即 18ku 多肽和 28ku 多肽。18ku 多肽与铜-锌过氧化物歧化酶（Cu，Zn-SOD）相关，向该蛋白复合物中加入水杨酸导致其 MDA-MB-231 乳腺癌细胞显著的分裂抑制。而 28ku 分子与碱性磷酸酶相关，其与萌发素类蛋白或过氧化物歧化酶等相互作用可导致肿瘤细胞死亡。

6.1.3.2 发酵特性及饲喂价值

利用菊芋茎叶做青贮饲料时，应在现蕾期进行刈割，此时的茎秆粗蛋白含量较高（10.52%~15.22%），木质素含量低，有利于提高饲草营养价值。闫琦等（2018）利用袋装法将菊芋茎叶青贮 60d 后，测得酸性洗涤纤维和中性洗涤纤维含量显著下降，相对饲用价值（RFV）增加，这有利于增加动物采食量和提高消化率。菊芋青贮前干物质含量为 297g/kg（Meneses 等，2007）与 McDonald 等（1966）所测几种专用于青贮的作物含量（250~300g/kg）相符，且青贮 50d 后，干物质含量为 275g/kg。根据 Keady 等（1998）推荐的干物质含量（280±5）g/kg，亦可表明其为优质饲料。菊芋青贮在发酵 50d 后的乳酸含量（20.1g/kgDM）（Meneses 等，2007）占总有机酸含量的 57.9%DM，此数值符合优等青贮饲料中乳酸含量范围（占总酸的 33%~50%DM 以上）；然而，菊芋青贮 pH 值>4.6，因此需要额外添加乳酸菌或者与含糖分较高的饲料（如玉米）混贮（Razmkhah 等，2017）；周正等（2008）将菊芋秸秆与玉米秸秆按 10：0、9：1、8：2、0：10 共 4 个比例进行混贮处理，50d 后测定结果表明，随着玉米秸秆比例增大，混贮料的 pH 值和纤维素、半纤维素含量显著降低，非纤维性碳水化合物（NFC）、干物质和 NDF 含量及 RFV 呈上升趋势。试验证明：适量添加玉米秸秆，有提高菊芋秸秆青贮品质的效果。菊芋青贮的木质素含量从 9.8%（青贮前）下降至 6.8%，略高于玉米青贮饲料（5.7%）、燕麦青贮饲料（5.5%）和小麦青贮饲料（5.8%）（National 等，2001）；CP 含量（10.3%）（Razmkhah 等，2017）高于玉米青贮饲料（8.8%），与燕麦青贮饲料（12.9%）和大麦青贮饲料（12%）相近；Ca 含量（1.4%）与豆科牧草青贮饲料相近（1.34%），显著高于玉米（0.28%）等其他青贮饲料（National 等，2001）；Rinne 等（2009）提出氨氮量超出 7g/kg，表明青贮饲料质量较差。Megías 等（2014）试验表明，菊芋青贮的氨氮含量低于 7g/kg，变化范围为 0.2~0.8g/kgDM，因蛋白质降解较少，表明此时青贮料品质较好。

与牛、羊常用粗饲料紫花苜蓿、玉米秸秆和黑麦草典型养分（干基）对比，菊芋茎叶主要具 CP 含量高、富含 Ca、P 等矿物元素、CF 含量适中、EE 含量丰富、泌乳净能（NEL）高等五大突出优势（汪悦，2020）。菊芋秸秆作为新成员已被列入国家饲料数据库，为缓解我国优质粗饲料资源短缺、促进畜牧养殖业的发展，提供新的饲料供给途径。

廊坊菊芋研究所与廊坊市农业局技术站合作，在 10 月上旬刈割菊芋茎叶含水量 71%，将其切段 3~5cm，与玉米秸秆分别装入青贮窖中进行青贮，75d 后采集菊芋和玉米样品化验，其测试结果见表 6-8。营养成分指标，绝大部分指标均符合国内青贮饲料标准。该样品，在粗蛋白质、可溶性粗蛋白、可消化中性洗涤纤维、cNDF 有效中性洗涤纤维、乙酸、丁酸、丙酸、钙、镁、钠、磷等营养成分指标均高于青贮带穗玉米。因此，青贮菊芋茎叶饲料具有营养丰富，柔软多汁、气味酸甜芳香，适口性好，制作方法简便，成本小，不受气候和季节限制，饲草的营养价值长时间保存等优点，可满足奶牛、肉牛、羊等草食家畜冬春季（或全年）饲喂青绿饲料的需要详见表6-8。

表6-8　菊芋茎叶与玉米全株青贮营养成分对比分析结果　　　　　　（%）

测试指标	含量		干物质	
	菊芋茎叶	带穗玉米	菊芋茎叶	带穗玉米
水分	73.51	72.83	0	0
干物质	26.49	27.17	100	100
酸性洗涤剂不溶性粗蛋白	0.37	0.10	1.39	0.38
总淀粉	1.0	4.4	3.9	16.4
糊化淀粉	0.6	1.1	2.4	4.1
可消化中性洗涤纤维	3.19	6.02	12.03	22.14
可消化中性洗涤纤维	33.56	45.83	—	—
cADF 有效酸性洗涤纤维	7.71	7.74	29.09	28.50
cNDF 有效中性洗涤纤维	10.36	13.12	39.09	48.30
CP 粗蛋白质	3.75	2.44	14.15	8.98
脂肪	0.44	0.75	1.67	2.76
木质素	1.9	1.2	7.0	4.5
氯化物（滴定）	0.22	0.12	0.82	0.44
灰分	2.16	1.37	8.16	5.03
乙酸	2.5	5.9	—	—
丁酸	0.0	0.1	—	—
丙酸	0.0	0.4	—	—
乳酸	2.9	2.0	10.8	7.5
可溶性粗蛋白	2.7	1.3	10.1	4.9
钙	0.41	0.05	1.56	0.20
镁	0.24	0.07	0.91	0.24
钠	0.01	0.01	0.03	0.02
磷	0.04	0.05	0.15	0.20
钾	0.29	0.31	1.08	1.15
硫	0.02	0.03	0.08	0.09

注：2016 年河北文安黄埔农场菊芋示范基地 10 月上旬刈割菊芋茎叶与玉米一块青贮，2017 年 2 月 15 日采集菊芋与玉米青贮样品送检。

6.2 菊芋块茎的营养成分及价值分析

6.2.1 块茎的营养成分

　　菊芋的地下部分为多瘤状的块茎，通常含有约80%的水，15%的碳水化合物和1%~2%的CP几乎不含淀粉，在少量存在的脂肪中，仅有微量的单不饱和脂肪酸和多不饱和脂肪酸，但没有饱和脂肪酸（Kays等，2007；Khusenov等，2016）。此外，菊芋还含有钙、磷、铁、维生素等丰富的营养成分及其他活性物质。营养成分生物活性物质类别与组成详见表6-9。

表6-9　菊芋块茎的营养成分及生物活性物质类别与组成

类别	生物活性物质组成
糖类	向日葵多糖、阿拉伯糖、果聚糖、果糖、蔗糖、木糖、半乳糖、甘露糖、阿拉伯糖和鼠李糖等及10-β-D-葡萄糖苷-3-羟基-11-十二烷-6，8-二炔酸甲酯、甲基-9-β-D-葡萄糖苷-10-十一烯-5，7-二炔酸甲酯、10-β-D-葡萄糖苷-3-羟基-4，11-十二碳二烯-6，8-二炔酸甲酯和（8Z）10-β-D-葡萄糖苷-8-癸烯-4，6-二炔酸酯等。
氨基酸	天门冬氨酸、苏氨酸、丝氨酸、谷氨酸、脯氨酸、甘氨酸、丙氨酸、缬氨酸、蛋氨酸、异亮氨酸、亮氨酸、酪氨酸、苯丙氨酸、赖氨酸、组氨酸、精氨酸等。
脂肪酸类	总脂肪、游离脂类、结合脂类、非极性脂类、糖脂类、磷脂类、亚油酸，不饱和脂肪酸、脂肪酸、不皂化物质、十八碳双不饱和脂肪酸、十八碳三不饱和脂肪酸、十六碳饱和脂肪酸等。
甾醇类	β-谷甾醇、5α，8α-表二氧-22β，23β-表-二氧麦角甾-6-烯-3β-醇、5α，8α-表二氧-22α，23α-表二氧麦角甾-6-烯-3β-醇、（24R）-5α，8α-表二氧麦角甾-6-烯-3β-醇、7α-羟基豆甾醇、（24R）-24-乙基-5α-胆甾烷-3β，5α，6β-三醇、谷甾-5-烯-3β-醇-乙酸酯、7α-羟基谷甾醇、（22E，24R）-5α，8α-表二氧麦角甾-6，9（11），22-三烯-3β-醇、（22E，24R）-5α，8α-表二氧麦角甾-6，22-二烯-3β-醇和-3β，7α-7-甲氧基豆甾-5-烯-3-醇等。
酚类	原儿茶酸、4-羟基苯甲酸、绿原酸、咖啡酸、儿茶素、表儿茶素、东莨菪内酯、3-羟基肉桂酸、芥子酸、槲皮素等。
矿物质	Mg-镁；Ca-钙；P-磷；K-钾；Cl-氯；S-硫；Zn-锌；Fe-铁等

　　资料来源：杜昱光等，2022；胡娟等，2007；Panchev等，2011；刘彬，2016；Talipova，2001；Hartmann，1972；Tchone，2006；秦婉宁等，2014的研究资料。

6.2.1.1　菊芋总糖

　　菊芋中主要的碳水化合物储存形式是菊糖（区别于大多数以淀粉作为碳水化合物储存形式的作物），块茎中菊糖含量占鲜重的15%~18%，占块茎干重的70%~80%，因此菊芋块茎是可溶性膳食纤维的良好来源（Kays等，2007）。

　　菊糖是一种天然大分子线性聚合物，由D-呋喃果糖经β（2—1）糖苷键聚合而成，其还原端末端带有一分子葡萄糖，每个菊糖分子含 30~50 个果糖残基，可以利用菊糖内切酶进行酶解与纯化后的菊糖来制备低聚果糖（Panchev 等，2011）。菊糖聚合度（degree of polymerization，dp）为 2~60（Khusenov 等，2016）。在对 11 个菊芋品种菊糖 dp 的研究中发现，dp>4 的菊糖占块茎总碳水化合物的 55.8%~77.3%（平均值为 65.8%），dp=3 的菊糖占 9.7%~16.5%（平均值 13.2%）和 dp=2 的菊糖占 8.2%~18.3%（平均值 13.8%）。dp 与植物多糖益生活性密切相关，除二聚糖外，dp 与益生活性基本遵循"低 dp 高活性"的规律（Luo 等，2017）。

菊糖聚合度（dp）是影响其生理活性的重要因素。李琬聪（2015）研究了菊芋块茎整个生长过程中菊糖 dp 对生物活性的影响及变化规律。研究表明，除去二聚糖外，菊糖的生物活性与聚合度之间依然遵循"低聚合度活性高"的规律，三聚和四聚菊糖表现出最佳活性。

6.2.1.2　粗蛋白

菊芋块茎中除富含菊粉外还含有 1%~2% 的 CP（粗蛋白），刘彬（2016）测得的菊芋块茎蛋白质含量更高，达 2.66%。

氨基酸是构成蛋白质的基本单位，是人体组成的重要物质基础，根据人体的需要，又有非必需氨基酸和必需氨基酸之分。在块茎发育期间，蛋白质和氮水平保持相对恒定，块茎蛋白质含有理想比例的必需氨基酸（Kays 等，2007）。Cies lik 等（2011）研究表明：在平均 CP 含量为 5.9%DM 的块茎中，主要氨基酸成分为天冬氨酸（14.6%）、谷氨酸（14.0%）、精氨酸（11.0%）、赖氨酸（5.2%）、苏氨酸（3.4%）、苯丙氨酸（3.9%）、半胱氨酸（1.0%）和甲硫氨酸（1.0%），且风干菊芋块茎中氨基酸与总氨基酸的比值（EAA/TAA）为 42.38%，氨基酸与非必需氨基酸的比值（EAA/NEAA）为 73.55%，这与联合国粮农组织/世界卫生组织（FAO/WHO）提出的 EAA/TAA≈40%、EAA/NEAA>60% 的参考蛋白质模式相近，说明风干菊芋块茎中的蛋白质属于优质蛋白质。

赵孟良等（2018）以不同来源的 29 份菊芋种质资源（法国 14 份、丹麦 11 份和我国 4 份）为材料，对其氨基酸含量及组成进行分析，同时与马铃薯、甘薯、山药、芋头等薯芋类蔬菜作物进行对比。结果表明，29 份菊芋资源中均含有人体必需氨基酸的 6 种，7 种非必需氨基酸以及 1 种儿童必需氨基酸。人体必需氨基酸含量与品种相关，两个法国品种和一个丹麦品种较其他品种高；29 份菊芋中，青芋 4 号的异亮氨酸、亮氨酸、缬氨酸含量占总氨基酸含量最高，为 8.31%，这 3 种必需氨基酸可以防治肝、肾功能衰竭，亮氨酸还具有刺激胰岛素的分泌功能；菊芋块茎中精氨含量较其他氨基酸高，29 份菊芋资源中精氨酸含量 739.1~2851.1mg/100g，其中有 21 份资源的含量均在 2 000mg/100g 以上。菊芋块茎中精氨酸含量是其他薯芋类蔬菜作物的 3~7 倍，且精氨酸具有解酒的功效，因此菊芋可作为今后开发解酒饮料的优良原料。

6.2.1.3 活性物质

菊芋块茎含有大量活性物质。秦婉宁等（2014）以菊芋块茎为原料，通过温水浸提、过滤的方式，采用蒸馏水、60%乙醇、正丁醇、乙酸乙酯4种溶剂提取菊芋块茎中的抗氧化成分，结果表明：4种提取物都有抗氧化作用，其中60%乙醇提取液的抗氧化活性最好。说明菊芋块茎中含有丰富的抗氧化物质。韩东洺（2017）利用植物组织培养技术建立菊芋块茎悬浮细胞培养体系，选择茉莉酸甲酯、水杨酸、酵母提取物3种生物诱导子对菊芋块茎悬浮培养细胞进行诱导处理，分析3种生物诱导子对总酚含量的诱导效果，并测定了菊芋块茎悬浮培养细胞中的酚类物质的变化。同时测定了菊芋块茎悬浮培养细胞提取液的抗氧化活性。结果表明，①菊芋块茎悬浮细胞生长曲线选择菊芋块茎诱导愈伤组织并进行悬浮培养，第9d进入对数期，在第24d细胞生物量达到最大，第33d后进入衰退期。②从菊芋块茎悬浮细胞中检测出10种酚类物质：原儿茶酸、4-羟基苯甲酸、绿原酸、咖啡酸、儿茶素、表儿茶素、东莨菪内酯、3-羟基肉桂酸、芥子酸、槲皮素。③菊芋块茎悬浮细胞酚类物质的抗氧化活性分析表明：茉莉酸甲酯诱导菊芋块茎悬浮细胞提取液的ABTS清除率达到39.63%、DPPH清除率达到42.13%、FRAP抗氧化能力达到7.12mg TE/g DW，均明显高于对照。④菊芋块茎悬浮细胞酚类物质及抗氧化活性明显比茎节悬浮细胞高。

6.2.1.4 矿物质

Somda等（1999）研究了希腊菊芋（sunchoke）从种植到收获的矿物元素分配。在快速生长阶段，块茎中的碳和韧皮部的矿物元素水平显著增加。收获时，在成熟的块茎中发现了高水平的钾（42.0～65.7 mg/kg DM）、钙（7.071～11.364 mg/kgDM）和磷（2.795～3.854 mg/kg DM），而钠含量（0.402～0.857 mg/kg DM）相对较少。Seiler等（2004）对得克萨斯州的9个野生菊芋种群在2年开花期间茎叶中的N、P、Ca、Mg、K和Ca/P进行了评估，结果表明，用于反刍动物饲料的开花期菊芋的N、Ca、Mg和K充足，P不足，Ca/P过高，为（4.3～14.3）∶1；如果使用菊芋作为主要饲料，必须添加P补充剂或添加一些高浓度P的其他饲料，以帮助降低代谢紊乱的风险（Strepkov等，1959）。9个种群的N、K、P，Ca、Mg和Ca/P均存在基因型差异，表明通过杂交和选择改善的可能性；P和Mg的群体差异很小，通过选择难以改善这些差异（Seiler等，2004）。

6.2.1.5 菊芋块茎营养成分测定

廊坊菊芋育种团队为进一步摸清菊芋块茎的组分，2010—2020年进行"专用菊芋新品种选育及系列产品研制与应用"研究，针对加工的需要以亩产和总糖含量高，还原糖含量低的两高一低的目标，筛选加工型8个品种和品系对其块茎亩产、折干总糖、固态物、总糖含量、果糖含量、葡萄糖含量、蔗糖含量、其他糖类之和、其他糖类占比、块茎亩产等各项指标的含量进行测试分析，详见表6-10。表中亩产2 534～5 669.5kg，固态含量在 22.42% ~ 27.23%，总糖含量在 16.05% ~ 22.11%，折干总糖 71.59% ~ 83.12%，其他糖类占比 5.42% ~ 9.78%。通过综合分析，样品 14、15、24 为优良品系的块茎亩产 5 002.5 ~ 5 669.5 kg，总糖含量为 19.02% ~ 22.11%，其他糖类占比 8.05% ~ 9.12%。

表 6-10 菊芋加工型优良品系糖分含量检测结果 （%）

样品编号	折干总糖	固态含量	总糖含量	果糖含量	葡萄糖含量	蔗糖含量	其他糖类之和	其他糖类占比	块茎亩产/kg
廊芋 3 号	71.59	22.42	16.05	0.06	ND	0.81	0.87	5.42	3 201.6
廊芋 5 号	76.95	23.08	17.76	0.06	ND	1.01	1.07	6.02	3 535.1
Y-JP13	83.12	26.19	21.77	0.34	0.06	1.47	1.87	8.59	2 534.6
Y-JP14	82.84	22.96	19.02	0.23	ND	1.63	1.86	9.78	5 002.5
Y-JP15	78.37	26.44	20.72	0.34	ND	1.50	1.89	9.12	4 068.7
Y-JP22	76.81	24.02	18.45	0.24	0.07	1.16	1.47	7.97	3 168.3
Y-JP23	78.62	24.6	19.34	0.18	0.05	0.88	1.11	5.74	2 668.0
Y-JP24	81.20	27.23	22.11	0.13	ND	1.65	1.78	8.05	5 669.5

注：1. 菊芋块茎为 2019 年秋季收获后进行品质测定；2. 菊芋块茎产量为 2020 年春季收获测产。

针对饲料市场的需要，以生物产量、粗蛋白和能量含量高为目标，选择牧草型廊芋 21 号品种为测试品种，委托中国科学院大连化学物理研究所和中国农业科学院北京畜牧兽医研究所对菊芋块茎主要养分含量进行多年、多点化验分析，平均生物产量 8 565.95 kg/亩，鲜块茎产量 3 017.7 kg/亩，总糖含量 16.58%，果聚糖 9.6%，秸秆粗蛋白 14.41%，秸秆粗纤维 27.79%，秸秆粗脂肪 1.78%。将收获块茎经过清洗、切片、烘干粉碎加工成菊芋全粉的样品，委托中国农业科学院北京畜牧兽医研究所对菊芋块茎养分含量进行化验分析，其主要指标详见表 6-11。

表 6-11 菊芋块茎养分类型及含量 （干基）

养分名称	含量	养分名称	含量
1. 采样描述：采收成熟菊芋地下块茎，烘干粉碎后的样品			
2. 常规与有效成分能/%		3. 主要矿物元素/%	
总糖	65.2	钙	0.057
蔗果糖	14.33	磷	—
总黄酮	0.049	钠	0.004
粗蛋白质	9.81	镁	0.056
粗脂肪	未检出（<0.05）	钾	2.21
粗纤维	2.9	锌（mg/kg）	6.9
粗灰分	5.42	铁（mg/kg）	18.4

（续表）

养分名称	含量	养分名称	含量
4. 氨基酸总量/%			
天门冬氨酸	0.62	蛋氨酸	0.06
苏氨酸	0.22	异亮氨酸	0.17
丝氨酸	0.19	亮氨酸	0.28
谷氨酸	0.99	酪氨酸	0.09
脯氨酸	0.34	苯丙氨酸	0.16
甘氨酸	0.20	赖氨酸	0.30
丙氨酸	0.21	组氨酸	0.22
缬氨酸	0.18	精氨酸	1.45
5. 能量/（MJ/kg）			
总能	14.91	奶牛泌乳净能	2.34
猪消化能	6.11	肉牛增重净能	4.10
猪代谢能	5.69	肉羊消化能	7.66
鸡代谢能	3.43		

通过化验分析结果，总黄酮 0.049%，总糖 65.2%，蔗果糖 14.33%，蛋白质 9.81%，粗纤维 2.9%，粗灰分 5.42%，氨基酸总量 5.68%，总能 14.91MJ/kg，奶牛泌乳净能，2.34MJ/kg，猪消化能 6.11MJ/kg，肉牛增重净能 4.10MJ/kg，猪代谢能 5.69 MJ/kg，肉羊消化能 7.66MJ/kg，鸡代谢能 3.43MJ/kg 和丰富的矿物元素。

6.2.2 块茎营养成分的影响因素

6.2.2.1 品种因素

品种是影响菊芋营养成分的内在因素，不同菊芋品种和品系各类糖（营养物质）的含量差异很大。孔涛等（2013）对 5 种菊芋的块茎及茎叶的营养成分进行分析比较，结果表明长白菊芋块茎的菊糖含量最高，平均达 77.5%。巩慧玲等（2011）研究表明：不同菊芋品种的总酚含量、PPO 活性、POD 活性与褐变强度差异显著，其中 3 个北方品种的各项指标均高于 2 个南方品种。

刘君等（2023）对 2021 年 10 月下旬采集的 34 个菊芋品种和品系样品，进行块茎中糖成分及含量的检测详见表 6-12。结果表明：菊芋块茎中，总糖含量为 12.19%~19.42%，平均含量 14.92%，折干总糖含量为 70.91%~80.02%，平均为 75.12%；葡萄糖、蔗糖、果糖等还原糖含量占总糖的 4.06%~12.22%，平均含量为 6.31%，而菊糖含量为 11.49%~18.20%，平均含量 14.03%，占总糖的 94.03% 以上。

表 6-12　菊芋块茎检测结果 　　　　　　　　　　　　　　　　　（g/100g）

编号	总糖含量	果糖含量	葡萄糖含量	蔗糖含量	其他糖类之和	其他糖类占比/%	菊糖含量	固含	折干总糖含量
廊芋 3 号	15.92	0.11	0.13	0.51	0.75	4.71	15.17	20.37	78.15
廊芋 5 号	15.97	0.10	0.06	0.68	0.84	5.26	15.13	20.50	77.90
廊芋 6 号	13.92	0.07	0.27	0.35	0.69	4.96	13.23	18.03	77.20
廊芋 8 号	15.26	0.18	0.07	0.85	1.10	7.21	14.16	19.07	80.02
Y-JP1	13.17	0.33	0.04	1.07	1.44	10.93	11.73	18.01	73.13
Y-JP2	14.20	0.14	0.06	1.14	1.34	9.44	12.86	19.37	73.31
Y-JP3	15.66	0.07	0.06	0.72	0.85	5.43	14.81	20.62	75.95
Y-JP4	14.59	0.11	0.09	0.84	1.04	7.13	13.55	19.35	75.40
Y-JP5	15.87	0.09	0.08	0.89	1.06	6.68	14.81	20.64	76.89
Y-JP6	19.42	0.13	0.20	0.89	1.22	6.28	18.20	25.26	76.88
Y-JP7	16.78	0.32	0.11	0.79	1.22	7.27	15.56	21.28	78.85
Y-JP8	13.12	0.12	0.15	0.39	0.66	5.03	12.46	17.27	75.97
Y-JP9	16.87	0.16	0.16	0.63	0.95	5.63	15.92	22.18	76.06
Y-JP10	12.52	0.42	0.07	1.04	1.53	12.22	10.99	16.35	76.57
Y-JP11	15.99	0.18	0.04	0.63	0.85	5.32	15.14	20.46	78.15
Y-JP12	15.67	0.11	0.07	1.03	1.21	7.72	14.46	19.86	78.90
Y-JP13	12.58	0.16	0.09	0.63	0.88	7.00	11.70	17.09	73.61
Y-JP14	14.87	0.11	0.17	0.45	0.73	4.91	14.14	19.17	77.57
Y-JP15	15.54	0.07	0.16	0.48	0.71	4.57	14.83	21.08	73.72
Y-JP16	14.94	0.16	0.10	0.98	1.24	8.30	13.70	21.07	70.91
Y-JP17	16.93	0.12	0.09	0.83	1.04	6.14	15.89	22.13	76.50
Y-JP18	14.41	0.10	0.23	0.39	0.72	5.00	13.69	20.09	71.73
Y-JP19	15.11	0.13	0.10	0.80	1.03	6.82	14.08	20.18	74.88
Y-JP20	14.95	0.21	0.07	1.05	1.33	8.90	13.62	20.76	72.01
Y-JP21	12.19	0.12	0.19	0.39	0.70	5.74	11.49	17.00	71.71
Y-JP22	16.64	0.05	0.04	0.82	0.91	5.47	15.73	22.90	72.66
Y-JP23	17.21	0.09	0.08	0.72	0.89	5.17	16.32	22.65	75.98

（续表）

编号	总糖含量	果糖含量	葡萄糖含量	蔗糖含量	其他糖类之和	其他糖类占比/%	菊糖含量	固含	折干总糖含量
Y-JP24	13.55	0.07	0.14	0.34	0.55	4.06	13.00	18.99	71.35
Y-JP25	12.30	0.07	0.11	0.37	0.55	4.47	11.75	17.05	72.14
Y-JP26	18.28	0.34	0.11	0.78	1.23	6.73	17.05	24.40	74.92
Y-JP27	13.99	0.14	0.09	0.48	0.71	5.08	13.28	18.48	75.70
Y-JP28	15.07	0.06	ND	0.76	0.82	5.44	14.25	19.60	76.89
Y-JP29	14.01	0.11	0.05	0.43	0.59	4.21	13.42	19.21	72.93
Y-JP30	13.94	0.06	0.09	0.35	0.50	3.59	13.44	19.17	72.72

注：1. 2021年10月下旬在山东寿光采集样品；2. 还原糖主要包括葡萄糖、果糖、半乳糖、乳糖和麦芽糖等具有还原性的糖类。

6.2.2.2 土壤类型

土壤类型对菊芋营养成分的影响主要体现在块茎菊糖含量。关于土壤类型对菊芋块茎中菊糖的含量的影响，不同学者研究结果不同，多数学者的研究表明，在低盐浓度土壤条件下，菊芋菊糖含量无影响甚至略有增加，高盐浓度土壤菊糖含量下降。周东等（2014）认为生长于盐碱土壤的菊芋的菊糖含量均低于农田土壤；康健等（2012）认为较低的土壤盐分对菊芋的生长影响不显著；冯营等（2013）则认为菊芋块茎中总糖、还原糖、菊糖含量在25%浓度盐分胁迫下均略有增加。詹文悦等（2017）的研究进一步发现，随块茎的形成，茎和叶中的果聚糖逐步向块茎转运，盐胁迫产生渗透机制，增加了果聚糖在块茎中的积累。盐胁迫导致块茎中部分果聚糖含量升高但不利于块茎中糖分的持续有效积累，说明盐的胁迫虽然没有急剧改变果聚糖的组成，但是以牺牲生物量为前提的（李辉 等，2014）。

不同菊芋品种对盐害的耐受程度亦不相同（周东 等，2014，李晓梅 等，2017）。有的品种在轻度盐碱土壤中生长时菊糖含量高于重度盐碱土壤；而有的品种在重度盐碱土壤中生长时菊糖含量高于轻度盐碱土壤。此外，有的品种虽然在盐碱土壤下菊糖含量也有所降低，但较其他品种其菊糖含量也是最高的，说明可以筛选出适合在盐碱土壤上生长的菊芋品种。

廊坊菊芋育种团队通过将廊芋系列的相同品种分别在河北廊坊壤土、天津盐碱土种植试验，进行块茎中糖成分及含量的检测详见表6-13。结果表明，相同品种在天津盐碱土壤中种植，菊糖含量要高于河北廊坊壤土。

表6-13 不同土壤环境条件菊芋块茎营养成分测定结果

样品采集地点名称	块茎重/ g	干重/ g	水分/ %	盐分/ %	总糖/ %	果聚糖/ %	还原糖/ %
静海县陈官屯	48.15	11.05	76.93	1.47	17.00	7.67	0.29
大港区盐生植物园	41.30	11.17	72.77	1.69	20.90	8.57	1.21
大港区崔庄子	32.16	7.72	76.01	1.55	18.70	8.77	0.24
塘沽区良种场（F_3）	44.38	10.67	76.13	1.39	24.80	6.43	0.75
塘沽区良种场（F_2）	26.26	6.31	75.48	1.52	19.30	9.73	0.30
市玉米场	37.52	8.93	76.21	1.52	23.10	9.79	0.45
大港区小王庄	40.16	10.1	74.62	1.84	22.60	10.33	1.07
市玉米场	42.11	10.82	73.08	2.54	21.50	6.74	0.28
大港区防蝗站	40.33	10.92	74.94	1.65	22.90	8.71	0.34
大港区防蝗站（野生）	16.70	4.92	70.69	1.94	25.50	9.38	0.34

6.2.2.3 栽培技术

菊芋虽然是抗逆性强的作物，但合理的栽培技术对菊芋块茎的产量及营养成分含量亦有很好的促进作用。孙晓娥等（2013）的研究表明：N、P交互作用对菊芋块茎产量、干物质和还原糖含量有显著影响（$P<0.05$），对块茎总糖和菊糖有极显著影响（$P<0.01$）；当磷肥为135kg/hm² 时，与氮肥存在交互效应；当氮肥低于180kg/hm² 时，为正交互效应，表现出协同促进作用，氮肥高于180kg/hm² 时，为负交互效应，表现出拮抗作用；当氮肥为180kg/hm²、磷肥为135kg/hm² 时，氮磷正交互效应增强，氮磷表现出协同促进作用，菊芋块茎产量最高，且菊芋块茎的干物质含量、总糖、还原糖和菊糖含量达到最高值，即菊芋块茎能达到最高产量和最优品质。

6.2.3 菊芋块茎的营养价值

6.2.3.1 益生元特性

Roberfroid等（2007）研究说明，菊糖的益生元活性是由于菊糖中的果糖单体中异头碳（环化单糖分子中氧化数最高的半缩醛碳原子 C_2）构型的存在，使得菊糖对动物消化道内消化酶（α-葡糖苷酶、麦芽糖酶、异麦芽糖酶和蔗糖酶）的水解具有抗性，因此菊糖不经过胃肠道上部消化而是直接进入结肠。这已经通过大鼠和人的体内回肠造口模型研究得到证实（GÜenaga等，2007）。根据对乳酸和短链脂肪酸（添加菊糖后回肠造口流出物中碳水化合物厌氧发酵的最终产物）含量的估计，菊糖通过小肠期间12%~14%的微小损失可能是由于回肠定植的微生物群体的发酵（Delcenserie，2008）。菊糖的益生元特性还体现在通过选择性地刺激结肠中1种或几种有益菌的生长或活性，进而与病原菌竞争肠道上皮细胞底物或黏附位点，以及对免疫系统的刺激。此外，双歧杆菌发酵菊糖产生有机酸，降低肠道pH值，从而抑制有害细菌增殖（Kaufhold等，

2000）。Delcenserie 等（2008）研究表明，补充菊糖增加了山羊粪便中双歧杆菌的数量及其对病原菌的抗性。

6.2.3.2 对肠道形态及微生物的影响

菊粉作为低聚糖代表主要是从调节抗氧化性、调节微生物群落、抗炎及聚合度方面，对宿主主肠道菌群结构进行调节（赵孟良 等，2020）。菊糖在消化道上端不能被消化，到达结肠时，能被双歧杆菌利用，促进人大肠中双歧杆菌、乳酸菌生长，菊糖在结肠发酵产生短链脂肪酸（乙酸、丁酸和丙酸）、乳酸和气体，使得肠道内 pH 值下降，抑制肠内沙门氏杆菌等腐败菌的生长，从而改善肠道微环境。此外，菊糖在人大肠中发酵产生的 SCFA、有机酸和气体能促进大肠蠕动，增加排便次数和质量。菊糖产生的高达 95% 的有机酸都在结肠被吸收（Falony 等，2009）。不同聚合度菊粉对肠道菌群结构的影响不同。低聚合度菊粉对肠道菌群结构的影响更明显（刘彬，2016）。菊糖对小白鼠的食物利用也有明显促进作用，说明菊糖对小白鼠的消化吸收功能有促进作用（黄亮等，2009）。

此外，一些学者还对肠道系统消化吸收进行了研究。如对 9～12 周龄生长猪的试验表明，菊糖型饮食降低了盲肠 pH 并增加了短链脂肪酸浓度，丁酸、乙酸和丙酸这些短链脂肪酸浓度的提高与菊糖对肠道组织形态的影响有关。菊糖摄入导致肠黏膜增生和肠壁厚度增加都伴随着血流量的增加，进而使吸收进入血液的短链脂肪酸含量增加，为肠细胞增殖提供大量的能源物质。菊糖补充还会导致肠绒毛形态的改变，并且这种改变与肠组织细胞周转有关。在饲喂菊糖型饮食的仔猪肠道中发现空肠绒毛顶端表面分枝以及空肠细胞有丝分裂（Valdovska 等，2014）。菊糖为肠细胞有丝分裂提供能量，进而使肠绒毛的功能被激活（Gokarn 等，1997）。此外，在空肠中发现中等数量的结肠炎性细胞和部分浆细胞的凋亡和迁移。细胞的凋亡和迁移过程是由于菊糖摄入导致空肠中大量肠道微生物种群结构发生变化引起的。菊糖在瘤胃中不会抑制纤维蛋白酶活性，但对产琥珀酸丝状杆菌（*Fibrobacter succinogenes*）和黄色瘤胃球菌（*Ruminococcus flavefa-ciens*）的生长有一些负面影响。胡丹丹等（2017）利用 16SrDNA 高通量测序技术发现菊糖显著提高了奶牛瘤胃中假单胞菌属（*Pseudomona*）、瘤胃拟杆菌（*Bacteroides rumini-cola*）以及瘤胃纤维降解菌的丰度。与细菌相比，原生动物对菊糖的利用显示出更大的活性，Ziolecki 等（1992）报道，菊糖的摄入有助于瘤胃纤毛虫改善细菌纤维素分解活性。

6.2.3.3 对血糖的影响

菊芋中的菊粉有一定的辅助降糖的作用（菊糖味微甜，单糖质量分数小于 5%，其中葡萄糖质量分数小于 2%，并且菊糖通过人体口腔、胃及小肠过程中基本上不分解、不吸收，因而不会升高血糖水平和胰岛素含量。此外，菊糖对血糖具有双向调节作用，即一方面可使糖尿病患者血糖降低，另一方面能使低血糖病人血糖升高。

李晓月等（2015）发现菊粉干预能够降低小鼠血糖水平和胰岛素抵抗指数，提高胰岛素敏感指数和增强胰岛 β 细胞功能，且菊粉高剂量干预组与反式脂肪酸组相比，差异均极显著（$P<0.01$），效果最好。李季泓等（2015）研究菊芋菊糖对链脲佐菌素诱导 1 型糖尿病大鼠的作用效果，结果显示：1 型糖尿病大鼠体重、血糖、胰岛素萎缩、胰岛素表达和血清胰岛素含量均有所改善。表明菊芋菊糖可应用到 1 型糖尿病的治疗研究。黄晓东等（2018）研究了菊芋多糖对 2 型糖尿病大鼠胰岛细胞形态与功能影响及机制。结果表明，40mg/kg、80mg/kg 菊芋多糖组大鼠空腹血糖明显下降，80mg/kg 菊芋多糖组大鼠血清胰岛素水平明显升高。菊芋多糖不但可以减轻糖尿病大鼠胰腺组织病理学损伤程度，还可提高糖尿病大鼠胰腺组织胰岛素表达。因此，菊芋多糖可在 2 型糖尿病的治疗中发挥作用。刘飞等（2017）的研究证明：经分离纯化后的菊芋多糖具有显著的降血糖作用，有效地缓解高血糖引发的不良症状。菊芋多糖降血糖最佳的质量分数为200mg/kg。

严锐等（2016）完成菊粉对代谢综合征患者血脂、血糖影响的临床观察，入选符合代谢综合征患者 300 例，随机分为 3 组，每组采用不同剂量菊粉治疗，3 个月后比较 3 组患者干预前后体质量指数、血脂、血糖等指标，发现服用菊粉可调节代谢综合征肥胖患者的血糖、血脂水平，同时对降低心血管疾病风险有潜在作用。王娟等（2018）进一步研究表明：菊粉能提高代谢综合征大鼠的胰岛素抵抗能力，控制血糖、血脂水平，上调 AMPK 的蛋白表达。低剂量的菊粉改善胰岛素抵抗的能力弱，因此推荐使用高剂量的菊粉管理血糖、血脂水平，达到预防心血管的相关危险因素。

现有研究表明，菊糖中丙酸对血糖的控制途径主要包括：①丙酸代谢转化为甲基丙二酰辅酶 A（CoA）和琥珀酰 CoA，两者都是丙酮酸羧化酶的特异性抑制剂（Ash 等，1964）；②丙酸盐通过消耗肝脏柠檬酸（一种磷酸果糖激酶的变构抑制剂）来增强葡萄糖利用（Baird 等，1980）丙酸通过降低血浆脂肪酸浓度间接影响肝脏葡萄糖代谢，而血浆脂肪酸浓度是已知与糖异生密切相关的因子（EE 等，1996）。

6.2.3.4　对粪氮及尿氮代谢的影响

在正常和肾切除大鼠的饲粮中补充 10% 菊糖 6 周后，尿素氮水平均降低（Geboes 等，2003）。肠道微生物生长过程中需要大量氮源来进行菌体蛋白的合成，而当可消化碳水化合物的摄入量高时，维持后肠道细菌最大生长所需的氨的量可能会不足，这时尿素氮成为盲肠细菌蛋白质合成的现成来源。由于菊糖对消化道酶的抗性，可直接到达后肠段充当肠道细菌的能量来源，有效地增强了大鼠的粪氮排泄，减少了尿氮排泄（Kumar 等，2016）。然而，菊糖对小肠中的蛋白质消化率不产生显著影响（Levrat 等，1993）。此外，丙酸盐是菊糖的细菌发酵的重要产物，在氨和氨基酸存在下也可抑制肝脏中的尿素生成。在人和单胃动物中，除了增加总氮向结肠的转移，更重要的是限制氨的形成和蛋白质分解代谢的各种重要产物，这 2 种因素已成为结肠癌发生的致病因素。

菊芋块茎提取物可有效抑制黄嘌呤氧化酶（参与嘌呤合成尿酸的酶），因此可减少尿酸盐在关节和肾脏的沉积（De Preter 等，2007）。

6.2.3.5　抗肿瘤作用

Sekine 等（1995）证明，双歧杆菌的水溶性细胞片段具有抗肿瘤作用，是动物肠道中重要的免疫调节剂。与对照饮食相比，菊糖型饮食的摄入显著抑制了结肠的异常隐窝病灶（ACF）总数。结肠变性隐窝（ACP）是结肠癌的初期病变，菊糖通过促进益生菌的增殖，激活 Toll 样受体 2（TLR2）的表达，同时抑制了革兰氏阴性菌及 Toll 样受体 4（TLR4）-核转录因子-κB（NF-κB）信号通路，进而抑制结肠肿瘤前病变。

摄入菊糖后，排便次数增加，可加速体内有毒代谢产物和致癌因子的排泄，从而使癌症发生的概率减少；另外，能显著增加双歧杆菌的生长，抑制腐败菌的生长，减少有毒产物的生成，并对有毒发酵产物具有吸附螯合作用。此外，菊糖发酵后产生的丁酸可促进肠上皮增生，维持结肠道黏膜完整性，修复上皮损伤 DNA，抑制多种肿瘤细胞生长，诱导细胞分化；同时丁酸钠还能通过多种途径诱导癌症细胞发生凋亡，具有显著的抗癌作用。经动物研究表明，菊糖还能避免早期结肠癌细胞克隆（穆莎茉莉等，2006）。菊糖的发酵速率要比低聚果糖慢一半左右，这就意味着菊糖还可在大肠末端激发代谢作用对菌群产生有益作用，功效更加全面，对预防发病率较高的直肠癌有着深远意义。

6.2.3.6　对脂质代谢的影响

在大鼠高脂肪或无纤维饮食中添加菊糖显著降低了血液和肝脏的甘油三酯含量（Kumar et al.，2016），Weitkunat 等（2015）提出，在富含碳水化合物的饮食中添加菊糖减少了肝脏脂肪酸的从头合成。由于脂肪酸合成酶是通过修饰脂肪生成基因进行表达的，菊糖的摄入使脂肪生成酶和脂肪酸合酶 mRNA 的活性降低，通过减少肝脏中极低密度脂蛋白-甘油三酯的分泌，进而降低了菊糖的甘油三酯效应（Kok et al.，1996）。菊糖饲喂的大鼠肝脏中甘油-3-磷酸浓度显著高于对照组，这种相对增加可能是由于菊糖降低了脂肪酸的酯化能力。菊糖的摄入显著地降低了肝细胞将［^{14}C］棕榈酸酯化成甘油三酯的能力（Fiordaliso et al.，1995）。葡萄糖依赖性促胰岛素肽（GIP）和胰高血糖素样肽（GLP-1）对脂质代谢具有直接的胰岛素样作用（Holst et al.，2016）。与对照组相比，菊糖饲喂大鼠的血清 GIP 浓度更高，且盲肠中 GLP-1 的含量也增加了 2 倍。后者的增加是盲肠肥大的结果，可能与盲肠中菊糖发酵产生的短链脂肪酸的营养作用有关（Holst et al.，2016，Roberfroid et al.，1993）。GLP-1 通过向控制食物摄入的下丘脑发送神经冲动，进而抑制食物摄入，延迟胃排空速度，刺激胰岛素分泌和胰腺 β 细胞（也称胰岛 B 细胞，可分泌胰岛素）增殖来抑制肥胖。Daubioul 等（2000）报道，利用菊糖进行膳食纤维富集可以减少肥胖大鼠脂肪量增加和肝脏脂肪变性。菊糖还能使肝脏中苹果酸酶活性显著降低，进而减少其催化苹果酸脱羧过程中产生的用于脂肪酸合成的还原型辅酶（NADPH）。

大量实验证实，菊糖可降低血清总胆固醇和低密度脂肪蛋白胆固醇，提高高密度脂蛋白/低密度脂蛋白比率，改善血脂状况。一方面，菊糖作为一种膳食纤维可吸收肠内脂肪，形成脂肪-纤维复合物随粪便排出，有助于血脂水平的降低；另一方面，菊糖可抑制肝脏中脂肪酸和胆固醇的合成。菊糖发酵终产物主要为短链脂肪酸 SCFA（乙酸、丙酸、丁酸）、气体和乳酸、琥珀酸、丙酮酸等有机酸。其中的丙酸可以抑制胆固醇的合成，同时增加胆汁分泌量；乳酸盐调节肝脏代谢，从而降低血脂水平。

6.2.3.7　预防骨质疏松

食用菊芋可以促进钙、镁、锌、铁、铜等矿物元素的吸收，提高骨骼中矿物质的密度，起到预防和治疗骨质疏松的作用。其原因主要是菊糖在肠道菌群的发酵过程中产生 SCFA，使肠道 pH 值降低 1~2 个单位，使在通过小肠时形成的钙、磷酸盐、镁构成的复合物发生溶解而容易吸收。据 Abrams 博士及其小组研究证实，每天摄入 8g 菊粉，可提高钙的吸收率约 20%。

6.2.3.8　预防龋齿

龋齿主要是由突变链球菌引起的，大量的研究表明，突变链球菌产生的葡萄糖转移酶不能将功能性低聚糖分解成黏着性的单糖。由于低聚糖不能被口腔中残留的链球菌利用，也不能被口腔酶液分解，因而有利于口腔卫生，是一种低龋齿性的糖类（熊政委等，2012）。

6.2.3.9　预防肥胖症

菊糖作为一种可溶性膳食纤维，热值低，是低能量食品。菊糖在胃中吸水膨胀使人有饱腹感，且能延长胃的排空时间，从而减少食物的摄入量。此外，菊糖只能在肠道被完全发酵，产生 SCFA 和乳酸等产物，在消化道上端不被消化吸收。菊糖可以减少食物在小肠的停留时间，还能在小肠与蛋白、脂肪等物质形成复合物，不利于对这些营养的吸收，达到减肥目的。而且，最近研究发现菊糖还能够影响下丘脑神经元，也与控制体重有关。Jelena 等（2012）发现：在同一种动物中，在高脂膳食中添加低聚糖（菊糖），不但能够对新陈代谢产生有益的影响，而且还能够造成下丘脑神经元活动的显著变化。

6.3　菊芋花的营养价值分析

6.3.1　菊芋花的营养成分

据国内外研究表明，菊芋花中含有丰富的黄酮类、花色素、绿原酸、蛋白质、氨基酸等营养物质，还有丰富的钙、镁、铁、锌、锰、硒等人体必不可少的矿物营养成分。具体养分详见表 6-14。

表6-14　菊芋花的营养成分生物活性物质类别与组成

类别	生物活性物质
氨基酸	酪氨酸、异亮氨酸、缬氨酸、脯氨酸、天门冬氨酸、谷氨酸、赖氨酸、蛋氨酸、苏氨酸、亮氨酸、苯丙氨酸、天冬氨酸、丝氨酸、甘氨酸、丙氨酸、胱氨酸、组氨酸、精氨酸和脯氨酸等。
色素	花青苷类（基本骨架为2-苯基苯并吡喃）、7-羟基色酮。
矿物质	钙、镁、锌、铁、硒等。
萜类	对映-贝壳杉烷-16-烯-19-酸、15-羟基贝壳杉烷-16-烯-19-酸、17-羟基贝壳杉烷-15-烯-19-酸、对映-16β，17-二羟基-贝壳杉烷-19-羧酸、乙酸洛利酯、款冬二醇、款冬二醇-3-O-脂肪酸酯衍生物和16β-羟基-羽扇豆醇-3-O-脂肪酸衍生物等。
甾体类	豆甾-4-烯-3-酮、3-O-β-吡喃葡萄糖基-谷甾醇和6′-乙酰基-3-O-β-吡喃葡萄糖基-谷甾醇。
黄酮类	异甘草素、2，4，2′，4′-四羟基查尔酮、甘草素、针依瓦菊素、槲皮素-7-O-β-葡糖苷、硫黄菊素和硫黄菊素葡糖苷。
酚类	儿茶素、咖啡酸、水杨酸、3-羟基苯甲酸、阿魏酸、芥子酸、4-羟基香豆素、没食子酸、原儿茶酸、绿原酸、表儿茶素、东莨菪内脂、4-羟基苯甲酸、槲皮素。

资料来源：廊坊菊芋创新团队，2015；Jantaharn 等，2018；王海涛，2016 等。

　　廊坊菊芋育种团队通过对菊芋花产业链中的品种筛选、适宜花期采摘、有效成分、功效价值、加工工艺等关键技术的研究，选育出的观赏型菊芋新品种"廊芋31号"。该品种特点花期长，持续开花天数为106d，花序直径10cm>8cm，花盘直径1.9cm<2cm一级花，单株花产量为258g。该新品种总体性状指标优于目前国内外菊芋品种。采取定量分析的方法测定菊芋花的主要成分，详见表6-15。其中蛋白质含量为1.73g/100g，总黄酮含量0.33g/100g，低聚果糖（芦丁计）含量0.89g/100g，总糖含量1.8g/100g，钙含量1.17g/100g，铁含量10.6mg/100g，锌含量3.6mg/100g，硒含量7.38mg/100g，16种氨基酸总量11.6 g/100g。其中天门冬氨酸含量达到1.69g/100g，谷氨酸含量达到1.74g/100g，赖氨酸含量为1g/100g，亮氨酸含0.91g/100g，在人体生长发育、新陈代谢、免疫调节中发挥着重要作用。钙的含量高达1.17g/100g，是杭菊的5倍。钙对人体有至关重要、不可或缺的作用，首先，钙离子参与肌肉收缩以及神经调控，在神经表达过程中起着重要的传导作用、重要的凝血因子和人体骨骼的重要构成物质详见表6-15。

表6-15　菊芋花营养成分测定　　　　　　　　　　　　　（g/100g）

养分指标	检测结果	养分指标	检测结果
蛋白质	1.73	脯氨酸	0.72
总黄酮	0.33	甘氨酸	0.62
低聚果糖（芦丁计）	0.89	丙氨酸	0.66
总糖	1.8	缬氨酸	0.69

（续表）

养分指标	检测结果	养分指标	检测结果
钙	1.17	蛋氨酸	0.04
铁/（mg/100g）	10.6	异亮氨酸	0.55
锌/（mg/100g）	3.6	亮氨酸	0.91
硒/（mg/100g）	7.38	酪氨酸	0.37
16 种氨基酸总量	11.6	苯丙氨酸	0.61
天门冬氨酸	1.69	赖氨酸	1.00
苏氨酸	0.57	组氨酸	0.27
丝氨酸	0.59	精氨酸	0.54
谷氨酸	1.74	—	—

注：廊坊菊芋创新团队委托第三方提供检查报告测定结果。

6.3.2　菊芋花营养影响因素

6.3.2.1　品种花期因素

为研究不同菊芋品种及不同生长阶段菊芋花的营养成分变化规律，廊坊菊芋育种团队选择东北、西北、华南、河北不同区域具有代表性的廊芋 31 号、吉芋 5 号、长岭资源、青芋 2 号、南芋 2 号，菊芋品种，采用灰色多维综合比较和品种同异比较原理与方法，测定 5 个品种三个开花时期与主要营养成分测定指标，详见表 6-16。

表 6-16　菊芋品种不同开花时期与各主要营养成分测定指标结果统计

品种	花期	蛋白质/（g/100g）	总糖/（g/100g）	总黄酮/（g/100g）	氨基酸/（g/100g）	钙/（mg/100g）	铁/（mg/100g）	锌/（mg/100g）	硒/（mg/100g）
廊芋 31 号	花期	10.6	1.2	0.23	0.30	950	8.50	3.5	6.50
	盛期	17.3	1.8	0.33	0.89	1170	10.6	3.6	7.38
	凋期	15.5	1.4	0.28	0.70	1150	9.80	3.7	7.15
吉芋 5 号	花期	9.58	9.21	0.18	0.26	560	6.54	2.69	5.99
	盛期	13.60	15.10	0.21	0.68	680	7.16	2.78	6.13
	凋期	10.11	13.56	0.19	0.39	574	6.89	2.69	6.68
长岭资源	花期	9.88	6.12	0.06	0.18	365	4.96	2.1	4.99
	盛期	13.65	9.45	0.09	0.31	458	5.82	2.2	5.34
	凋期	11.98	7.99	0.07	0.19	410	5.11	2.4	5.16
青芋 2 号	花期	10.22	8.66	0.11	0.23	490	6.88	2.68	5.10
	盛期	15.61	12.54	0.18	0.54	798	7.69	2.71	6.32
	凋期	13.41	10.98	0.14	0.26	750	7.22	2.79	6.10

（续表）

品种	花期	蛋白质/ （g/100g）	总糖/ （g/100g）	总黄酮/ （g/100g）	氨基酸/ （g/100g）	钙/ （mg/100g）	铁/ （mg/100g）	锌/ （mg/100g）	硒/ （mg/100g）
	花期	9.88	7.21	0.09	0.19	451	5.96	1.99	5.25
南芋2号	盛期	14.20	9.10	0.15	0.37	657	6.51	2.13	5.98
	凋期	12.97	8.63	0.10	0.23	540	6.10	2.59	6.11

注：摘自廊坊菊芋创新团队2016。

表6-17中廊芋31号的花蕾期、盛花期、凋谢期不同花期阶段营养成分测定结果。

表6-17 菊芋花不同花期生长阶段营养成分测定结果

成分测定	花蕾期	盛花期	凋谢期
蛋白质/（g/100g）	10.6	17.3	15.5
总糖/（g/100g）	1.2	1.8	1.4g
总黄酮/（g/100g）	0.23	0.33	0.28
低聚果糖/（g/100g）	0.3	0.89	0.7
钙/（mg/100g）	950	1 170	1 150
铁/（mg/100g）	8.5	10.6	10.6
锌/（mg/100g）	3.5	3.6	3.7
硒/（μg/100g）	6.5	7.38	7.5
铅/（mg/kg）	0.4	0.42	0.4
砷/（mg/kg）	0.045	0.048	0.040
汞/（mg/kg）	0.002	0.00259	0.002
16种氨基酸/（g/100g）	8.98	11.6	8.79

注：摘自廊坊菊芋创新团队2016。

试验分析结果表明，在诸多因素中，营养成分中的总糖、蛋白质、氨基酸、总黄酮、钙对影响菊芋花品质的具有重要作用，而铁、锌、硒因素的影响相对较小。菊芋三个开花阶段，灰色关联度盛花期排位第一，凋谢期排位第二，花蕾期排位第三。因此，菊芋开花的三个阶段，盛花期为最优。由上述数据可以得出菊芋花盛花期营养成分中黄酮、低聚果糖、氨基酸、钙、铁、硒等元素含量最高。

6.3.2.2 生长环境

国内外许多学者对菊芋花的生长环境进行研究，如美国的Kays S，在2007年《园艺学》发表"菊芋开花日期和持续时间的遗传变异"对其开花日期和时间评估分析，结果表明，190个菊芋资源中花期持续时间范围从21~126d，同时证明，这些菊芋资源的一些品种在低纬度地区种植的开花日期会受种植日期影响；在高纬度地区的花期同步可能需要在可控环境条件下进行。

6.3.3 菊芋花营养价值

菊芋花含钙量（1 170mg/100g）是菊花含钙量（234mg/100g）的 5 倍。钙能增强人的耐力，使人精力充沛，有效预防骨质疏松、脑溢血、癌症和心脏病的发生。菊芋花的低聚果糖含量为 0.89g/100g，这是菊花所没有的。低聚果糖能改善肠道内微生物种群比例，它是肠内双歧杆菌的活化增殖因子，可减少和抑制肠内腐败物质的产生，抑制有害细菌的生长，调节肠道内平衡；能促进微量元素铁、钙的吸收与利用，以防止骨质疏松症；可减少肝脏毒素，能在肠中生成抗癌的有机酸，有显著的防癌功能。有着"抗癌之王"之称的硒含量达到 7.38μg/100g；菊芋花含有人体所需的 16 种氨基酸，总含量达到 11.6g/100g，其中，天门冬氨酸含量达到 1.69g/100g，谷氨酸含量达到 1.74g/100g，赖氨酸含量为 1g/100g，亮氨酸含量为 0.91g/100g。菊芋花色素是一类水溶性天然色素，其主要成分是黄酮类化合物，具有安全、无毒等特点。既可以作食品、化妆品的着色剂，又可应用于医药业。

菊芋花有一定的降糖作用。选健康昆明种小鼠，用对四氧嘧啶（AXN）75mg/kg 一次性静脉注射制备糖尿病模型，随机分 5 组（每组 5 只取平均值）：正常对照组、模型对照组用等容量生理盐水灌胃；设 3 个剂量组（1.2mg/kg、2.4mg/kg、4.8mg/kg），分别灌胃给药，每天一次，共 7d，末次给药后眼球采血，制血清，用酶法测血糖浓度，观察此药品对小鼠血糖水平的影响。菊芋花提取液血糖值较模型对照组降低了 61%、60%、74.2%、64%、62%，说明对四氧嘧啶模型高血糖小鼠肾上腺素高血糖有明显降低作用，对四氧嘧啶造成的胰腺组织损伤有一定修复作用。由此可见菊芋花具有一定的降血糖功能，但不会影响机体正常血糖。

菊芋花还有一定的抗癌作用。Watal 等（2005）从菊芋花中分离出 9 种倍半萜类化合物可激活大鼠派尔集合淋巴结 中的免疫细胞，刺激产生白细胞介素-10（IL-10）和自然杀伤细胞，并加强的免疫球蛋白 A 的分泌，其在对病原体和肿瘤细胞的保护性屏障的形成中起重要作用。抗肿瘤试验表明：菊芋花中的 2 种黄酮类物质 [5，8-二羟基-6，7，4-三甲氧基黄酮和 5，8-二羟基-2-（4-羟基苯基）-6，7-二甲氧基] 对宫颈癌细胞具有细胞毒性（Yuan 等，2013）。Jantaharn 等（2018）从菊芋花中分离得到萜类、黄酮类、香豆素类和色素物质，其中对映-贝壳杉-16-烯-19-酸、款冬二醇、异甘草素、β-豆甾-4-烯-3-酮和针依瓦菊素等对结肠癌细胞株 HCT116 和 HT29 有抗增殖活性，其中，款冬二醇活性最好，抑制效果与标准控制药物相当。

菊芋花还有一定的抗炎作用。Jantaharn 等（2018）通过色谱分离从菊芋花中得到 23 种化合物，主要是萜类化合物、类黄酮、香豆素和色酮，对屎肠球菌 ATCC 51559、铜绿假单胞菌 PAO1、肺炎克雷伯菌 ATCC700603 和结核分枝杆菌 H37Ra 具有抗微生物活性。Pan 等（2009）研究发现菊芋花中的倍半萜内酯（4，15-异三醇内酯和 4，15-异三糖内酯甲基丙烯酸酯）发挥抗炎作用的机制是通过抑制 TNF-α 和干扰素-γ（IFN-γ）诱导的非洲绿猴肾细胞 ATCC CCL-81 中 STAT1 的磷酸化，从而减少 T 细胞分泌因子—受激活调节正常 T 细胞表达和分泌因子（RANTES）和 IL-8 的生成。

第7章　菊芋主要产品研究与应用

菊芋被广泛地应用于健康食品、医药化工、饲草、饲料辅料、糖和乙醇以及造纸业的工业生产原料。菊芋的块茎、茎叶和花，既可生食也可熟食。生食时可以制成菊芋干、熟食可以熬粥、腌制食品或烹饪，作为原料均可加工成系列产品。从菊芋中提取出来的低聚果糖和菊糖等可以作为良好的糖果填充剂、质构改良剂、风味掩盖剂及脂肪代替品等被应用于多种类型食品，随着人们生活水平的提高，菊芋及其制品被更多人所青睐，也被更多地应用于食品的应用研究，得到更多的关注和发展空间。详见图7-1。菊芋作为菊芋生物炼制系列产品所形成的产业链与食品（膳食纤维粉、菊粉饼干、菊粉挂面、菊粉面包、菊芋饮料、方便食品等），医药（果寡糖）、轻化（丁醇、HMF、琥珀酸），已被广泛运用于医药、保健、菜肴烹饪等诸多领域，具有广阔的应用前景和潜在开发价值。

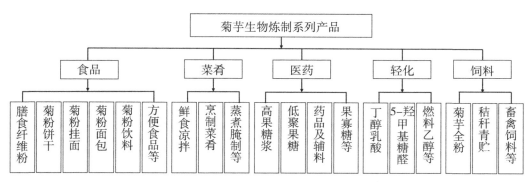

图7-1　菊芋生物炼制系列产品结构

本章侧重于菊芋的块茎、鲜叶和花的食品类、饲料类加工工艺和应用。

7.1　菊芋食品类产品加工

近年来，我国应用菊芋块茎和菊芋花生产膨化食品、糖果、饮料、饼干等研究开发休闲食品，康洁等（2018）将菊芋、苦荞和山药，通过烘干、粉碎、过滤成粉，添加果糖、果胶和 $CaCl_2$ 混合，经果胶调制以制备口感质感优良的多功能复合膏。王卫东等（2010）研究不同包装材料和加工用水对菊芋泡菜褐变的影响，结果表明，菊芋泡菜贮藏期间发生的褐变主要是多酚的氧化聚合以及美拉德反应导致的非酶褐变。在菊芋泡菜中添加柠檬酸亚锡二钠是菊芋泡菜贮藏期间良好的抗褐变抑制剂。刘晓莉（2012）等以市售菊芋、白菜、萝卜为原料在食盐浓度为 6%，自然发酵条件下的含菊芋的泡菜和不含菊芋的泡菜进行比较实验，结果表明，添加菊芋对泡菜 pH 值、总酸度影响不大，明显增加了亚硝酸盐和氨态氮含量。吴泽河（2018）研究菊芋饼干加工工艺及品质分析，饼干的最佳配方为：以每 100g 低筋小麦粉为基准，菊芋全粉添加量 12%、黄油玉米油（1:1）含量 30%、木糖醇添加量 20%、低脂牛奶含量 25 L、小苏打添加量 2%。制得的饼干色泽可人，香气怡人，咸甜适中，口感香脆不油腻。陈安徽（2010）微波菊芋脆片相对于其他种类脆片来说不仅膨化质量较高，还具有保健功能等显著特点，而微波技术相较于传统膨化技术而言，较好地保留了原菊芋的风味和口感．并且成品水分含量较低，耐储藏，方便转运，在现代食品工业中受到越来越多的青睐。

7.1.1 菊粉的营养与加工工艺

菊粉作为一种天然功能性食用多糖，具有水溶性膳食纤维和生物活性前体的生理功能，因而已被广泛应用于低热量、低糖、低脂食品中。国际上以日本研究、开发和应用居领先水平，在欧美及韩国的应用和发展也很快。我国的研究始于国家科委"九五"攻关项目取得的科研成果——酶法生产低聚果糖，即为第三代保健食品功能因子，并被称为 21 世纪高科技生物制品。经国内外多家著名大学及医学院研究证实，菊粉及低聚果糖具有超强增殖人体双歧杆菌的作用，是对人体有益的功能性物质。它对于调节机体平衡、恢复胃肠道功能、促进新陈代谢、预防各种疾病、维护人体健康有着极为重要的作用，是 21 世纪人类健康最具代表性的产品。

7.1.1.1 菊粉的概念

菊粉即菊糖是纯天然、可溶性果聚糖混合物。目前已发现有 36 000 多种作物中，包括双子叶植物中的菊科、桔梗科、龙胆科等 11 个科及单子叶植物中的百合科、禾本科含有果聚糖。菊芋中含量为 15%~20%，菊苣为 13%~20%，是目前工业化提取主要应用的两种主要原料。菊粉是以胶体形态含于细胞的原生质中，与淀粉不同，其易溶于热水中，加乙醇便从水中析出，与碘不发生反应。而且在稀酸下菊粉极易水解成果糖，也可被菊粉酶水解成果糖，这是所有果聚糖的特性。人和动物体内均缺乏分解菊粉的酶类。菊粉是除淀粉外植物的另一种能量储存形式，是十分理想的功能性食品配料、同时也是生产低聚果糖、多聚果糖、高果糖浆、结晶果糖等产品的良好原料。

7.1.1.2 理化性质

干燥的菊粉为白色无定形粉末。通常短链菊粉比长链菊粉易溶于水，菊粉的溶解度会随着温度的升高而明显加大，普通菊粉在 10℃ 的溶解度约为 6%，在 90℃ 时约为 33%。短链菊粉含有较多的单糖和双糖，甜度大约相当于蔗糖的 30%~50%，普通菊粉略带甜味，约为蔗糖甜度的 10%，长链菊粉几乎没有甜味。

当菊粉溶液浓度达到 10%~30% 时，开始形成凝胶，浓度达到 40%~50% 即可以形成十分坚实的凝胶。凝胶黏度随温度的升高而降低。长链的菊粉溶解度相对较小，在水中形成不易察觉的微晶体，这些微晶体之间相互作用可形成一种平滑的乳脂状的结构，口感类似于脂肪。

菊粉吸湿性强，具有结合自由水的能力，可以降低水分活度。这一点可充分利用到食品加工中延缓水分的蒸发，防止产品变味，延长食品货架期和保质期。

7.1.1.3 主要营养成分

菊粉（Inulin）属于储备性多糖，是由 D 呋喃果糖经 β（1~2）糖苷键连接而成的线性直链多糖，末端常带有一个葡萄糖残基，聚合度（DP）为 2~60，其中平均聚合度 dp≤9 的菊粉又称为短链菊粉，从天然植物中提取的菊粉同时含有长链与短链。菊粉是除淀粉外植物的另一种能量储存形式，是十分理想的功能性食品配料、同时也是生产低聚果糖、多聚果糖、高果糖浆、结晶果糖等产品的良好原料。

7.1.2 加工工艺

利用菊芋等植物的块茎制备菊粉，再经酶水解直接生产高纯度果糖，具有工艺简单、转化率高、产物纯等优点。中国科学院过程工程研究所杜昱光研究员及创新团队率先开展菊粉加工的研究，取得可喜的成果，为我国菊粉产业化生产奠定了坚实的技术支撑。河北晨光生物科技集团股份有限公司、河北维乐夫农业科技有限公司等相关企业相继开展菊粉产业化生产的研究与产业化生产。

加工工艺流程

菊粉的加工工艺包括块茎清洗、磨浆榨汁、离心过滤、微滤、离子交换、纳滤、发酵、浓缩、脱色、杀菌、干燥、喷粉、包装等，其工艺流程详见图 7-2。

（1）原料前处理工艺

菊芋块茎的清洗。由于菊芋块茎的表面凸凹不平夹带泥土，故对新鲜菊芋原料，采用二次清洗法，用清水清洗菊芋块茎，水与原料的比率为 1∶3 以便去除泥沙等杂质。将原料放入菊芋清洗机，通过毛刷自转刷洗物料表面的污垢，去除杂物，上带喷淋冲洗装置，可以将杂物及污垢冲洗下来；物料在毛辊的推动下自动进入上下喷淋清洗机，在循环水泵的作用下，高压水从喷嘴循环喷出，从上、下两个方向对菊芋块茎进行喷淋冲洗，保证清洗效果。清洗后的菊芋块茎在推料板的作用下从毛刷辊上推送至出料口，便于菊芋块茎的收集。

（2）菊芋加工提取工艺

①榨汁加工工艺。榨汁工艺包括对菊芋粉碎、压榨，然后对得到的菊芋渣再次粉碎、压榨，并对二次压榨后剩余的菊芋渣进行第三次压榨。主要的工艺流程如下。

将洗净的菊芋输送至切丝机，切成直径为 1~2mm 菊芋丝；在菊芋丝中加入去离子入水，添加量为原料质量的 0.4~1 倍；然后将菊芋丝输送至胶体磨；使用锤片式粉碎

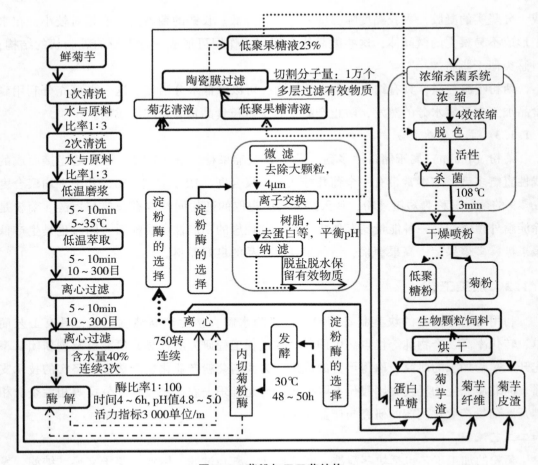

图7-2　菊粉加工工艺结构

机进行初次粉碎，初次粉碎菊芋的粒径为25～35mm；过筛后进行初次压榨，得到榨汁液和一级菊芋渣。

将一级菊芋渣进行二次粉碎，二次粉碎菊芋渣的粒径为5～10mm，粉碎后过筛，加入压榨液后进行二次压榨，压榨使用的为双螺旋压榨机，压榨机的筛网孔径为0.2～0.4mm，压榨液为次级提取液，压榨液的温度为50～70℃，压榨液与一级菊芋渣的重量比为（0.3～0.8）∶1，水为去离子水，水的温度50～70℃，水与二级菊芋渣的重量比为（0.3～0.8）∶1，得到初级提取液和二级菊芋渣。

向二级菊芋渣中加水，进行三次压榨，磨至200～300目，得到次级提取液和三级菊芋渣。

将榨汁液和初级提取液混合均匀后，得到菊芋浆；离心得到的上清液为菊芋总提取液。

②絮凝除杂工艺。向菊芋浆中加去离子水，用量为菊芋原料质量的0.6～1倍；所述研磨时间为30～50min，所述菊芋浆液粒度为10～20μm；搅拌均匀后输送至研磨机中

研磨得到浆液，将浆液输送至絮凝罐；在搅拌状态下，向菊芋浆液中添加固体 $Ca(OH)_2$ 进行絮凝，pH 值为 10.5~11，加完絮凝剂后静置 30~60min；絮凝后用的离心机为碟片或管式离心机离心分离，得到料液和絮凝渣；用去离子水用量为菊芋原料质量的 0.4~1 倍，冲洗絮凝渣；料液和絮凝渣中所得的料液添加磷酸调节 pH 值，进行二次絮凝，pH 值为 6~7，添加絮凝剂后静置 30~60min；絮凝后，离心分离得到絮凝渣与料液。

该工艺针对前面两次粉碎、三次压榨得到的菊芋总提取液浓度较高的特点，通过调节 pH 值为 11~12，能够去除绝大多数蛋白质、有机酸、果胶等杂质，降低了后期精制环节的处理量，而同时结合二氧化碳调节 pH 值又能够将提取液中过多的钙镁离子除去，减少后续离子交换树脂脱盐脱色环节的处理量，具有工艺简单、成本低等优点。

③菊粉提取工艺

该工艺将提取液的温度控制在 20℃ 以下，提取时间控制在 7~10min，在此基础上使用食品级氢氧化钠调节料液 pH 值控制在 8.0~9.0，进一步抑制微生物滋生和菊粉水解酶活性。

将料液经活性炭脱色后，过脱盐树脂为阳离子交换树脂。纳滤膜分子截留量小于等于 300Da，除单糖精制浓缩，浓缩时使用纳滤膜，干燥采用喷雾干燥，浓缩至料液固形物含量为 35%~40% 时停止浓缩。臭氧灭菌后，喷雾干燥，得到菊粉产品。

本工艺使用离子交换树脂（型号为 D001、AM007、LD206 中的任一种；脱色时使用的强碱性阴离子交换树脂型号为 D900、D941、D296 中的任一种）进行脱盐，脱色，经絮凝得到的上清液量少，杂质含量较低，针对以上特点选用了不同型号的离子交换树脂进行脱盐脱色。脱盐时使用的是强酸性离子交换树脂，脱色时使用的是强碱性阴离子交换树脂，通过树脂型号的选择，增强了树脂中的离子与菊芋提取液中离子交换的能力，大大提高了脱盐脱色的效率。使用纳滤膜浓缩菊芋提取液，既能够提高提取液浓度，减少后期浓缩的处理量，而且通过选择合适孔径的纳滤膜，能够在浓缩的同时除去提取液中的小分子糖（单糖和蔗糖），使产品纯度提升。

（3）技术创新

本菊粉加工工艺技术与国内同领域相比，创新点有以下几点。

①突破了传统通过热溶解方式，首创磨浆法前处理工艺，清洁时间短，节省生产用水，与本领域普遍采用的前处理技术需要 3~5h，本加工工艺仅需 5~10min 即可完成；通过使用陶瓷膜代替碳酸法饱充除杂，使得树脂再生的用水量显著减低，尤其废水的产生量降低至传统工艺的 30% 以上。

②发明了低温萃取工艺，通过综合筛选菊粉的粉碎粒径（10~300 目）、离子水的温度（5~35℃）、离子水与菊粉重量比例 [（1~3）:1]、混合溶液的 pH 值（1~7）、陶瓷膜的孔径（5~200nm）及用于不同剔除目的离子交换树脂的型号（强酸性：D001、

AM007、LD206；强碱性：D900、D941、D296）等参数，减少或抑制低温萃取过程中微生物滋生，大幅减少产品损耗，使得菊糖总得率达到98%以上，菊糖的纯度可达94%～97%。

7.1.3 菊芋全粉加工工艺与制造方法的研究

7.1.3.1 菊芋全粉加工工艺

（1）研究材料

菊芋块茎，每100g菊芋全粉中含有总糖65.2g、葡萄糖1.2g、蔗果三糖5.15g、蔗果四糖4.9g、蔗果五糖4.28g、中长链果聚糖（7-60）47.67g、蛋白质中16种氨基酸总量为5.68g、总蛋白质9.81g、粗纤维4.3g、钙57.4mg，磷27mg、铁1.84mg，镁56.5mg、锌0.69mg、钾2g。

（2）加工工艺流程

菊芋全粉加工工艺流程详见图7-3。

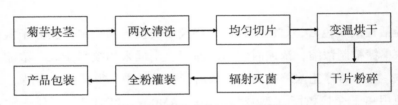

图7-3 菊芋全粉加工工艺流程

菊芋全粉加工工艺流程中"变温烘干"是减少菊芋营养成分损失的关键工艺，而加工的温度、时间、相对湿度又是核心的技术参数。因此，在菊芋全粉加工变温烘干环节中，摸清温度、时间、相对湿度就十分重要。

（3）各阶段温度、时间、相对湿度之间关系的研究

通过变温烘干中五个阶段水分、总糖、果聚糖、还原糖的变化，研究温度、时间、相对湿度的最佳参数，保证菊芋全粉的内在质量。

①第一阶段试验方法与分析。将时间（25min）和相对湿度（75%）定位在预期的优化值，温度的变化值确定为（80～87℃），变化间距为1℃，对菊芋全粉营养损失率的变化详见表7-1。

表7-1 固定时间和相对湿度，烘干温度对营养损失的试验结果 （g）

温度/℃	时间/min	相对湿度/%	烘干前重量	烘干后重量	水分	总糖	果聚糖	还原糖
—	—	—	100	—	80.80	15.50	14.45	0.50
80	25	75	100	95.68	76.70	15.49	14.43	0.51

（续表）

温度/℃	时间/min	相对湿度/%	烘干前重量	烘干后重量	水分	总糖	果聚糖	还原糖
81	25	75	100	90.30	72.62	15.45	14.42	0.52
82	25	75	100	90.25	71.33	15.47	14.30	0.50
83	25	75	100	89.45	70.11	15.40	14.28	0.55
84	25	75	100	86.52	67.25	15.28	14.20	0.60
85	25	75	100	81.68	62.50	15.20	13.86	0.98
86	25	75	100	79.80	61.02	15.10	13.28	1.24
87	25	75	100	78.44	59.56	15.05	12.56	1.38

通过表 7-1 结果可以看出，在时间和相对湿度不变的情况下，随着温度升高，烘干后样品中营养物质成分逐步减少，尤其是在烘干温度超过 85℃，菊芋全粉营养损失较多，其中总糖含量的损失率≥1.94%，果聚糖含量的损失率≥4.08%。

将温度（85℃）和相对湿度（75%）定位在预期的优化值，时间的变化值确定为（20~27min），变化间距为 1min，对菊芋全粉营养损失率的变化详见表 7-2。

表 7-2　固定温度和相对湿度，烘干时间对营养损失的试验结果　（g）

温度/℃	时间/min	相对湿度/%	烘干前重量	烘干后重量	水分	总糖	果聚糖	还原糖
—	—	—	100	—	80.80	15.50	14.45	0.50
85	20	75	100	86.20	67.30	15.50	14.42	0.50
85	21	75	100	84.45	65.52	15.45	14.40	0.52
85	22	75	100	83.52	63.89	15.43	14.35	0.58
85	23	75	100	82.65	63.58	15.40	14.03	0.65
85	24	75	100	82.20	62.80	15.39	13.80	0.78
85	25	75	100	81.60	62.40	15.35	13.53	0.86
85	26	75	100	79.44	61.14	15.34	13.10	1.29
85	27	75	100	76.55	58.50	15.02	12.45	1.32

通过表 7-2 结果可以看出，在温度和相对湿度不变的情况下，随着时间增加，烘干后样品中营养物质成分逐步减少，尤其是在烘干时间超过 25min 后，菊芋全粉营养损失较多，其中总糖含量的损失率≥0.97%，果聚糖含量的损失率≥6.37%。

将温度（85℃）和时间（25min）定位在预期的优化值，相对湿度的变化值确定为（75%~82%）变化间距为 1%，对菊芋全粉营养损失率的变化详见表 7-3。

表 7-3　固定温度和时间，探究相对湿度对营养损失的试验结果　　　　　　　（g）

温度/℃	时间/min	相对湿度/%	烘干前重量	烘干后重量	水分	总糖	果聚糖	还原糖
—	—	—	100	—	80.80	15.50	14.45	0.50
85	25	75	100	81.80	62.50	15.38	13.50	0.85
85	25	76	100	81.85	62.55	15.40	13.52	0.96
85	25	77	100	81.90	62.60	15.35	13.50	0.98
85	25	78	100	82.12	62.80	15.33	13.35	0.98
85	25	79	100	82.85	63.35	15.30	13.28	1.02
85	25	80	100	82.58	63.66	15.28	13.19	1.05
85	25	81	100	86.42	68.52	15.05	12.05	1.54
85	25	82	100	86.85	70.85	14.93	12.12	1.75

通过表 7-3 结果可以看出，在温度和时间不变的情况下，随着相对湿度增加，烘干后样品中营养物质成分逐步减少，尤其是在烘干相对湿度在 79%，菊芋全粉营养损失变化，总糖含量的损失率≥1.44%，果聚糖含量的损失率≥8.10%。但在相对湿度超过 80%，会导致烘干效果变差。总糖损失率≥1.29%，果聚糖损失率≥8.72%。

综合表 7-1 至表 7-3 的数据分析，在变温烘干中的第一阶段，确定适宜温度 80~85℃，时间 20~25min，相对湿度 75%~80% 三个参数，可最大限度地减少菊芋全粉的营养损失率。

②第二阶段试验方法与分析。将时间（6h）和相对湿度（60%）定位在预期的优化值，温度的变化值确定为（55~62℃），变化间距为 1℃，烘干温度对菊芋全粉烘干效果和营养损失率的变化详见表 7-4。

表 7-4　固定时间和相对湿度烘干温度对全粉营养损失率的试验结果　　　　　（g）

温度/℃	时间/min	相对湿度/%	烘干前重量	烘干后重量	水分	总糖	果聚糖	还原糖
—	—	—	100	—	80.80	15.50	14.45	0.50
55	6	60	100	54.08	35.88	15.20	13.22	1.20
56	6	60	100	52.22	34.62	15.19	13.24	1.25
57	6	60	100	49.00	30.83	15.17	13.27	1.26
58	6	60	100	48.86	30.70	15.16	13.22	1.25
59	6	60	100	45.78	27.65	15.05	13.20	1.27
60	6	60	100	42.22	24.22	15.01	13.15	1.29
61	6	60	100	42.02	24.11	15.00	13.12	1.28
62	6	60	100	42.00	24.02	14.96	13.05	1.29

通过表 7-4 结果可以看出，在时间和相对湿度不变的情况下，随着温度升高，在温度 55~60℃，水分挥发率在 55.60%~70.02% 较多，而温度超过 60℃，对水分挥发效果影响不显著。总糖和果聚糖的损失率分别控制在 1.94%~3.16% 和 8.51%~9.01%。

将温度（60℃）和相对湿度（60%）定位在预期的优化值，时间的变化值确定为（4~7h）变化间距为 30min，烘干温度对菊芋全粉烘干效果和营养损失率的变化详见表 7-5。

表 7-5　固定温度和相对湿度，探究烘干时间对营养损失率的试验结果　　　　（g）

温度/℃	时间/min	相对湿度/%	烘干前重量	烘干后重量	水分	总糖	果聚糖	还原糖
—	—	—	100	—	80.80	15.50	14.45	0.50
60	4	60	100	65.52	46.85	15.48	14.42	0.52
60	4.5	60	100	60.96	42.36	15.46	14.11	0.68
60	5	60	100	58.40	39.45	15.45	13.85	0.87
60	5.5	60	100	55.34	36.33	15.39	13.52	0.96
60	6	60	100	52.22	33.88	15.30	13.32	1.24
60	6.5	60	100	52.08	33.65	15.25	13.26	1.29
60	7	60	100	51.85	33.60	15.18	13.20	2.04

通过表 7-5 结果可以看出，在温度和相对湿度不变的情况下，在烘干时间超过 6h 后，对水分挥发效果影响不显著，6~7h 之差仅有 0.4%。总糖和果聚糖的损失率分别控制在 1.29%~2.06% 和 7.82%~8.65%。

将温度（60℃）和时间（6h）定位在预期的优化值，相对湿度的变化值确定为（50%~64%）变化间距为 1%，对菊芋全粉的烘干效果和营养损失率的变化详见表 7-6。

表 7-6　固定温度和时间，相对湿度对营养损失率的试验结果　　　　（g）

温度/℃	时间/min	相对湿度/%	烘干前重量	烘干后重量	水分	总糖	果聚糖	还原糖
—	—	—	100	—	80.80	15.50	14.45	0.50
60	6	50	100	52.28	35.38	15.22	13.24	1.21
60	6	52	100	52.32	34.42	15.15	13.20	1.21
60	6	54	100	50.00	30.83	15.17	13.27	1.23
60	6	56	100	48.86	30.70	15.16	13.22	1.25
60	6	58	100	45.68	27.65	15.05	13.20	1.25

（续表）

温度/℃	时间/min	相对湿度/%	烘干前重量	烘干后重量	水分	总糖	果聚糖	还原糖
60	6	60	100	42.52	24.32	15.01	13.15	1.26
60	6	62	100	42.02	24.15	15.00	12.86	1.26
60	6	64	100	42.00	24.02	14.96	12.45	1.38

通过表7-6结果可以看出，在温度和时间不变的情况下，随着相对湿度升高，尤其是在相对湿度超过60%，对水分挥发效果影响不显著，60%~64%之差仅有0.03%。总糖和果聚糖的损失率分别控制在3.16%~3.48%和8.99%~13.84%。

综合以上各因素影响，选定第二阶段确定适宜温度55~60℃，时间4~6h，相对湿度50%~60%。可有效地提高烘干效果，最大限度地减少菊芋全粉的营养损失率。

③第三阶段试验方法与分析。将时间（6h）和相对湿度（30%）定位在预期的优化值，温度的变化值确定为（43~52℃），变化间距为1℃，烘干温度对菊芋全粉烘干效果和营养损失率的试验结果详见表7-7。

表7-7　固定时间和相对湿度，烘干温度对菊芋全粉营养损失率试验结果　　（g）

温度/℃	时间/min	相对湿度/%	烘干前重量	烘干后重量	水分	总糖	果聚糖	还原糖
—	—	—	100	—	80.80	15.50	14.45	0.50
43	6	30	100	40.60	22.50	15.10	12.85	1.30
44	6	30	100	40.43	22.35	15.08	12.83	1.32
45	6	30	100	38.33	20.22	15.08	12.82	1.33
46	6	30	100	38.40	20.30	15.09	12.85	1.31
47	6	30	100	37.50	19.45	15.05	12.75	1.35
48	6	30	100	37.39	19.34	15.05	12.63	1.33
49	6	30	100	36.76	18.75	15.01	12.58	1.34
50	6	30	100	36.67	18.65	15.02	12.45	1.35
51	6	30	100	34.80	17.33	14.56	12.06	1.45
52	6	30	100	34.22	17.05	14.50	11.26	2.11

通过表7-7结果可以看出，在时间和相对湿度不变的情况下，温度在45~50℃，水分挥发率在74.98%~76.92%，烘干的效果增加，随着温度降低，尤其是温度低于45℃，烘干效果不显著，因此烘干温度的最低范围应为45℃上下，而在温度超过50℃，总糖和果聚糖的损失率分别≥3.10%和≥13.84%，对菊芋中营养成分损失影响较大。

将温度（50℃）和相对湿度（30%）定位在预期的优化值，烘干时间的变化值确定为（5~7h）变化间距为 30min，烘干时间对菊芋全粉烘干效果和营养损失率的变化详见表 7-8。

表 7-8　固定温度和相对湿度，探究烘干时间对营养损失率的试验结果　　　　　（g）

温度/℃	时间/min	相对湿度/%	烘干前重量	烘干后重量	水分	总糖	果聚糖	还原糖
—	—	—	100	—	80.80	15.50	14.45	0.50
50	5	30	100	38.40	19.91	15.09	12.46	1.27
50	5.5	30	100	37.34	19.45	15.05	12.45	1.29
50	6	30	100	36.58	18.50	15.00	12.43	1.34
50	6.5	30	100	36.50	18.40	14.95	12.40	1.35
50	7	30	100	36.40	18.20	14.90	12.37	1.36

通过表 7-8 结果可以看出，在温度和相对湿度不变的情况下，随着烘干时间的增加，营养损失率的变化幅度较小，总糖和果聚糖的损失率分别在 2.65%~3.87% 和%；烘干时间 5h，水分含量显著下降 75.36%，超过 6h 后，水分含量对水分挥发效果影响不显著，变化仅增加 2% 左右。

将温度（50℃）和时间（6h）定位在预期的优化值，烘干相对湿度的变化值确定为（25%~32%）变化间距为 1%，烘干时间对菊芋全粉烘干效果和营养损失率的变化详见表 7-9。

表 7-9　固定温度和时间，烘干相对湿度对营养损失率的试验结果　　　　　（g）

温度/℃	时间/min	相对湿度/%	烘干前重量	烘干后重量	水分	总糖	果聚糖	还原糖
—	—	—	100	—	80.80	15.50	14.45	0.50
50	6	25	100	34.28	16.20	15.08	12.95	1.25
50	6	26	100	34.75	16.65	15.06	12.76	1.28
50	6	27	100	34.83	16.78	15.05	12.56	1.27
50	6	28	100	35.21	17.20	15.01	12.51	1.29
50	6	29	100	35.57	17.52	15.02	12.48	1.32
50	6	30	100	35.80	17.80	15.00	12.43	1.34
50	6	31	100	36.50	18.45	14.99	12.42	1.35
50	6	32	100	37.68	19.80	14.88	12.35	1.37

通过表7-9结果可以看出，在温度和时间不变的情况下，随着相对湿度增加，相对湿度在25%时，样品含水量下降到79.95%，相对湿度超过30%，对水分挥发效果影响不显著。相对湿度在25%~32%，菊芋全粉营养损失率变化幅度较小，总糖含量的损失率仅相差0.2%，果聚糖含量的损失率仅相差0.6%

综合表7-9的数据分析，在变温烘干中的第三阶段，其温度45~50℃，时间5~6h，相对湿度25%~30%为宜。

④第四阶段试验方法与分析。将温度（45℃）和相对湿度（11%）定位在预期的优化值，烘干时间的变化值确定为（3~5h），变化间距为30min，烘干温度对菊芋全粉烘干效果和营养损失率的试验结果详见表7-10。

表7-10　固定温度和相对湿度，烘干时间对营养损失率的试验结果　　（g）

温度/℃	时间/min	相对湿度/%	烘干前重量	烘干后重量	水分	总糖	果聚糖	还原糖
—	—	—	100	—	80.80	15.50	14.45	0.50
45	3	11	100	32.01	14.15	14.86	12.30	1.40
45	3.5	11	100	31.08	13.22	14.86	12.28	1.41
45	4	11	100	30.25	12.40	14.85	12.27	1.42
45	4.5	11	100	30.19	12.38	14.83	12.26	1.40
45	5	11	100	30.16	12.36	14.83	12.25	1.38

通过表7-10结果可以看出，在温度和相对湿度不变的情况下，在烘干时间超过3h后，对水分挥发效果影响显著，含水量降低82.49%。但是在烘干时间超过4h后，对水分挥发效果影响不显著，仅相差0.4%。在温度和相对湿度不变的情况下，烘干时间在3~4h，总糖和果聚糖的损失率分别控制在4.13%~4.19%和14.88%~15.09%。

将温度（45℃）和时间（4h）定位在预期的优化值，烘干相对湿度的变化值确定为（9%~13%）变化间距为1%，烘干时间对菊芋全粉烘干效果和营养损失率的变化详见表7-11。

表7-11　固定温度和时间，相对湿度对营养损失率的试验结果　　（g）

温度/℃	时间/min	相对湿度/%	烘干前重量	烘干后重量	水分	总糖	果聚糖	还原糖
—			100		80.80	15.50	14.45	0.50
45	4	9	100	30.10	12.33	14.86	12.31	1.39
45	4	10	100	30.15	12.35	14.85	12.30	1.40

（续表）

温度/℃	时间/min	相对湿度/%	烘干前重量	烘干后重量	水分	总糖	果聚糖	还原糖
45	4	11	100	30.20	12.42	14.88	12.28	1.43
45	4	12	100	31.08	13.21	14.85	12.25	1.46
45	4	13	100	31.50	13.52	14.84	12.24	1.68

通过表 7-11 结果可以看出，在温度和时间不变的情况下，随着相对湿度增加，相对湿度在 9% 时，菊芋样品含水量下降到 84.74%，相对湿度超过 10%，对水分挥发效果变化幅度较小，但不降反升。相对湿度在 9%~13%，菊芋全粉营养损失率变化幅度较小，总糖含量的损失率仅相差 0.2%，果聚糖含量的损失率仅相差 0.7%

综合表 7-10、表 7-11 的数据分析，在变温烘干中的第四阶段，温度 44~46℃，优选温度 45℃，时间 3~4h，相对湿度 9%~11% 为宜。

⑤第五阶段方法与分析

将温度（45℃）和相对湿度（6%）定位在预期的优化值，烘干时间的变化值确定为（3~5h），变化间距为 30min，烘干温度对菊芋全粉烘干效果和营养损失率的试验结果详见表 7-12。

表 7-12　固定温度和相对湿度，烘干时间对营养损失率的试验数据结果　　　　（g）

温度/℃	时间/min	相对湿度/%	烘干前重量	烘干后重量	水分	总糖	果聚糖	还原糖
—	—	—	100	—	80.80	15.50	14.45	0.50
45	4	6	100	27.08	9.40	14.68	12.29	1.86
45	4.5	6	100	25.65	8.00	14.65	12.27	1.88
45	5	6	100	25.54	7.90	14.64	12.26	1.89
45	5.5	6	100	25.50	7.85	14.64	11.86	2.12
45	6	6	100	25.43	7.83	14.62	11.65	2.32

通过表 7-12 结果可以看出，在温度和相对湿度不变的情况下，在烘干时间超过 4h后，对水分挥发效果影响显著，含水量降低 88.37%。但是在烘干时间超过 4h 后，对水分挥发效果影响不显著，仅相差 1.57。在温度和相对湿度不变的情况下，烘干时间在4~5h，总糖和果聚糖的损失率分别控制在 5.29%~5.68% 和 14.95%~15.15%。

通过表 7-13 可以看出，在温度和相对湿度不变的情况下，随着时间增加，尤其是在烘干时间超过 5h 后，会导致烘干效果变差。

表 7-13　固定温度和时间，相对湿度对营养损失率的试验结果　　　（g）

温度/℃	时间/min	相对湿度/%	烘干前重量	烘干后重量	水分	总糖	果聚糖	还原糖
—	—	—	100	—	80.80	15.50	14.45	0.50
45	5	4	100	24.65	6.90	14.75	12.35	1.80
45	5	5	100	29.95	7.12	14.65	12.30	1.85
45	5	6	100	25.55	7.90	14.63	12.25	1.88
45	5	7	100	26.28	8.65	14.63	12.20	1.96
45	5	8	100	27.84	10.24	14.60	11.85	2.11

通过表 7-13 结果可以看出，在温度和时间不变的情况下，在烘干时间超过 4h 后，相对湿度对水分挥发效果影响显著，含水量降低 91.46%。但是随着所控相对湿度增加，对水分挥发效果不降反增，但变化值幅度较小。在温度和时间不变的情况下，相对湿度控制在 4%～6%，对总糖和果聚糖的损失率可分别控制在 5.03%～5.61% 和 14.53%～17.99%。

综合表 7-12、表 7-13 的数据分析，在变温烘干中的第五阶段，温度 44～46℃，最优温度 45℃，时间 4～5h，相对湿度 4%～6% 为宜。

⑥综上所述，在试验研究中发现，菊芋的 pH 在 5.6 左右，属于酸性，而果聚糖在酸性环境下热稳定性较差，对温度非常敏感，温度过高易造成果聚糖的降解，温度过低则不利于烘干和杀菌。此外，菊芋的果皮中含有大量的多酚氧化酶，多酚氧化酶的存在可加速果聚糖转化为单糖，故在烘干过程中既要通过高温纯化多酚氧化酶活性，也要兼顾高温对果聚糖转化的影响，所以在菊芋烘干过程中，温度高低的调节和持续时间的调控，是技术的关键。

菊芋全粉的制备方法研究，通过控制菊芋全粉烘干过程中的温度、时间和相对湿度等参数，将烘干阶段分为以下五个阶段，第一阶段：温度 80～85℃，时间 20～25min，相对湿度 75%～80%；第二阶段：温度 55～60℃，时间 4～6h，相对湿度 50%～60%；第三阶段：温度 45～50℃，时间 5～6h，相对湿度 25%～30%；第四阶段：温度 44～46℃，时间 3～4h，相对湿度 9%～11%；第五阶段：温度 44～46℃，时间 4～5h，相对湿度 4%～6%，各阶段参数相辅相成，互相配合，不仅烘干时间短，且可较大程度地保留菊芋自身的营养，可兼顾时间成本与菊芋全粉的目标质量，从而获取较大的经济效益。

7.1.3.2　菊芋全粉制作方法

（1）清洗切片

将鲜菊芋块茎用清水通过菊芋清洗机洗净，用切片机切成厚度为 2～2.5mm 的菊芋湿片，均匀放置在孔径为 9～11mm 网状烘干托盘上，将网状烘干托盘放置智能烘干机中，调控温度、时间、湿度进行烘干处理。

（2）变温烘干

对所述菊芋湿片分五个阶段进行烘干处理。

第一阶段：温度 80~85℃，时间 20~25min，相对湿度 75%~80%，高温短时烘干可避免营养流失和聚糖转化，超过 25min 或达到 40min 将有 15% 的聚糖转化为单糖而失去聚糖的活性，可果聚糖没有明显转化和损失。

第二阶段：温度 55~60℃，时间 4~6h，相对湿度 50%~60%，此阶段是菊芋物料的大量排水期，此温湿度是保证菊芋不发生霉烂和变质的关键，同时也是保证不会因过度排湿而造成的温度下降，增加能量损耗，可保持物料品质和节约能源。

第三阶段：温度 45~50℃，时间 5~6h，相对湿度 25%~30%；使物料营养分子与水分子纠缠期，不能高温，需通过恒温加快流通烘干提高烘干效率保持菊芋品质，在基本恒定的温度下，通过湿度调节达到节能和保持菊芋品质的目的。

第四阶段：温度 44~46℃，时间 3~4h，相对湿度 9%~11%，降低温度和湿度逐渐除去纠结在菊芋内部的水分，此时温度升高会严重影响菊芋的果聚糖含量，防止果聚糖转化，提高产品得率。

第五阶段：温度 44~46℃，时间 4~5h，相对湿度 4%~6%，制得菊芋干片（含水量≤10%），温度不变，继续加大排湿及通风量，加快菊芋烘干时间；此阶段温度是果聚糖转化最慢的温度，通过加快空气流动除湿，保持菊芋品质。

（3）干片粉碎

将所述菊芋干片置于室温≤16℃，室内空气湿度≤30%环境中，通过粉碎机进行粉碎，制成粒度为 60~80 目菊芋全粉。

（4）灭菌包装

将菊粉进行辐射灭菌，时间控制在 30~40min，灌入内为厚度为 1.5mm 的封闭的塑料袋，外为牛皮纸的双层包装袋中，注意切要排出袋中的空气，封闭严密，避免透气结块。

7.1.3.3　菊芋全粉在食品中的应用

（1）保健功能

菊芋全粉主治热病、肠热出血、跌打损伤、骨折肿痛，根茎捣烂外敷治无名肿毒、腮腺炎。入药具有利水除湿，清热凉血，益胃和中之功效。

（2）用量及方法

方法一：选择用 60~80 目菊芋全粉制作馒头、面包、挂面等食品。

方法二：选择 200 目菊芋全粉均匀缓慢倒入温水中，搅拌至溶解，同时可以依据个人口感，加入果汁、牛奶、豆浆、咖啡等饮品之中。

7.1.4 菊芋苦瓜压片糖果及其制备方法

7.1.4.1 菊芋苦瓜压片糖果组方
廊坊菊芋研发团队在中国中医科学院专家的指导下，历时10年研发成功。

7.1.4.2 理化性质
菊粉为白色无定形粉末。菊粉是一种天然的水溶性膳食纤维，几乎不能被胃酸水解和消化，只有在结肠被有益微生物利用，从而改善肠道环境。苦瓜素是一种苦瓜果实的乙醇提取物中获得的浅褐色结晶物质粉。菊芋苦瓜压片糖果以中医阴阳五行、六经辨证理论为基础，本着胰脏有病三脏通调的原则，结合现代微波萃取技术由菊芋、苦瓜、玉竹、黄芪等药食同源食材，科学配制成浅褐色片状，具有固本培元、补泻兼顾特点。

7.1.4.3 主要成分
菊芋苦瓜压片糖果主要营养成分有菊糖、蛋白质、粗纤维、苦瓜素、苦瓜皂苷、糖苷、胡萝卜素、苦瓜苷、维生素 C、维生素 B_1、维生素 B_2 及丰富的矿物质、尼克酸，有铃兰苷、铃兰苦甙、山茶酚、槲皮素、黏液质、碳水化合物、微量元素及矿物质等。

7.1.4.4 加工工艺
菊芋苦瓜压片糖果工艺流程图如图7-4所示。

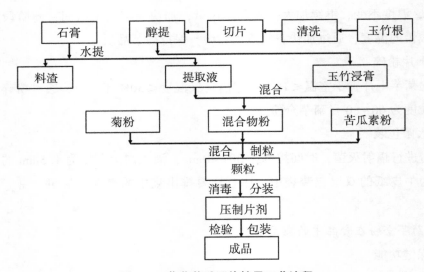

图7-4 菊芋苦瓜压片糖果工艺流程

①取石膏：用石膏质量的4倍的水回流提取3h，弃去料渣，浓缩提取液得到石膏浓缩液；取玉竹根进行清洗、切片，用原料质量的5倍和3倍的70%乙醇溶液回流提取2次，提取时间分别为2h和1h，弃去料渣，浓缩提取液得到玉竹浸膏；将石膏浓缩液和玉竹浸膏、苦瓜素粉混合后干燥制粉得到混合粉末。

②取菊芋：粉碎后用菊芋质量的 1~1.5 倍的水加热至 80~100℃，水加热浸提时间为 20~30min，离子交换树脂用量为提取液质量的 5%~10%，弃去料渣，提取液用离子交换树脂脱盐脱色后干燥制粉得到菊粉；得到的菊粉含水量为 5%~8%，菊粉的粒度均为 80~200 目。

③将得到的混合粉末与菊粉喷雾干燥，混合制粒，将颗粒粉压片制得压片糖果。

7.1.4.5　食用功能

①辅助调节血糖：菊糖不被人体吸收，进出细胞膜起到清道夫的作用，清理毛细血管末端沉糖和清除多余的胆固醇，进而起到降糖作用；菊芋所含的纤维素、维生素、蛋白质、矿物质又维持机体正常机能，在发挥降糖作用的同时不会导致低血糖。苦瓜提取物中的苦瓜甙有天然植物胰岛素的美誉，二者有机结合平衡调节血糖相得益彰。

②控制餐后血糖。当体内血糖较高时，菊糖能够加速机体组织对葡萄糖的吸收利用从而降低血糖浓度；苦瓜可发挥其植物胰岛素的作用共同达到降低餐后血糖效果。

③排毒作用：菊糖在人体消化道内不会被人体吸收转化为糖，而在大肠中菊糖是益生菌——双歧杆菌的食物，使双歧杆菌大量增殖，从而改善肠道环境清除肠道内的有害毒素及宿便，减少了食物残杂及代谢废物在体内的滞留时间，达到降糖、清除多余脂肪和毒素的作用。

④增强免疫力：菊糖的介入能消除体内胰岛素抗体的作用，使患者用较少的胰岛素就能达到很好的降糖效果，同时具有恢复胰岛功能的作用。苦瓜蛋白质成分及大量维生素 C 能提高机体的免疫功能，具有杀灭癌细胞的作用。

⑤预防糖尿病并发症：菊糖与苦瓜的有机结合具有清理作用能降低血液黏稠度、预防糖尿病心脑血管疾病以及改善糖尿病患者末梢血液循环障碍。

⑥食用方法：本产品净含量 48g（0.6g×80 片），适宜人群为 18 岁以上成人。食用方法为每天两次，每次 2~4 片，餐前服用，贮存方法为置于阴凉干燥处，避免阳光直射。注意：孕妇请咨询专业人士后服用。

7.1.5　菊芋压片糖果

7.1.5.1　加工工艺

菊芋压片糖果主要以全成分菊芋粉为主要原料，辅以预糊化淀粉或微晶纤维素等制粒辅料，混合制粒后进行物理压片，使之便于携带和食用，满足白领及工作繁忙人群日常膳食纤维的补充剂型。其工艺流程详见图 7-5。

7.1.5.2　食用功能

菊芋压片糖果产品的食用功能与菊粉相同，不再赘述。

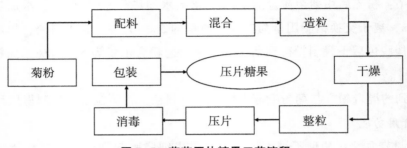

图 7-5 菊芋压片糖果工艺流程

7.1.5.3 食用方法

本产品适宜 3 岁以上人群。食用方法为每天 3 次，每次 3~5 片贮存于阴凉干燥处，避免阳光直射。

7.1.6 菊芋花茶

通过对菊芋花产业链中的品种筛选、适宜花期采摘、有效成分、功效价值、加工工艺等关键技术的研究，充分发挥了菊芋花茶营养成分独特等特点，适用广泛、市场前景广阔。

7.1.6.1 理化性质

菊芋花草茶黄色干花。其独特的特性如下。

①菊芋花含钙量（1 170mg/100g），是菊花含钙量（234mg/100g）的 5 倍。钙能增强人的耐力，使人精力充沛，有效预防骨质疏松、脑溢血、癌症和心脏病的发生。

②菊芋花富含黄酮，以芦丁含量达到 0.33g/100g，具有抗炎、抗病毒、抑制醛糖还原酶的作用，有利于糖尿病、高血压、高血脂的治疗。

③菊芋花的低聚果糖含量为 0.89g/100g，能改善肠道内微生物种群比例，是肠内双歧杆菌的活化增殖因子，可减少和抑制肠内腐败物质的产生，抑制有害细菌的生长，调节肠道内菌群平衡；能促进微量元素铁、钙的吸收与利用，以防止骨质疏松症；可减少肝脏毒素，能在肠中生成抗癌的有机酸，有显著的防癌功能。

④菊芋花含有人体所需的 16 种氨基酸，总含量达到 11.6g/100g，其中，天门冬氨酸含量达到 1.69g/100g，谷氨酸含量达到 1.74g/100g，赖氨酸含量为 1g/100g，亮氨酸含量为 0.91g/100g。氨基酸是构成蛋白质的基本单位，在人体生长发育、新陈代谢、免疫调节中发挥着重要作用。

⑤硒是世界卫生组织公认的抗癌元素，长期饮用菊芋花茶可有效提高免疫力，修复 DNA 和 RNA 的作用有效预防肿瘤及基因突变。

7.1.6.2 主要成分

廊芋 31 号菊芋在花蕾期和盛花期的营养成分详见表 7-14。

表 7-14　菊芋花主要营养成分测定结果　　　　　　　　　（g/100g）

主要成分	花蕾期	盛花期
蛋白质	10.60	17.30
总糖	1.20	1.80
总黄酮	0.23	0.33
低聚果糖	0.30	0.89
钙/（mg/100g）	950	1170
铁/（mg/100g）	8.50	10.60
锌/（mg/100g）	3.50	3.60
硒/（μg/100g）	6.50	7.38
天门冬氨酸	1.32	1.69
苏氨酸	0.48	0.57
丝氨酸	0.42	0.59
谷氨酸	1.00	1.74
脯氨酸	0.70	0.72
甘氨酸	0.65	0.62
丙氨酸	0.65	0.66
缬氨酸	0.52	0.69
蛋氨酸	0.01	0.04
异亮氨酸	0.56	0.55
亮氨酸	0.83	0.91
酪氨酸	0.32	0.37
苯丙氨酸	0.50	0.61
赖氨酸	0.85	1.00
组氨酸	0.31	0.27
精氨酸	0.38	0.54

7.1.6.3　加工工艺

菊芋花茶的加工工艺流程详见图 7-6。

①菊芋花采集标准。采集廊芋 31 号菊芋花瓣全开后第 1d 至第 3d 的盛花期花朵，花盘整齐匀称、未被虫咬、雨淋或残缺花作为加工原料。

②高温杀青。将菊芋花置于烘干机烘盘内，摆放均匀不得重叠，迅速升温至 85～

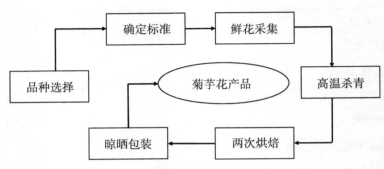

图7-6　菊芋花茶的加工工艺流程

90℃，约15min后，花瓣微软、青气消失。

③烘焙。烘干温度调控到45~50℃，同时打开烘干机托盘旋转开关使气流均匀通过花盘使之烘干均匀，持续时间18h。

④晾花。烘焙18h，将花朵取出置于室温下自然晾晒12~18h，使内部水分逐步向外扩散。

⑤二次烘焙。烘焙18h，将花朵取出置于室温下自然晾晒12~18h，使内部水分逐步向外扩散。

7.1.6.4　食用功能

菊芋花的花味甘有利水除湿、清热凉血、益胃和中之功效；菊芋花富含多糖、氨基酸、维生素、钙、铁、锌、硒等矿物质；特别是含有菊芋花色素苷，色素苷是一种黄酮类化合物，具有抗炎、抗突变、抗氧化、改善血液循环、提高免疫力等多种功效。

图7-7　菊芋花茶的产品及绿色食品证书

7.1.6.5　食用方法

方法一：选取菊芋花4~6朵，用清水冲洗干净，放入电水壶中，煮开即可饮用，如能加入甜叶菊干叶1~2片，效果更佳。

方法二：每次取3~5朵，置于杯中，放入70℃左右的温水闷茶5min后将水倒掉，再倒入温水即可饮用。

7.1.7　健康食品菜肴

菊芋作为健康食品辅料，可以制作成各种健康食品和美味菜肴详见表 7-15。

表 7-15　健康食品菜肴主要成分及制作工艺流程

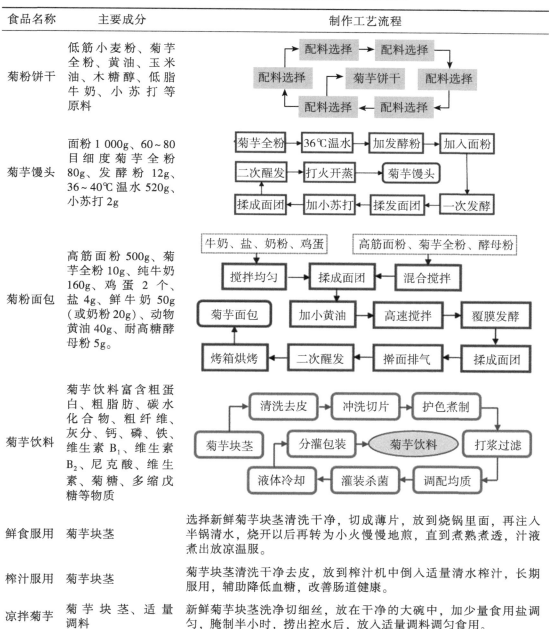

食品名称	主要成分	制作工艺流程
菊粉饼干	低筋小麦粉、菊芋全粉、黄油、玉米油、木糖醇、低脂牛奶、小苏打等原料	
菊芋馒头	面粉 1 000g、60~80 目细度菊芋全粉 80g、发酵粉 12g、36~40℃温水 520g、小苏打 2g	
菊粉面包	高筋面粉 500g、菊芋全粉 10g、纯牛奶 160g、鸡蛋 2 个、盐 4g、鲜牛奶 50g（或奶粉 20g）、动物黄油 40g、耐高糖酵母粉 5g。	
菊芋饮料	菊芋饮料富含粗蛋白、粗脂肪、碳水化合物、粗纤维、灰分、钙、磷、铁、维生素 B_1、维生素 B_2、尼克酸、维生素、菊糖、多缩戊糖等物质	
鲜食服用	菊芋块茎	选择新鲜菊芋块茎清洗干净，切成薄片，放到烧锅里面，再注入半锅清水，烧开以后再转为小火慢慢地煎，直到煮熟煮透，汁液煮出放凉温服。
榨汁服用	菊芋块茎	菊芋块茎清洗干净去皮，放到榨汁机中倒入适量清水榨汁，长期服用，辅助降低血糖，改善肠道健康。
凉拌菊芋	菊芋块茎、适量调料	新鲜菊芋块茎洗净切细丝，放在干净的大碗中，加少量食用盐调匀，腌制半小时，捞出控水后，放入适量调料调匀食用。

（续表）

食品名称	主要成分	制作工艺流程
五香菊芋	菊芋块茎、食盐溶液、作料	新鲜菊芋块茎洗净，晾晒变软后，把香料包、食用盐、清水煮开，晾凉密封腌制 10d 左右五香菊芋即可食用。
菊芋熬粥	大米或小米、糯米、菊芋块，适量的清水，少量食盐	将米加水熬粥，选鲜菊芋块茎，洗净切丁，当粥煮沸后，放入米粥中，熬煮黏稠即可。
蒸烤菊芋	菊芋块茎	把菊芋块茎清洗干净，放入锅中蒸或选择烤箱烤菊芋块茎，直到质地柔软、色泽金黄即可。
菊芋烹饪	菊芋块茎、肉、葱姜、蔬菜、鸡蛋、作料等	家庭烹饪方法。
菊芋馅饼	面粉、菊芋全粉、菊芋块茎酵母 3g、肉、葱姜、食油、作料	把肉和菊芋块茎清洗干净切片，面粉、菊芋全粉中里放入酵母，加温水和面发酵，把肉切成小块，加作料做成馅，发好面把馅放入，把饼子碾平入锅中煎烤，至两面煎黄出锅即可。
菊芋马铃薯蓝莓泥	适量的马铃薯、菊芋块茎、牛奶、食盐、白糖（菊粉）和蓝莓果酱	菊芋块茎和马铃薯洗净去皮切片煮熟晾凉，加牛奶放入料理机中，搅拌成泥状，放入不同形状的模具中，挤压成型，取出放入盘中淋蓝莓酱即可食用。

7.2 菊芋饲料产品加工工艺研究

随着养殖界"禁抗"的深入和中美贸易战，饲料市场将迎来快速发展的黄金期。菊芋秸秆等作为新型饲料资源，市场拉动因素包括牛、羊草食性家畜饲养、抗生素替代、提高免疫力和推进动物生产力。菊芋作为新型饲料原料具有更为广阔的市场前景。菊芋饲料产品为主要是菊芋青贮饲料、菊芋全粉和菊芋秸秆粉（颗粒）等。

7.2.1 菊芋青贮饲料

7.2.1.1 菊芋营养特性优势明显

菊芋茎叶作为牛、羊常用粗饲料与紫花苜蓿、玉米秸秆和黑麦草典型养分（干基）对比，主要具有七大优点。

（1）粗蛋白（CP）含量高

对菊芋、苜蓿、玉米秸秆和黑麦秆草 4 种作物粗饲料比较分析，尽管菊芋秸秆 CP 低于盛花期苜蓿草的含量，但明显高于其他 2 种粗饲料。其中，菊芋叶粉 CP 为 19%，相当于苜蓿初花期干草 CP 含量；菊芋全株 CP 含量为 10%，比苜蓿成熟期干草 CP 含量低 3 个百分点，与苜蓿茎及黑麦干草 CP 含量基本相同；菊芋秸秆 CP 含量为 7%，分别比玉米秸秆高 2 个百分点，比黑麦秸秆高 3 个百分点，比玉米芯高 4 个百分点。

（2）富含钙（Ca）成分

以往的实验表明，紫花苜蓿是奶牛等草食动物所需 Ca 的较好来源。最新数据证明，菊芋秸秆钙含量明显高于苜蓿、玉米秸秆和黑麦草。菊芋叶粉、菊芋全株和菊芋秸秆的 Ca 含量分别为 17%、12% 和 10%，均显著高于苜蓿（8%～10%）、玉米秸秆（5%～7%）及黑麦草（6%～8%）等粗饲料。

（3）粗纤维（CF）含量适中

菊芋全株 CF 含量为 31%，接近于中花期的苜蓿干草（30%）和黑麦干草（33%）的 CF 含量。其中，菊芋全株的酸性洗涤纤维（ADF）、中性洗涤纤维（NDF）和有效 NDF（eNDF），分别为 40%、53% 和 100%，与苜蓿干草（40%、52% 和 100%）极为相近。

（4）粗脂肪（EE）含量丰富

菊芋叶粉 EE 含量为 3.64%，与玉米芯粉（3.7%）含量接近，明显高于苜蓿叶粉（2.7%）；菊芋全株的 EE 含量为 2.1%，与苜蓿干草中花期（2.3%）和盛花期（2%）大体相当。

（5）泌乳净能（NEL）具有优势

菊芋秸秆的 NEL 高于苜蓿草及黑麦草，但低于带穗玉米秸秆。其中，菊芋秸秆的 NEL 为 1.03Mcal/kg，带穗玉米秸秆 1.45Mcal/kg，黑麦秸秆 0.97Mcal/kg、苜蓿干草 1.19～1.3Mcal/kg、苜蓿茎 1.01Mcal/kg 及玉米秸秆 1.23Kcal/kg。

（6）磷含量（P）丰富

菊芋饲料含量均高于苜蓿、玉米秸秆及黑麦草。其中，菊芋全株的 P 为 0.45%，苜蓿草为 0.18%～0.30%，玉米秸秆为 0.19%～0.28%，黑麦为 0.04%～0.30%。

（7）总糖含量高

菊芋含有苜蓿、玉米秸秆及黑麦草等牧草所没有的改善畜禽肠道健康，提高机体免疫力的可溶性膳食纤维，菊芋块茎含量为 16% 左右，秸秆含量为 1.5%～2%。因此，本产品是一种安全、有效、质量可控以及对环境无的影响饲料原料产品。

7.2.1.2　影响菊芋青贮饲料质量因素

（1）秸秆青贮的含糖量

为保证乳酸菌的大量繁殖，产生足量的乳酸，青贮原料中必须有足够数量的可溶性糖分。若原料中可溶性糖分很少，即使其他条件都具备，也不能制成优质青贮料。青贮原料中的蛋白质及碱性元素会中和一部分乳酸，只有当青贮原料中 pH 值为 4.2 时，才可抑制微生物活动。因此乳酸菌形成乳酸，使 pH 值达 4.2 时所需要的原料含糖量是十分重要的条件，通常把它叫作最低需要含糖量。菊芋和玉米均是易于青贮原料。

（2）青贮原料的含水量

青贮原料中含有适量水分，是保证乳酸菌正常活动的重要条件。水分含量过高或过低，均会影响青贮发酵过程和青贮饲料的品质。最适宜的含水量为 65%~75%。判断青贮原料水分含量的简单办法是：将切碎的原料紧握手中，然后手自然松开，若仍保持球状，手有湿印，其水分含量在 68%~75%；若草球慢慢膨胀，手上无湿印，其水分在 60%~67%，若手松开后，草球立即膨胀，其水分为在 60% 以下。

（3）厌氧环境

乳酸菌是厌气性细菌，而腐败菌等有害微生物大多是好气性菌，如果青贮原料内有较多空气时，就会影响乳酸菌的生长和繁殖，反而使腐败菌等有害微生物活跃起来，好气菌大量繁殖，氧化作用强烈，温度升高（可达 60℃），使青贮料糖分分解，维生素破坏，蛋白质消化率降低，青贮原料就要变质。为了给乳酸菌创造良好的厌氧生长繁殖条件，须做到原料切短，装实压紧，青贮窖或青贮包装袋密封良好。

（4）适宜温度

青贮的适宜温度为 26.7~37.8℃，温度过高或过低，都不利于乳酸菌的生长和繁殖，并影响青贮料的品质。

（5）适当密度

青贮料水分含量低时，贮存密度应高些；水分含量较高时，贮存密度不宜太大，以免因发酵汁过多而造成损失。

7.2.1.3 菊芋青贮饲料制作方法

菊芋青贮饲料是指将新鲜的菊芋原料切段后装入密封的容器或者青贮袋中，经微生物发酵作用，制成一种具有特殊芳香气味、营养富的多汁饲料。菊芋青贮饲料具有气味芳香、鲜嫩多汁、颜色黄绿、适口性好、饲草中抗营养因子（如生氰糖苷、硝酸盐等）含量少、浪费少等特点，成为舍饲家畜的主要粗饲料来源，青贮饲料能长期保存青绿多汁饲料的特性，是解决冬季牧草供应短缺和保证舍饲家畜优质牧草供应的良好途径。

适时刈割。利用菊芋茎叶做青贮饲料时，应在菊芋成熟期前进行刈割，此时的牧草型菊芋茎秆粗蛋白含量较高（10.64%~14.41%），木质素含量低，有利于提高饲草营养价值。菊芋秸秆的含水量在 65%~75%，用秸秆收割机进行刈割切碎至 2~3cm 长，此时秸秆用手拧秸秆，不折也不出水，有利于乳酸菌繁殖，过干会导致菊芋秸秆不易被压实，温度易升高，从而影响青贮饲料的质量，过湿则酸度较大，影响口感，牲畜等不喜食用。

添加发酵剂和营养剂。把发酵剂、营养剂、水按 1:1:8 的比例做成激活液，之后配水做成稀释液，将激活好的发酵液喷洒到秸秆上。

刈割装袋然后进行打包，袋装法须将袋口张开，将青贮原料装入专用塑料袋，用手压和用脚踩实压紧，直至装填至距袋口 30cm 左右，抽气、封口、扎紧袋口，然后进行贮存即可。

制作注意事项。①一般制作青贮的原料水分含量应保持在 65%～70%，低于或高于这个含水量，均不易青贮，如果水分高了要加糠吸水，水分低了要加水。②一定要将青贮料压实，尽量排出料内空气，不要忽略边角地带，尽可能地创造厌氧环境。③青贮过程要快，一般小型养殖场青贮过程应在 3d 内完成。这样就要求做到：快收、快运、快切、快装、快踏、快封。

青贮饲料感官评定。按照青贮饲料感官评价标准，对全株菊芋青贮饲料从色泽、气味和质地等方面进行感官评价。

菊芋青贮饲料的营养成分测定。全株菊芋青贮饲料评价较高，等级为优等。通过对菊芋青贮饲料不同取样时间水分、干物质、粗蛋白质、粗脂肪、粗纤维、粗灰分、中性洗涤纤维、酸性洗涤纤维、肉牛维持净能、肉牛增重净能、奶牛泌乳净能、羊消化能、绿原酸、氨基酸总量、总糖、无氮浸出物、钙、磷指标等的测定。通过测定分析，在同等条件下，菊芋茎叶优于玉米全株，详见表 7-16。

表 7-16　菊芋花主要营养成分测定结果　　　　　　　　　　（%）

测试指标	含量		干物质	
	菊芋茎叶	玉米全株	菊芋茎叶	玉米全株
水分	73.51	72.83	—	—
干物质	26.49	27.17	100.00	100.00
酸性洗涤剂不溶性粗蛋白 NIRA	0.37	0.10	1.39	0.38
总淀粉	1.00	4.40	3.90	16.40
糊化淀粉	0.60	1.10	2.40	4.10
可消化中性洗涤纤维（%）	3.19%	6.02	12.03	22.14
可消化中性洗涤纤维（%ofNDF）	33.56	45.83	—	—
有效酸性洗涤纤维（cADF）	7.71	7.74	29.09	28.50
有效中性洗涤纤维（cNDF）	10.36	13.12	39.09	48.30
CP 粗蛋白质	2.75	2.44	10.38	8.98
脂肪	0.44	0.75	1.67	2.76
木质素	1.90	1.20	7.00	4.50
氯化物（滴定）	0.22	0.12	0.82	0.44
灰分	2.16	1.37	8.16	5.03
乙酸	2.50	5.90	—	—
丁酸	0.00	0.10	—	—
丙酸	0.00	0.40	—	—
乳酸	2.90	2.00	10.80	7.50

（续表）

测试指标	含量		干物质	
	菊芋茎叶	玉米全株	菊芋茎叶	玉米全株
可溶性粗蛋白	1.70	1.30	6.40	4.90
钙	0.41	0.05	1.56	0.20
镁	0.24	0.07	0.91	0.24
钠	0.01	0.01	0.03	0.02
磷	0.04	0.05	0.15	0.20
钾	0.29	0.31	1.08	1.15
硫	0.02	0.03	0.08	0.09

注：2016年河北文安黄埔农场菊芋示范基地10月上旬刈割菊芋茎叶与玉米一块青贮，2017年2月15日采集菊芋与玉米青贮样品送检。

7.2.1.4 玉米秸秆和菊芋秸秆混合青贮方法

（1）混合青贮的优点

①菊芋青贮发酵特性。玉米秸秆风干黄化后的秸秆纤维含量高、可溶性碳水化合物低、附生微生物减少，不宜青贮，将其作为越冬的干草料营养价值极低。菊芋秸秆中含有丰富的可溶性碳水化合物，可为乳酸菌提供充足的发酵底物，既可以克服玉米秸秆单独青贮发酵品质差及营养价值低的缺点，又可以解决单纯利用菊芋秸秆制作青贮，菊芋秸秆粗蛋白高峰期水分偏高，饲料原料不足的问题。

②玉米秸秆是反刍家畜青贮饲料的主要原料，其营养品质受秸秆中性洗涤纤维（NDF）和酸性洗涤纤维（ADF）含量影响。NDF越低表明其经济价值越高；ADF饲草能量的关键指标，其含量越低，饲草的消化率越高，饲用价值越大。日粮中的非纤维碳水化合物主要由淀粉、可溶性糖、果聚糖以及果胶质组成。试验结果表明，菊芋的加入可以降低青贮饲料中纤维物质含量，提高非纤维性物质含量。

③玉米秸秆和菊芋秸秆混合青贮可以提高瘤胃微生物对粗饲料干物质的消化率。秸秆中的细胞内容物几乎能够被完全消化，而细胞壁因含有较多的粗纤维，导致在动物体内消化缓慢且不完全。秸秆细胞壁的木质素-纤维素-半纤维素的特殊复合体限制了动物对纤维素、半纤维素等成分的降解和利用，使得秸秆细胞内的营养物质不能被释放出来，从而导致秸秆的消化率降低。

④秸秆消化率低是限制秸秆利用的主要因素。中性洗涤纤维（NDF）和酸性洗涤纤维（ADF）是反映饲料质量的有效指标，对此国内外学者进行了大量研究，通过降低NDF和ADF含量来提高秸秆的饲喂价值。试验研究表明：随着菊芋秸秆添加比例的增加，混贮后由于降低了青贮饲料中中性洗涤纤维、酸性洗涤纤维、木质素含量，提高了非纤维性碳水化合物含量，使得体外48h干物质消化率、体外48h中性洗涤纤维消化

率、维持净能、增重净能得到提高，进一步提高了相对饲喂价值。

（2）青贮调制具体方法与效果

①将刈割后的玉米秸秆和菊芋秸秆切至 2cm 左右长度，按照玉米：菊芋（2~5）：（8~5）的比例，分别称取玉米秸秆和菊芋秸秆，青贮原料调节水分含量为 65% 左右，充分混合均匀后装入青贮池中压实，保存 40d 以上即可饲喂。

②利用菊芋茎叶做青贮饲料时，应在成熟期前（现蕾期）进行刈割，此时的茎秆粗蛋白含量较高（10.48%~114.41%），木质素含量低，有利于提高饲草营养价值。将菊芋茎叶青贮 60d 后，测得 ADF、NDF 显著下降，相对饲用价值（RFV）增加，有利于增加动物采食量，提高消化率。

③菊芋青贮前 DM 含量为 250~300g/kg；青贮 50d 后，DM 含量为（280±5）g/kg，为优质饲料。菊芋青贮在发酵 50d 后的乳酸含量，符合优等青贮饲料中乳酸浓度（占总酸的 33%~50%DM 以上）范围；然而，菊芋青贮 pH>4.6，因此需要额外添加乳酸菌或者与含糖分较高的饲料（如玉米）混贮；试验证明：适量添加玉米秸秆，具有提高菊芋秸秆青贮品质的效果。

④菊芋青贮的木质素含量从 9.8%（青贮前）下降至 6.8%，略高于玉米青贮饲料（5.7%）、燕麦青贮饲料（5.5%）和小麦青贮饲料（5.8%）；CP（10.3%）高于玉米青贮饲料（8.8%），与燕麦青贮饲料（12.9%）和大麦青贮饲料（12%）相近；钙含量（1.4%）与豆科牧草青贮饲料相近（1.34%），显著高于玉米（0.28%）等其他青贮饲料。试验表明菊芋青贮的氨氮含量低于 7g/kg，变化范围为 0.2~0.8g/kgDM，因蛋白降解较少，表明此时青贮料品质较好。

⑤菊芋秸秆的添加，降低了玉米秸秆青贮饲料中不易被利用的纤维成分，提高了易被消化利用的非纤维营养成分。玉米秸秆与适量菊芋秸秆混合青贮，可以降低青贮饲料中纤维物质含量，提高非纤维性物质含量，进一步提高体外干物质和中性洗涤纤维的消化率，从而提高维持净能、增重净能和饲喂价值。如图 7-8 所示。

图 7-8　菊芋青贮饲料和饲喂奶牛

7.2.2 菊芋全粉饲料

本产品的菊芋原料已获得国家绿色食品标识，菊芋块茎加工成菊芋全粉从功能性原料产品的筛选和优化组合、饲料营养配方、饲料原料评估、改进加工工艺、改善生态环境等多角度进行综合考虑，采用了物理烘干的方法，不产生任何残渣，对环境没有任何影响。因此，菊芋全粉是一种安全、有效、质量可控以及对环境无的影响饲料原料产品。

7.2.2.1 理化性质

本产品为固体粉状，颜色去皮为灰白色，带皮加工为浅黄色，无味，细度为 60 目。产品有效组分理化性质分述如下：

（1）蛋白质理化性质

①物理性质：

水解性：蛋白质经水解后为氨基酸。

盐析性：蛋白质的盐析性，蛋白质经过盐析并没有丧失生物活性。在蛋白质溶液中加入（NH_4）$_2SO_4$ 有沉淀生成，加入水后沉淀又消失。

变性：蛋白质的变性，一般都由沉淀生成，并且生成的沉淀加水后不再溶解。

颜色反应：某些蛋白质跟浓硝酸作用会产生黄色。

产生具有烧焦羽毛的气味。

②化学性质：

蛋白质的分子结构之中含有大量的可以解离的基团结构，诸如：$-NH_3^+$、$-COO^-$、$-OH$、$-SH$、$-CONH_2$ 等，这些基团都是亲水性的基团，会吸引它周围的水分子，使水分子定向地排列在蛋白质分子的表面，形成一层水化层。形成的水化层能够将蛋白质分子之间进行相隔，从而蛋白质分子无法相互聚合在一起沉淀下来。

蛋白质在非等电点状态时，带有相同的静电荷，与其周围的反离子构成稳定的双电层。双电层使得蛋白质分子都带有相同的电荷，同性电荷之间的互斥作用使得蛋白质分子之间无法结合聚集在一起形成沉淀。

（2）碳水化合物

本产品含有的碳水化合物分成两类：一是可以吸收利用的有效碳水化合物（总糖、蔗果糖），二是纤维素，物理化性质为水溶性和水合性。

①总糖的理化性质：

溶解性。糖为极性大的物质，单糖和低聚糖易溶于水，特别是热水；可溶于稀醇；不溶于极性小的溶剂。糖在水溶液中往往会因过饱和而不析出结晶，浓缩时成为糖浆状。

旋光性。糖的分子中有多个手性碳，故有旋光性。天然存在的单糖左旋、右旋的均有，以右旋为多。糖的旋光度与端基碳原子的相对构型有关。

②总糖的化学性质。

氧化反应。单糖分子中有醛（酮）基、伯醇基、仲醇基和邻二醇基结构单元。通常醛（酮）基最易被氧化，伯醇次之。

羟基反应。糖和苷的羟基反应包括醚化、酯化、缩醛（缩酮）化以及与硼酸的络合反应等。

羰基反应。糖的羰基还可被催化氢化或金属氢化物还原，其产物叫糖醇。

③蔗果糖的理化性质：

甜度和味质：纯度为 30%~60%，且较蔗糖甜味清爽，味道纯净，不带任何后味；热值仅为 1.5kcal/g，热值极低；黏度在 0~70℃ 范围内；水分活性的水分活性与蔗糖相当；保湿性与山梨醇、饴糖相似；热稳定性在 120℃ 中性条件下，稳定性与蔗糖相近；其他加工特性包括溶解性、非着色性、赋形性、耐碱性、抗老化性等。

④粗纤维的理化性质。粗纤维包括纤维素、半纤维素、木质素及角质等成分。其理化特性：具有很强的吸水性、保水性和膨胀性；相应的黏性，不同品种的纤维黏度不同；通过离子交换吸附矿物元素，有利于畜禽的消化吸收。

7.2.2.2　主要成分（表 7-17）

表 7-17　菊芋全粉饲料营养成分测定结果

常规成分与有效能	含量/（MJ/kg）	氨基酸	含量/%
蛋白质/%	9.81	天门冬氨酸	0.62
粗脂肪/%	未检出（<0.05）	苏氨酸	0.22
粗纤维/%	2.9	丝氨酸	0.19
粗灰分/%	5.42	谷氨酸	0.99
总能	14.91	脯氨酸	0.34
猪消化能	6.11	甘氨酸	0.20
猪代谢能	5.69	丙氨酸	0.21
鸡代谢能	3.43	缬氨酸	0.18
奶牛泌乳净能	2.34	蛋氨酸	0.06
肉牛增重净能	4.10	异亮氨酸	0.17
肉羊消化能	7.66	亮氨酸	0.28
主要矿物元素		酪氨酸	0.09
钙/%	0.057	苯丙氨酸	0.16

（续表）

常规成分与有效能	含量/（MJ/kg）	氨基酸	含量/%
磷/%	—	赖氨酸	0.30
钠/%	0.004	组氨酸	0.22
镁/%	0.056	精氨酸	1.45
钾/%	2.21	功能成分	
锌/（mg/kg）	6.9	总糖	65.2
铁/（mg/kg）	18.4	蔗果糖	14.33
		总黄酮	0.049

7.2.2.3　加工工艺

本产品加工工艺流程详见图7-9。

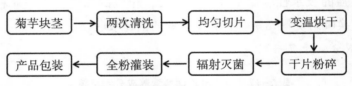

图7-9　饲料型菊芋全粉加工工艺流程

（1）清洗切片

将鲜菊芋块茎用清水通过菊芋清洗机洗净两次备用，然后用切片机切成厚度为2～2.5mm菊芋湿片均匀放置孔径为9～11mm网状烘干托盘上，将网状烘干托盘放置智能烘干机中，调控温度、时间、湿度进行烘干处理。

（2）变温烘干

对所述菊芋湿片分五个阶段进行烘干处理：第一阶段：温度80～85℃，时间20～25min，相对湿度75%～80%；第二阶段：温度55～60℃，时间4～6h，相对湿度50%～60%；第三阶段：温度45～50℃，时间5～6h，相对湿度25%～30%；第四阶段：温度44～46℃，时间3～4h，相对湿度9%～11%；第五阶段：温度44～46℃，时间4～5h，相对湿度4%～6%，制得菊芋干片（含水量≤10%）

（3）干片粉碎

将所述菊芋干片置于室温≤16℃，室内空气湿度≤30%环境中，通过粉碎机进行粉碎，制得粒度为60～80目菊芋全粉。

（4）灭菌包装

将菊粉进行辐射灭菌，时间控制在30～40min，灌入内为厚度为1.5mm的封闭的塑料袋，外为牛皮纸的双层包装袋中（注意切要排出袋中的空气，封闭严密，避免透气结块），重量为10kg。

7.2.2.4 产品功能

通过菊芋创新研究试验及相关文献分析，本产品功能如下。

①具有益生元特性。对泌乳奶牛的产奶净能高，菊糖通过促进益生菌的增殖，进而抑制结肠肿瘤前病变。

②对肠道形态及微生物的影响。菊糖的摄入有助于瘤胃纤毛虫改善细菌纤维素分解活性。

③对血糖的影响。因菊糖摄入导致的肝脏糖异生减少通常是由菊糖发酵产生的短链脂肪酸，尤其是丙酸介导，4周后显著降低了空腹血糖。

④对粪氮及尿氮代谢的影响。菊芋块茎提取物可有效抑制黄嘌呤氧化酶，减少尿酸盐在关节和肾脏的沉积。

⑤对脂质代谢的影响。菊糖的摄入显著地降低了肝细胞将 $[^{14}C]$ 棕榈酸酯化成TAG 的能力。

7.2.2.5 饲喂范围及使用方法

（1）适用范围

肉牛、奶牛、羊、猪、肉鸡、蛋鸡等畜禽的各饲养阶段。

（2）使用方法

作为饲料原料在配方中使用。推荐用量如下：

①肉牛：生长期，日粮中添加0.7%菊芋全粉；肥育期，日粮中添加0.8%菊芋全粉。

②奶牛：犊牛断奶后期，日粮中添加0.5%菊芋全粉；育成牛，日粮中添加0.6%菊芋全粉；青年牛，日粮中添加0.7%菊芋全粉；成年母牛，日粮中添加0.8%菊芋全粉。

③羊：羔羊，日粮中添加0.5%菊芋全粉；育肥羊，日粮中添加0.6%菊芋全粉。

④猪：断乳后仔猪，日粮中添加0.4%菊芋全粉；生长肥育期，日粮中添加0.5%菊芋全粉。

⑤肉鸡：育雏期，日粮中添加2.5%~3.5%菊芋全粉；育成期，日粮中添加3.5%~4.5%菊芋全粉。

⑥蛋鸡的推荐用量：蛋雏期，日粮中添加3.5%~4.5%菊芋全粉；产蛋期，日粮中添加4.5%~5.5%菊芋全粉。

7.2.3 菊芋秸秆粉

大量的研究试验表明，菊芋秸秆粉作为畜禽日粮原料，猪饲喂10%~15%，牛羊饲喂15%~20%，可以替代紫花苜蓿、玉米青储饲料等。菊芋秸秆作物进入国家饲料数据库，将为缓解我国优质粗饲料资源短缺、促进畜牧养殖业的发展，提供新的饲料供给途径。

本产品从功能性原料产品的筛选和优化组合、饲料营养配方、饲料加工工艺的改进等多个角度寻求菊芋秸秆饲料的优化解决方案。

7.2.3.1 理化性质

本产品为固体粉状，颜色去皮为灰褐色，无气味，细度为 25~30 目。

（1）蛋白质理化性质

①水解性：蛋白质经水解后为氨基酸。

②盐析性：蛋白质的盐析性，蛋白质经过盐析并没有丧失生物活性。在蛋白质溶液中加入（NH_4）$_2SO_4$ 有沉淀生成，加入水后沉淀有消失。

③变性性：蛋白质的变性，一般都有沉淀生成，并且生成的沉淀加水后不再溶解。

④颜色反应：某些蛋白质跟浓硝酸作用会产生黄色。

⑤会产生具有烧焦羽毛的气味。

（2）粗蛋白质的化学性质

凯氏定氮法是通过测定食物中的总氮含量再乘以相应的蛋白质系数而求出蛋白质含量的。因为样品中常含有核酸、生物碱、含氮类脂等非蛋白质的含氮化合物，故结果称为粗蛋白质含量。

①粗蛋白质的分子结构之中含有大量的可以解离的基团结构，诸如：$-NH_3^+$、$-COO^-$、$-OH$、$-SH$、$-CONH_2$ 等，这些基团都是亲水性的基团，会吸引它周围的水分子，使水分子定向地排列在蛋白质分子的表面，形成一层水化层。形成的水化层能够将蛋白质分子之间进行相隔，从而蛋白质分子无法相互聚合在一起沉淀下来。

②蛋白质在非等电点状态时，带有相同的静电荷，与其周围的反离子构成稳定的双电层。双电层使得蛋白质分子都带有相同的电荷，同性电荷之间的互斥作用使得蛋白质分子之间无法结合聚集在一起形成沉淀。

（3）粗纤维的理化性质

粗纤维（Crude Fiber，CF），是膳食纤维的旧称，是植物细胞壁的主要组成成分，包括纤维素、半纤维素、木质素及角质等成分。其理化特性有以下几点。

①具有很强的吸水性、保水性和膨胀性；

②相应的黏性，不同品种的纤维黏度不同；

③通过离子交换吸附矿物元素，有利于畜禽的消化吸收。

（4）粗脂肪的理化性质

粗脂肪除含有脂肪外还含有磷脂、色素、固醇、芳香油等醚溶性物质。

脂肪的理化性质：色泽为无色；某些脂肪酸具有自己特有的气味；脂肪酸的相对密度一般都小于1，随温度的升高而降低，随碳链增长而减小，不饱和键越多密度越大；

随着碳链的增长呈不规则升高，奇数碳原子链脂肪酸的熔点低于其相邻的偶数碳脂肪酸，不饱和脂肪酸的熔点通常低于饱和脂肪酸，双键越多，熔点越低，双键位置越靠近碳链两端，熔点越高；随碳链增长而升高，饱和度不同但碳链长度相同的脂肪酸沸点相近；低级脂肪酸易溶于水，但随着相对分子质量的增加，在水中的溶解度减小，以致溶或不溶于水，而溶于有机溶剂；碳链长短与不饱和键的多少各有差异。

（5）绿原酸的理化性质

①理化性质：性状为针状结晶（水），熔点为 208℃；酸性为呈较强的酸性，能使石蕊试纸变红，可与碳酸氢钠形成有机酸盐；溶解性位可溶于水，易溶于热水、乙醇、丙酮等亲水性溶剂，微溶于乙酸乙酯，难溶于乙醚、三氯甲烷、苯等有机溶剂。

②化学性质：分子结构中含酯键，在碱性水溶液中易被水解。在提取分离过程中应避免被碱分解。

7.2.3.2　主要成分

本产品中国农业科学院北京畜牧兽医研究所对菊芋块茎养分含量进行多年、多点化验。主要指标详见表 7-18。

表 7-18　菊芋秸秆粉理化指标（干基）

序号	项目	指标
1	干物质（DM/%）	≥90.0
2	粗蛋白质（CP/%）	≥10.0
3	粗脂肪（EE/%）	≥2.0
4	粗纤维（CF/%）	≥30.0
5	粗灰分（Ash/%）	≥0.90
6	中性洗涤纤维/（NDF/%）	≥53.0
7	酸性洗涤纤维/（ADF/%）	≥40.0
8	肉牛维持净能/（MJ/kg）	≥4.65
9	肉牛增重净能/（MJ/kg）	≥2.45
10	奶牛泌乳净能/（MJ/kg）	≥4.18
11	羊消化能/（MJ/kg）	≥6.55
12	绿原酸/%	≥1.5
13	氨基酸总量/%	≥30
14	总糖/%	≥1.5

7.2.3.3 加工工艺

①适时收割。菊芋植株粗蛋白质产量随着生长期各器官和部位都在发生巨大变化，从饲料产量来讲，霜降前两周左右，是菊芋块茎收获前两周，产量最大，是作饲料用途的适时收获期。

②将收割后的菊芋秸秆晾晒干燥，含水量控制在10%以下。

③将菊芋秸秆通过振荡筛去除土块杂质，用粉碎机粉碎成碎料，过25~30目筛成菊芋秸秆粉。

④灭菌包装。将菊秸秆粉灌入厚度为1.5mm的封闭的塑料袋，重量为10kg。

本产品加工工艺流程详见图7-10。

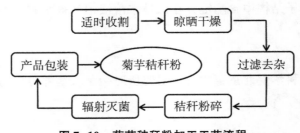

图7-10　菊芋秸秆粉加工工艺流程

7.2.3.4 产品功能

菊芋饲料营养特性优势明显，菊芋茎叶作为牛、羊常用粗饲料与紫花苜蓿、玉米秸秆和黑麦草典型养分（干基）对比，主要具有六大优点：

（1）粗蛋白（CP）含量高

对菊芋、苜蓿、玉米秸秆和黑麦秆草4种作物粗饲料比较分析，尽管菊芋秸秆CP低于盛花期苜蓿草的含量，但明显高于其他2种粗饲料。其中，菊芋叶粉CP为19%，相当于苜蓿初花期干草CP含量；菊芋全株CP含量为10%，比苜蓿成熟期干草CP含量低3个百分点，与苜蓿茎及黑麦干草CP含量基本相同；菊芋秸秆CP含量为7%，分别比玉米秸秆高2个百分点，比黑麦秸秆高3个百分点，比玉米芯高4个百分点。

（2）富含钙（Ca）成分

以往的实验表明，紫花苜蓿是奶牛等草食动物所需Ca的较好来源。最新数据证明，菊芋秸秆钙含量明显高于苜蓿、玉米秸秆和黑麦草。菊芋叶粉、菊芋全株和菊芋秸秆的Ca含量分别为17%、12%和10%，均显著高于苜蓿（8%~10%）、玉米秸秆（5%~7%）及黑麦草（6%~8%）等粗饲料。

（3）粗纤维（CF）含量适中

菊芋全株CF含量为31%，接近于中花期的苜蓿干草（30%）和黑麦干草（33%）的CF含量。其中，菊芋全株的酸性洗涤纤维（ADF）、中性洗涤纤维（NDF）和有效NDF（eNDF），分别为40%、53%和100%，与苜蓿干草（40%、52%和

100%）极为相近。

（4）粗脂肪（EE）含量丰富

菊芋叶粉 EE 含量为 3.64%，与玉米芯粉（3.7%）含量接近，明显高于苜蓿叶粉（2.7%）；菊芋全株的 EE 含量为 2.1%，与苜蓿干草中花期（2.3%）和盛花期（2%）大体相当。

（5）泌乳净能（NEL）具有优势

菊芋秸秆的 NEL 高于苜蓿草及黑麦草，但低于带穗玉米秸秆。其中，菊芋秸秆的 NEL 为 4.31MJ/kg，带穗玉米秸秆 6.06MJ/kg，黑麦秸秆 4.06MJ/kg、苜蓿干草 4.98～5.44MJ/kg、苜蓿茎 4.23MJ/kg 及玉米秸秆 5.12MJ/kg。

（6）磷（P）含量丰富

菊芋饲料含量均高于苜蓿、玉米秸秆及黑麦草。其中，菊芋全株的 P 含量为 0.45%，苜蓿草为 0.18%～0.30%，玉米秸秆为 0.19%～0.28%，黑麦为 0.04%～0.30%。

7.2.3.5　适用范围与使用方法

（1）适用范围

肉牛、奶牛、羊、猪等家畜的各饲养阶段。

（2）使用方法

作为饲料原料在配方中使用。推荐用量如下。

①肉牛 TMR 中 15%～20%；

②奶牛 TNR 中 15%～20%；

③羊 TMR 中 15%；

④猪 TMR 中 10%～12%。

第8章 菊芋产业发展前景展望

8.1 菊芋产业链循环系统与亟待解决的问题

8.1.1 菊芋产业链循环系统

菊芋产业循环系统是以市场需求为导向，以菊芋块茎—茎叶—菊芋花的专用品种、农机农艺栽培、产品加工工艺、有机肥还田等集成配套技术为核心，以大健康产业、饲料产业和生态产业为主体，利用主导产业的强大辐射力带动相关产业发展，不断延伸产业链条、补充链条节点，形成一个以菊芋鲜食、菊粉、菊芋全粉、菊芋花饮料、新型饲料、生物有机肥等系列产品加工、畜禽饲养等为主的生态循环的复合系统。该系统通过与自然环境、土壤和市场有机融合，建立完整的菊芋产业经济循环系统（如图 8-1 所示），实现社会、生态、经济效益的有机结合目标，促进菊芋产业可持续发展。

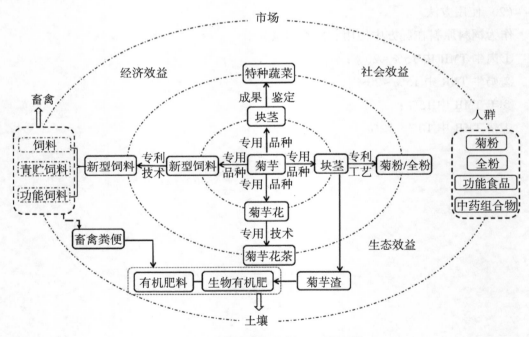

图 8-1 菊芋产业链循环系统结构

8.1.2　菊芋产业链面临亟待解决问题

8.1.2.1　政策支持力度不够

菊芋作为新型的特色产业，近年来科研教学、推广部门和相关企业的共同努力，在品种选育、规模种植、产品加工等方面取得显著的经济、社会、生态效益。但是，由于产业政策支持不够，缺乏顶层设计，资金投入不足，使从育种、种植、收获、加工和健康产业和饲料产业的产业链尚未形成，菊芋产业发展长期徘徊不前，甚至陷于困境。一些亟待需要国家支持的科技专项、体系建设、配套服务等相关政策迟迟摆不上议事的程序，使不少从事菊芋种植、加工、科研的企业家和科研专家困顿苦恼。

8.1.2.2　品种选育研究相对薄弱

法国的 André Berville 教授筛选的菊芋品种已经最高达到鲜重 6~8t/亩的块茎产量，地上部分的生物量鲜重也能达到 7~9t/亩。据有关资料统计，目前我国通过政府相关部门认定的菊芋品种仅 19 个，其中南京农业大学选育的"南芋系列"品种 3 个，青海省农林科学院选育的"青芋系列"品种 3 个，内蒙古自治区农牧业科学院选育"蒙芋系列"品种 2 个，廊坊菊芋创新团队与中国农业科学院北京畜牧研究所合作选育"廊芋系列"品种 11 个。相比而言，我国选育的品种块茎产量亩产 3~5t，地上鲜茎叶部分 4~6t，与先进国家相比品种选育研究相对薄弱。

8.1.2.3　菊芋块茎收获成本高

目前，国内菊芋收获机研发主要以常规式菊芋挖掘机和滚筒式菊芋收获机为主。在菊芋收获作业上，因菊芋挖掘深度为 250~500mm，超出收获机设计挖掘深度，导致工作阻力大于机具荷载，而使机具容易损坏，加之北方菊芋收获多在深秋至初冬进行，此时地表土壤已出霜冻，形成一定厚度冻结层，不易破碎，土壤中的菊芋团块、根系、表面冻土块、深层土壤中的砾石与分体式挖掘铲柄、机具侧板卡塞，导致土壤拥堵，使机具无法持续有效作业，现有根茎类作物收获机因升运链杆条间距较大，升运过程中较小菊芋块茎由连杆条间隙落地，被落下的土壤掩埋，来年萌发影响下茬作物，同时输送分离行程短，抖动频率及幅度较小，菊芋块茎团块及根系脱落不彻底。土壤、块茎分离效果差，使后续人工捡拾难度增大等问题。造成现有薯类收获机在收获菊芋时果实损失率高，生产效率十分低下，用工量和劳动强度最大的环节，严重制约菊芋规模化种植及菊芋产业的发展。

8.1.2.4　深加工产业相对落后

国际上，菊芋深加工已形成朝阳产业，工业化生产菊粉，仅比利时 ORAFTI 公司、WARCOING 公司和荷兰 SENSUS 集团公司的 CO-SUN 子公司产量占世界菊粉产量的 97.0%。而我国菊芋产业在 20 世纪末，顺应国际潮流，在菊粉、健康食品加工的研究取得一些突破性成果，但限于市场需求、原料短缺、生产技术、产品质量等因素，与先进国家相比菊芋深加工产业相对落后。

8.1.2.5 产品研发严重滞后于市场需求

菊芋的用途十分广泛，菊粉、果糖、高果糖浆、果寡糖等产品市场潜力巨大。可用于食品、奶制品、饮料、酒业、医药、饲料等各个农产品工业制药领域。从目前的情况看，国内菊芋仍以粗加工为主，大企业带动弱，菊芋的种植和产业化发展缓慢，没有形成规模效益，没有形成产业科技优势。因此，开发优质、高性能的菊芋产品，与国际市场接轨，使产品走向世界，成为菊芋产业发展的内生动力。

8.1.3 顶层设计

由于我国在提取工艺及生产设备方面的起步相对较晚，与日本、美国、比利时、法国、荷兰、俄罗斯等国家尚有差距，需要国家层面的大力支持，设立跨行业部门与科研人员的协同与共同发展，整合农业、种业、食品、医药、保健品、饲料、畜禽养殖等资源与技术，引进国外先进技术、优秀人才、人才走出去交流学习，国外技术与人才引进来，实现赶超发展。

8.1.3.1 科学决策

设立菊芋发展专项基金用于支持研发与奖励作出贡献的企业与个人。在国家层面上顶层设计规划，可在科技部及省级政府立项，发挥乡村振兴及国家科研力量集中攻关。

8.1.3.2 成立菊芋产业研究院

聘请国内外优秀人才，夯实我国科研队伍力量与国际技术与市场对接实力。将菊芋产业列入农业农村部和省级农业技术推广体系，成立产业化落地项目专业技术研究、推广和管理团队，建立菊芋示范推广综合技术站，服务全国种植基地，落实基地种植与生产管理。

8.1.3.3 成立菊芋产学研交流平台

为加强菊芋产业的统一管理，克服有限的资金、资源被分割、分散及其低水平重复投资、重复建设等现象的发生，成立菊芋行业协会和菊芋产业技术创新战略联盟两个层面的平台，统筹规划、协调我国菊芋产业的发展，统筹协调相关体制改革和行业政策制定，统筹协调菊芋产品的生产、市场销售和安全监管，实现我国菊芋产业的快速、健康发展。

8.1.3.4 整合目前散乱的各地提取加工企业

实现环保低碳高效生产，引进或者与国外先进企业合资合作，或者转让技术提速我国菊芋产业，从种业、农业、食品加工业、植物提取物、饲料产业、生物能源、医药健康产业全方位全产业链打通发展。

8.2　菊芋产业发展前景

8.2.1　菊芋产业技术研究

据中国科学院文献情报中心提供资料显示，自 2005 年 5 月 1 日以来，在菊芋产业技术研究与开发利用方面，我国专利数量开始增长，截至 2021 年 5 月，中国专利共有 2 265 件，已超过其他各国专利数量之和。Web of Science 上研究 SCI 论文数量中国学者研究论文共 359 篇，位居全球第一位。已经形成从菊芋种质资源创制、农机农艺配套技术、荒漠化生态治理、新型战备粮储备、新型优良饲草、新型生物能源植物及大健康功能原料供应的新业态产业链研究基础，为菊芋产业发展奠定可靠的技术支撑。

8.2.2　助力国家发展战略实施

我国既要确保口粮绝对安全，也要确保饲料粮安全。然而，我国耕地资源有限，决定了饲草饲料种植不能"与主粮争地"。利用盐碱荒地种植优质耐盐牧草（中国盐碱地总面积约为 9 900 万 hm^2），发展战备粮及畜牧业生产，不仅可以解决我国粮食需求的缺口，更重要的是可以解决饲草种植面积不足。据统计，我国生产饲料粮用原粮已达到了粮食总产量的 50%。尽管如此，我国每年仍需进口大量牧草，近 5 年来，平均每年进口牧草 171.33 万 t。菊芋在我国普遍栽培，其根系发达，繁殖能力强，抗旱、耐寒、耐盐碱，适应广泛菊芋的茎叶收获后可加工成饲料，营养价值较高。其聚果糖可通过现代生物技术转化为果糖和葡萄糖，加工一系列人畜健康产品。

8.2.3　开发荒沙盐碱化土地资源

利用我国大量的荒沙盐碱化土地资源，开展种植新型战备粮草植物——菊芋的大规模集成化开发及应用，实现从荒漠化生态治理、新型战备粮储备、新型优良饲草来源及大健康功能原料供应的新业态产业链。助力于国家"粮食安全""食品安全"战略实施。据中国社科院发布的《中国农村发展报告》预测，到"十四五"末期，中国有可能出现 1.3 亿 t 左右的粮食缺口。按照国内的耕地生产，替代进口就需要 6 亿~7 亿亩耕地。我国耕地有限，只能向非耕地荒沙盐碱化土地资源要粮食。荒漠化及盐碱土化地种植菊芋可有效固定二氧化碳——碳汇植物种植菊芋每亩每年二氧化碳的吸收量为 658.81kg，每年释放氧气 477.4kg。

8.2.4　促进大健康产业发展

随着人类生活水平的提高，肉食比例增加、生活压力大、饮食不规律，消化道的问题越来越突出。据社会调查结果显示，我国肠道健康状况堪忧，超过90%的人存在肠道健康问题。现代营养学将膳食纤维列为继蛋白质、脂肪、矿物质、碳水化合物、维生素和水之后的第七基本营养素，对于维护人体正常的生理健康起着十分重要的作用。菊芋作为生物炼制系列产品所形成的产业链与食品（膳食纤维粉、菊粉饼干、菊粉挂面、菊粉面包、菊芋饮料、方便食品等），医药（果寡糖）、轻化（丁醇、HMF、琥珀酸），已被广泛运用于医药、保健领域，具有广阔应用前景和潜在开发价值。

8.2.5 新型优质饲料资源

廊坊菊芋创新团队选育的牧草型菊芋系列新品种在茎、叶产量及秸秆品质诸如粗蛋白、粗脂肪、总能等方面均有较大幅度提高。中国农业科学院北京畜牧兽医研究所测定结果分析，菊芋秸秆干物质（DM,%）≥90.0，粗蛋白质（CP,%）≥14.0；粗脂肪（EE,%）≥2.0；粗纤维（CF,%）≥30.0；粗灰分（Ash,%）≥0.90；中性洗涤纤维（NDF,%）≥53.0；酸性洗涤纤维（ADF,%）≥40.0；无氮浸出物（NFE,%）≥43.1；肉牛维持净能（MJ/kg）≥4.65；肉牛增重净能（MJ/kg）≥2.45；奶牛泌乳净能（MJ/kg）≥4.18；羊消化能（MJ/kg）≥6.55；绿原酸（%）≥1.5；氨基酸总量（AA,%）≥30；总糖（%）≥1.5。

菊芋块茎和茎秆中含有蛋白质、糖、铁等多种营养物质，大量的双歧杆菌和韦氏杆菌，可以制造大量的有益菌群，提高畜禽免疫力，减少抗生素使用。据权威部门的试验分析，同等肥力的耕地种植苜蓿可产粗蛋白138kg，而菊芋生产粗蛋白200~250kg。同时可消化养分优于指标突出，是益生菌饲料补充剂，具有抗生菌的功能，减少畜禽抗生素的使用。

廊坊菊芋创新团队研发的菊芋全粉产品，经中国农业科学院北京畜牧兽医研究所测定结果分析，粗蛋白质（CP,%）9.81；粗纤维（CF,%）2.9；粗灰分（Ash,%）5.42；总氨基酸（AA,%）5.68；总能（MJ/kg）14.91；猪消化能（MJ/kg）6.11；猪代谢能（MJ/kg）5.69；鸡代谢能3.43；奶牛泌乳净能（MJ/kg）2.34；肉牛增重净能（MJ/kg）；4.10；肉羊消化能（MJ/kg）7.66；钙（Ca,%）0.057；钠（Na,%）0.004；镁（Mg,%）0.056；钾（K,%）2.21；锌（Zn,mg/kg）6.9；铁（Fe,mg/kg）18.4；总糖（%）65.2；蔗果糖（%）14.33；总黄酮（%）0.049。

上述测定分析显示，菊芋作为新型饲料的能量和各种营养成分均衡全面，适口性好，利用率高，是奶牛、肉羊、猪、鹅、鸡等畜禽最优质的饲料。由于原料来源稳定，成本低，从而饲料的生产成本大幅度下降，市场的竞争力大大提高。

8.2.6 改善生态环境

菊芋具有极强的耐寒能力，繁殖力强，在-30℃甚至更低的温度条件下也能安全越冬。同时菊芋也具有较强的抗旱、防风固沙能力，只要覆盖的沙土厚度不超过 50cm，菊芋皆可正常萌发，并凭借菊芋的茎和根系编织而成的防护网络，有效地固定住表层的土壤和水分，起到保持水土和防风固沙作用，是改善沙荒地和非耕地生态环境的重要作物。有利于资源综合利用和环境保护，具有显著的社会和生态效益，符合现代农业可持续发展方向。

8.2.7　高产高效作物

廊坊菊芋创新团队多年试验结果表明，菊芋与京津冀地区主要粮食作物如玉米、小麦相比：菊芋生物产量与经济效益均明显高于玉米与小麦，京津冀地区菊芋粗放种植每亩可产块茎 2 000~3 000kg，鲜茎秆 3 000~4 500kg。与玉米与小麦种植相比，其增产潜力大。一亩菊芋实际收入 3 300~4 500 元相当于玉米的 2~2.5 倍，并且与小麦与玉米相比，节水 450m³ 左右。菊芋西瓜间作，地膜西瓜亩产 3 000kg 还可以增加收入 5 000 元左右。由此可见，菊芋是一种高产高效作物。

8.2.8　高效可持续利用水资源

我国是个农用耕地资源、淡水资源严重缺乏的国家之一，人均耕地 0.11hm²，其中有 666 个县为联合国粮农组织规定的人均耕地警戒线（0.05hm²）之下；预计到 2030 年我国人均水资源为 1 760t，逼近目前国际上公认的严重缺水警戒线 1 700t。而我国盐碱土地的总面积约有 0.3 亿 hm²，其中黄河三角洲盐渍土面积约有 32 万 hm² 以上，是我国重要的后备土地资源。随着城市化、工业化进程的加快、加剧了土地和淡水资源的供需矛盾，耐盐碱型菊芋品种，可以提高植被覆盖度，促进土壤脱盐，改造滩涂裸地，熟化土壤，产生巨大的生态效益，这些植物在生长过程中能将土壤中的盐分吸收后，储存在茎叶中，每年每亩可通过茎叶排出盐分（据南京农业大学刘兆普教授研究结果显示，从菊芋种植 2 年起土壤盐分显著下降，至菊芋种植第 5 年比对照土壤含盐量下降了 62%。（刘兆普，2017），大大加快土壤的脱盐速率，缓解土地和淡水资源的供需矛盾，对缓和我国目前耕地急剧减少的态势，开辟了一条新的途径。

8.2.9　促进乡村振兴

菊芋是一种难得的高密度能源植物，对土壤的适应性较强，能从难溶的硅酸盐土层中吸收养分，即使在含盐量 7‰~10‰ 的盐碱地上也能生长较好。此外，菊芋抗病虫害能力强，生产过程中一般不需要喷施农药，适于粗放种植。菊芋种植成本低，附加值高而又适于规模化加工，种植牧草与畜禽饲养，种植与健康产品加工，菊芋景观与养蜂及旅游发展相衔接，菊芋与土地治理相结合，争取土地占补平衡指标等。通过多产业融合，发展菊芋产业是乡村振兴及脱贫攻坚的富民手段，增加农民收入，改善生态环境，促进农村一、二、三产的有机融合，协调发展。

8.2.10 展望产业前景

我国菊芋产业只要克服上述政策、技术、加工、市场的诸多瓶颈问题，政府部门、科研教学单位与企业共同努力，协同攻关，必会将"小菊芋"，发展成"大产业"。

正如俄罗斯自然科学院外籍院士、中国科学院过程所杜昱光研究员提出的"立足我国资源特点、遵从自然规律和生态循环法则、依靠科技创新思路，结合我们 30 多年的科研基础及产业转化积累，利用我国非耕地及荒沙化土地资源（如以 3 亿亩荒沙化土地为例），开发及大规模化种植菊芋，实现从荒漠化生态治理、新型战备粮储备、新型优良饲草来源、新型生物能源植物及大健康功能原料供应的新业态产业链，希望能成为一种新的战略规划。"

8.2.10.1 荒漠化土地种植菊芋可再造一个黑龙江

黑龙江省是中国粮食生产大省，粮食总产量约占全国 10%，依据 2018 年黑龙江粮食种植面积 2.25 亿亩（15 万 km^2），实现总产量 1 501.4 亿斤。按照玉米含糖 45% 计算，即折合 3 378万 t 葡萄糖/年。按荒漠化土地种植菊芋获得块茎产量为 1t/亩（可达到 2~4t/亩）菊芋产量，按照鲜菊芋 10t 产 1t 菊粉，需要荒地 3 亿亩，即可产生相当于黑龙江粮食年量 3 378万 t 果糖和葡萄糖。

8.2.10.2 荒漠化土地种植菊芋可再造一个内蒙古

菊芋秸秆作为粗饲料已纳入中国饲料数据库。菊芋秸秆作为新成员进入国家饲料数据库，将缓解我国优质粗饲料资源短缺、促进畜牧养殖业的发展，提供新的饲料供给途径，巨大的市场缺口能为菊芋的发展带来机遇。牧草生产以内蒙古为例，目前全区总面积 118.3 万 km^2，占中国土地面积的 12.3%。草原总面积达 8 666.7 万 hm^2（13 亿亩），其中可利用草场面积达 6 800万 hm^2（10.2 亿亩），占中国草场总面积的 1/4。

按照菊芋青储秸秆每亩 2t，则 3 亿亩菊芋种植面积，可获得 6 亿 t 菊芋青贮饲料，按每只羊每年需要 1t 青贮饲草，可供 6 亿只肉羊（目前存栏肉羊一亿只，出栏率 60%），或按每头每年肉牛需要 5t 青贮饲料，增加肉牛存栏 1.2 亿头。

8.2.10.3 荒漠化土地种植菊芋可相当于再造地下大庆

按照 10t 鲜菊芋块茎可生产 1t 生物乙醇或 600kg 生物基化学品—— 5-羟甲基糠醛（HMF），被国际上称为"万能平台化合物"，HMF 可转变成为多种石油来源的化工基础原料，也是目前生物基来源替代石油基中"苯环结构"的理想大化工原料。3 亿亩荒地可产生 3 378万 t 果糖和葡萄糖。可生产 3 000万 t 乙醇或 1 800万 t HMF，如替代汽油相当于需要 1 亿 t 石油，相当于 2 个"地下大庆"。

3 亿亩荒地菊芋种植、养殖、加工等产业链可以新增就业 2 000万人，其替代粮油进口以及生态、节水效益显著。

①菊芋年增产实物折算粮食产量大于 1 500 亿斤，相当于"再造一个黑龙江"北大仓。

②3 亿亩废荒地地上茎叶植物发展养殖，预计年增加牛存栏 800 万头，出栏 400 万头，年存栏肉羊一亿只，出栏率 60%，相当于"再造一个内蒙古"产肉量。

③年节水量 300 亿 m^3，相当于"再造一个丹江口"水库。

④治理荒滩固沙治沙，增加的绿水青山，生态价值相当于"再造一个大兴安岭"。

⑤菊芋块茎如作为果糖基能源植物，可替代石油 1 亿 t。相当于"再造一个新大庆油田"。

⑥3 亿亩菊芋种植，可年通过光合作用吸收固定 1.25 亿 t 二氧化碳，释放 0.9 亿 t 氧气，相当于国内某大城市 2017 年排放量 1.21 亿 t。

利用我国非耕地及荒沙化土地资源开发及大规模化种植菊芋，将实现从荒漠化生态治理、新型战备粮储备、新型优良饲草来源、新型生物能源植物及大健康功能原料供应的新业态产业链。该产业链对解决我国代粮作物种植、加工及畜牧业的可持续发展，对荒漠化土壤改造、环境生态改善及碳达峰碳中和等产业融合发展，推进农业供给侧结构性改革及稳固脱贫攻坚成果等方面具有重大战略意义和深远的历史意义。利用中国荒沙化地带发展菊芋产业，是乡村振兴及脱贫攻坚的富民手段，有利于国家"粮食安全""能源安全""食品安全"及"健康中国"战略实施，是一个具有千亿元到万亿元产值的绿色新兴产业。

参考文献

陈安徽，孙月娥，王卫东，2010. 微波膨化菊芋脆片的研制［J］. 食品科学，31（18）：461-464.

谌馥佳，2013. 菊芋叶片化学成分分析及抑菌活性成分研究［D］. 南京：南京农业大学.

杜昱光，2022. 发展菊芋产业链助力国家粮食安全战略实施［R］. 北京：菊芋产业发展学术交流会.

冯营，胡新燕，孙亚伟，等，2013. 不同基因型菊芋品种对盐胁迫的响应，江西农业学报，25（9）：34-36

巩慧玲，李善家，李志忠，2011. 不同品种菊芋总酚含量、PPO 活性、POD 活性及其与褐变的关系［J］. 中国蔬菜（12）：65-69.

郭瑞林，1991. 农业模糊学［M］. 郑州：河南科学技术出版社.

郭瑞林，1995. 作物灰色育种学［M］. 北京：中国农业科技出版社.

郭瑞林，2004. 定量化、信息化育种—作物育种的一个新方向［J］. 河南农业科学，7：17-19.

郭瑞林，2011. 作物育种同异理论与方法［M］. 北京：中国农业科学技术出版社.

郭瑞林，刘亚飞，吴秋芳，等，2012. 作物定量化育种及其研究现状［J］. 安阳工学院学报，11（2）：77-83.

郭瑞林，王占中，2008. 作物灰色育种电脑决策系统及其应用［M］. 北京：中国农业科学技术出版社.

郭瑞林，王占中，2014. 作物同异育种智能决策系统及其应用［M］. 北京：科学出版社.

韩东洺，2017. 菊芋块茎悬浮细胞酚类物质诱导和抗氧化分析［D］. 哈尔滨. 东北林业大学.

韩睿，王丽慧，钟启文，等，2010. 菊芋叶片提取物抑菌活性研究［J］. 现代农业科技，5：120-121，123.

胡丹丹，郭婷婷，金亚东，等，2017. 果寡糖对泌乳早期奶牛瘤胃发酵及生产性能的影响［J］. 中国乳品工业，45（10）：6-10.

胡娟，金征宇，王静，2007. 菊芋菊糖的提取与纯化［J］. 食品科技，4：62-65.

黄亮，肖开庆，郑菲，2009. 菊糖对小白鼠消化吸收免疫功能及血糖的影响评价［J］. 食品与机械，25（1）：90-92.

黄晓东，王艳春，等，2018. 菊芋多糖对 2 型糖尿病大鼠胰岛细胞形态与功能影响［J］. 中国公共卫生，34（3）：365-368.

贾翔等，2019. 吉林省≥10℃积温空间分布特征［J］. 黑龙江农业科学，8：47-49.

康健，2012. 盐胁迫对菊芋果聚糖代谢的影响及其分子调控的初步研究［D］. 南京：南京农业大学.

康洁，周庆峰，马丽，2018. 菊芋苦荞山药复合功能膏的制备与工艺流程［J］. 食品研究与开发，

39（6）：53-57.

孔涛，张楠，林凤梅，等，2013. 不同品种菊芋块茎及茎叶营养成分分析比较［J］. 广东农业科学（6）：108-109，113.

李季泓，王密，林树梅，等，2015. 菊芋菊糖对链脲佐菌素诱导大鼠1型糖尿病治疗作用的研究［J］. 现代预防医学，42（16）：2997-3000.

李玲玉，孙晓晶，郭富金，等，2019. 菊芋的化学成分、生物活性及其利用研究进展［J］. 食品研究与开发，40（16）：213-218.

李琬聪，2015. 菊芋中不同聚合度天然菊糖的分离纯化及活性研究［D］. 北京：中国科学院大学.

李晓丹，2013. 不同菊芋品种生育、产量及营养成分的比较研究［J］. 广东农业科学，6：108-109，113.

李晓丹，2014. 不同菊芋品种生育、产量及营养成分的比较［D］. 长春：东北师范大学.

李晓栋，2012. 三种海岸带植物次生代谢产物及其生物活性研究［D］. 兰州：甘肃农业大学：64-71.

李晓梅，王兵杰，彭源，等，2017. 菊芋不同品种盐害级别的鉴定［J］. 农业科技与信息（5）.

李晓月，张晶晶，张红建，等，2015. 菊粉对反式脂肪酸致小鼠胰岛素抵抗的影响［J］. 食品科学，36（1）：201-204

李屹，韩睿，王丽慧，等，2015. 谭龙菊芋叶片提取物对辣椒疫霉菌的抑菌效果及盆栽验证试验［J］. 江苏农业科学，43（1）：139-141.

刘彬，2016. 菊芋菊糖的制备及其降解生产低聚果糖［D］. 无锡：江南大学.

刘斌，晏国生，刘君，等，2016. 菊芋花产业链关键技术的研究与应用［Z］. 河北省成果［鉴字（2016）第9-421］.

刘法涛，1997. 菊芋是一种有价值的饲料作物［J］. 四川草原（3）：63.

刘飞，刘文静，杨稳，等，2017. 菊芋多糖的提取分离及药理作用［J］. 暨南大学学报（自然科学与医学版），38（2）：121-126.

刘海伟，刘兆普，刘玲，等，2017. 菊芋叶片提取物抑菌活性与化学成分的研究［J］. 天然产物研究与开发，19（3）：405-409.

刘君，2014. 菊芋新品种比较试验研究［J］. 现代农业科技，22：88-89.

刘君，熊本海，唐湘方，等，2022. 牧草型菊芋新品种选育及饲料产品的研究与应用［Z］. 科研评价河北省科技厅廊生评字【2022】01-005号.

刘君，晏国生，郭瑞林，2019. 运用定量化育种理论选育不同生态经济型菊芋新品种［J］. 山西农业科学（6）. DOI：10.3969/j. issn. 1002-2481.

刘君，晏国生，熊本海，等，2023. 菊芋全粉的制备方法及菊芋全粉及蛋鸡饲料［P］. 发明专利，专利号：ZL20201141344.9.

刘鹏，王彦靖，王秀飞，等，2019. 不同品种菊芋秸秆营养成分、体外消化率和能量价值的比较［J］. 中国饲料，21：118-120.

刘晓莉，2012. 菊芋对四川泡菜储藏期间品质变化影响的研究［J］. 广州化工，40（23）：80-81，94.

刘兆普，2017. 菊芋对盐碱地生态修复效应 [C]. 北京：菊芋学术研讨会.

吕炳起，张宁，冉梦麟，等，2011. 菊芋秸秆和葎草营养成分分析及家兔的消化实验 [J]. 中国动物保健 (11)：16-19，21.

茆诗松，丁元等，1981. 回归分析及其实验设计 [M]. 上海：华东师范大学出版社.

苗芹，叶明国，刘苏静，等，2017. 高效液相色谱法测定菊芋叶和向日葵叶中绿原酸 [J]. 化学与生物工程，34 (2)：63-67.

穆莎茉莉，李红军，刘丽娜，2006. 菊粉生理功能研究进展 [J]. 粮食与油脂，6：47-48.

秦婉宁，王亚云，范三红，等，2014. 菊芋块茎不同溶剂提取物的抗氧化活性研究 [J]. 农产品加工 (学刊)，10：1-3，8.

孙晓娥，孟宪法，刘兆普，等，2013. 氮磷互作对菊芋块茎产量和品质的影响 [J]. 生态学杂志，32 (2)：363-367

汪悦，刘君，晏国生，等，2020. 菊芋作为饲料原料的品种选育、营养价值及其饲用效果研究进展 [J]. 中国饲料，19：106-114.

汪悦，薛夫光，蒋林树，等，2020. 菊芋饲料的营养价值、生理活性及其对动物生理功能的调控作用 [J]. 动物营养学报，32 (2)：497-507.

王福亭，郭瑞林，郝国令，1993. 农业试验设计与统计分析 [M]. 北京：农村读物出版社.

王海涛，于涛，2016. 菊芋花盘酚类物质提取和体外抗氧化活性研究 [J]. 食品工业科技，37 (9)：101-105.

王娟，谢萍，2018. 菊粉通过激活 AMPK 改善代谢综合征大鼠胰岛素抵抗研究 [J]. 辽宁中医药大学学报，20 (5)：34-37.

王丽慧，李屹，张孟良，等，2015. 刈割次数对菊芋生物量及营养价值影响研究 [J]. 饲料工业，36 (3)：12-15.

王卫东，孙月娥，李超，等，2010. 菊芋泡菜贮藏期间非酶褐变的研究 [J]. 食品科学，30 (20)：477-480.

吴倩，2010. 菊芋叶黄酮类化合物的提取及其抗氧化性、抗肿瘤和抑菌性研究 [D]. 兰州：兰州理工大学.

吴泽河，2018. 菊芋饼干加工工艺及品质分析 [D]. 绵阳：西南科技大学.

熊本海，罗清尧，周正奎，等，2018. 中国饲料成分及营养价值表 [J]. 中国饲料，617 (21)：66.

熊政委，董全，2012. 菊糖的生理功能和在食品中应用的研究进展 [J]. 食品工业科技，33 (20)：351-353.

闫琦，张世挺，赵长明，等，2018. 高寒牧区不同菊芋品种茎叶青贮的饲用价值 [J]. 草业科学，35 (6)：1568-1573.

严锐，2016. 菊粉果聚糖对代谢综合征患者血脂、血糖影响的临床观察 [D]. 兰州：甘肃中医药大学.

晏国生，2011. 我国菊芋产业发展现状与趋势的系统分析 [C]. 大连：生物质能源行业发展与生物炼制技术研讨会.

晏国生，2012. 浅述我国菊芋产业发展的系统分析 ［C］. 中国农业产业化年会暨中国农业企业家论坛.

晏国生，2016. 让"生态王子"菊芋更快造福人民 ［J］. 紫光阁，01：50-53

晏国生，毕文平，1995. 农作物高产农机农艺综合实用配套技术 ［M］. 北京：中国计量出版社.

晏国生，熊本海，2021. 菊芋秸秆粉饲料产品分析报告 ［R］. 廊坊.

晏国生，熊本海，2021. 菊芋全粉饲料产品分析报告 ［R］. 廊坊.

晏国生，薛奥博，刘斌，2019. 观赏型菊芋品种的选育方法及种植方法 ［P］. 发明专利，专利号：ZL10510470.1.

杨明俊，王亮，吴婧，等，2011. 菊芋叶黄酮类化合物的体外抗氧化活性研究 ［J］. 贵州农业科学，39（4）：52-54.

袁晓燕，肖宏斌，杜昱光，2009. 菊芋叶中化学成分的研究 ［C］. 第十届全国中药和天然药物学术研讨会.

詹文悦，李辉，康健，等，2017. 盐胁迫对菊芋糖组分含量和分配的影响 ［J］. 草业学报，26（5）：127-134.

张海娟，2010. 不同产地菊芋叶片中绿原酸含量变化及其提取、分离技术研究 ［D］. 南京：南京农业大学.

张天真，2011. 作物育种学总论 ［M］. 3版. 北京：中国农业出版社.

赵俊宏，王红星，曹长青，等，2021. 菊芋叶片中绿原酸的提取工艺优化及动态含量研究 ［J］. 河南科学，39（12）：1935-1940.

赵克勤，2000. 集对分析及其初步分析与应用 ［M］. 杭州：浙江科学技术出版社.

赵孟良，刘明池，钟启文，等，2018. 29份菊芋种质资源氨基酸含量和营养价值评价 ［J］. 种子，37（3）：55-60.

赵孟良，任延靖，2020. 菊粉及其调节宿主肠道菌群机制的研究进展 ［J］. 食品与发酵工业，46（7）：271-276.

赵孟良，钟启文，刘明池，等，2017. 二十二份引进菊芋种质资源的叶片性状分析 ［J］. 浙江农业学报，29（7）：1151-1157.

郑晓涛，2012. 菊芋叶黄酮含量变化及其提取、纯化、抗氧化性研究 ［D］. 南京：南京农业大学.

中国农业科学院畜牧研究所，1958. 国产饲料营养成分含量表 ［M］. 北京：农业出版社.

钟启文，李莉，2020. 菊芋研究 ［M］. 北京：科学出版社.

周东，隋丹，于涛，等，2014. 盐碱土壤对菊芋菊糖含量的影响 ［J］. 中国调味品，39（3）：5-9.

周正，曹海龙，朱豫，等，2008. 菊芋替代玉米发酵生产乙醇的初步研究 ［J］. 西北农业学报，17（4）：297-301，305.

ASH R W, PENNINGTON R J, REID R S, 1964. The effect of shortchain fatty acids on blood glucose concentration in sheep ［J］. Biochemical Journal, 90 (2): 353-360.

BAIRD G D, LOMAX M A, SYMONDS H W, et al., 1980. Net hepatic and splanchnic metabolism of lactate, pyruvate and propionate in dairy cows in vivo in relation to lactation and nutrient supply ［J］.

Biochemical Journal, 186 (1): 47-57.

CIES LIK E, GEBUSIA A, FLORKIEWICZ A, et al., 2011. The content of protein and of amino acids in Jerusalem artichoke tubers (*Helianthus tuberosus* L.) of red variety Rote Zonenkugel [J]. Acta Scientiarum Polonorum, Technologia Alimentaria, 10 (4): 433-441.

COSTA H, GALLEGO S M, TOMARO M L, 2002. Effect of UV-B radiation on antioxidant defense system insunflower cotyledons [J]. Plant Science, 162 (6): 939-945.

DAUBIOUL C A, TAPER H S, DE WISPELAERE LD, et al., 2000. Dietary oligofructose lessens hepatic steatosis, but does not prevent hypertriglyceridemia in obese Zucker rats [J]. The Journal of Nutrition, 130 (5): 1314-1319.

DE PRETER V, VANHOUTTE T, HUYS G, et al., 2007. Effects of *Lactobacillus casei* Shirota, Bifidobacterium breve, and oligofructose-enriched inulin on colonic nitrogen-protein metabolism in healthy humans [J]. American Journal of Physiology: Gastrointestinal and Liver Physiology, 292 (1): G358-G368.

DELCENSERIE V, LONCARIC D, BONAPARTE C, et al., 2008. Bifidobacteria as indicators of faecal contamination along a sheep meat production chain [J]. Journal of Applied Microbiology, 104 (1): 276-284.

EE K U, PARK J Y, KIM C H, et al., 1996. Effect of decreasing plasma free fatty acids by acipimox on hepat-ic glucose metabolism in normal rats [J]. Metabolism, 45 (11): 1408-1414.

ERBAŞ S, TONGUÇ M, ŞANLI A, 2016. Mobilization of seed reserves during germination and early seedling growth of two sunflower cultivars [J]. Journal of Applied Botany and Food Quality, 89: 217-222.

FALONY G, LAZIDOU K, VERSCHAEREN A, et al., 2009. In vitro kinetic analysis of fermentation of prebioticinulintype fructans by Bifidobacterium species reveals four different phenotypes [J]. Applied and Environmental Microbiology, 75 (2): 454-461.

FIORDALISO M, KOK N, DESAGER J P, et al., 1995. Dietary oligofructose lowers triglycerides, phospholipids and cholesterol in serum and very low density lipoproteins of rats [J]. Lipids, 30 (2): 163-167.

GEBOES K P, LUYPAERTS A, DE PRETER V, et al., 2003. Evaluation of short-and long-term effects of inulin on colonic urea-nitrogen-metabolism using ^{15}N-lactose-ureide [J]. Gastroenterology, 124 (4): A687.

GOKARN RR, EITEMAN M A, MARTIN S A, et al., 1997. Production of succinate from glucose, cellobiose, and various cellulosic materials by the ruminai anaerobic bacteria Fibrobacter succinogenes and Ruminococcus flavefaciens [J]. Applied Biochemistry and Biotechnology, 68 (1/2): 69-80.

GRIFFAUT B, DEBITON E, MADELMONT J C, et al., 2007. Stressed Jerusalem artichoke tubers (*Helianthus tuberosus* L.) excrete a protein fraction with specific cytotoxicity on plant and animal tumour cell [J]. Bio-chimica et Biophysica Acta (BBA): General Sub-jects, 1770 (9): 1324-1330.

GÜENAGA K F, LUSTOSA S A S, SAAD S S, et al., 2007. Ileostomy or colostomy for temporary decompression of colorectal anastomosis [J]. Cochrane Database of Systematic Reviews (1): CD004647, doi: 10. 1002/14651858. CD004647. pub2.

HANSEN H B, ANDREASEN M, NIELSEN M, et al., 2002. Changes in dietary fibre, phenolic acids and activity of endogenous enzymes during rye breadmaking [J]. European Food Research and Technology, 214 (1): 33-42.

HARTMANN M A, BENVENISTE P, DURST F, 1972. Biosynthesis of sterols injerusalem artichoke tuber tissue [J]. Phytochemistry, 11 (10): 3003-3005

HERNÁNDEZ V, DEL CARMEN RECIO M, MÁÑEZ S, et al., 2001. A mechanistic approach to the in vivo antiinflammatory activity of sesquiterpenoid compounds isolated from Inula viscosa [J]. Planta Medica, 67 (8): 726-731.

HOLST JJ, WINDELØV J A, BOER G A, et al., 2016. Searching for the physiological role of glucosedependent insulinotropic polypeptide [J]. Journal of Diabetes Investigation, 7 (S1): 8-12.

JANTAHARN P, MONGKOLTHANARUK W, SENAWONG T, et al., 2018. Bioactive compounds from organic extracts of Helianthus tuberosus L. flowers [J]. Industrial Crops and Products, 119: 57-63.

JELENA A, TULIKA A, GINA J C, et al., 2012. Fermentable Carbohydrate Alters Hypothalamic Neuronal Activity and Protects Against the Obesogenic Environment [J]. Obesity, 20 (5): 1016-1023.

KAUFHOLD J, HAMMON H M, BLUM J W, 2000. Fructooligosaccharide supplementation: effects on metabolic, endocrine and hematological traits in veal calves [J]. Journal of Veterinary Medicine Series A, 47 (1): 17-29.

KAYS S J, NOTTINGHAM S F, 2007. Biology and chemistry of Jerusalem artichoke (Helianthus tuberosus L.) [M]. [S. l.]: CRC Press.

KEADY T W J, MURPHY J J, 1998. The effects of ensiling and supplementation with sucrose and fish meal on forage intake and milk production of lactating dairycows [J]. Animal Science, 66 (1): 9-20.

KHUSENOV A S, RAKHMANBERDIEV G R, RA-KHIMOV D A, et al., 2016. Physicochemical properties of inulin from muzhiz variety of Jerusalem artichoke [J]. Chemistry of Natural Compounds, 52 (6): 1078-1080.

KIM D, FAN J P, CHUNG H C, et al., 2010. Changes in extractability and antioxidant activity of Jerusalemartichoke (Helianthus tuberosus L.) tubers by various high hydrostatic pressure treatments [J]. Food Science & Biotechnology, 19 (5): 1365-1371.

KOK N, ROBERFROID M, ROBERT A, et al., 1996. Involvement of lipogenesis in the lower VLDL secretion induced by oligofructose in rats [J]. British Journal of Nutrition, 76 (6): 881-890.

KUMAR S A, WARD L C, BROWN L, 2016. Inulin oligofructose attenuates metabolic syndrome in high-carbohydrate, highfat dietfed rats [J]. British Journal of Nutrition, 116 (9): 1502-1511.

LEVRAT M A, RÉMÉSY C, DEMIGNÉ C, 1993. Influence of inulin on urea and ammonia nitrogen fluxes in therat cecum: consequences on nitrogen excretion [J]. The Journal of Nutritional Biochemistry, 4 (6): 351-356.

LUO D L, LI Y, XU B C, et al., 2017. Effects of inulin with different degree of polymerization on gelatinization and retrogradation of wheat starch [J]. Food Chemistry, 229: 35-43.

LYb G, KNORRE A, SCHMIDT T J, et al., 1998. The antiinflammatory sesquiterpene lactone helenalin inhibits the transcription factor NF-κB by directly targeting p65 [J]. The Journal of Biological Chemistry, 273 (50): 33508-33516.

MALMBERG A, THEANDER O, 1986, Differences in chemical composition of leaves and stem in Jerusalem artichoke and changes in low-molecular sugar and fructan content with time of harvest [J]. 16 (1): 7-12.

MATSUURA H, YOSHIHARA T, ICHIHARA A, 2014. Four New Polyacetylenic Glucosides, Methyl β-D-GlucopyranosylHelianthenate C-F, from Jerusalem Artichoke (*Helianthus tuberosus* L.) [J]. Journal of the Agricultural Chemical Society of Japan, 57 (9): 1492-1498.

McDONALD P, WATSON S J, WHITTENBURY R, 1966. The principles of ensilage [J]. Journal of Animal Physiology and Animal Nutrition, 21 (1/2/3/4/5): 103-109.

MEGÍAS M D, MENESES M, MADRID J, et al., 2014. Nutritive, fermentative and environmental characteristics of silage of two industrial broccoli (Brassica oleraceavar. Italica) byproducts for ruminant feed [J]. International Journal of Agriculture & Biology, 16 (2): 307-313.

MENESES M, MEGÍAS M D, MADRID J, et al., 2007. Evaluation of the phytosanitary, fermentative and nutritive characteristics of the silage made from crude artichoke (*Cynara scolymus* L.) byproduct feeding for ruminants [J]. Small Ruminant Research, 70 (2/3): 292-296.

NATIONAL RESEARCH COUNCIL, 2001. Nutrient requirements of dairy cattle: seventh revised edition, 2001 [M]. Washington, D. C.: The National Academies Press.

PAN L, SINDEN M R, KENNEDY A H, et al., 2009. Bioactive constituents of *Helianthus tuberosus* (Jerusalem artichoke) [J]. Phytochemistry Letters, 2 (1): 15-18.

PANCHEV I, DELCHEV N, KOVACHEVA D, et al., 2011. Physicochemi-cal characteristics of inulins obtained from Jerusalem artichoke (*Helianthus tuberosus* L.) [J]. European Food Research & Technology, 233 (5): 889-896.

PEKSA, ANNA, KITA, et al., 2016. Amino Acid Improving and Physical Qualities of Extruded Corn Snacks Using Flours Made from Jerusalem Artichoke (\\ r, *Helianthus tuberosus* \\ r,), Amaranth (\\ r, Amaranthus cruentus \\ r, L.) and Pu [J]. Journal of Food Quality, 39 (6): 580-589.

RAWATE, PRABHU D, HILL, et al., 1985. Extraction of a highprotein isolate from Jerusalem artichoke (Helianthus tuberosus) tops and evaluation of its nutrition potential [J]. Journal of Agricultural &Food Chemistry, 33 (1): 29-31.

RAZMKHAH M, REZAEI J, FAZAELI H, 2017. Use of Jerusalem artichoke tops silage to replace corn silage in sheep diet [J]. Animal Feed Science and Technology, 228: 168-177.

RINNE M, NOUSIAINEN J, HUHTANEN P, 2009. Effects of silage protein degradability and fermentation acidson metabolizable protein concentration: a metaanalysis of dairy cow production experiments [J]. Journal of Dairy Science, 92 (4): 1633-1642.

ROBERFROID M B, 2007. Inulintype fructans: functional food ingredients [J]. The Journal of Nutrition,

137（11）：2493S-2502S.

ROBERFROID M, 1993. Dietary fiber, inulin, and oligofructose: a review comparing their physiological effects［J］. Critical Reviews in Food Science and Nutrition, 33（2）：103-148.

SEILER G J, CAMPBELL L G, 2004. Genetic variability for mineral element concentrations of wild Jerusalem artichoke forage［J］. Crop Science, 44（1）：289-292.

SEKINE K, OHTA J, ONISHI M, et al., 1995. Analysis of antitumor properties of effector cells stimulated with acell wall preparation（WPG）of Bifidobacterium infantis［J］. Biological and Pharmaceutical Bulletin, 18（1）：148-153.

SOMDA Z C, MCLAURIN W J, KAYS S J, 1999. Jerusalem artichoke growth, development, and field storage. Ⅱ. Carbon and nutrient element allocation and redistribution［J］. Journal of Plant Nutrition, 22（8）：1315-1334.

STREPKOV S M, 1959. Glucofructans of the stems of Helianthus tuberosus［J］. Doklady Akademii Nauk SSSR, 125：216-218.

TALIPOVA M, 2001. Lipids of Helianthustuberosus［J］. Chemistry of Natural Compounds, 37（3）：213-215.

TCHONE M, BARWALD G, ANNEMULLER G, et al, 2006. Separation and identification of phenolic compounds in Jerusalemartichoke（Helianthus tuberosus L.）［J］. Science Des Aliments, 26（5）：394-408

VALDOVSKA A, JEMELJANOVS A, PILMANEM, et al., 2014. Alternative for improving gut microbiota: use of Jerusalem artichoke and probiotics in diet of weaned piglets［J］. Polish Journal of Veterinary Sciences, 17（1）：61-69.

WATZL B, GIRRBACH S, ROLLER M, 2005. Inulin, oligofructose and immunomodulation［J］. British Journal of Nutrition, 93（Suppl. 1）：S49-S55.

WEITKUNAT K, SCHUMANN S, PETZKE K J, et al., 2015. Effects of dietary inulin on bacterial growth, shortchain fatty acid production and hepatic lipid metabolism in gnotobiotic mice［J］. The Journal of Nutritional Biochemistry, 26（9）：929-937.

YUAN X Y, CHENG M C, GAO M Z, et al., 2013. Cytotoxic constituents from the leaves of Jerusalem artichoke（Helianthus tuberosus L.）and their structureactivity relationships［J］. Phytochemistry Letters, 6（1）：21-25.

YUAN X Y, GAO M Z, XIAO H B, et al., 2012. Free radical scavenging activities and bioactive substances of Jerusalem artichoke（Helianthus tuberosus L.）leaves［J］. Food Chemistry, 133（1）：10-14.

ZIOLECKI A, GUCZYNSKA W, WOJCIECHOWICZM, 1992. Some rumen bacteria degrading fructan［J］. Lettersin Applied Microbiology, 15（6）：244-247.

附　录

1. 认定品种

序号	认定编号	作物种类	品种名称	申请者
1	冀认菊芋（2021）001	菊芋	廊芋 1 号	廊坊市思科农业技术有限公司
2	冀认菊芋（2021）002	菊芋	廊芋 3 号	廊坊市思科农业技术有限公司
3	冀认菊芋（2021）003	菊芋	廊芋 5 号	廊坊市思科农业技术有限公司
4	冀认菊芋（2021）004	菊芋	廊芋 6 号	廊坊市思科农业技术有限公司
5	冀认菊芋（2021）005	菊芋	廊芋 8 号	廊坊市思科农业技术有限公司
6	冀认菊芋（2021）006	菊芋	廊芋 21 号	廊坊市思科农业技术有限公司
7	冀认菊芋（2021）007	菊芋	廊芋 22 号	廊坊市思科农业技术有限公司
8	冀认菊芋（2021）008	菊芋	廊芋 31 号	廊坊市思科农业技术有限公司
9	冀认菜（2023）006	菊芋	廊芋 25 号	廊坊市思科农业技术有限公司
10	冀认菜（2023）007	菊芋	廊芋 26 号	廊坊市思科农业技术有限公司
11	冀认菜（2023）008	菊芋	廊芋 27 号	廊坊市思科农业技术有限公司

2. 专利

（1）发明专利

序号	证书号	名 称	专利号	专利申请日	专利权人
1	第 2402952 号	农作物水肥一体化控制系统及其控制方法	ZL 2015 1 0171212.0	2015.04.13	廊坊市思科农业技术有限公司
2	第 2845032 号	治疗糖尿病中的中药组合物及其制备方法	ZL 2015 1 0132393.6	2015.03.25	廊坊市思科农业技术有限公司
3	第 3223680 号	观赏型菊芋品种的选育方法及种植方法	ZL 2016 1 0510470.1	2016.07.01	廊坊市思科农业技术有限公司
4	第 3223680 号	牧草型菊芋品种的选育方法、种植方法及收获方法	ZL 2018 1 0454997.6	2018.05.14	廊坊市思科农业技术有限公司
5	第 5733027 号	菊芋全粉的制备方法及菊芋全粉和蛋鸡饲料	ZL 2020 1 1413446.9	2020.12.03	廊坊市思科农业技术有限公司 中国农业科学院北京畜牧兽医研究所

（2）实用新型专利

序号	证书号	名　　称	专利号	专利申请日	专利权人
1	第 4568755 号	菊芋收获机	ZL 2015 2 0170818.8	2015.03.25	廊坊市思科农业技术有限公司
2	第 4465926 号	一种水肥用量终端控制装置	ZL 2015 2 0206352.2	2015.04.08	廊坊市思科农业技术有限公司
3	第 9236795 号	一种多传感接入终端装置	ZL 2018 2 2032254.8	2018.12.05	廊坊市思科农业技术有限公司
4	第 13845294 号	菊芋育种播种装置	ZL 2020 2 2374238.4	2020.10.22	廊坊市思科农业技术有限公司
5	第 13865320 号	一种菊芋土壤环境参数采集装置	ZL 2020 2 1770348.6	2020.08.21	廊坊市思科农业技术有限公司
6	第 13924626 号	菊芋收获装置	ZL 2020 2 2374240.1	2020.10.22	廊坊市思科农业技术有限公司
7	第 18234248 号	一种种子溯源赋码采集设备	ZL 2022 2 2634294.6	2022.10.08	廊坊市思科农业技术有限公司

3. 软件著作权

序号	证书号	软件名称	著作权人	开发完成日期	首次发表日期	权利取得方式	权利范围	登记号	发证日期
1	第 0671618 号	农作物水肥定量智能控制系统 V1.0	廊坊市思科农业技术有限公司	2012.10.08	2012.12.08	原始取得	全部权利	2014SR002374	2014.01.07
2	第 0960390 号	肉羊全程溯源与信息服务系统 V1.0	廊坊市思科农业技术有限公司	2014.11.24	2014.11.24	原始取得	全部权利	2015SR073304	2015.05.04
3	第 1159746 号	种子质量全程跟踪与追溯系统 V1.0	廊坊市思科农业技术有限公司	2012.07.20	2012.08.20	受让	全部权利	2015SR272660	2015.12.22
4	第 1256836 号	菊芋种质资源管理及品种追溯系统 V1.0	廊坊市思科农业技术有限公司	2016.01.21	2016.01.21	原始取得	全部权利	2016SR078219	2016.04.15
5	第 2015480 号	种子质量追溯与监管服务系统软件 V2.0	廊坊市思科农业技术有限公司	2017.02.21	未发表	原始取得	全部权利	2017SR430196	2017.08.08
6	第 3731198 号	多传感器接入终端系统软件 V1.0	廊坊市思科农业技术有限公司	2018.08.16	2018.08.16	原始取得	全部权利	2019SR0310441	2019.04.08
7	第 3730118 号	便携式无线数据采集系统 V1.0	廊坊市思科农业技术有限公司	2018.08.16	2018.08.16	原始取得	全部权利	2019SR0309361	2019.04.08
8	第 10887808 号	种子质量追溯与监管服务系统 v3.0	廊坊市思科农业技术有限公司	2022.07.25	未发表	原始取得	全部权利	2023SR0300637	2023.03.03

4. 成果鉴定

序号	成果名称	成果水平	完成单位	省级登记号	发证日期
1	基于物联网的农作物智能测控系统的开发研究	国内领先	国家半干旱农业工程技术研究中心　廊坊惠农农业技术研究所　廊坊市思科农业技术有限公司	20101501	2010.07.09
2	菊芋新品种选育与配套栽培技术的研究与应用	国内领先	廊坊市思科农业技术有限公司	20113263	2011.12.27
3	种子产业全程溯源与综合信息服务系统研究与应用	国际先进	廊坊市思科农业技术有限公司	20123639	2012.12.30
4	生态经济型菊芋新品种选育与农机农艺配套技术研究	国际先进	廊坊市思科农业技术有限公司　廊坊市农林科学院	20150198	2015.01.22
5	农作物水肥一体化智能运用系统研发	国内领先	廊坊市思科农业技术有限公司	20150437	2015.03.04
6	菊芋花产业链关键技术的研究与应用	国际领先	廊坊市思科农业技术有限公司　廊坊菊芋研究所	20161791	2016.09.12
7	特色菊芋新品种及其开发利用关键技术	国际先进	廊坊市思科农业技术有限公司　中国农业科学院北京畜牧兽医研究所　河北晨光生物科技集团股份有限公司	20200429	2020.04.14
8	牧草型菊芋新品种选育及饲用价值研究与应用	国际先进	廊坊市思科农业技术有限公司　中国农业科学院北京畜牧兽医研究所	20230321	2023.02.22

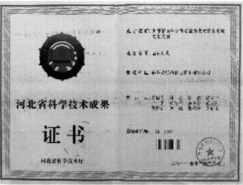

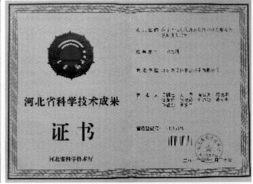

5. 标准

序号	标准名称	标准级别	标准号	发布日期	实施日期
1	菊芋栽培技术规程第一部分：总则	省级	DB13/T 2560.1—2017	2017.09.06	2017.10.06
2	菊芋栽培技术规程第二部分：牧草型菊芋		DB13/T 2560.2—2017	2017.09.06	2017.10.06

（续表）

序号	标准名称	标准级别	标准号	发布日期	实施日期
3	菊芋栽培技术规程第三部分：加工型菊芋		DB13/T 2560.3—2017	2017.09.06	2017.10.06
4	菊芋栽培技术规程第四部分：鲜食型菊芋		DB13/T 2560.4—2017	2017.09.06	2017.10.06
5	菊芋栽培技术规程第五部分：景观型菊芋		DB13/T 2560.5—2017	2017.09.06	2017.10.06
6	菊芋栽培技术规程第六部分：耐盐碱型菊芋		DB13/T 2560.6—2017	2017.09.06	2017.10.06
7	菊芋林下种植技术规程		DB1310/T 187—2017	2017.11.08	2017.12.08
8	农作物水肥一体化智能测控系统技术规程	市　级	DB1310/T 178—2016	2016.11.21	2016.12.31
9	菊芋绿豆间作技术规程		DB1310/T 210—2019	2019.12.02	2020.01.02
10	农机深松作业质量检验技术规范		DB1310/T 304—2023	2023.04.20	2023.05.20

6. 获奖情况

序号	项目名称	奖种类别	奖励等级	获奖者	发证日期
1	互联网+种子质量全程溯源与监管服务平台的示范与推广	省农业推广奖	二等	廊坊市种子管理站 廊坊市思科农业技术有限公司	2018.05.11
2	专用菊芋新品种选育及系列产品研制与应用	河北省科技进步奖	三等	廊坊市思科农业技术有限公司 中国农业科学院北京畜牧兽医所 河北晨光生物科技集团股份有限公司 廊坊市农林科学院 廊坊市思慧生物科技有限公司	2023.02.17
3	菊芋新品种选育与配套栽培技术的研究与应用	廊坊市科技进步奖	一等	廊坊市思科农业技术有限公司	2014.08.01
4	种子产业全程溯源与综合信息服务系统研究与应用	廊坊市科技进步奖	一等	廊坊市思科农业技术有限公司	2015.07.20
5	基于物联网的农作物水肥智能控制和决策系统技术集成与示范	廊坊市科技进步奖	一等	廊坊市思科农业技术有限公司	2017.06.17
6	特色作物菊芋新品种选育及产业链开发项目	河北省农村创业创新项目创意大赛	二等奖	廊坊市思科农业技术有限公司	2018.09.01

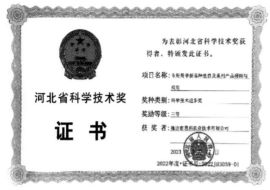

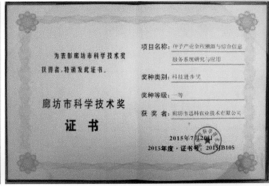

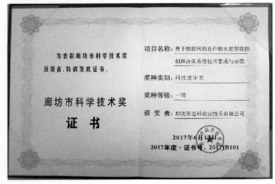

7. 菊芋部分照片

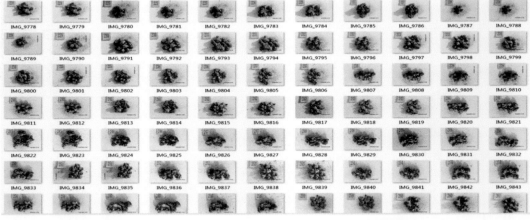

彩图2-1　匍匐茎顶芽生长

彩图2-2　顶端膨大块茎

彩图2-3　膨大形成块茎

彩图2-4　景观型"廊芋3号"

彩图2-5　加工型"廊芋5号"

彩图2-6　牧草型"廊芋22号"

彩图2-7　苗期茎叶

彩图2-8　紫色茎叶

彩图2-9　绿色茎叶

彩图2-10　不同生长时期叶片正面

彩图2-11　同生长时期叶片正面

彩图2-12　盛花期

彩图2-13　菊芋单朵花

彩图2-14　不同开花阶段对比

彩图2-15　成熟种盘

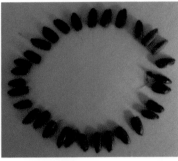

彩图2-16　菊芋种子

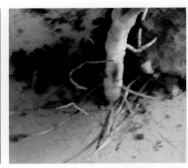

彩图2-17　苗期根系

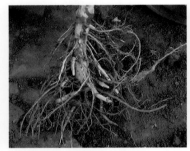

彩图2-18　生长期根系

彩图2-19　生长后期根系

彩图2-20　生长后期根系

彩图2-21　苗期生长初期图

彩图2-22　苗期生长中期图

彩图2-23　苗期生长后期图

彩图2-24　生长初期根茎叶

彩图2-25　生长初期根茎叶

彩图2-26　生长初期根茎叶

彩图2-27　生长茂盛期根茎叶

彩图2-28　生长茂盛期根茎

彩图2-29　生长茂盛期根系

彩图2-30　现蕾期

彩图2-31　开花期

彩图2-32　盛花期

彩图2-33　块茎膨大期初期　　　彩图2-34　块茎膨大期中期　　　彩图2-35　块茎膨大期后期

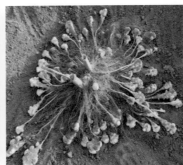

彩图2-36　地上茎叶干枯　　　彩图2-37　块茎分布形状　　　彩图2-38　收获单株块茎

彩图2-40　（4月22日）　　　彩图2-41　（5月7日）　　　彩图2-42　（5月15日）

彩图2-43 （5月22日）　　彩图2-44 （5月29日）　　彩图2-45 （6月3日）

彩图2-46 （6月12日）　　彩图2-47 （6月19日）　　彩图2-48 （6月26日）

彩图2-49 （7月3日）　　彩图2-50 （7月13日）　　彩图2-51 （7月23日）

彩图2-52 （7月31日）　　彩图2-53 （8月8日）　　彩图2-54 （8月14日）

彩图2-55 （8月21日）

彩图2-56 （8月27日）

彩图2-57 （9月12日）

彩图2-58 （9月19日）

彩图2-59 植株（9月26日）

彩图2-60 块茎（9月26日）

彩图2-61 （10月12日）

彩图2-62 植株（10月27日）

彩图2-63 块茎（10月27日）

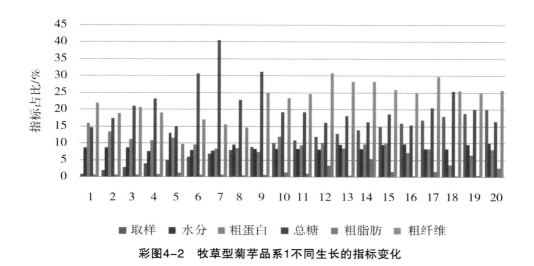

彩图4-2　牧草型菊芋品系1不同生长的指标变化

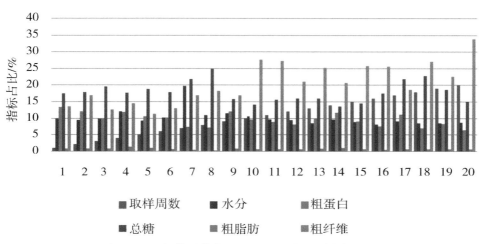

彩图4-3　牧草型菊芋品系2不同生长周的指标变化

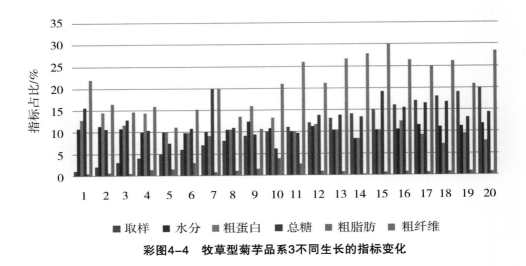

彩图4-4 牧草型菊芋品系3不同生长的指标变化

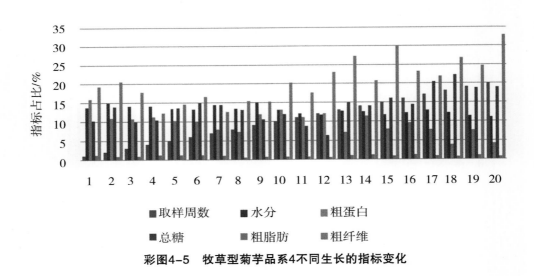

彩图4-5 牧草型菊芋品系4不同生长的指标变化

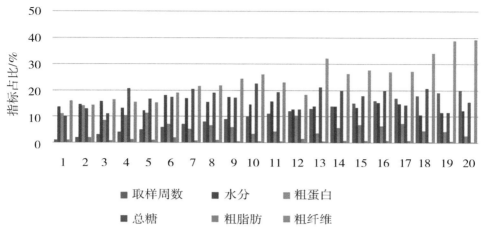

彩图4-6　牧草型菊芋品系5不同生长的指标变化

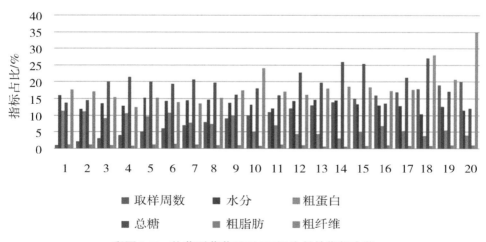

彩图4-7　牧草型菊芋品系6不同生长的指标变化

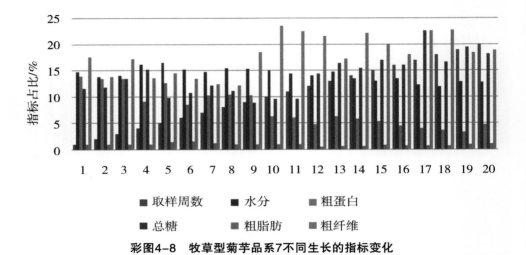

彩图4-8　牧草型菊芋品系7不同生长的指标变化

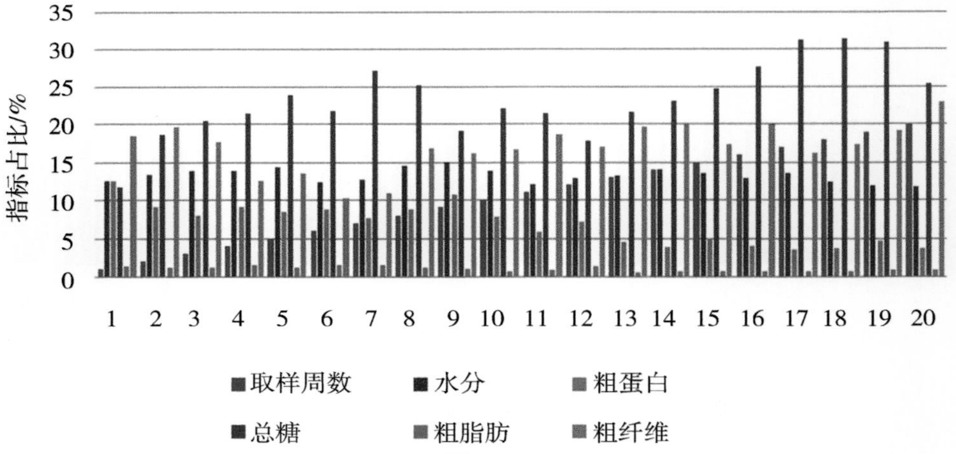

彩图4-9　牧草型菊芋品系8不同生长的指标变化

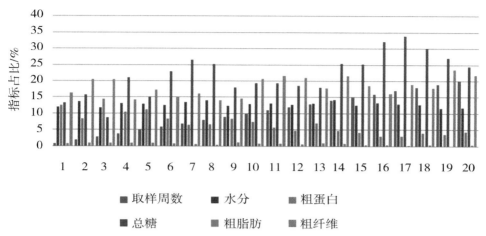

彩图4-10 牧草型菊芋品系9不同生长的指标变化

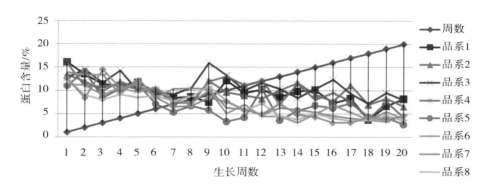

彩图4-11 9个不同品系生长周数与蛋白质含量峰值

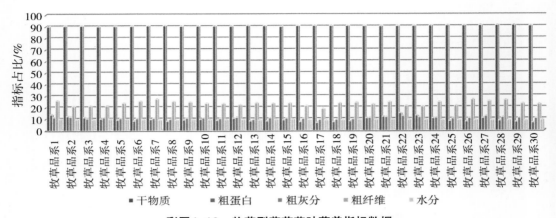

彩图4-12 牧草型菊芋茎叶营养指标数据